“十二五”国家重点图书出版规划项目

先进制造理论研究与工程技术系列

COMPUTER NUMERICAL CONTROL OF MACHINE TOOLS

机床数控技术

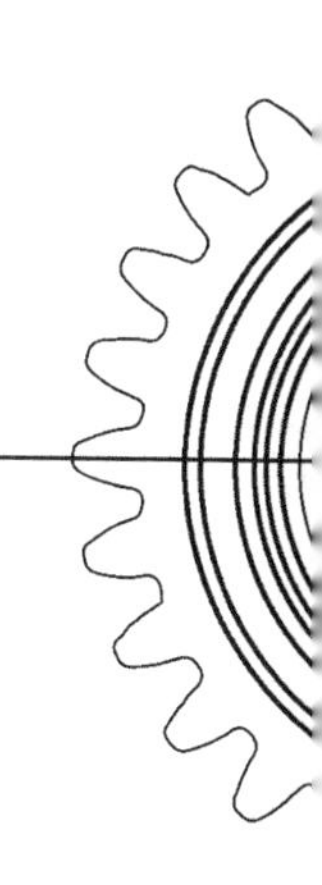

主　编　韩振宇　付云忠

副主编　李茂月　李　霞　刘　源　邵忠喜

主　审　王永章

哈爾濱工業大學出版社

内容简介

本书全面系统地介绍了现代机床数字控制技术，详细分析和阐述了机床数字控制的最新原理与技术，从理论和实践两方面介绍了现代数控技术的基本内容。主要包括：数控编程、轨迹插补控制原理、计算机数控装置的软硬件结构、现代机床检测技术、伺服驱动与控制技术及现代机床机械结构及设计技术。全书共7章，内容全面、深入，各章之间相对独立，又相互联系。

本书既可作为高等工科院校机械制造及其自动化、机械电子等机械工程相关专业的本科生教材，又可作为研究设计单位、工厂的数控技术人员的参考书。

图书在版编目(CIP)数据

机床数控技术/韩振宇，付云忠主编. —2版. —哈尔滨：哈尔滨工业大学出版社，2018.5(2021.12重印)

ISBN 978-7-5603-6744-6

Ⅰ.①机… Ⅱ.①韩… ②付… Ⅲ.①数控机床-高等学校-教材 Ⅳ.①TG659

中国版本图书馆CIP数据核字(2017)第147366号

策划编辑 张秀华
封面设计 卞秉利
出版发行 哈尔滨工业大学出版社
社　　址 哈尔滨市南岗区复华四道街10号　邮编150006
传　　真 0451-86414749
网　　址 http://hitpress.hit.edu.cn
印　　刷 哈尔滨市工大节能印刷厂
开　　本 787mm×960mm　1/16　印张19.25　字数500千字
版　　次 2013年8月第1版　2018年5月第2版
　　　　 2021年12月第2次印刷
书　　号 ISBN 978-7-5603-6744-6
定　　价 36.00元

前　言

机械制造业是国民经济的支柱产业之一,其发展规模和水平是反映国民经济实力和科学技术水平的重要标志之一。而数控技术是现代制造技术的基础,它的广泛应用使普通机械被数控机械所替代,导致了全球制造业的深刻变革。目前随着国内数控机床用量的剧增,急需培养一大批数控高级专业人才。为了适应我国高等教育发展及数控高级人才培养的需要,我们编写了本书。

本书是在1995年王永章教授编著的《机床的数字控制技术》的基础上重新编写的。我们根据近年来数控技术的发展对各章节内容进行了全面更新,力争较全面系统地介绍数控系统的基本组成,各部分的主要功能、特点及工作原理。在每一部分,都力争引入新技术,并用简练的语言介绍其原理,突出与应用相关的内容。例如,在数控编程一章引入高级编程指令与STEP-NC,在检测装置一章引入了激光位移测量,在伺服系统一章以交流调速技术作为重点。目的是力求使学生在掌握基本数控知识的基础上,对前沿数控技术有所了解。此外,为了让读者对数控机床有一个更加全面的认识,还增加了数控机床的机械结构一章,介绍机床布局、机械结构组成和辅助工艺装备。

本书可作为机械制造及其自动化、机械电子等机械工程相关专业本科生的教材,还可供从事数控机床编程、工艺、操作及维护的工程技术人员参考。

参加本书编写的有哈尔滨工业大学邵忠喜(第1章),哈尔滨理工大学李茂月(第2章),哈尔滨工业大学刘源(第3章),哈尔滨工程大学李霞(第4章),哈尔滨工业大学韩振宇(第5章、第6章),哈尔滨工业大学付云忠(第7章)。此外,哈尔滨工业大学的韩德东、张翔、金鸿宇也分别参加了第2章、第6章部分内容的编写。全书由韩振宇、付云忠主编,并统稿。

本书由哈尔滨工业大学王永章教授主审,王老师对本书提出了许多宝贵意见,在此表示衷心感谢。

由于编者水平有限,且数控技术发展迅速,书中难免有疏漏之处,恳请广大读者、同仁批评指正。

编　者

2017年12月

目 录

第1章 概 论

1.1 基本概念

在现代机械制造领域中，数控机床与机床数控技术已经成为最基本概念之一。数控是数字控制(Numerical Control, NC)技术的简称，是用数字化代码实现自动控制技术的总称。根据不同的控制对象，存在各种数字控制系统，其中产生最早、应用最广的是机械制造行业中的各种机床数控系统。数控机床是采用数字化代码程序控制、能完成自动化加工的通用机床。例如，要求机床执行如下一条指令程序段：

N003 G90 G01 X+325.927 Y+279.346 Z-429.732 S1000 T02 F500 M07;

其含义为：第三个程序段，用2号刀具加工一条空间直线段，起点为坐标原点或上一程序段指令点，终点为程序段中给定的点(+325.927,+279.346,-429.732)。坐标值的计算以坐标原点为基准。还指明机床主轴转速为1 000 r/m，进给部件的运动速度为500 mm/min，且需将冷却液打开。从上面的程序段可以看出，它由数字0~9，文字X、Y、Z、S、T、F、M…，符号"+""-""."…等组成，而这些都要转换成"二进制"数字代码输入机床的数字控制装置(即控制机床的专用计算机)中去，经过计算机的计算处理、伺服控制驱动机床各部件运动，完成上述空间直线段的加工。

数控机床是一种典型的光机电液一体化加工设备，它集现代机械制造技术、自动控制技术及计算机信息技术于一体，采用数控装置或计算机来全部或部分地取代了一般通用机床在加工零件时的各种人工控制动作——启动、加工顺序、改变切削用量、主轴变速、刀具选择、冷却液开停以及停车等，是高效率、高精度、高柔性和高自动化的光机电液一体化的加工设备。数控加工技术是指高效、优质地实现产品零件，特别是复杂形状零件在数控机床上完成加工的技术，它是自动化、柔性化、敏捷化和数字化制造加工的基础与关键技术。数控加工过程包括由给定零件的加工要求(零件图纸、加工数据或实物模型)到完成加工的全过程，首先要将被加工零件图纸上的几何信息和工艺信息用规定的代码和格式编写成加工程序，然后将加工程序输入数控装置，按照程序的要求，经过数控系统信息处理、分配，使各坐标移动若干个最小位移量，实现刀具与工件的相对运动，完成零件的加工。对编程者来讲，其主要工作涉及数控机床加工工艺和数控编程技术两大方面。采用数控机床加工零件涉及的范围比较广，与相关的配套技术有着密切的关系，程序编制人员应该熟练地掌握工艺分析、工艺设计和切削用量的选择。能够正确地提出刀辅具和零件的装夹方案，懂得刀具的测量方法，了解数控机床的性能和特点，熟悉程序编制方法和程序的输入方式等。

数控加工与通用机床加工在方法与内容上有许多相似之处，不同点主要表现在控制方式上。以机械加工为例，用通用机床加工零件时，就某道工序而言，其工步的安排，机床运动的先后次序、位移量、走刀路线及有关切削参数的选择等，都是由操作工人自行考虑和确定的，且采用手工操作方式进行控制。如果采用自动车床、仿形铣床加工，虽然也能达到对加工过程实现自动控制的目的，但其控制方式是通过预先配制的凸轮、挡块或靠模来实现的。而在数控机床上加工时情况完全不同，在数控机床进行加工前，把在通用机床加工时需要操作工人考量的操作内容及动作，如工步的划分与顺序、走刀路线、位移量和切削参数等，按规定的数码形式编排程序，记录在控制介质上。加工时，控制介质上的数码信息输入数控机床的控制系统后，控制系统对输入信息进行运算与控制，并不断地向直接指挥机床运动的机电功能转换部件——机床的伺服机构发送信号，伺服机构对信号进行转换与放大处理，然后由传动机构驱动机床按所编程序进行运动，就可以自动加工出所要求的零件形状。不难看出，实现数控加工的关键在于编程，还包括编程前必须要做的一系列准备工作及编程后的后续处理工作。一般来说，数控加工主要包括以下几个方面的内容：

① 选择并确定进行数控加工的零件及内容；

② 对零件图纸进行数控加工的工艺分析；

③ 数控加工的工艺设计；

④ 对零件图形的工艺处理；

⑤ 编写加工程序单（自动编程时由计算机自动生成目标程序——加工程序）；

⑥ 程序的校验与修改；

⑦ 受监视加工与现场问题处理；

⑧ 数控加工工艺技术文件的定型与归档。

1.2 数控机床的特点与应用

数控机床综合了微电子技术、计算机应用技术、自动控制技术以及精密机床设计与制造技术，具有专用机床的高效率、精密机床的高精度和通用机床的高柔性等优点，适合多变、复杂、精密零件的高效、自动化加工。具体说来，可以概括为以下几个方面。

1. 柔性自动化，具有广泛的适应性

由于采用数控程序控制，加工中多采用通用型工装，只要改变数控程序，便可以实现对新零件的自动化加工。因此能适应当前市场竞争中对产品不断更新换代的要求，解决了多品种和中、小批量生产的自动化问题。

2. 加工精度高，质量稳定

数控机床采用了提高加工精度和保证质量稳定性的多种技术措施：

第一，数控机床由数控程序自动控制进行加工，在工作过程中，一般不需要人工干预，这就消除了操作者人为产生的失误或误差；

第二，数控机床的机械结构是按照精密机床的要求进行设计和制造的，采用滚珠丝杠、滚动导轨等高精度传动部件，且有刚度大、热稳定性和抗振性能好的特点；

第三，伺服传动系统的脉冲当量或最小设定单位可以达到 10 μm ~ 0.1 μm，同时，工作中还大多采用具有检测反馈的闭环或半闭环控制，具有误差修正或补偿功能，可以进一步提高精度和稳定性；

第四，数控加工中心具有刀库和自动换刀装置，可以在一次装夹后，完成工件的多面和多工序加工，最大限度地减少了装夹误差的影响。

3. 生产效率高

数控机床能最大限度地减少零件加工所需的机动时间与辅助时间，显著提高生产效率。

第一，数控机床的进给运动和多数主运动都采用无级调速，且调速范围大，因此每一道工序都能选择最佳的切削速度和进给速度；

第二，良好的结构刚度和抗振性允许机床采用大切削用量和强力切削；

第三，一般不需要停机对工件进行检测，从而有效地减少了机床加工中的停机时间；

第四，机床移动部件在定位中采用自动加减速措施，因此可以选用很高的空行程运动速度，大大节约辅助运动时间；

第五，加工中心可采用自动换刀和自动交换工作台等措施，工件一次装夹，进行多面和多工序加工，大大减少工件装夹、对刀等辅助时间；

第六，加工工序集中，减少零件的周转，减少设备台数及厂房面积，给生产调度管理带来极大的方便。

4. 能实现复杂零件的加工

由于数控机床采用计算机插补和多坐标联动控制技术，所以可以实现任意的轨迹运动和加工出复杂形状的空间曲面，能方便地完成如螺旋桨、汽轮机叶片、汽车外形冲压用模具等各种复杂曲面类零件的加工。

5. 减轻劳动强度，改善劳动条件

由于数控机床的操作者主要利用操作面板对机床的自动加工进行操作，因此大大减轻了操作者的劳动强度，改善了生产条件，并且可以使一个人轻松地管理多台数控机床。

6. 有利于现代化生产与管理

采用数控机床进行加工，能够方便、精确地计算出零件的加工工时或进行自动加工统计，能够精确地计算生产和加工费用，有利于生产过程的科学管理。数控机床是计算机辅助设计与制造、群控或分布式控制、柔性制造系统、计算机集成制造系统等先进制造系统的基础。

但是，与普通机床相比，数控机床的初始投资及维护费用较高，对操作与管理人员的素质要求较高。所以只有从生产实际出发，合理地选择与使用数控机床，并且要循序渐进，培养人才，积累经验，才能达到降低生产成本、提高企业经济效益和市场竞争力的目的。

1.3 数控机床的组成

现代数控机床即计算机数字控制（Computer Numerical Control，CNC）机床，其组成如图1.1所示。

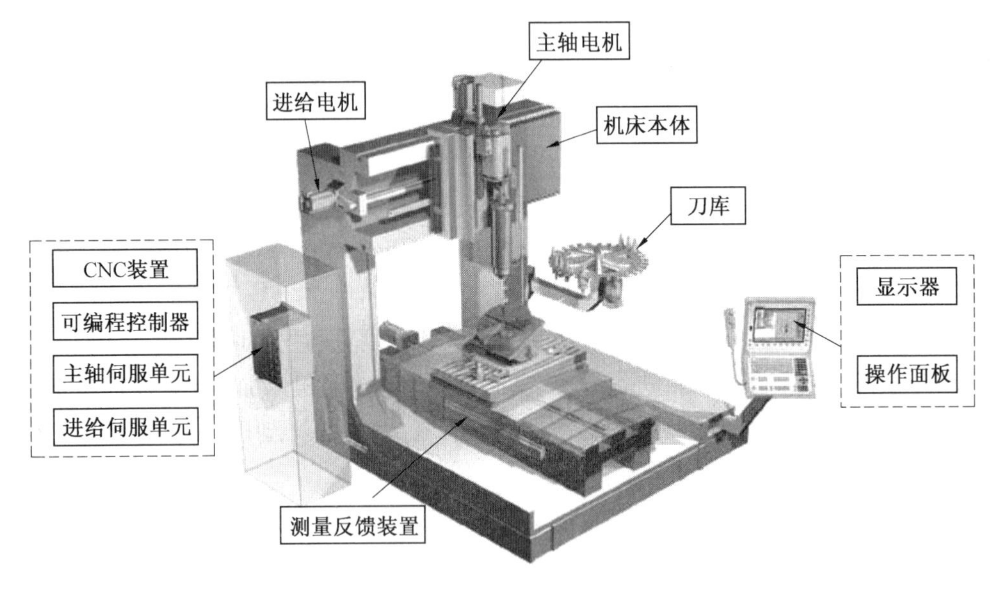

图 1.1 CNC 机床的组成

1. CNC 装置

CNC 装置是 CNC 系统的核心,由中央处理单元(CPU)、存储器、各种 I/O 接口及外围逻辑电路等组成,其主要作用是对输入的数控程序及有关数据进行存储与处理,通过插补运算等形成运动轨迹指令、控制伺服单元和驱动装置,实现刀具与工件的相对运动。对于离散的开关控制量,通过可编程逻辑控制器实现对机床电器的逻辑控制。

CNC 装置有单 CPU 和多 CPU 两种基本结构形式,随着 CPU 性能的不断提高,CNC 装置的功能越来越丰富,性能越来越高,除了上述基本控制功能外,还有图形功能、通信功能、诊断功能、生产统计和管理功能等。

2. 可编程逻辑控制器

可编程逻辑控制器(Programmable Logical Controller,PLC)也是一种以微处理器为基础的通用型自动控制装置,又称为可编程控制器或可编程机床控制器,用于完成数控机床的各种逻辑运算和顺序控制,如机床启停、工件装夹、刀具更换、冷却液开关等辅助动作。PLC 还接受机床操作面板的指令,一方面直接控制机床的动作,另一方面将控制指令输送给 CNC,用于加工过程控制。

CNC 系统中的 PLC 有内置型和独立型。内置型 PLC 与 CNC 是综合在一起设计的,又称集成型,是 CNC 的一部分;独立型 PLC 由独立的专业厂生产,又称外装型。

3. 操作面板

数控机床的操作是通过人机操作面板实现的,人机操作面板由数控面板和机床面板组成。

数控面板是数控系统的操作面板,由显示器和手动数据输入(Manual Data Input,MDI)键盘组成,又称为 MDI 面板。显示器的下部常设有菜单选择键,用于选择菜单。键盘除各种符号键、数字键和功能键外,还设置用户定义键等。操作人员可以通过键盘和显示器实现系统管理,对数控程序及有关数据进行输入、存储和编辑。在加工中,屏幕动态地显示系统状态和故障诊断报警等。此外,数控程序及数据还可以通过磁盘或通信接口输入。

机床操作面板主要用于手动以及自动方式下对机床进行操作或干预。其上有各种按钮与选择开关,用于机床及辅助装置的启停、加工方式选择、速度倍率选择等;还有数码管及信号显示等。中、小型数控机床的操作面板常和数控面板做成一个整体,但二者之间有明显界限。数控系统的通信接口,如串行接口常设置在机床操作面板上。

4. 进给伺服系统

进给伺服系统主要由进给伺服单元和伺服进给电机组成,对于闭环或半闭环控制的进给伺服系统,还包括位置检测反馈装置。进给伺服单元接收来自 CNC 装置的运动指令,经变换和放大后,驱动伺服电机运转,实现刀架或工作台的运动。CNC 装置每发出一个控制脉冲或最小控制量对应的机床刀架或工作台的移动距离称为数控机床的脉冲当量或最小设定单位,脉冲当量或最小设定单位的大小直接影响数控机床的加工精度。

在闭环或半闭环控制的伺服进给系统中,位置检测装置被安装在机床(闭环控制)或伺服电机(半闭环控制)上,其作用是将机床或伺服电机的实际位置信号反馈给 CNC 系统,以便与指令位移信号相比较,用其差值控制机床运动,达到消除运动误差、提高定位精度的目的。

一般说来,数控机床的功能主要取决于 CNC 装置,而数控机床的性能,如运动速度与精度等,则主要取决于伺服驱动系统。

5. 主轴驱动系统

数控机床的主轴驱动与进给驱动的区别很大,主轴电机输出功率较大,一般为 2.2～250 kW;进给电机一般是恒转矩调速,而主电机除了有较大范围的恒转矩调速外,还要有较大范围的恒功率调速;对于数控车床,为了能够加工螺纹和实现恒线速控制,要求主轴和进给驱动能同步控制;对于加工中心,还要求主轴进行高精度准停和分度功能。因此,中、高档数控机床的主轴驱动都采用电机无级调速或伺服驱动,经济型数控机床的主传动系统与普通机床类似,仍需要手工机械变速,CNC 系统仅对主轴进行简单的启动或停止控制。

6. 机床本体

数控机床机械结构的设计与制造要适应数控技术的发展,具有刚度大、精度高、抗振性强、热变形小等特点。由于普遍采用伺服电机无级调速技术,机床进给系统与主轴驱动系统的变速机构被大大简化,甚至取消;广泛地采用滚珠丝扛、滚动导轨等高效率、高精度的传动部件;采用机电一体化设计与布局,机床布局主要考虑有利于提高生产率,而不像传统机床那样,主要考虑操作方便;此外,还采用自动换刀装置、自动交换工作台和数控夹具等。

1.4　数控机床的分类

数控机床的品种、规格繁多,分类方法也很多,根据数控机床的功能和结构,一般按照以下四条原则进行分类。

1.4.1　按照加工工艺及机床用途分类

目前数控机床的品种规格已达五百多种,并且开发了一些特殊类型的数控机床,其加工用途、功能特点多种多样、五花八门。按照其基本用途,可以分为四大类。

1. 金属切削类

这是数控机床的主要类型,它又可分为两类。

(1)普通数控机床

根据GB/T 15375—1994金属切削机床型号的编制方法,我国的金属切削机床划分为11大类,原则上每一类都可以配上数控系统,形成数控机床,如数控车床、数控铣床、数控钻床、数控磨床等,其工艺用途与传统车床、铣床、钻床、磨床等基本相似。用通用特性代号“K”(读音为“控”)表示。

(2)加工中心

其主要特点是具有刀库和自动换刀装置,工件一次装夹后,可以进行多种工序加工,用通用特性代号“H”(读音为“换”)表示。主要有铣削加工中心、车削加工中心和磨削加工中心等。铣削加工中心出现得最早,一般简称加工中心,主要完成铣、镗、钻、攻丝等加工。车削加工中心以完成各种车削加工为主,还能利用自驱动刀具,完成铣平面、键槽及钻横孔等工序,一般简称车削中心。

2. 金属成形类

这类机床指使用挤、冲、压、拉等成形工艺的数控机床,如数控冲压机、剪板机、折弯机、弯管机和旋压机等。

3. 特种加工类

主要指数控电火花切割机床、电火花成形机床、火焰切割机床和激光加工机床等。

4. 测量绘图类

主要有三坐标测量机、绘图机和对刀仪等,其控制工作原理与数控机床基本相同。

1.4.2 按照机床运动的控制轨迹分类

根据数控机床刀具与工件相对运动轨迹的类型将数控机床划分为点位控制、直线控制和轮廓控制三种类型。

1. 点位控制数控机床

这类机床主要有数控钻床、数控镗床、数控冲床等,其特点是机床移动部件在移动中不进行加工,只要求以最快的速度从一点移动到另一点,并准确定位。至于点与点之间的移动轨迹(路径与方向),并无严格要求,各坐标轴之间的运动也不相关联。

2. 直线控制数控机床

这类机床是在点位控制基础上,机床工作台或刀具(刀架)以要求的进给速度,沿着平行于坐标轴的方向进行直线移动和切削加工,能对单个机床坐标轴的移动速度进行控制,使数控车床、数控铣床和数控磨床等能完成简单的直线或45°斜线加工。直线控制也称单轴控制。

3. 轮廓控制数控机床

轮廓控制数控机床也称为连续控制数控机床,其特点是能够对两个或两个以上运动坐标的位移和速度同时进行连续控制,使刀具与工件间的相对运动符合工件加工轮廓的型面要求。轮廓加工控制(Contouring Control)包括加工平面曲线和空间曲线两种情况。对于平面(两维)的任意曲线的切削加工,将曲线分割成n个微线段,用直线(或圆弧)代替(逼近)这些微线段,当逼近误差相当小时,这些折线的连线就接近曲线。由数控机床的数控装置进行计算、分配,通过两个坐标最小单位量的单位运动(Δx、Δy)的合成,连续控制刀具运动,不偏离地走出直线(或圆弧),从而非常逼真地加工出平面曲线。对于空间(三维)曲线中的

$f(x,y,z)$，同样可用微小线段（Δl_i）去逼近它，只不过这时 Δl_i 的单位运动分量不仅是 Δx 和 Δy，还有一个 Δz。

这种在允许的误差范围内，用沿曲线（精确地说，是沿逼近函数）的最小单位移动量合成的分段运动代替给定曲线运动，以得出所需要的运动，是数字控制的基本构思之一。轮廓控制也称连续轨迹控制（Continuous Path Control），它的特点是不仅对坐标的移动量进行控制，而且对各坐标的速度及它们之间的比率都要严格控制，以便加工出给定的轨迹。目前，大多数金属切削机床的数控系统都是轮廓控制系统。

对于轮廓控制的数控机床，根据同时控制坐标轴的数目，还可以分为两轴联动、两轴半联动、三轴联动、四轴联动、五轴联动等，如图 1.2 所示。

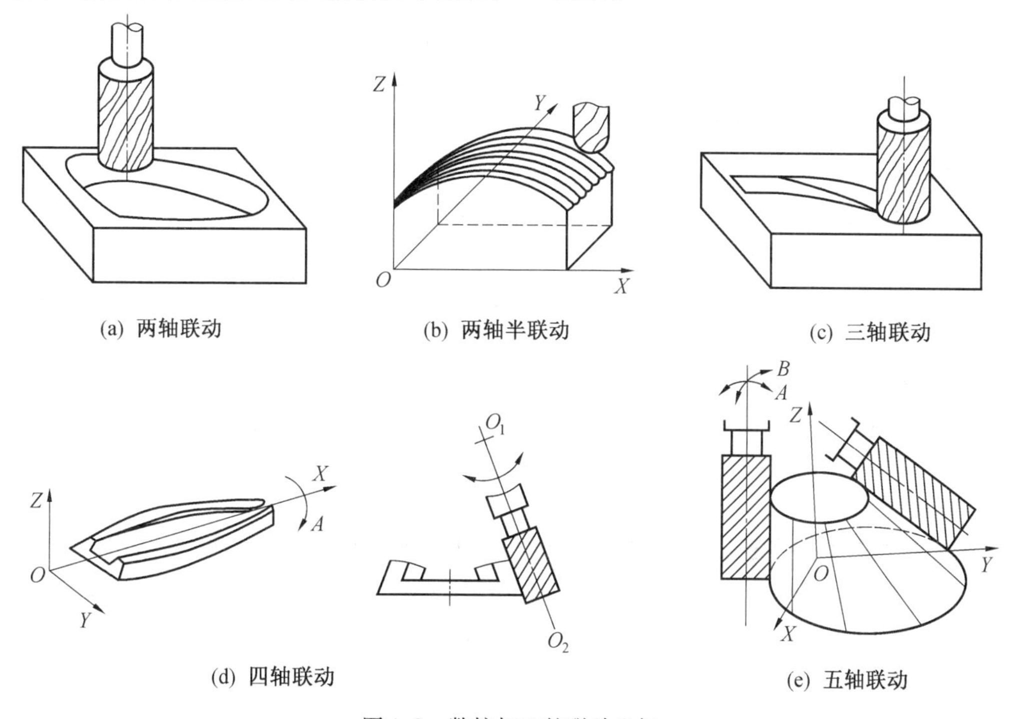

图 1.2　数控加工的联动坐标

1.4.3　按照伺服控制方式分类

数控机床伺服驱动控制方式很多，主要有开环控制、闭环控制和半闭环控制三种类型，此外，还有开环补偿型和半闭环补偿型等混合控制。

1. 开环控制数控机床

这类机床的伺服进给系统中，没有位移检测反馈装置，数控装置的控制指令直接通过驱动装置控制步进电机的运转，然后通过机械传动系统转化成刀架或工作台的位移。这种控制系统由于没有检测反馈校正，所以位移精度一般不高，但其控制方便、结构简单、价格便宜，在我国广泛用于经济型数控机床或旧设备的数控改造中。

2. 闭环控制数控机床

闭环控制数控机床又称全闭环控制机床，其检测装置被安装在机床刀架或工作台等执行部件上，用以直接检测这些执行部件的实际运行位置（线位移或者角位移），并将其与 CNC 装置的指令位置相比较，用差值进行控制。这种控制方式是直接检测校正，位置控制精度很高,但由于它将丝杠螺母副和机床工作台等这些大惯量环节放在闭环之内,因此,系统稳定性受各种因素影响较大,调试困难,且结构复杂、价格昂贵。

3. 半闭环控制数控机床

这类机床的位置检测元件被安装在伺服电机上,通过测量伺服电机的角位移,间接计算出机床工作台等执行部件的实际位置,再进行反馈控制。由于将丝杠螺母副和机床工作台等大惯量环节排除在闭环控制系统外,不补偿它们的运动误差,因此控制精度受到影响,但系统稳定性有所提高,调试比较方便,价格也较全闭环系统便宜。

1.4.4 按照数控系统的功能水平分类

按照数控系统的功能水平,数控机床分为经济型(低档型或简易型)、普及型(中档型或全功能型)和高档型三种。这种分类方法没有明确的定义和确切的分类界限,不同国家分类的含义也不同,且数控技术在不断发展,不同时期的含义也在不断变化。以下论述仅作为数控机床功能水平分类的参考。

1. 经济型

这类机床的伺服进给驱动是由步进电机实现的开环驱动,控制轴数为三轴或三轴以下,脉冲当量或进给分辨率为2~10 μm,快速进给速度小于10 m/min。系统的微机系统早期多为8位单板机或单片机,用数码管显示,一般不具备通信功能。这类机床结构比较简单、精度中等,能满足加工形状比较简单的直线、斜线、圆弧及螺纹,价格比较便宜。如经济型数控车床、铣床、线切割机床等,在我国应用比较普遍。其发展趋势已逐渐被16位或32位微处理器取代,采用字符或图形显示器,并采用低价位的交流伺服电机代替步进电机,实现半闭环控制。

2. 普及型

这类机床进给采用交流或直流伺服电机实现半闭环驱动,实现四轴或四轴以下联动控制,进给分辨率为1 μm左右,快速进给速度可达10~20 m/min,一般采用16位或32位微处理器,具有RS232等通信接口、图形显示功能及面向用户的宏程序功能。此类数控机床品种繁多,几乎覆盖了各种机床类别,其发展趋势为简单、实用,不追求过多功能,且价格适当。

3. 高档型

这是指加工复杂形状的多轴联动的加工中心,功能强、工序集中、自动化程度高,具有高柔性。一般采用32位以上微处理器的多CPU结构,采用数字化交流伺服电机,进行闭环驱动控制,并开始使用直线伺服电机。具有主轴伺服功能,能实现五轴以上联动,最高分辨率为0.1 μm,最大驱动速度为100 m/min以上;具有三维动画功能,能进行加工仿真检验和友好的图形用户界面。同时具有多功能智能监控系统和面向用户的宏程序功能,有很强的智能诊断和智能工艺数据库,能实现加工条件的自动设定,且能实现计算机的网络通信,具有制造自动化协议等高性能通信接口。这类机床功能强大、价格昂贵,如五轴联动的数控机床,大、重型数控机床,五面体加工中心,车削中心和柔性加工单元等。

1.5　数控机床的发展

1.5.1　数控技术的产生与发展

数控机床是在机械制造技术和控制技术基础上发展起来的。第一台电子计算机于1946年2月15日在美国宣告诞生，计算机的研制成功为产品制造由刚性自动化向柔性自动化方向发展奠定了基础。自20世纪40年代以来，航空航天技术的发展对各种飞行器零部件的加工提出了更高的要求，这类零件形状复杂，材料多为难加工合金。为了提高强度、减轻质量，通常将整体材料铣成蜂窝式结构，这用传统的机床和工艺方法加工不能保证精度，也很难提高生产率。1948年，美国帕森斯公司在研制加工直升机叶片轮廓检查用样板的机床时，提出了数控机床的初始设想。后来，受美国空军的委托，与麻省理工学院合作，在1952年研制成功了世界上第一台三坐标数控铣床，其控制装置由两千多个电子管组成。伺服驱动系统采用一台小型伺服电机改变液压马达斜盘角度，以控制液压机速度，插补装置采用脉冲乘法器。这台数控机床的诞生，标志着数控技术的开创和机械制造的数字控制时代的开始。

表1.1为数控系统的发展历程，由当初的电子管式起步，经历了分离式晶体管式—小规模集成电路式—大规模集成电路式—小型计算机式—微处理器数控系统—基于工控PC的通用数控系统等几个发展阶段。

表1.1　数控系统的发展历程

发展阶段	数控系统的发展	世界产生年份	中国产生年份
硬件数控	第一代电子管数控系统	1952年	1958年
	第二代晶体管数控系统	1961年	1964年
	第三代集成电路数控系统	1965年	1972年
软件数控	第四代小型计算机数控系统	1968年	1978年
	第五代微处理器数控系统	1974年	1981年
	第六代基于工控PC的通用CNC系统	1990年	1992年

1952年，第一代数控机床的数控装置采用电子管、继电器等元件构成模拟电路；1959年，出现了晶体管，数控装置中广泛采用晶体管和印刷线路板，构成晶体管数字电路，使体积缩小，进入第二代；1965年，出现了小规模集成电路，用它构成集成数字电路作数控装置，使体积更小，功率更低，系统可靠性进一步提高，发展到第三代。以上三代数控系统主要是由硬件和连接电路组成，所以称为接线逻辑数控系统或硬数控系统，简称NC系统。它的特点是硬件电路和连接结点多，电路复杂，可靠性不好，这是数控系统发展的第一阶段。

20世纪60年代末，小型计算机逐渐普及并被应用于数控系统，数控系统中的许多功能可由软件实现，简化了系统设计并增加了系统的灵活性和可靠性，CNC技术从此问世，数控系统发展到第四代。1974年，以微处理器为基础的CNC系统问世，标志着数控系统进入第五代。1977年，麦道飞机公司推出了多处理器的分布式CNC系统。进入20世纪80年代，CNC达到全功能的技术特征，其体系结构朝着柔性模块化方向发展。32位CPU在CNC中得到应用,CNC 系统进入面向高速、高精度、柔性制造系统和自动化工厂的发展阶段。20 世纪 90 年代以来,受通用微机技术高速发展的影响,数控系统朝着以通用微机为基础、体系结构开放和智能化的方向发展。基于 PC 的开放式数控系统可以充分利用通用微机丰富的硬、软件资源和适用于通用微机的各种先进技术,已经成为数控技术发展的潮流和趋势。后两代是数控系统发展的第二阶段,其数控系统主要由计算机硬件和软件组成,称为 CNC 系统。其最大特点是利用存储在存储器里的软件控制系统工作,因此也被称为软数控系统。这种系统的功能扩充性好、柔性高、可靠性高。

数控技术的发展极大地推动了数控机床的发展,数控系统经过五十多年的不断发展,从控制单机到生产线以至整个车间和整个工厂。近年来,随着微电子和计算机技术的日益成熟,其成果正在不断地应用于机械制造的各个领域,先后出现了计算机直接数控系统、柔性制造系统和计算机集成制造系统。这些高级的自动化生产系统均是以数控机床为基础,代表着数控机床未来的发展趋势。近 20 年来,普通级数控机床的加工精度已由原来的 10 μm 提高到 5 μm;精密级从 5 μm 提高到 1.5 μm,最高可达 1 μm 以内。主轴回转精度为0.02 ~ 0.05 μm、加工圆度为 0.1 μm,表面粗糙度 *Ra* 为 0.003 μm 的超精密车床已经在市场上出现。高速高精度加工技术可极大地提高效率,提高产品的质量和档次,缩短生产周期和提高市场竞争能力。从国际机床展览会情况来看,高速加工中心进给速度已达到80 m/min,甚至更高,空运行速度已超过 100 m/min,加速度达到 2 g,主轴转速已达 60 000 r/min。衡量可靠性重要的量化指标是平均无故障工作时间(MTBF)。作为数控机床的大脑,数控系统的 MTBF 在 20 世纪 80 年代大于 10 000 h,90 年代大于 30 000 h。据日本 FANUC 近期介绍,CNC 系统 MTBF 已大于 125 个月。

我国目前已经成为世界第一的机床生产大国和世界第一大的机床市场,数控机床成为机床消费的主流。我国未来数控机床市场巨大,预计 2015 年数控机床消费将超过 65 亿美元,台数将超过 10 万台。其中,中高档数控机床的比例会大幅增加,经济型数控机床的比例不会有大的变化,而非数控的普通机床的需求将会大幅度减少。数控机床的应用将主要集中在航空航天、船舶、汽车、兵器、工程机械和电子信息等行业,机床产业是国民经济发展的基础,装备制造业发展的重中之重。《国家中长期科学和技术发展规划纲要(2006 ~ 2020 年)》将"高档数控机床与基础制造装备"确定为 16 个科技重大专项之一,通过国家相关计划的支持,数控机床产业的发展需要以市场需求为导向,以主机为牵引,以共性技术为支撑,将加速振兴我国机床制造业。

1.5.2 现代数控机床的发展趋势

1. 高精度化

现代科学技术的发展,新材料及新零件的出现,对精密加工技术不断提出新的要求。提高加工精度,发展新型超精密加工机床,完善精密加工技术,以适应现代科学技术的发展,是现代数控机床的发展方向之一。其精度已经从微米级发展到亚微米级、乃至纳米级(小于 10 nm)。

提高数控机床的加工精度,可以通过减少数控系统的误差和采用机床误差补偿技术来实现。在减少 CNC 控制系统误差方面,通常采取提高数控系统的分辨率、提高位置检测精度,在位置伺服系统中采用前馈控制与非线性控制等方法。在机床误差补偿技术方面,除采用齿隙补偿、丝杠螺距误差补偿和刀具补偿等技术外,还可以对设备热变形进行误差补偿。

近十多年来，普通级数控机床的加工精度已经由±10 μm 提高到±5 μm，精密级加工中心的加工精度则从±（3～5）μm 提高到±(1～1.5)μm。

2. 高速化

提高生产率是机床技术追求的基本目标之一。数控机床高速化可以充分发挥现代刀具材料的性能，不但可以大幅度提高加工效率、降低加工成本，而且可以提高零件的表面加工质量和精度，对制造业实现高效、优质、低成本生产，具有广泛的适用性。

要实现数控设备高速化，首先要求数控系统能对由微小程序段构成的加工程序进行高速处理，以计算出伺服电机的移动量。同时要求伺服电机能高速度地作出反应，采用32位及64位微处理器，是提高数控系统高速处理能力的有效手段。

实现数控设备高速化的关键是提高切削速度、进给速度和减少辅助时间。高速数控加工源于20世纪90年代初期，以电主轴（实现高主轴转速）和直线电机（实现高速移动）的应用为特征，使主轴转速大大提高，进给速度达到60～120 m/min，进给的加速度达到1～2 g。目前，车削和铣削的切削速度已经达到500～800 m/min，主轴转数达到3 000～40 000 r/min；工作台的移动速度，当分辨率为1 μm 时，可以达到100 m/min（有的达200 m/min）以上；由于CPU运算速度的提高，当分辨率为0.1 μm 的状况下仍能获得很高的进给速度。中等规格加工中心的快速进给速度从过去的8～12 m/min 提高到60 m/min。加工中心换刀时间从5～10 s 减少到小于1 s，而工作台交换时间也由过去的12～20 s 减少到2.5 s 以内。

3. 高柔性化

采用柔性自动化设备或系统，是提高加工精度和效率、缩短生产周期、适应市场变化需求和提高竞争能力的有效手段。数控机床在提高单机柔性化的同时，朝着单元柔性化和系统柔性化方向发展。如出现了可编程控制器控制的可调组合机床、数控多轴加工中心、换刀换箱式加工中心、数控三坐标动力单元等具有柔性的高效加工设备、柔性加工单元、柔性制造系统，以及介于传统自动线与柔性制造系统之间的柔性制造线。

4. 高自动化

高自动化是指在加工过程中，尽量减少人的介入，自动地完成规定的任务，它包括物料流和信息流的自动化。自20世纪80年代中期以来，以数控机床为主体的加工自动化已经从“点”（数控单机、加工中心和数控复合加工机床）、“线”（FMC、FMS、柔性加工线、柔性自动线）朝着“面”（工段车间独立制造岛、自动化工厂）、“体”（CIMS、分布式网络集成制造系统）的方向发展。尽管由于这种高自动化的技术还不够完备、投资过大、回收期较长，还提出“有人介入”的自动化观点，但数控机床朝着高自动化以及FMC、FMS集成方向发展的总趋势，仍然是机械制造业发展的主流。数控机床的自动化除了进一步提高其自动编程、上下料、加工等自动化程度外，还要在自动检索、监控、诊断等方面进一步发展。

5. 智能化

为适应制造业生产柔性化自动化发展的需要，智能化正成为数控设备研究及发展的热点，它不仅贯穿在生产加工的全过程（如智能编程、智能数据库和智能监控），而且贯穿在产品的售后服务和维修中。采取的主要技术措施包括以下几个方面。

①自适应控制技术。自适应控制可以根据切削条件的变化，自动调节工作参数，使加工过程中能够保持最佳工作状态，从而得到较高的加工精度和较小的表面粗糙度，同时也能提

高刀具的使用寿命和设备的生产效率,达到改进系统运行状态的目的。如通过监控切削过程中的刀具磨损、破损、切屑形态、切削力及零件的加工质量等,向制造系统反馈信息,通过将过程控制、过程监控、过程优化结合在一起,实现自适应调节。另外,已经开始研究能自动识别负载并自动调整参数的智能化伺服系统,会使驱动系统获得最佳运行。

②专家系统技术。将专家经验和切削加工一般规律与特殊规律存入计算机中,以加工工艺参数数据库为支撑,建立具有人工智能的专家系统,提供经过优化的切削参数,使加工系统始终处于最优和最经济的工作状态,从而提高编程效率和降低对操作人员的技术要求,缩短生产准备时间。例如,日本牧野公司在电火花数控系统 MAKINO-MCE20 中,用带自学习功能的神经网络专家系统代替操作人员进行加工监视。

③故障自诊断、自修复技术。在整个工作状态中,系统要随时对 CNC 系统本身以及与其相连的各种设备进行诊断、检查;一旦出现故障,立即采用停机等措施,进行故障报警,提示发生故障的部位、原因等,并利用“冗余”技术,自动使故障模块脱机,而接通备用模块,以确保无人化工作环境的要求。

④模式识别技术。应用图像识别和声控技术,使机器自己辨认图样,按照自然语音命令进行加工。

6. 复合化

所谓复合化就是把不同类型机床的功能集中于一台机床上,由于这种机床不仅能保证更高的加工精度,还可以大大提高生产效率、节省占地面积、节约投资,因而受到广大用户的普遍欢迎。复合化包含工序复合化和功能复合化。数控机床的发展已经模糊了粗、精加工工序的概念。加工中心的出现,又把车、铣、镗等工序集中到一台机床来完成,打破了传统的工序界限和分开加工的工艺规程,可以最大限度地提高设备利用率。为了进一步提高加工效率,现代数控机床采用多主轴、多面体切削,即同时对一个零件的不同部位进行不同方式的切削加工,如各类五面体加工中心。另外,现代数控系统的控制轴数也在不断增加,有的多达 15 轴,其同时联动的数轴已达 6 轴,可以一次上料完成零件的正反面加工,包括车削、镗孔、钻孔、攻丝等多道工序,适用于大批量轮毂、盘类、箱体类零件加工。

7. 高可靠性

数控机床的可靠性一直是用户最关心的指标。数控系统将采用更高集成度的电路芯片,利用大规模或超大规模的专用及混合式集成电路,以减少元器件的数量,提高可靠性。通过硬件功能软件化,以适应各种控制功能的要求,同时采用机床本体的模块化、标准化、通用化和系列化,可提高生产批量,便于组织生产和质量把关。通过自动运行启动诊断、在线诊断、离线诊断等多种诊断程序,实现对系统硬、软件和各种外部设备进行故障诊断与报警。利用报警提示,及时排除故障;利用容错技术,对重要部件采用“冗余”设计,以实现故障功能的自恢复;利用各种测试、监控技术,当发生超程、刀具磨损、干扰、断电等各种意外时,自动进行相应的保护。

8. 网络化

为了适应 FMC、FMS 以及进一步联网组成 CIMS 的要求,先进的 CNC 系统为用户提供了强大的联网能力,除带有 RS-232 串行接口、RS-422 等接口外,还带有远程缓冲功能的 DNC 接口,可以实现几台数控机床之间的数据通信和直接对几台数控机床进行控制。为了适应自动化技术的进一步发展和工厂自动化规模越来越大的要求,满足不同厂家不同类型数控机床联网的需要，现代数控机床已经配备与工业局域网通信的功能以及制造自动化协议(Manufacturing Automation Protocol，MAP)接口，为现代数控机床进入FMS及CIMS创造了条件，促进了系统集成化和信息综合化，使远程操作和监控、遥控及远程故障诊断成为可能。这不仅有利于数控系统生产厂对其产品的监控和维修，而且适用于大规模现代化生产的无人化车间实行网络管理，还适用于在操作人员不宜到现场的环境(如对环境要求很高的超精密加工和对人体有害的环境)中工作。

9. 开放式体系结构

20世纪90年代以后，计算机技术的飞速发展推动了数控机床技术更快地更新换代，世界上许多数控系统生产厂家利用PC机丰富的硬、软件资源开发了开放式体系结构的新一代数控系统。

开放式体系结构可以大量采用通用微机的先进技术，如多媒体技术，实现声控自动编程、图形扫描自动编程等。新一代数控系统的硬、软件和总线规范都是对外开放的，由于有充足的硬、软件资源可供利用，这不仅使数控系统制造商和用户进行系统集成得到有力的支持，而且为用户的二次开发带来极大方便，促进了数控系统多档次、多品种的开发和广泛应用。既可以通过升档或剪裁构成各种档次的数控系统，也可以通过扩展构成不同类型数控机床的数控系统，大大缩短了开发生产周期。这种数控系统可以随着CPU升级而升级，结构上不必变动，使数控系统有更好的通用性、柔性、适应性和扩展性，并朝着智能化、网络化方向发展。

许多国家纷纷研究开发这种系统，如美国科学制造中心与空军共同领导的“下一代工作站机床控制器体系结构”、欧共体的“自动化系统中开放式体系结构”、日本的OSEC计划等。开发研究成果已经得到应用，如Cincinnati Milacron公司从1995年开始在其生产的加工中心、数控铣床、数控车床等产品中采用开放式体系结构的A2100系统。

复习题

1. 什么是数控机床？
2. 请简述机床的数字控制原理。
3. 数控机床由哪几部分组成？
4. 请简要解释下列名词：
   插补、加工中心、智能数控
5. 简述数控机床的未来发展方向。

第2章 数控程序编制

2.1 数控编程概述

2.1.1 数控编程的基本概念

数控编程(NC Programming)也称零件编程(Part Programming),是指编程人员(程序员或数控机床操作者)根据零件图样和工艺文件的要求,编制出可在数控机床上运行并完成规定加工任务的一系列指令的过程。具体来说,数控编程是由分析零件图样和工艺要求开始到程序检验合格为止的全部过程。编程人员必须把加工过程中的所有动作和信息(如主轴转速、进给速度、运动轨迹、切削液的开关等)按照规定的指令和格式生成指令序列,即数控加工程序。当变更加工对象时,只需要重新编写加工程序,而机床本身则不需要进行调整就能实现新零件的加工。

2.1.2 数控编程的内容和步骤

数控加工程序的编制过程是一个比较复杂的工艺决策过程。理想的加工程序不仅应保证加工出符合图纸要求的合格工件,同时应能使数控机床的功能得到合理的应用与充分的发挥,以使数控机床能安全可靠、高效地工作。典型的数控编程过程如图2.1所示。

1. 加工工艺分析

加工工艺是影响数控加工技术经济效果的主要因素。在编程之前,首先应对零件图纸和工艺要求进行全面的分析,从而确定加工方案、制定加工计划,确认与生产组织有关的问题。此步骤的内容包括:

(1)确定加工零件的机床。该零件应安排在哪类或哪台机床上进行加工,以充分发挥数控机床的功能。

(2)确定采用何种夹具或何种装夹方法。所选夹具应便于安装,且容易确定工件和机床坐标系的位置关系。

(3)确定采用何种刀具或采用多少把刀具进行加工。要求粗精加工的刀具应分开,且满足加工质量和效率的要求。

(4)确定零件加工的合理工艺路线及加工工序。如安排加工顺序、划分工序和工步以及确定切削用量等。

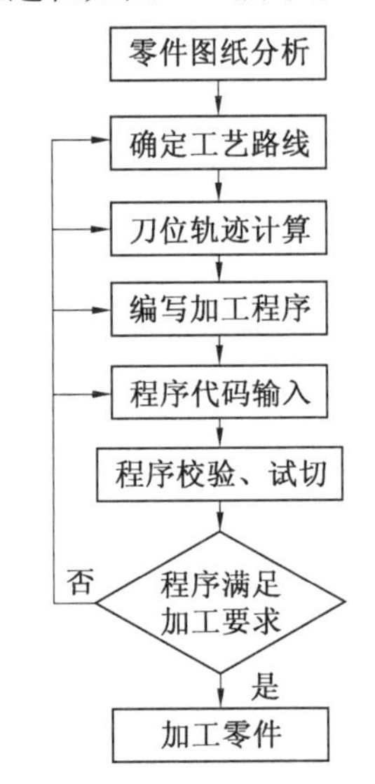

图2.1 数控编程过程

(5)确定加工路线。即选择对刀点、换刀点、程序起点(又称加工起点或起刀点,加工起点常与对刀点重合)、走刀路线、程序终点(程序终点常与程序起点重合)。

(6)其它。确定加工过程中是否需要提供冷却液、是否需要进行刀具补偿等。

2. 计算加工轨迹和加工尺寸

根据零件形状尺寸及加工工艺路线的要求，在适当的工件坐标系上计算零件轮廓和刀具运动轨迹的坐标值，诸如几何元素的起点、终点、圆弧的圆心、几何元素的交点或切点等坐标尺寸，获得编程所需要的所有相关位置坐标数据。有时还需要根据这些数据计算刀具中心（或刀尖）轨迹的坐标尺寸，并按数控系统最小设定单位（如 0.001 mm）将上述坐标尺寸转换成相应的数字量。

3. 编制加工程序清单

根据制定的加工路线、刀具运动轨迹、切削用量、刀具号码、刀具补偿要求及辅助动作，按照机床数控系统使用的指令代码及程序格式要求，编写零件加工程序清单，并进行初步的人工检查，检查上述步骤中是否存在错误，必要时进行反复修改。编程者除了应了解所用数控机床及系统的功能、熟悉程序指令外，还应具备与机械加工有关的工艺知识，才能编制出正确、实用的加工程序。

4. 程序输入

数控机床的零件加工程序，可以通过机床操作面板直接将程序信息键入数控系统程序存储器中；也可以通过软盘、U 盘、PCMCIA-CF 卡等控制介质传输到数控装置中；还可以利用数控系统的串行接口（RS-232 或 RS-422）、USB 接口、网络接口等通信接口以通信的方式将程序传输到数控装置中。

5. 程序校验和试切削

所编制的加工程序必须经过进一步的校验和试切削才能用于正式加工。一般的方法是将加工程序输入数控装置进行机床的空运转检查。对于平面轮廓工件，可以用笔代替刀具，用坐标纸代替工件，在数控机床上进行空运行绘图；对于空间曲面零件，可用木料、石蜡或塑料等廉价材料的试件进行试切，以此检查机床运动轨迹与动作的正确性。在具有图形显示的机床上，用图形的静态显示（在机床坐标轴锁住的状态下形成的运动轨迹）或动态显示（模拟刀具和工件的加工过程）来校验则更为方便，但这些方法只能检查运动轨迹的正确性，无法检查工件的加工误差。首件试切方法不仅可查出加工程序是否有错，还可检验加工精度是否符合要求。

2.1.3　数控编程的方法

数控编程方法可以分为两类，一类是手工编程（manual programming）；另一类是自动编程（automatic programming）。

1. 手工编程

手工编程是指编制零件数控加工程序的各个步骤均全部或主要由人工完成，包括零件图纸分析、工艺决策、确定加工路线和工艺参数、计算刀位轨迹坐标数据、编写零件的数控加工程序直至程序的检验等。对于点位加工及由直线与圆弧组成的简单轮廓的加工，数控编程计算较简单，程序段不多，手工编程即可实现。但对于轮廓形状复杂的零件，特别是空间复杂曲面，数值计算则相当繁琐，工作量大，容易出错，且很难校对，一般采用自动编程方法。但手工编程是自动编程的基础，对机床操作人员来讲必须掌握。

2. 自动编程

进行复杂零件加工编程时，刀位轨迹的计算工作量非常大，很多时候人工是无法完成的，通常利用计算机技术协助编程人员完成加工程序编制。用计算机将待加工零件的信息转换成数控机床能够执行的数控加工程序的过程，称为自动编程。

以计算机辅助设计为基础的图形交互式自动编程方法是现代CAD/CAM系统中常用的方法，在编程时编程人员首先要对零件图样进行工艺分析，确定构图方案；其后利用计算机辅助设计（CAD）或自动编程软件本身的零件造型功能，构建出零件几何形状；然后还需利用软件的计算机辅助制造（CAM）功能，完成工艺方案的确定、切削用量的选择、刀具及其参数的设定，自动计算并生成刀位轨迹文件，利用后置处理功能生成针对特定数控系统的加工程序。

2.2 数控编程工艺基础

数控编程前需对所加工的零件进行工艺分析，拟定加工方案，选择合适的刀具，确定切削用量。这是一个十分重要的环节，关系到所编零件加工程序的正确性和合理性。

2.2.1 数控加工准备

在数控程序编制前，必须要对零件设计图纸和技术要求进行详细的数控加工工艺分析，以最终确定哪些步骤是零件加工过程中的关键点，哪些是数控加工中的难点。

1. 零件图与工艺分析

（1）零件图分析

零件图分析的主要内容是对零件进行工艺审查，例如检查图纸的视图、尺寸标注、技术要求等是否有遗漏、错误。对发现的图纸问题和错误应及时与设计人员进行沟通或提出修改建议，并由设计人员决定是否进行修改或完善。主要分析内容如下：

①尺寸标注分析。在数控加工零件图上，零件图上的尺寸应尽量采取集中标注或同一基准标注，这种标注方法便于编程。但设计人员考虑装配等使用特性，有时采用局部分散标注尺寸。一般应将局部分散标注尺寸修改为同一基准标注尺寸或直接给出坐标尺寸。

②轮廓几何元素分析。零件的视图应表达清楚、准确；给定的几何元素应充分、完整。例如，直线与圆弧、圆弧与圆弧在图纸上相切，图纸上给出的尺寸是否满足相切的条件等。

③零件技术要求分析。零件的技术要求主要包括，尺寸精度、位置精度、表面粗糙度和热处理要求等。零件技术要求分析主要包括，技术要求的合理性和可行性，重点分析重要表面和部位的加工精度和技术要求，以确定技术要求是否过于严格。过高的精度和过小的表面粗糙度要求会使工艺过程变得复杂，加工难度增大，加工成本增加。

④零件材料分析。在满足零件功能要求的前提下，选择成本较低的材料。

⑤零件结构工艺性分析。零件的结构工艺性是指零件对加工方法的适应性，即所设计的零件结构应便于加工成型。良好的结构工艺性会使零件易于加工、节省工时和材料；较差的结构工艺性会增加加工难度、增加加工成本，甚至无法完成加工。通过零件结构工艺性分析，可以确定零件加工所需的加工方法和数控机床的类型、规格。

（2）毛坯状态分析

多数零件设计图纸只定义了零件加工时的形状、尺寸和技术要求，而没有原始毛坯材料的数据。编程时需了解毛坯材料的下述性能：毛坯的材料、毛坯的类型、生产批量，毛坯是否有充分、稳定的加工余量，毛坯是否符合装夹要求，毛坯的变形和加工均匀性对加工质量的影响程度等。

2. 定位基准与装夹

（1）定位基准选择

定位基准的选择应尽量与设计基准一致。当定位基准与设计基准不一致时，选择的定位基准应能保证零件定位准确、稳定，加工测量方便，装夹次数少。

定位基准有粗基准和精基准之分。零件开始加工时，所有的面均未加工，只能以毛坯面作定位基准，称为粗基准。以后的加工，必须以加工过的表面做定位基准，以加工过的表面为定位基准称为精基准。在加工中，首先使用的是粗基准，但在选择定位基准时，为了保证零件的加工精度，首先考虑的是精基准，精基准选定以后，再考虑合理地选择粗基准。

与传统机械加工相似，选择精基准时，一般应遵循基准重合、基准统一、自为基准、互为基准等原则，重点考虑如何减少工件的定位误差，保证工件的加工精度，同时也要考虑工件装卸方便，夹具结构简单。通常选择工件上具有较高精度要求的重要工作表面作为精基准，但有时为了使基准统一或定位可靠，操作方便，人为地制造一种基准面，这些表面在零件的工作中不起作用，仅仅在加工中起定位作用，如顶尖孔等。这类基准称为辅助基准。

选择粗基准时，重点考虑如何保证各个加工面都能分配到合理的加工余量，保证加工面与非加工面的尺寸和位置精度，同时还要为后续工序提供可靠精基准。

（2）工件的装夹

数控机床上工件的装夹方法与普通机床一样，要合理地选择定位基准和夹紧方法。为了尽量减少辅助时间，选择的夹具必须保证加工零件的快速定位和夹紧。尽量做到在一次装夹中能把零件上所有加工表面都加工出来，减少装夹次数。工件定位基准与设计基准要尽量重合，减少定位误差对尺寸精度的影响。夹紧点分布要合理，夹紧力大小要适中且稳定，以减少装夹变形，避免被加工零件产生振动，导致加工精度和表面质量降低。总之，数控加工的零件在夹具上定位要可靠、准确，夹紧要迅速、稳定。

3. 机床、夹具、刀具的合理选用

（1）数控机床的选择

不同类型的数控机床有不同的用途，在选用数控机床之前应对其类型、规格、性能、特点、用途和工艺范围有所了解，才能选择出最适合加工零件的数控机床。从数控机床的类型考虑，数控车床适用于加工具有回转特征的轴类和盘类零件。数控镗铣床、立式加工中心适用于加工箱体类零件、板类零件、具有平面复杂轮廓的零件。卧式加工中心适合复杂箱体、泵体、阀体类零件的加工。多轴联动的数控机床、加工中心可以用来加工复杂的自由曲面、叶轮螺旋桨以及模具等。

（2）夹具的选择

数控加工的特点对夹具提出了两个基本要求，一是保证夹具的坐标方向与机床的坐标方向相对固定；二是能协调零件与机床坐标系的尺寸。除此之外，在选用或设计夹具时应尽量遵循以下原则：

①尽量选用组合夹具，可调整的标准化、通用化夹具，避免采用专用夹具。对批量小的零件应优先选用组合夹具；对形状简单的单件小批量生产的零件，可选用通用夹具，如三爪

卡盘;只有对批量较大,周期性投产,加工精度要求较高的关键工序才考虑设计专用夹具。

②工件的装卸要快速、方便、可靠,常采用气动、液压夹具,以减少机床的停机时间。装夹工件的辅助时间对数控机床的加工效率影响较大,所以要求数控夹具在使用中要装卸快捷且方便,一次装夹应尽可能装夹多个工件,以减少辅助时间、提高加工效率。

③零件上的加工部位要外露敞开,不要因装夹工件而影响刀具的进给和切削加工,即夹具元件不能与刀具运动轨迹发生干涉。

(3)刀具的选择

数控加工中刀具的选择非常重要,刀具选择合理与否不仅影响机床的加工效率,而且还直接影响加工质量。与普通机床相比,数控机床对刀具提出了更高的要求,不仅需要精度高、刚性好、装夹调整方便,而且要求切削性能强、耐用度高。选择刀具时,通常要考虑机床的加工能力、工序内容、工艺类别、工件材料等多种因素,其基本原则是:安装调整方便、刚性好、耐用度和精度高;在满足加工要求的前提下,尽量选择较短的刀柄,以提高刀具加工的刚性。

数控刀具的分类有多种方法,图2.2为依次按结构、材料和加工工艺的刀具分类。

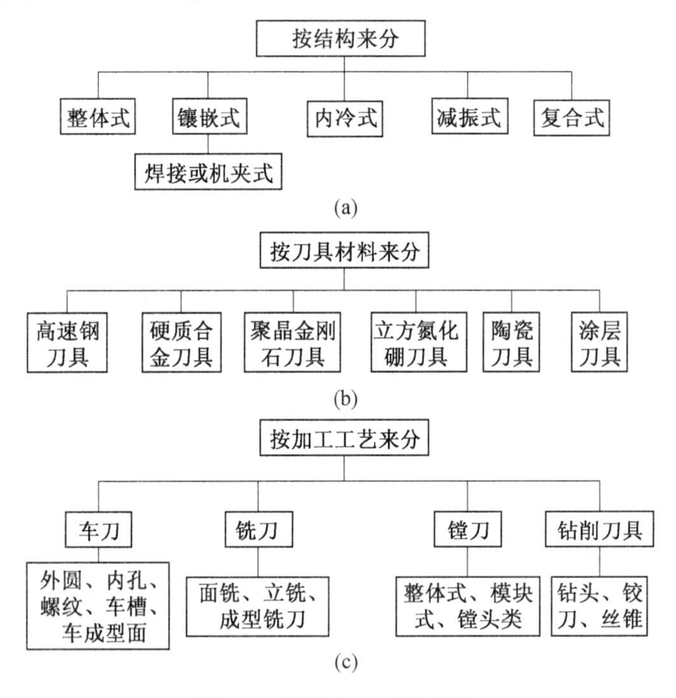

图2.2 数控加工刀具分类

数控加工中用到的各种刀具,都具有一定尺寸大小,而不是一个点,所以当一把刀具定位在坐标系中的某个位置(即某一点)时,实际上是指刀具上的某一点与坐标系中的这一点重合,这一点被称之为刀位点。刀具在坐标系中的位置,实际上是指刀位点的位置。数控加工中各种刀具的刀位点如图2.3所示。

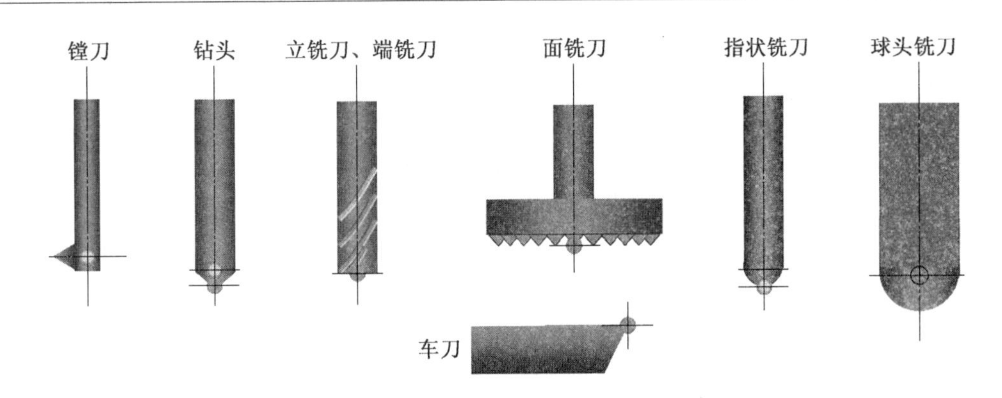

图 2.3　各种典型数控刀具的刀位点

由图 2.3 可见,钻头刀位点是钻尖;立铣刀的刀位点是刀具轴线与刀具底平面的交点;球头铣刀的刀位点是球心;车刀刀位点是刀尖或刀尖圆弧中心。对于包含刀具轴线摆动的四坐标或五坐标数控加工,仅以一个刀位点是不能完全说明刀具相对于工件的位置的,还要定义刀位矢量。

2.2.2　数控加工工艺设计

实践表明,数控加工中出现的问题和失误绝大多数与工艺设计时考虑不周有关。在确定数控加工工艺方案时,要考虑的因素如图 2.4 所示。

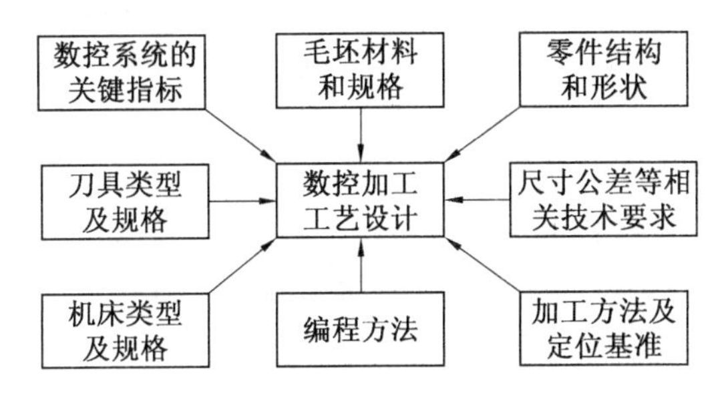

图 2.4　数控加工工艺设计的影响因素

1. 对刀点与换刀点的确定

对于数控机床来说,编制程序时正确选择对刀点很重要。“对刀点”就是在数控机床上加工零件时,刀具相对于工件运动的起点。由于程序也是从这一点开始执行,所以对刀点也称为“程序起点”或“起刀点”。选择对刀点的原则为:

①选择的对刀点应便于数学处理和简化程序编制;

②对刀点在机床上容易校准、观察和检测;

③便于坐标值的计算,引起的加工误差小。

对刀点可以选在机床坐标系或工件坐标系的原点上,也可以选在已知坐标值的点上。对刀点尽可能设在零件的设计基准或工艺基准上,但必须与零件的定位基准有准确的尺寸关系。对于以孔为定位基准的零件,可以取孔的中心作为对刀点。

对加工中心等多刀加工数控机床,因加工过程要进行换刀,故编程时应考虑不同工步间的换刀问题。换刀点是指在编制数控机床多刀加工的加工程序时,相对于机床固定原点而设置的一个自动换刀位置,这个点往往是固定的。为了防止在换(转)刀时碰撞到被加工零件、夹具而发生事故,除特殊情况外,其换刀点都设置在被加工零件的外面,并留有一定的安全区。对刀点与换刀点的关系如图 2.5 所示。

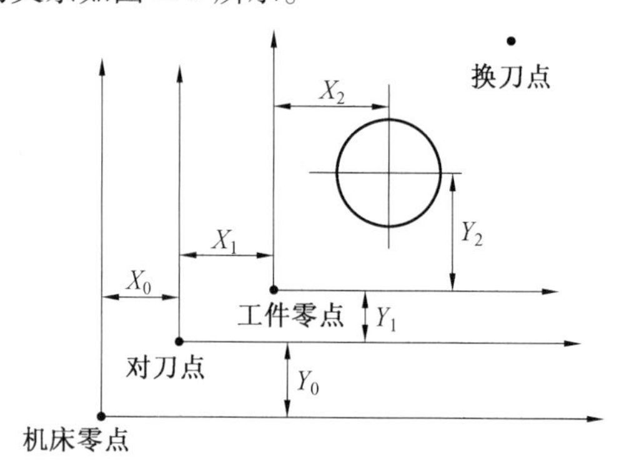

图 2.5 对刀点与换刀点

2. 工序安排及走刀路线的确定

(1)加工方法的选择和加工顺序的安排

加工方法选择的原则是保证加工表面的加工精度及表面粗糙度的要求。选择加工方法时需综合考虑工件的加工精度、表面粗糙度、工件材料的性质、工件的形状和尺寸、生产效率和经济性、现有生产条件等因素。

零件是由多个表面构成的,这些表面不但有自己的精度要求,各表面之间还有相应的位置精度要求。为此,工件各表面的加工顺序除依据加工阶段划分外,还应遵循基准先行、先粗后精、先主后次、先面后孔、换刀次数最少等原则。

(2)走刀路线的确定

走刀路线是指数控加工过程中刀位点相对于被加工工件的运动轨迹和运动方向。走刀路线一旦确定,编程中各程序段的先后次序也基本确定。确定走刀路线的原则是:

①保证零件的加工精度和表面粗糙度;

②方便数值计算,减少编程工作量;

③缩短走刀路线,减少空行程,提高加工效率;

④尽量减小程序长度。

图 2.6 为加工一张直纹母线翼面曲面可以采取的三种走刀路线。

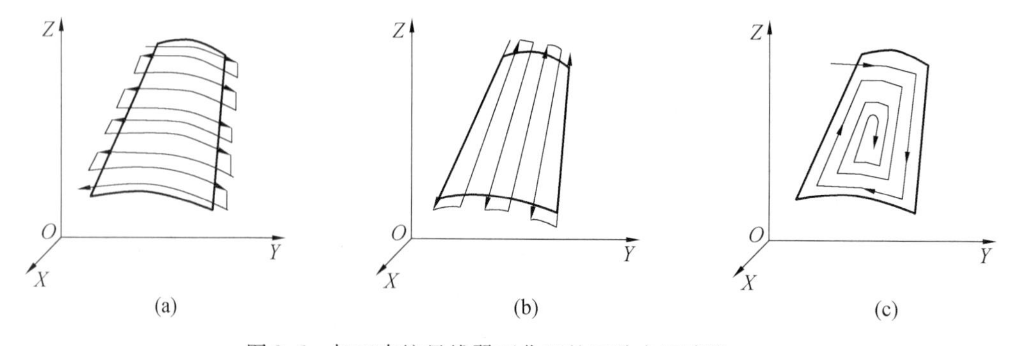

图 2.6 加工直纹母线翼面曲面的三种走刀路线

图2.6(a)沿参数曲面U向行切,图2.6(b)沿参数曲面V向行切,图2.6(c)为环切。比较而言,采用图2.6(b)的方案比较有利。因为每次沿直线进给,刀位点计算简单,程序段数少,而且加工过程符合直纹面的形成规律,可以保证母线的直线度。图2.6(a)方案优点是便于在加工后检查翼型的准确度。图2.6(c)的环切方案一般应用在内槽加工中,在型面加工中由于编程麻烦,一般都不采用。当工件边界开敞时,为保证加工质量,应从工件边界外进刀和退刀,如图2.6(a)、图2.6(b)所示。

内槽是指以封闭曲线为边界的平底凹坑,多见于飞机的骨架零件、煤矿机械的壳体零件等。加工内槽一般使用端铣刀,刀具边缘的圆角半径应符合内槽的图纸要求。内槽加工分两步,第一步切内腔,第二步切轮廓。切轮廓又分粗加工和精加工。图2.7中粗加工路线为粗实线,从内槽轮廓线向里平移一个铣刀半径R和一个精加工余量δ,由此得出的粗加工刀位多边形就是计算内腔进给路线的依据。

切削内槽时,环切和行切都有应用,两种进给的共同点都是要切净内腔中的全部面积,不留死角,不伤轮廓,同时尽量减少重复进给的搭接量。环切法加工的轮廓表面光整,但刀位点计算较复杂,需要多次向里收缩轮廓线,算法应用的局限性较大。例如图2.8内槽中带有凸台,此时就难以设计通用的算法。而在行切法中,只要增加辅助边界,见图2.8中的虚线将一个内槽分成两个,就可以应用相应的算法进行处理。行切从内槽的一侧开始,交替变换进给方向,当内槽不带凸台时,行切走刀路线如图中带箭头的路线所示。从走刀路线的长短比较,行切法要优于环切法,但加工小面积内槽时,环切程序要比行切短。在实际应用中,往往用行切法去除大部分材料,然后用环切法光整轮廓表面,以融合两种走刀方式的优点。

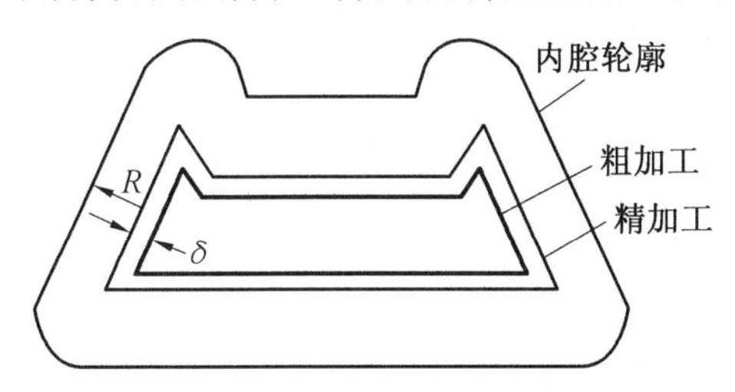

图2.7　粗加工和精加工的刀位轨迹

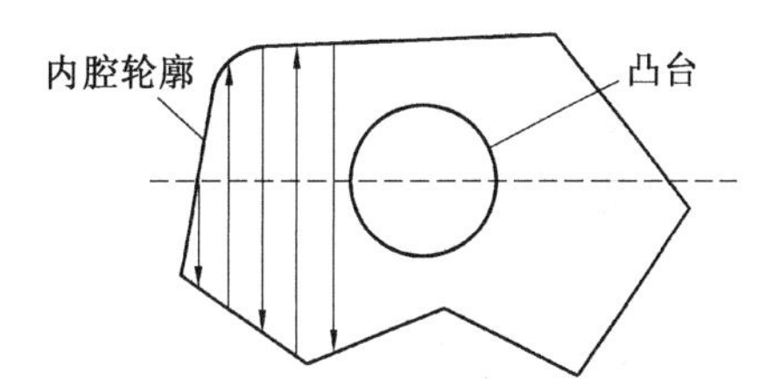

图2.8　内槽有凸台的走刀路线

对于图2.9(a)所示的孔分布,按照一般思维,会先加工内圆上的8个孔,再加工外圆上的8个孔,如图2.9(b)的进给路线。但这并不一定是最好的加工路线。如果进行必要的尺寸换算,求出各孔中心的相对坐标增量值,采用图2.9(c)的路线会更省时间。对于孔加工,不但要使空行程最短,还要考虑孔深方向(轴向)的运动尺寸。

对于孔位精度要求较高的零件,在精镗孔系时,安排镗孔的路线一定要注意各孔的定位方向一致,避免引入反向间隙误差,可以采用单向趋进的定位方法。例如,图2.10(a)所示的加工路线,在加工孔Ⅳ时,X轴的反向间隙将会影响Ⅲ~Ⅳ孔的孔距精度。图2.10(b)所示的走刀路线,当加工完Ⅲ孔后没有直接在Ⅳ孔处定位,而是多运动一段距离,然后折回来在Ⅳ孔处定位。这样,各孔的定位方向一致,避免了反向间隙的引入,从而提高了孔距精度。

用立铣刀侧刃铣削平面工件的外轮廓时,切入、切出部分应考虑外延,以保证工件轮廓的平滑过渡,图2.11为外延切入、切出刀具路线图。

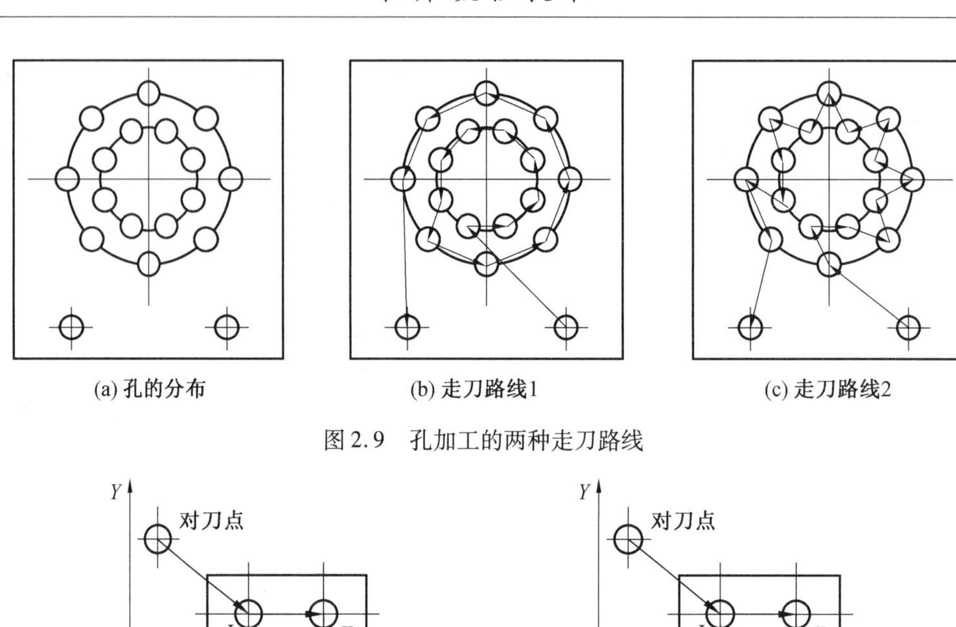

图 2.9　孔加工的两种走刀路线

图 2.10　孔系的不同加工路线

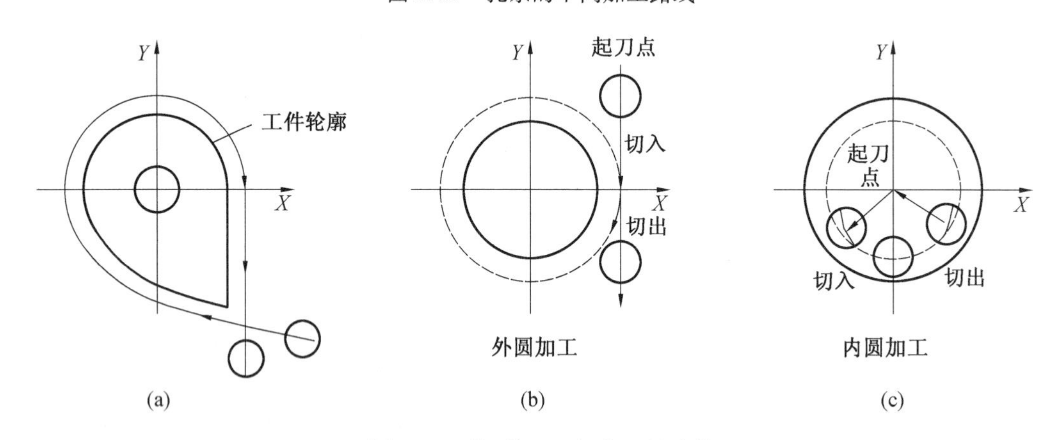

图 2.11　外延切入、切出刀具路线

图 2.11(a)为加工外轮廓带切入、切出外延的刀具路线。图 2.11(b)为加工外圆刀具路线，切入、切出为圆轮廓的切线方向。图 2.11(c)为加工内圆刀具路线，切入、切出以弧线逐渐切入(切出)内圆弧。轮廓铣削应避免进给停顿，以防止轮廓上留下刀痕。

3. 数控加工的切削用量

(1)加工阶段的划分

当零件的加工质量要求较高时，应划分加工阶段进行加工，逐步达到所要求的加工质量。

①粗加工阶段。粗加工阶段的主要任务是切除各加工表面大部分的加工余量,并加工出精基准。此时零件加工精度和表面质量都较低,加工余量大,因此应采取措施尽可能提高生产效率。

②半精加工阶段。通过切削加工消除主要表面粗加工留下来的大部分余量,但保留一定的精加工余量,为精加工做好准备(达到一定的加工精度),同时完成一些次要表面的加工(如钻孔、攻丝、铣键槽等)。

③精加工阶段。精加工阶段的目的是保证各主要表面达到图纸规定的精度和表面质量,零件精加工的余量一般比较小。

④光整加工阶段。当零件的尺寸公差等级要求为IT6级以上,以及表面粗糙度要求较小时,在精加工阶段后还要安排光整加工,其主要目的是进一步提高尺寸精度和降低表面粗糙度,改善表面层的物理机械性能,一般不能用来提高位置精度。

当然,上述加工阶段的划分并不是绝对的,在应用时要灵活掌握。当加工质量要求不高、工件刚性足够、毛坯质量好、加工余量小时,可以少划分或不划分加工阶段。对于大型零件,由于安装运输费时,常常不划分加工阶段,而尽量在一次装夹下完成全部粗、精加工。

(2)切削用量

数控加工的切削用量包括:背吃刀量、主轴转速(切削速度)和进给量。切削用量的大小对切削力、切削功率、刀具磨损、加工质量和成本均有显著影响。粗加工时以提高生产效率为主,尽可能取大的背吃刀量以减少进给次数,但也考虑经济性和加工成本;半精加工和精加工时,可以取较高的切削速度和较低的进给量,在保证加工质量的前提下,兼顾加工效率和经济成本。

4.制定数控加工工艺文件

工艺设计完成后形成的纸质或电子文档,如工艺卡片或工艺规程,统称为工艺文件。数控加工工艺文件是数控加工、产品验收的依据,操作者要遵守和执行的规范,同时也是产品零件重复生产在技术上的工艺积累和储备。目前数控加工工艺文件还没有国家的统一标准,但企业一般都根据本单位的特点制定一些必要的工艺文件,一般包括:

①编制任务书;

②数控加工工件安装和零点设定卡片;

③数控加工工序卡片;

④数控刀具卡片;

⑤数控刀具数据表;

⑥机床刀具运动轨迹图;

⑦机床调整单;

⑧程序卡片。

随着CAD/CAM/CAPP等技术的普及和应用,数控加工中繁杂的工艺图表编制工作可以交由专用软件完成,工艺人员的主要精力将专注于工艺的“设计”和“优化”。

2.2.3　数控编程误差及控制

数控加工中,零件的加工误差不但在加工过程中形成,在加工前的数控编程阶段就已经产生。在数控编程阶段,会产生近似计算误差、插补误差和尺寸圆整误差三种误差。

(1)近似计算误差

这是用近似计算方法处理列表曲线、曲面轮廓等时所产生的逼近误差。例如,用样条或参数曲面等近似方程所表示的形状与原始零件之间的误差。由于这类误差较小,一般忽略不计。

(2)插补误差

这是用直线或圆弧段拟合零件轮廓曲线时所产生的误差。减少插补误差的最简单方法是密化插补点,但这会增加程序段数目,加大编程和数控系统计算的工作量。

(3)尺寸圆整误差

在将计算尺寸换算成机床的分辨率或脉冲当量时,由于圆整化所产生的误差。数控机床能反映出的最小位移量是一个分辨率或脉冲当量,小于一个分辨率或脉冲当量的数据只能四舍五入,故产生了误差。在点位控制加工中,编程误差只包含尺寸圆整误差一项,并且直接影响孔的位置精度。

在数控编程中,插补误差是主要误差,而尺寸圆整误差的影响次之。在数控编程实践中,一般取编程误差为工件公差的1/3左右,对精度要求较高的工件,则取其工件公差的1/10~1/15。

2.3 数控编程技术基础

2.3.1 数控编程标准

针对数控加工程序中所用的各种代码如坐标尺寸值、坐标系命名、数控准备机能指令、辅助动作指令、主运动和进给速度指令、刀具指令以及程序和程序段格式等方面,相关国际组织已制订了一系列的国际标准。目前被机床厂家广泛采用的是ISO 6983国际标准。ISO 14649和ISO 10303-AP 238是继ISO 6983之后推出的基于STEP(the STandrard for Exchange of Product model data)的新的编程标准,但要付诸实施还有很长的一段路要走。这些国际标准的出现极大地方便了数控系统的研制、数控机床的设计、使用和推广。但是在编程的许多细节上,各国厂家生产的数控机床并不完全相同,因此编程时还应按照具体机床的编程手册中的有关规定来进行,这样所编出的程序才能为机床的数控系统所接受。

常用的数控标准有以下几方面:①数控的名词术语;②数控机床的坐标轴和运动方向;③数控机床的字符编码;④数控编程的程序段格式;⑤准备机能(G代码)和辅助机能(M代码);⑥进给功能、主轴功能和刀具功能。

我国制定了许多数控标准,如GB 8870、JB/T 3051、GB/T 12646、GB/T 12177等,与国际上使用的ISO数控标准基本一致。

2.3.2 数控编程相关坐标系统

1. 机床坐标系

数控机床的坐标系统包括,坐标系、坐标原点和运动方向,其对于数控工艺制定、编程及操作,是一个十分重要的概念。

（1）坐标系与坐标轴的命名

ISO 标准规定数控机床采用右手直角笛卡儿坐标系，机床坐标轴的命名方法如图 2.12 所示。三个直线坐标轴互相垂直，其正方向用右手直角定则判定，拇指为 X 轴，食指为 Y 轴，中指为 Z 轴。围绕 X、Y、Z 各轴的回转运动为 A、B、C，其正方向分别用右手螺旋定则判定，拇指为 X、Y、Z 的正向，四指弯曲的方向为对应的 A、B、C 的正向。与 $+X$、$+Y$、$+Z$、$+A$、$+B$、$+C$ 相反的方向相应用带“′”的 $+X'$、$+Y'$、$+Z'$、$+A'$、$+B'$、$+C'$ 表示。注意：$+X'$、$+Y'$、$+Z'$ 间不符合右手直角笛卡儿定则。此外，当机床运动多于 X、Y、Z 三个坐标轴时，则用 U、V、W 表示平行于 X、Y、Z 轴的第二组直线运动坐标轴；如果有多于 A、B、C 三个回转运动时，可命名为 D、E、F。

由于数控机床各坐标轴既可以是刀具相对于工件运动，也可以工件相对刀具运动。为了编程的方便和统一，ISO 标准规定：不论机床的具体结构是工件静止、刀具运动，或是工件运动、刀具静止，在确定坐标系时，一律假定为工件相对静止不动，刀具运动。

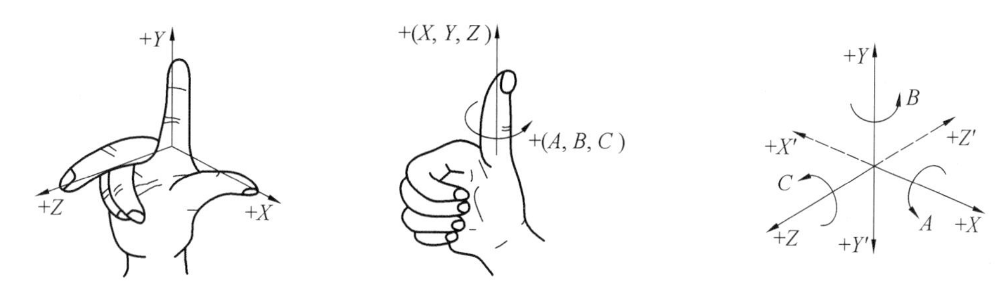

图 2.12　右手直角坐标系

（2）坐标轴的方向

机床的直线坐标轴 X、Y、Z 的判定顺序是：先 Z 轴，再 X 轴，最后按右手定则判定 Y 轴。

Z 轴的确定：标准规定平行于机床主轴（传递切削动力）的刀具运动坐标为 Z 轴，取刀具远离工件，增大工件和刀具距离的方向为正向。对于铣床、钻床、镗床和攻丝机床等刀具旋转的机床来说，旋转刀具的轴称为主轴；而对于车床、外圆磨床等工件旋转的机床来说，则旋转工件的轴称为主轴；如果机床有多个主轴，则其中与工件装夹面相垂直的轴为 Z 轴；对于没有主轴的机床，则 Z 轴垂直于工件装夹面。

X 轴的定义：规定 X 轴为水平方向，且垂直于 Z 轴并平行于工件装夹面。轴的正方向：对于车床、外圆磨床等工件旋转的机床，主刀架上刀具离开旋转中心的方向为 X 轴的正方向；对于铣床、钻床、镗床和攻丝机床等刀具旋转机床，当 Z 轴为水平时，从刀具主轴后端向工件方向看，向右方向为 X 轴的正方向；当 Z 轴为垂直时，由面对主轴向立柱方向看，X 轴正方向指向右方。对于无主轴的机床，X 轴正方向平行于切削方向。

Y 轴的定义：Y 轴垂直于 X 轴、Z 轴，在确定了 X、Z 轴的正方向后，可按右手定则确定 Y 轴的正方向。

A、B、C 轴的定义：A、B、C 坐标分别是绕 X、Y、Z 坐标的回转进给坐标，在确定了 X、Y、Z 坐标的正方向后，可按右手螺旋定则确定 A、B、C 坐标的正方向。

典型机床的坐标系及坐标轴方向，如图 2.13 所示。

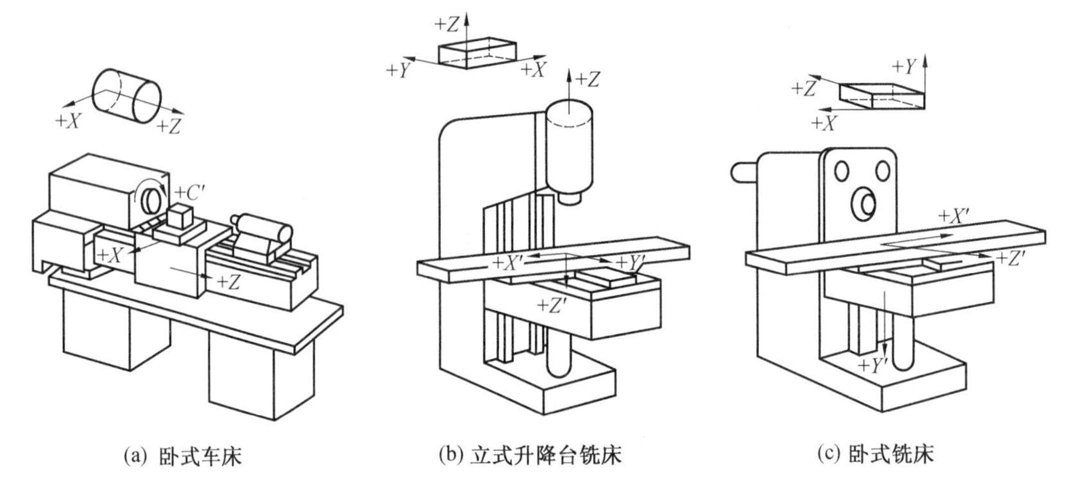

(a) 卧式车床　(b) 立式升降台铣床　(c) 卧式铣床

图 2.13　典型机床的坐标系及坐标轴方向

(3) 机床坐标系原点与参考点

机床坐标系的原点也称机床原点、机械原点、机床零点。它是在机床上设置或定义的一个固定点，其位置在机床装配、调试时由机床设计和制造单位确定，通常不允许用户改变。该点是确定数控机床坐标系、工件坐标系、机床上参考点的基准点。从机床设计的角度看，该点位置可以是任意点，对某一具体机床来说，机床原点是固定的。通常，机床原点设置在机床上一些固定的基准线或基准面上。例如数控车床上，机床原点一般选在卡盘端面与主轴中心线的交点处。数控铣床的机床原点一般选在 X、Y、Z 坐标的正方向极限处，如图 2.14 所示，其中 M 为机床坐标系原点，R 为参考点。

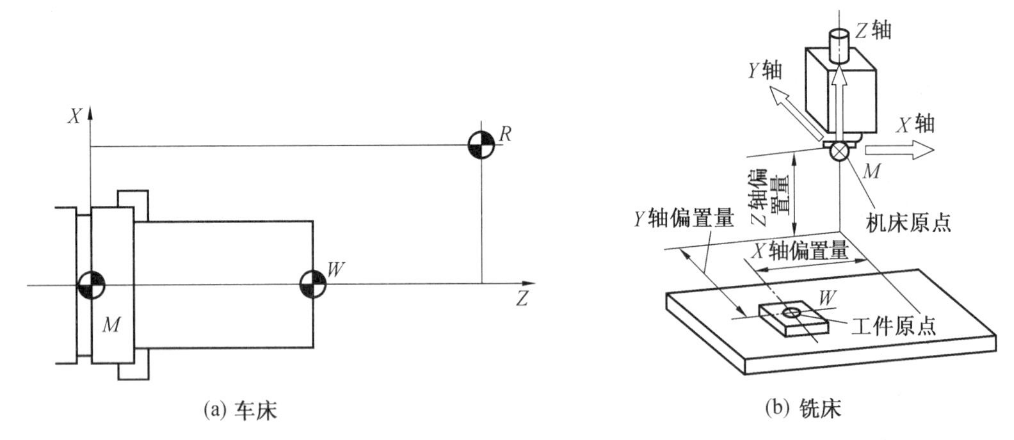

(a) 车床　(b) 铣床

图 2.14　数控车床机械零点和机床坐标系

与机床原点相对应的还有一个机床参考点，它是由机床制造厂家在每个进给轴上用限位开关或机械档块精确调整好的，与机床原点的相对位置是固定的。因此参考点对机床原点的坐标是一个已知数。通过参数来指定参考点到机床原点的距离，此参数通过精确测量来确定。通常数控铣床上机床原点与机床参考点是重合的；而在数控车床上机床参考点是离机床原点最远的极限点。有的数控机床可以设置多个参考点，其中第一参考点与机床参考点一致，其它参考点与第一参考点的距离可由用户根据需要自行设置。加工中心的自动换刀位置一般设置为一个参考点。

采用增量测量系统的数控机床在工作前,必须先回参考点,以建立机床坐标系。机床回参考点动作时,当挡块碰到参考点开关时,机床减速捕捉"零位脉冲"后测量系统自动置零,由此标定了机床增量测量系统。装有绝对测量系统的数控机床,由于可随时读出坐标轴的精确坐标值(关机坐标信息也不丢失),故不需要开机回参考点操作。

2. 工件坐标系

机床坐标系是进行数控加工和设计的基准,但直接利用机床坐标系编制零件的加工程序并不方便。工件坐标系是为确定工件几何图形上各几何要素(点、直线、圆弧等)的位置关系而建立的坐标系。编程尺寸都是按工件坐标系中的尺寸确定的。工件坐标系的坐标轴及运动方向与机床坐标系保持一致。工件坐标系的原点即是工件原点,工件原点的选取应便于将工件图的尺寸方便地转化为编程的坐标值和提高加工精度。一般遵循以下原则:

①工件原点选在工件图样的尺寸基准上,这样可以直接用图纸标注的尺寸,作为编程点的坐标值,减少计算工作量。

②能使工件方便地装卡、测量和检验。

③工件原点尽量选在尺寸精度比较高和表面粗糙度较小的工件表面上,这样可以提高工件的加工精度和同一批零件的一致性。

④对于形状对称的几何零件,工件原点最好选在对称中心上。

车削工件原点一般放在工件的右端面或左端面,且与主轴中心线重合的地方。铣削工件原点一般设在工件外轮廓的某一角上,进刀深度方向的工件原点大多取在工件表面。

3. 机床坐标系与工件坐标系的关系

机床坐标系是机床上固有的坐标系,而工件坐标系是编程人员在编制零件加工程序时使用的坐标系,设定于被加工零件上。加工时,工件安装到机床上后,必须通过一定手段(对刀)确定工件原点 W 与机床原点 M 之间的相对位置关系,如图 2.14 所示。数控系统根据工件原点相对机床原点的坐标值和编程的尺寸值,自动计算出工件上各点相对机床原点的坐标值。因此工件在夹具上安装后,要测量工件原点 W 与机床原点 M 之间的距离,即工件原点偏置,并将此偏置值存储到数控装置中。在加工时,工件原点偏置值便自动加到工件坐标系上。因此,虽然数控编程是在工件坐标系中进行的,但实际加工时还要将其转化到机床坐标系中,在机床坐标系中控制刀具的运动完成加工。

2.3.3　数控程序的结构与格式

1. 加工程序的结构

零件加工程序由主程序和可被主程序调用的子程序组成,子程序可以多级嵌套。无论主程序和子程序都是由若干个按规定格式书写的"程序段"(block)组成。每个程序段由按一定顺序和规定排列的"程序字"也称为"功能字",简称"字"(word)组成。字由表示地址的英文字母(或特殊文字)和数字组成,是表示某种功能的代码符号,又称为指令代码、指令或代码。如 G01、X2500.001、F1000 等三个字分别表示直线插补代码指令、X 向尺寸字 2500.001 mm和进给速度指令 1 000 mm/min。

2. 程序段格式

程序段格式有多种,如固定顺序格式、分隔符顺序格式、字地址格式等,现在最常用的是字地址格式,字地址格式如下:

N××××G××X±××××. ×××Y±××××. ×××F××S××T××M××LF

每个程序段的开头是程序段的序号，以字母 N 和若干位数字表示；接着一般是准备机能指令，由字母 G 和两位数字组成；而后是坐标运动尺寸，如 X、Y、Z 等代码指定运动坐标尺寸；在工艺性指令中，F 代码为进给速度指令，S 代码为主轴转速指令，T 为刀具号指令，M 代码为辅助机能指令； LF(Line Feed，换行)为程序段结束符号。

上述程序段中，用地址码来指明指令数据的意义。程序段中字的数目是可变的，因此，程序段的长度也就是可变的，所以这种形式的程序段又称为字地址可变程序段格式。字地址格式的优点是程序段中所包含的信息可读性高，便于人工编辑修改，为数控系统解释执行数控加工程序提供了一种便捷的方式。

字地址格式中常用的地址字及其意义见表 2.1。

表 2.1 ISO 地址字符

地址字	意 义
A、B、C	围绕 *X*、*Y*、*Z* 轴旋转的旋转轴角度尺寸字
D、E	围绕特殊坐标轴旋转的旋转轴角度尺寸字或第 3 进给速度指定机能
F、S、T	进给速度指定机能、主轴速度机能、刀具机能
G	准备机能
H	永不指定①，或刀补号参数
I、J、K	未指定②，或插补参数
L、O	不指定，或子程序号代码、程序号代码
M	辅助机能
N	程序段序号
P、Q	与 *X*、*Y* 轴平行的第 3 移动坐标尺寸字
R	*Z* 轴的快速运动尺寸或与 *Z* 轴平行的第 3 移动坐标尺寸字
U、V 、W	与 *X*、*Y*、*Z* 轴平行的第 2 移动坐标尺寸字
X、Y、Z	主坐标轴 *X*、*Y*、*Z* 移动坐标尺寸字

注：①表中“永不指定”表示该字母在未来的标准中也不会被用于其它功能，实际上已被许多数控系统所使用。

②表中“未指定”说明目前在标准中未规定其含义，未来可能会用于其它功能，实际上已被许多数控系统所使用。

3. 程序段中“功能字”的意义

(1)程序段序号

它是程序段中最前面的字，由字母 N 和其后三位或四位数字组成。用来表示程序执行的顺序，用作程序段的显示和检索。有的数控系统也可没有程序段序号。

(2)准备功能字

准备功能也称 G 功能或 G 指令，由字母 G 和其后二位数字组成(现在已超过两位数，已有三位数 G 代码)。G 功能是基本的数控指令代码，用于指定数控装置在程序段内准备某种功能。G 功能的具体内容在后面将会详细说明。

(3)坐标字

坐标字也称尺寸字,用来给定机床各坐标轴的位移量和方向。坐标字由坐标的地址代码、正负号、绝对值或增量值表示的数值等三部分组成。坐标的地址代码为:X、Y、Z、U、V、W、P、Q、R、I、J、K、A、B、C、D、E 等,坐标的数量由插补指令决定;数值部分为正值时"+"号可省略;数值的位数由数控系统规定。

(4)进给功能字

进给功能也称 F 功能,表示刀具相对于工件的运动速度。进给功能字由字母 F 和其后的几位数字组成。

(5)主轴转速功能字

主轴转速功能也称 S 功能,用以设定主轴速度。它由字母 S 和其后的几位数字组成。

(6)刀具功能字

刀具功能也称 T 功能,它在更换刀具时用来指定刀具号和刀具补偿号。刀具功能由字母 T 和其后的几位数字组成。

(7)辅助功能字

辅助功能也称 M 功能,用它指定主轴的启停、冷却液开关等规定好的辅助功能(数控系统具有的开关量功能)。它由字母 M 和其后的两位数字组成。通常通过编制数控机床的 PLC(Programmable Logic Controller)程序来实现设定的辅助功能。

(8)程序段结束符

程序段的末尾必须有一个程序段结束符号,在 ISO 标准中的程序段结束符号为 LF(Line Feed,换行)。为简化,程序段结束符有的系统用"＊"、";"或其它符号表示。

此外根据需要,程序段中还会有插补参数 I、J、K,补偿参数 D、H 代码等。现在许多数控系统所使用的程序段中还增加了"文字型 G 代码指令",例如 SIEMENS(西门子)系统的 CIP 指令,表示通过中间点的圆弧插补指令(即三点定圆插补指令)。

4. 主程序与子程序

程序为程序段的集合,它代表一个完整的加工过程,可分为主程序和子程序。假如在一个加工程序的若干位置,包含固定顺序且重复执行的内容,为了简化编程,可将其存为子程序。主程序可以调用子程序,子程序也可以调用其它子程序,进行多级嵌套。一般机床可以允许最多达四重的子程序嵌套。一般地,CNC 执行主程序的指令,但当执行到一条子程序调用指令时,CNC 转向执行子程序,在子程序中执行到返回指令时,再回到主程序。FANUC 系统的主程序的开头用地址 O 及后面的数字表示程序号。子程序的开头也用地址 O 及后面的数字表示子程序号,而子程序的结尾用 M99 指令。主程序与子程序的关系,如图 2.15 所示。

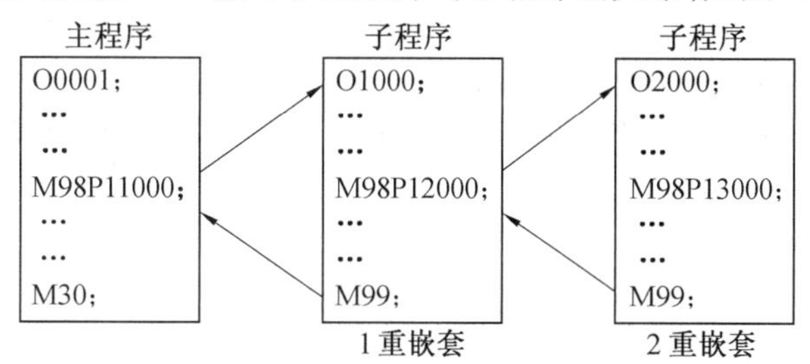

图 2.15　程序结构

子程序调出的形式为：

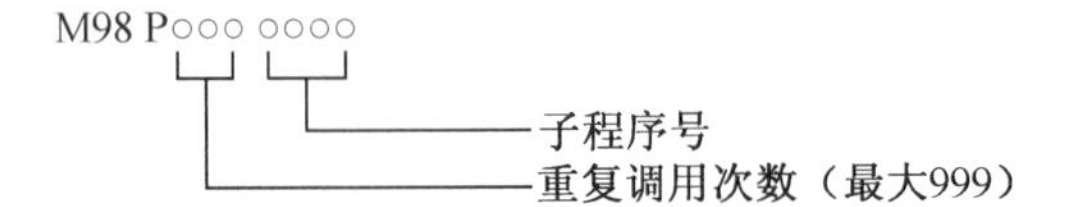

其中 P○○○：子程序的重复次数；○○○○：调出子程序的程序号。

例如 M98 P6 1008；表示子程序号为 1008 的子程序被连续调出 6 次，从子程序返回指令为 M99。

2.3.4 数控编程的指令代码

在数控加工程序中，指令代码（即功能字）是程序段的主要组成部分，指令代码又称为功能指令、功能代码等。常用的指令代码有准备功能 G 代码、辅助功能 M 代码、进给功能 F 代码、主轴速度功能 S 代码、刀具功能 T 代码等。在数控加工程序中，它们是描述零件加工工艺过程的各种操作和运行特征的基本指令代码，是数控程序的基础。为了通用化，国际标准化组织（ISO）已制定了 G 代码和 M 代码的标准，但由于新型数控系统和数控机床的不断出现，许多先进的数控系统中的很多功能已超出了 ISO 制定的通用国际标准，其指令代码更加丰富、指令格式更加灵活。此外，即使同一功能，不同厂家的数控系统采用的指令代码和指令格式也有很大差别。甚至同一厂家的新旧数控系统的指令代码也不尽相同。

1. 准备功能 G 指令

准备功能 G 代码由地址 G 和其后的两位数字组成，简称 G 功能（或称 G 机能、G 指令、G 命令、G 代码）。它是使数控机床建立起某种加工方式、坐标系、尺寸、补偿、运动、循环等各种功能和操作的指令。国际标准中规定 G00 ~ G99 共 100 种，见表 2.2。

表 2.2 G 代码（ISO-1975）、（JB 3208-83）

指令代码	模　态	非模态	功　能	指令代码	模　态	非模态	功　能
G00	a		点定位，快速	G50	#(d)		刀具沿 *Y* 负向偏置 0/-
G01	a		直线插补	G51	#(d)		刀具沿 *X* 正向偏置+/0
G02	a		顺时针方向圆弧插补	G52	#(d)		刀具沿 *X* 负向偏置-/0
G03	a		逆时针方向圆弧插补	G53	f		直线偏移，注销
G04		*	暂停	G54	f		原点沿 *X* 轴直线偏移
G05	#	#	不指定	G55	f		原点沿 *Y* 轴直线偏移
G06	a		抛物线插补	G56	f		原点沿 *Z* 轴直线偏移
G07	#	#	不指定	G57	f		原点沿 *XY* 轴直线偏移
G08		*	加速	G58	f		原点沿 *XZ* 轴直线偏移
G09		*	减速	G59	f		原点沿 *YZ* 轴直线偏移
G10 ~ G16	#	#	不指定	G60	h		准确定位 1（精）
G17	c		*XY* 平面选择	G61	h		准确定位 2（中）

续表 2.2

指令代码	模　态	非模态	功　能	指令代码	模　态	非模态	功　能
G18	c		ZX 平面选择	G62	h		快速定位(粗)
G19	c		YZ 平面选择	G63		*	攻丝方式
G20 ~ G32	#	#	不指定	G64 ~ G67	#	#	不指定
G33	a		螺纹切削,等螺距	G68	#(d)		刀具偏置,内角
G34	a		螺纹切削,增螺距	G69	#(d)		刀具偏置,外角
G35	a		螺纹切削,减螺距	G70 ~ G79	#	#	不指定
G36 ~ G39	#	#	永不指定	G80	e		固定循环注销
G40	d		注销刀具补偿、刀偏	G81 ~ G89	e		固定循环
G41	d		刀具补偿—左	G90	j		绝对尺寸
G42	d		刀具补偿—右	G91	j		增量尺寸
G43	#(d)		刀具偏置—正	G92		*	预置寄存,不运动
G44	#(d)		刀具偏置—负	G93	k		时间倒数进给率
G45	#(d)		刀具偏置+/+(Ⅰ象限)	G94	k		每分钟进给
G46	#(d)		刀具偏置+/-(Ⅳ象限)	G95	k		主轴每转进给
G47	#(d)		刀具偏置-/-(Ⅲ象限)	G96	I		恒线速度,由 G97 注销
G48	(d)		刀具偏置-/+(Ⅱ象限)	G97	I		每主轴分钟转数
G49	#(d)		刀具沿 Y 正向偏置 0/+	G98 ~ G99	#	#	不指定

注:① 表中凡有小写字母 a,c,d…等指示的 G 代码为同一组代码。在程序中,这种指令代码为模态代码。

② “ * ” 号指示的 G 代码为非模态代码;“#”号表示该代码若被选作特殊用途,必须在程序格式说明中加以说明。

③ 在表中字母(d)表示的代码可以被没有括号的字母 d 或有括号的字母(d)的代码所注销或代替。

④ “不指定”、“永不指定” 分别表示在将来修订标准时,此代码可以被指定新功能和永不指定功能。

G 代码根据功能分成若干组,每组中的 G 代码在一个程序段中只能有一个,但不同组的 G 代码可以有多个;G 代码分为模态 G 代码(又称为续效代码)和非模态 G 代码(又称为一次性代码)两类。模态代码在程序段中写一次后,在接着的一些程序段中如没有写入新的同组 G 代码,则继续起作用,而且不用写就能执行前面 G 代码功能。非模态 G 代码只在写入的一个程序段中起作用;G 代码在程序段中位于尺寸字之前;G 代码有开机默认的 G 代码,默认 G 代码也可以更改。

G 代码发展的新特点:G 代码的数量已超过 100 种,已有三位数字、四位数字 G 代码和带小数点的 G 代码,此外还有文字 G 代码;表示固定循环 G 代码和其它特种、复合功能 G 代码也在增加;G 代码所表示的功能越来越强大,在高精、高速、多坐标联动、复合数控的数控系统中有许多新发展的高档 G 代码。

G 代码表中的“不指定”代码，用作将来修订标准时供指定新的功能之用。“永不指定”代码，表示即使将来修订标准时，也不指定新的功能。但是，数控系统厂家已不遵守这些规定，根据需要改变了一些功能和自行定义了许多新功能。所以用户要了解数控机床所使用的数控系统及机床说明书，才能正确地进行程序编制。

在 ISO 标准中，考虑未来技术发展的需要，允许数控系统生产厂家通过扩展定义 G 代码功能来扩展数控系统功能。

2. 辅助功能 M 指令

辅助功能 M 代码是控制机床开关功能的指令，如主轴的启停，切削液的开闭，运动部件的夹紧与松开等辅助动作。辅助功能 M 代码也称 M 指令，由地址 M 和两位数字组成。从 M00 ~ M99 共 100 种，常用的有 20 个左右，大部分 M 代码是非模态指令，也有模态指令。M 代码也分组。M 代码与运动指令 G 代码的执行顺序有同时执行的，也有运动指令执行后开始执行的。辅助功能 M 代码见表 2.3。

表 2.3　辅助功能 M 代码

代码	功能开始时间		模态	非模态	功能	代码	功能开始时间		模态	非模态	功能
	与运动指令同时开始	运动指令完成后开始					运动指令同时开始	运动指令完成后开始			
M00		*		*	程序停止	M36	*		*		进给范围 1
M01		*		*	计划停止	M37	*		*		进给范围 2
M02		*		*	程序结束	M38	*		*		主轴速度范围 1
M03	*		*		主轴顺时针方向	M39	*		*		主轴速度范围 2
M04	*		*		主轴逆时针方向	M40 ~ M45	#	#	#	#	如有需要作齿轮换档
M05		*	*		主轴停止	M46 ~ M47	#	#	#	#	不指定
M06	#	#		*	换刀	M48		*	*		注销 M49
M07	*		*		2 号冷却液开	M49	*		*		进给率修正旁路
M08	*		*		1 号冷却液开	M50	*		*		3 号冷却液开
M09		*	*		冷却液关	M51	*		*		4 号冷却液开
M10	#	#	*		夹紧	M52 ~ M54	#	#	#	#	不指定
M11	#	#	*		松开	M55	*		*		刀具直线位移，位置 1
M12	#	#	#	#	不指定	M56	*		*		刀具直线位移，位置 2

续表2.3

代码	功能开始时间		模态	非模态	功能	代码	功能开始时间		模态	非模态	功能
	与运动指令同时开始	运动指令完成后开始					运动指令同时开始	运动指令完成后开始			
M13	*		*		主轴顺时针方向,冷却液开	M57~M59	#	#	#	#	不指定
M14	*		*		主轴逆时针方向,冷却液开	M60		*		*	更换工件
M15	*			*	正运动	M61	*		*		工件直线位移,位置1
M16	*			*	负运动	M62	*		*		工件直线位移,位置2
M17~M18	#	#	#	#	不指定	M63~M70	#	#	#	#	不指定
M19				*	主轴定向停止	M71	*		*		工件角度位移,位置1
M20~M29	#	#	#	#	永不指定	M72	*		*		工件角度位移,位置2
M30		*		*	纸带结束	M73~M89	#	#	#	#	不指定
M31	#	#		*	互锁旁路	M90~M99	#	#	#	#	永不指定
M32~M35	#	#	#	#	永不指定						

注:① #号表示如选作特殊用途,则必须在程序说明中说明。

② M90~M99可以指定为特殊用途。

以下将常用的M代码作简要说明:

M00:程序暂停。在完成该程序段其它指令后,用以停止主轴转动、进给和切削液,以便执行某一固定的手工操作,如手动变速、换刀等。此后,重新启动可以继续执行下一个程序段。

M01:计划(任选)停止。该指令与M00相似,所不同的是,除非操作人员预先按下操作面板上的任选停止按钮,否则这个指令不起作用,继续执行以下程序。该指令常用于关键尺寸的抽样检查或有时需要临时停车。

M02、M30:表示程序结束。现代数控机床一般M02与M30的功能相同,其编在最后一个程序段中。该指令使主轴、进给和切削液全部停止,并使数控机床复位,执行指针回到程序头,以方便程序再次被执行。

M03、M04、M05:分别命令主轴正转、反转和停止。主轴停止是在该程序段其它指令执行完后才能停止。一般在主轴停止的同时,进行制动和关闭切削液。

M06:换刀指令。用于加工中心机床在主轴和刀库之间换刀。

M07、M08:分别指令2号冷却液(雾状)与1号冷却液(液状)开启。

M09:冷却液停。

M10、M11:运动部件的夹紧及松开。

M19:主轴定向停止。指令主轴准停在预定的角度位置上。

M98:子程序调用。M98 写在主程序中。

M99:子程序返回。M99 写在子程序的结尾。

3. F、S、T 代码

(1)F 代码

F 代码为进给速度功能代码,为模态代码,用来指定进给速度(各坐标轴的合成速度)。F 代码常有三种表示方法:

① 直接指定法。即地址 F 后跟的数字就是进给速度的大小。单位一般为 mm/min(用 G94 指定)。例如,F100 表示进给速度 100 mm/min。当进给速度与主轴速度有同步关系时(车螺纹和攻螺纹时),单位为 mm/r(用 G95 指定)。

② 时间倒数指定法(G93)。其意义是指定一个进给时间的倒数(FRN:Feed Rate Number,FRN=1/时间),要求各联动坐标在同一进给时间内运动到终点,单位为 1/min。对于直线插补(G01),FRN=federate/distance。例如,要求一个程序段在 10 s 内完成,则 FRN=1/(10/60)=6,指令 F6.0。对于圆弧插补,FRN=feedrate/arc radius。注意,对于圆弧 FRN 是根据圆弧半径计算的,而不是圆弧弧长。实际进给速度(mm/min)可以由 FRN 与加工长度(或圆弧半径)的乘积得到。

③ 一位数 F 代码。当地址 F 后跟一位数字代码(1~9)时,这些数字不直接表示速度的大小,而是进给速度数列的序号,即编码号。每个编码对应的进给速度由参数设定。

(2)S 代码

S 代码为主轴转速功能代码。它是模态代码,用来指定主轴的转速,通常单位为 r/min。当指定恒表面切削速度(G96)时,单位变为 m/min。M03、M04 必须与 S 代码一起使用,主轴才能产生正转和反转。

(3)T 代码

T 代码为刀具功能代码。在有自动换刀功能的数控机床上,该指令用以选择所需的刀具号。一个程序段只能指定一个 T 代码。

2.4 数控编程常用 G 指令

本节主要以日本 FANUC 数控系统(FANUC-0i/30i 的部分指令)为例,说明 G 代码的功能、格式和应用。

2.4.1 参考点有关的 G 指令

参考点是机床上的固定点。在增量测量(现在使用的数控机床大多为增量测量系统)系统中,开机后需要执行手动返回参考点(参考点在机床坐标系中的坐标值预先由参数设置)来建立机床坐标系。机床坐标系一经设定就保持不变,直到关机。在 Fanuc 数控系统中最多可以设置四个参考点,其中第一参考点用于建立机床坐标系,其它参考点可用作换刀点等其它特殊用途。有两种方法可以使刀具移动到参考点:手动返回参考点和由指令控制的自动返回参考点。一般来说,数控机床接通电源后,先手动返回参考点,在加工过程中根据需要（如换刀），可以使用自动返回参考点功能。

1. 自动返回参考点指令（G28）

该指令使指令坐标轴以快速定位到设定的中间点，然后再由中间点快速移到参考点位置。指定中间点的目的，就是指定一条安全通路，防止刀具与工件或夹具发生干涉。其指令格式如下：

G28 IP_;

其中 IP_是返回到参考点前的中间点坐标，可以用绝对值指令（中间点在工件坐标系中的坐标）或用增量值指令（中间点相对于当前点的位移量）指定。G28 不仅产生坐标轴移动指令，而且还记忆了中间点坐标，以供 G29 使用。这个指令一般用于自动换刀或消除机械误差（消除刀具在运行过程中的插补累积误差），仅在其被指定的程序段中有效。在执行这个指令之前，应取消刀具半径补偿和刀具长度补偿。应用的例子如下：

（1）G28 X40.0；*X* 轴经过中间点（X40.0），返回参考点，其它轴不动

（2）G28 X40.0 Y60.0；*X*、*Y* 轴经过中间点（X40.0，Y60.0）返回参考点，其它轴不动

在机床开机后，没有手动返回参考点的状态下，指定 G28 时，从中间点返回参考点的动作，与手动返回参考点相同。这时从中间点到参考点的方向就是机床参数“回参考点”方向设定的方向。

2. 返回参考点校验指令（G27）

返回参考点校验功能指令使指令轴快速进给运动到指定的位置，并检查该点是否为参考点，如果是，则相应的参考点指示灯亮；如果不是，则产生报警，并中断程序执行。数控机床经常 24 h 连续切削加工，为了提高加工的可靠性和工件尺寸的正确性，可用此指令来核对程序原点的正确性。其指令格式如下：

G27 IP_;

其中 IP_一般设置为工件坐标系原点到各轴参考点的向量值。在执行这个指令之前，应取消刀具半径补偿和刀具长度补偿。G27 指令执行后，数控系统继续执行下面程序段，若需要机床停止一下，应在下一个程序段中增加 M00/M01 辅助功能，或在单程序段模式下运行。

3. 返回到第二、第三和第四参考点指令（G30）

该指令的功能与 G28 指令类似，只是返回到第二、第三或第四参考点。其指令格式如下：

G30 P2 IP_;

G30 P3 IP_;

G30 P4 IP_;

上面三条指令分别表示自动返回到第二、第三或第四参考点。在增量测量系统中，返回到第二、第三或第四参考点指令，只能在自动返回第一参考点（G28）或手动返回参考点以后使用。当换刀点位置与第一参考点不同时，G30 指令常被用于运动到自动换刀点。

4. 自动从参考点返回指令（G29）

该指令使刀具从参考点沿指令的坐标轴经过中间点以快进速度自动地返回到设定点。一般在 G28 或 G30 后使用 G29 指令。

G29 IP_;

其中 IP_为指令设定的目标点坐标。用增量值编程时,G29 指令中规定的值是目标点相对于中间点的增量值。用绝对值编程,G29 指令中规定的值是目的点相对于工件坐标系原点的坐标值。如果用 G28 指令使刀具经过中间点运动到参考点之后,工件坐标系改变,则中间点也移到新坐标系中。此后,若执行 G29 指令,则是通过移到新坐标系的中间点,在指令点(目的点)定位。同样的操作对 G30 也适用。

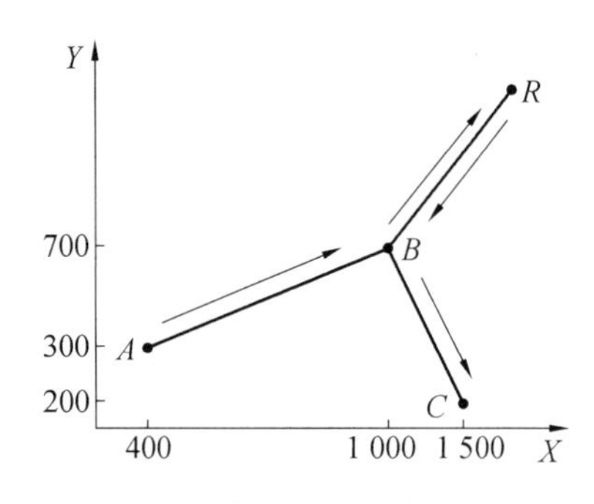

图 2.16　返回参考点和从参考点返回

图 2.16 为 G28 和 G29 指令应用的例子,程序如下:

G28 G90 X1000.0 Y700.0;	返回参考点(A→B→R)
T1111;	在参考点换刀
G29 X1500.0 Y200.0;	从参考点返回(R→B→C)

2.4.2　与坐标系有关的 G 指令

1. 选择机床坐标系(G53)

通过 G53 指令可以直接指令机床坐标系中的位置。该指令为非模态指令,而且仅在绝对编程(G90)时有效。当需要指令刀具移动到机床的特殊位置时,例如换刀位置,可以利用该指令使机床运动到机床坐标系下的该固定点。其指令格式为:

N×× (G90) G53 IP_;

其中 IP_为尺寸字,包含的坐标数根据具体机床而定。注意:该指令必须在开机手动返回或自动返回参考点后,才可执行。另外,该指令执行时,刀具补偿和偏置将自动取消。

2. 工件坐标系设定(G92)

工件坐标系是程序员编程时所建立的坐标系。因为数控机床在加工时,是以机床坐标系作为基准的,因此必须建立工件坐标系与机床坐标系的联系,即告知机床工件坐标系原点在机床坐标系中的位置,以实现坐标变换。一般通过对刀来建立工件坐标系及机床坐标系的联系。G92 指令的功能是通过设定对刀点距工件坐标系原点的距离,即刀具在工件坐标系的坐标值(绝对值)来确定工件坐标系。该指令一般放在数控程序的第一个程序段,不产生任何运动,为非模态指令。图 2.17 (a)为数控车床工件坐标系设定的例子,其指令格式为:

N×× (G90) G92 X400.0 Z250.0;

其中,数值 400.0、250.0 为刀尖在工件坐标系中的绝对坐标值。

图 2.17(b)为数控铣床及加工中心等机床设定工件坐标系的例子,采用了刀具前端作为对刀点,其指令格式分别为:

N×× (G90) G92 X180.0 Z120.0;

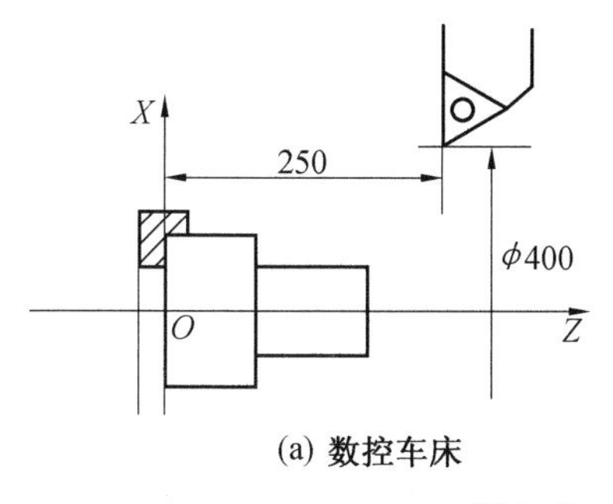

(a) 数控车床

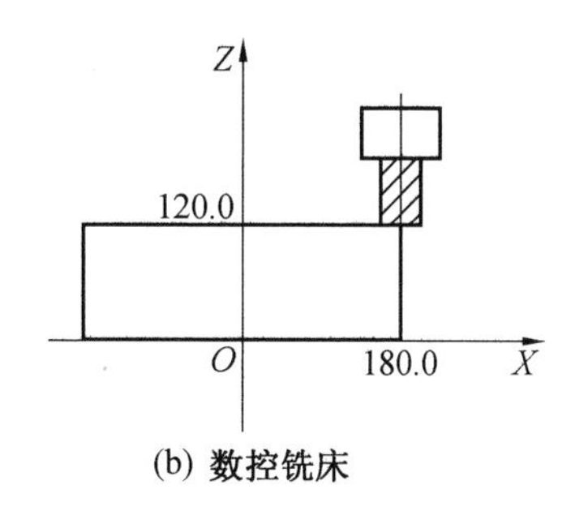

(b) 数控铣床

图2.17　工件坐标系设定

3. 工件坐标系选择(G54～G59)

除了用G92直接设定工件坐标系之外,还可以利用G代码来选择工件坐标系。G54～G59分别称为工件坐标系1、工件坐标系2、…、工件坐标系6。这6个工件坐标系是在机床坐标系设定(手动返回参考点)后,通过CRT/MDI控制面板用参数设定每个工件坐标系原点相对于机床坐标系原点的偏移量而预先在机床坐标系中建立起的工件坐标系,编程时用户可以选择其中的任一个坐标系。图2.18表示选择工件坐标系2(G55)的例子,其指令格式为:

N×× G90 G55 G00 X80.0 Y40.0;

程序段的意义是:刀具在工件坐标系2(G55)内,快速定位到绝对坐标为$X=80.0$,$Y=40.0$的A点。

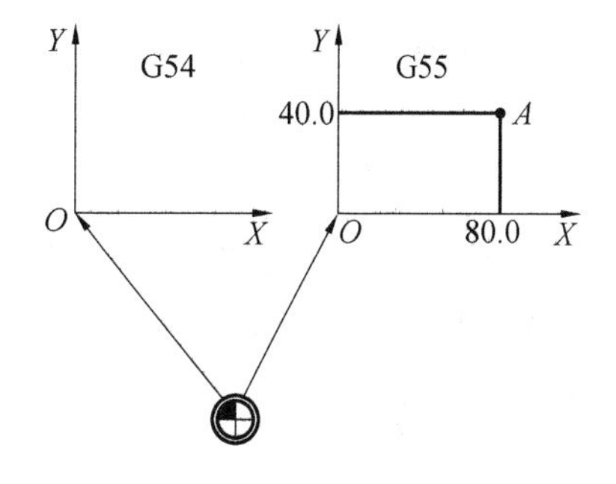

图2.18　选择工件坐标系

G54～G59六个工件坐标系可以通过改变外部工件原点偏移量和工件原点偏移量得到。

G54～G59指令与G92指令的区别:

①用G92指令时,刀位点必须在对刀点上;而用G54～G59指令时,对程序起刀点或刀位点没有严格的位置要求;

②用G92指令时,后面一定要跟坐标地址字,而用G54～G59指令时,则不需要后跟坐标地址字,且可单独作一行书写。若其后紧跟有地址坐标字,则该地址坐标字是附属于前次移动所用的模态G指令的。

程序中设定工件坐标系采用G92时,把工件坐标系原点偏置值直接保留在程序中,而G54 ～G59则把工件坐标系原点偏置值设定为机床参数。G92由于更具灵活性,通常用于单件生产中,而G54 ～G59用于批量生产中。

4. 设定局部坐标系指令(G52)

在工件坐标系中编程时,有时设定"子工件坐标系"更有利于程序编制,这个子工件坐标系称为局部坐标系,如图2.19所示。局部坐标系设定指令G52的格式:

G52 IP_;设定局部坐标系(如 **G52 X10. Y10.**)

G52 IP0;取消局部坐标系(如 **G52 X0 Y0**)

其中IP_为局部坐标系原点偏移量,即局部坐标系原点在工件坐标系中的位置。

如图2.19所示,"G52 IP_;"设定了工件坐标系(G54～G59)中的局部坐标系。设定了

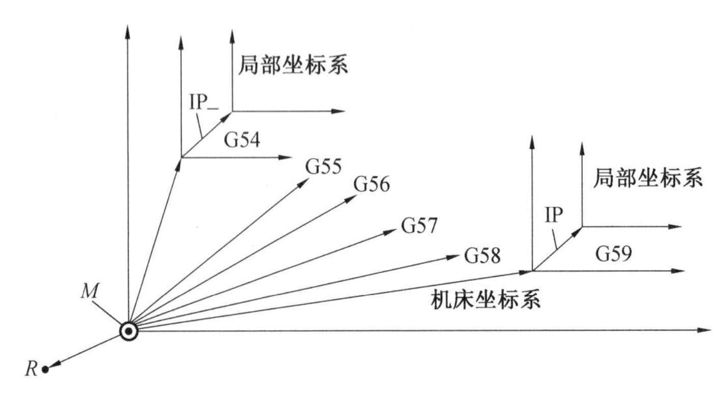

图 2.19 设定局部坐标系

局部坐标系后，在绝对值方式（G90）下，程序指定的坐标值都是局部坐标系中的绝对值。要取消局部坐标系，可使工件坐标系和局部坐标的原点一致，即执行“G52 IP0”指令。

5. 坐标平面选择指令（G17、G18、G19）

笛卡尔直角坐标系有三个坐标平面 *XY*、*ZX* 和 *YZ*，分别用 G17、G18、G19 设定。如图 2.20所示。该指令用于选择插补平面，刀具补偿平面和钻削指令等。

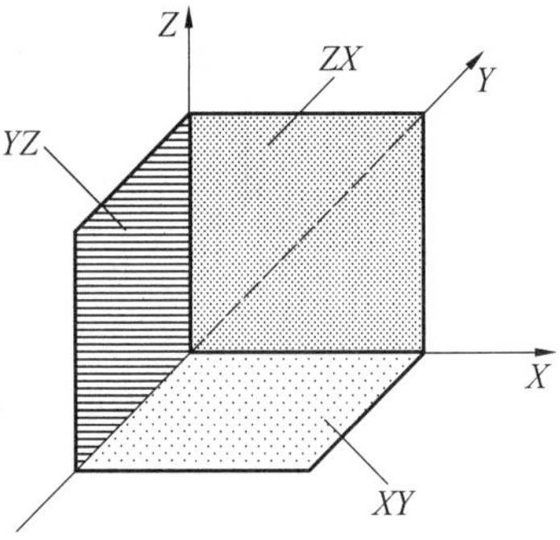

图 2.20 坐标平面设定

2.4.3 坐标值与尺寸 G 指令

1. 绝对值和增量值指令（G90、G91）

数控机床上有两种方法指令刀具运动：绝对值法 G90 和增量值法 G91。在绝对值法中，编程的坐标值是相对于工件坐标系原点的；在增量值法中，编程的坐标值是相对于前一位置而言的，即对刀具沿坐标轴移动的距离来编程。指令格式为：

G90 IP_；绝对指令，**IP_**为目标点相对于坐标系原点坐标值

G91 IP_；增量指令，**IP_**为目标点相对于前一点的增量坐标值

在编程时，根据编程方便（如图纸尺寸的标注方式）及加工精度要求来决定用 G90 指令还是 G91 指令。当图纸尺寸由一固定的基准给定时，绝对值编程较为方便；当图纸尺寸以轮廓顶点之间的间距给定时，以增量值编程较为方便。图 2.21 为加工同一直线时，用绝对指令、增量指令编程的例子。

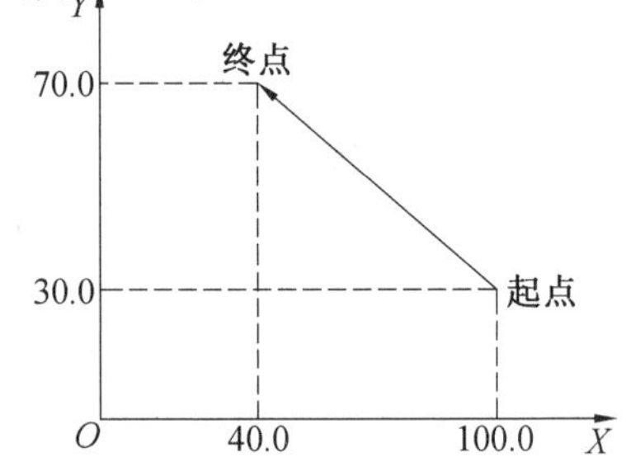

图 2.21 绝对指令编程与增量指令编程

（1）G90 X40.0 Y70.0； 绝对值编程

（2）G91 X-60.0 Y40.0；增量值编程

2. 极坐标尺寸指令（G15、G16）

极坐标尺寸指令可以将刀具运动终点的坐

标用半径和角度的极坐标形式表示。极坐标平面由 G17($X-Y$)、G18($Z-X$)、G19($Y-Z$)指令选择，例如，在 XY 平面第一轴(X)表示直径，第二轴(Y)表示角度。角度的方向是以所选平面的第一轴正向为基准，逆时针旋转为正，顺时针旋转为负。另外，在绝对指令或增量指令(G90、G91)下都可以指定半径和角度。当用 G90 时，工件坐标系的零点作为极坐标的原点，从该点测量半径；当用 G91 时，指定当前位置作为极坐标的原点，从该点测量半径。

G16；建立极坐标指令方式

G15；取消极坐标指令方式

例如，"G17 G90 G16 G00 X100 Y30"表示：在 $X-Y$ 平面内，以极坐标形式定位至半径为 100，角度为 30°的位置。对于如图 2.22 所示的三个孔，利用极坐标尺寸编制的程序如下：

```
N10 G17 G90 G16;                                  极坐标指令、X-Y 平面选择
N20 G81 X100.0 Y30.0 Z-20.0 R-5.0 F200.0;         半径 100 mm，角度 30°
N30 Y150.0;                                       半径 100 mm，角度 150°
N40 Y270.0;                                       半径 100 mm，角度 270°
N50 G15 G80;                                      极坐标指令取消
```

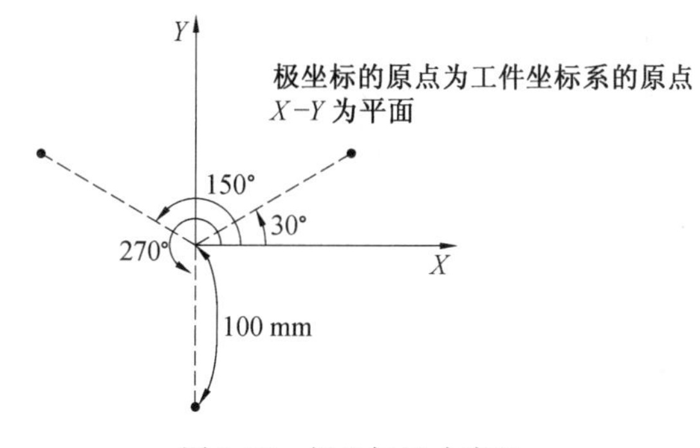

图 2.22　极坐标尺寸编程

3. 英制/公制转换指令(G20、G21)

英制、公制(米制)输入功能，分别用 G20、G21 代码选择。该指令在程序的开始，坐标系设置之前，用单独的程序段设定。在后面的程序段中，不允许再进行公英制切换。其格式为：

G20；英制输入

G21；公制输入

英制/公制转换指令设定之后，指令输入的最小增量单位也会发生改变。长度最小单位分别为 0.001 mm(公制)、0.000 1inch(英制)；公制/英制的角度都用度测量，最小单位为 0.001°。高精度系统分别为 0.000 1 mm(公制)、0.000 01inch(英制)、0.000 1°。在英制/公制转换之后，进给速度、位置、工件原点偏移量、刀具补偿值、脉冲发生器的分辨率、增量进给的运动距离和若干参数的测量单位都要改变。数控机床出厂时，一般设定为公制单位。

2.4.4　插补运动 G 指令

1. 快速定位指令(G00)

G00 指令使刀具在工件坐标系中快速定位到用绝对值或增量值指令指定的位置。使用绝对编程指令时，终点用坐标值编程；使用增量值指令时，终点用相对于前一点的增量值表

示。指令格式如下:

G00 IP_;

其中,IP_为对于绝对编程指令,表示终点坐标值;对于增量编程指令,表示刀具运动的相对距离。快速定位速度由机床参数设定,不能用 F 指令给定。该指令为模态指令,一般用于加工前快速定位或加工后快速退刀。

刀具运动路线可用参数选择为非插补定位轨迹和直线插补定位轨迹两种之一。非插补定位时,刀具以各轴单独的快速进给速度运动,其轨迹一般是折线,图 2.23 虚线部分;直线插补定位时,刀具轨迹同直线插补(G01)一样,图 2.23 实线部分。刀具以不大于各轴的快速进给速度,在最短时间内定位。用 G00 定位时,在程序段起始点开始加速到指定的快进速度,在接近程序段终点时进行减速,进行到位检测。确认进入参数设定的定位范围后,才转入下个程序段。

使用 G00 指令时要注意避免刀具与工件发生碰撞。对于数控铣床常用的做法是,先将 Z 轴移动到安全高度,再放心地执行 G00 指令。

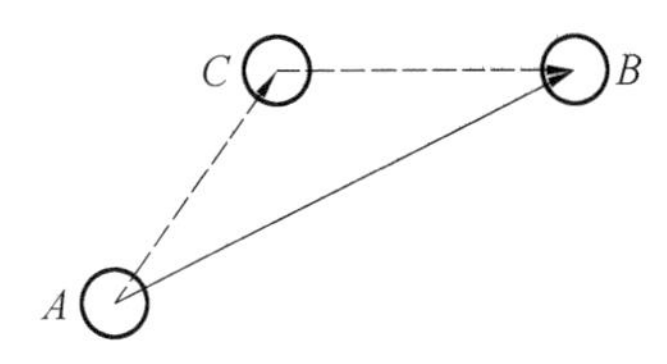

图 2.23　G00 快速定位模式

2. 单方向定位指令(G60)

进行精密定位时,为了消除机床反向间隙的影响,往往采用单向趋近的定位方式。G60 指令单方向定位方式,各轴先以 G00 速度快速定位到中间点,然后以一固定速度移动到定位终点,其运动路径如图 2.24所示。其指令格式为:

G60 IP_;

其中,IP_为使用绝对编程指令时,定位的终点坐标值;使用相对编程指令时,刀具移动的相对距离。

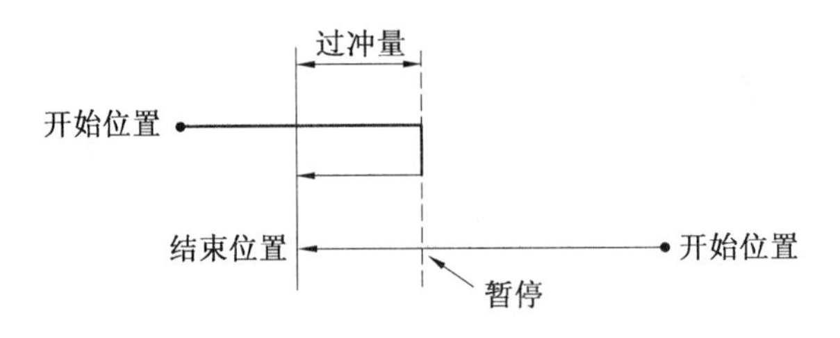

图 2.24　G60 代码的功能

各轴的过冲量和定位方向由机床参数设定。即使指令的方向与参数设定一致,刀具到达终点之前也要停止一次。G60 是非模态指令,仅在其被指定的程序段有效。

使用单向定位指令要注意以下问题:

①在钻削固定循环中不能使用单向定位指令;

②没有设置过冲量的轴,不能进行单向定位;

③指令移动量为零时,不能进行单向定位;

④镜像不影响参数设定的方向;

⑤在 G76、G87 固定循环中的偏移运动方向,不能使用单向定位。

3. 线性插补指令(G01)

该指令使刀具以联动的方式,按给定的合成进给速度,从当前位置按线性路线(联动直线轴的合成轨迹为直线）移动到程序段指定的终点。其指令格式如下：

G01 IP_ F_;

其中，IP_：绝对值编程时，为终点坐标值；用增量编程时，为刀具运动相对距离。

F_为刀具的合成切削进给速度。

执行 G01 指令时，刀具以设定的进给速度 F，运动到指令的终点。速度 F 一直到新值设定前一直有效，因此不需要每个程序段都设置速度。如果没有指令 F，被看作是零速度。若 G01 指令设定为：

G01 A α B β C γ D ζ F f ;

其中 A、B、C、D 为各坐标轴地址；α、β、γ、ζ 为各坐标值；F、f 为速度地址和速度值。

每个轴进给速度（对于直线轴单位为 mm/min；对于旋转轴单位为 deg/min）按下面公式计算：

α 轴方向的进给速度　$F_\alpha=\frac{\alpha}{L}\times f$

β 轴方向的进给速度　$F_\beta=\frac{\beta}{L}\times f$

γ 轴方向的进给速度　$F_\gamma=\frac{\gamma}{L}\times f$

ζ 轴方向的进给速度　$F_\zeta=\frac{\zeta}{L}\times f$

$$L=\sqrt{\alpha^2+\beta^2+\gamma^2+\zeta^2}$$

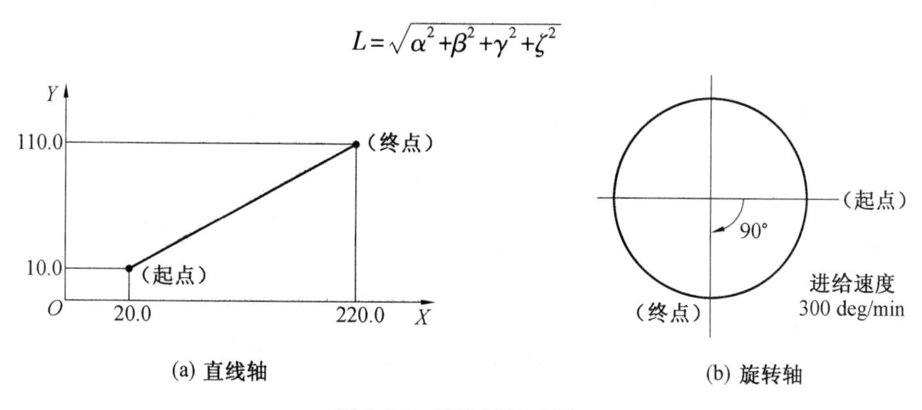

(a) 直线轴　　(b) 旋转轴

图 2.25　线性插补功能

线性插补指令应用举例：图 2.25（a）为直线轴插补，图 2.25（b）为旋转轴插补，其程序如下：

直线轴插补：　(G91)G01 X200.0 Y100.0 F200.0;

旋转轴插补：　G91 G01 C-90.0 F300.0;

4. 圆弧插补指令（G02、G03）

圆弧插补指令使刀具沿着圆弧运动，该指令分为顺时针圆弧插补指令（G02）和逆时针圆弧插补指令（G03），同时要用 G17、G18 或 G19 来指定圆弧插补平面，G17、G18 或 G19 分别指定圆弧所在坐标平面为 X_PY_P 平面、X_PZ_P 平面和 Y_PZ_P 平面，各坐标平面上的圆弧插补指令格式分别为

$$\mathrm{G17}\begin{Bmatrix}\mathrm{G02}\\ \mathrm{G03}\end{Bmatrix}X_P\_Y_P\_\begin{Bmatrix}R\_\\ I\_J\_\end{Bmatrix}F\_;$$

$$\mathrm{G18}\begin{Bmatrix}\mathrm{G02}\\ \mathrm{G03}\end{Bmatrix}X_P\_Z_P\_\begin{Bmatrix}R\_\\ I\_K\_\end{Bmatrix}F\_;$$

$$\mathrm{G19}\begin{Bmatrix}\mathrm{G02}\\ \mathrm{G03}\end{Bmatrix}Y_P\_Z_P\_\begin{Bmatrix}R\_\\ J\_K\_\end{Bmatrix}F\_;$$

其中各项的含义见表2.4。

表2.4　圆弧指令格式

项	指定内容		命　令	意　义
1	平面指定		G17	X_PY_P平面圆弧指定
			G18	Z_PX_P平面圆弧指定
			G19	Y_PZ_P平面圆弧指定
2	圆弧回转方向		G02	顺时针方向圆弧插补
			G03	逆时针方向圆弧插补
3	终点坐标（带符号）	G90方式	X_P_、Y_P_、Z_P_中的两轴	工件坐标系中的X、Y、Z轴或它们的平行轴（用参数设定）的终点坐标值
	运动距离（带符号）	G91方式	X_P_、Y_P_、Z_P_中的两轴	工件坐标系中的X、Y、Z轴或它们的平行轴（用参数设定）从起点到终点的距离
4	从始点到圆心的距离（带符号）		I_、J_、K_中的两轴	圆心相对于圆弧起点的偏移值，在G90/G91时，都是以增量方式指定
	圆弧半径（带符号）		R_	圆弧半径，当圆弧圆心角小于180°时，R为正值，否则为负值
5	进给速度		F_	被编程的两个轴的合成进给速度，其方向沿圆弧切线方向

所谓顺时针和逆时针圆弧是指在右手直角坐标系中，从X_PY_P平面（Z_PX_P平面、Y_PZ_P平面的Z_P轴（Y_P轴、X_P轴）的正向往负向观察，以第一轴为基准，看圆弧的转向而言。如图2.26所示。

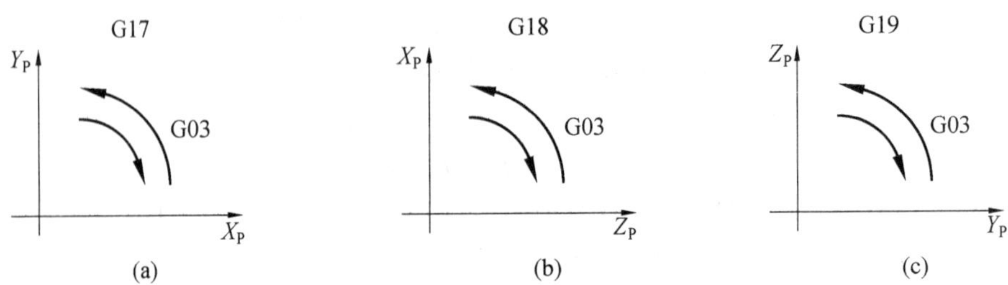

图2.26　不同坐标平面上的顺时针圆弧和逆时针圆弧

地址 I、J 和 K 分别指令 X_P、Y_P 和 Z_P 轴向的圆弧中心位置。I、J 和 K 后面的数值是从圆弧起点向圆弧圆心方向的矢量分量，带有符号，其为增量值，与 G90 和 G91 无关。如图2.27 所示。

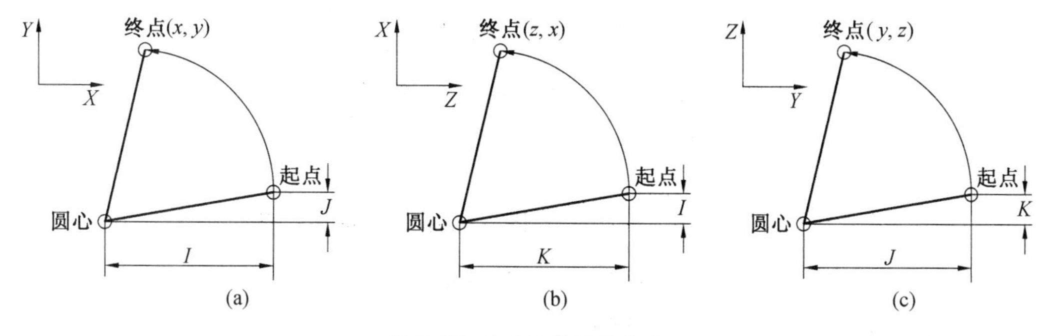

图 2.27　I、J、K 分量的确定

当 I、J 和 K 后面的数值为 0 时，可以省略。当 X_P、Y_P 或 Z_P 省略（此时圆弧起点和终点重合在一起）以及圆心用 I、J 和 K 指定时，表示为 360°的圆弧。假如 X_P、Y_P 或 Z_P 都被省略只用 R，表示为 0°的圆弧，刀具不移动。

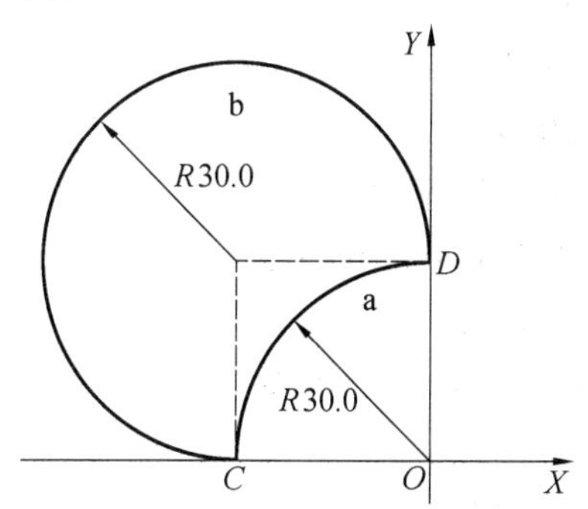

图 2.28　I、J、K 及 R 的应用

下面以图 2.28 为例介绍 I、J、K 及 R 的应用。

圆弧 a（C->D，小于 180°）的四种编程方法

```
G90 G02 X0 Y30.0 R30.0 F300.0;
G90 G02 X0 Y30.0 I30.0 F300.0;
G91 G02 X30.0 Y30.0 R30.0 F300.0;
G91 G02 X30.0 Y30.0 I30.0 F300.0;
```

圆弧 b（D->C，大于 180°）的四种编程方法

```
G90 G03 X-30.0 Y0 R-30.0 F300.0.0;
G90 G03 X-30.0 Y0 I-30 J0 F300.0;
G91 G03 X-30.0 Y-30.0 R-30.0 F300.0;
G91 G03 X-30.0 Y-30.0 I-30 J0 F300.0;
```

圆弧插补的几点注意事项：

（1）当 R 和 I、J、K 同时被指令时，R 有效，I、J、K 被忽略。

（2）整圆编程时，不能用 R，只能用 I、J、K。

（3）当所编程圆弧的中心角接近 180°时，计算圆心坐标将产生误差。这时，宜用 I、J 和

K 指令指定其圆心坐标。

图 2.29 为圆弧插补的例子

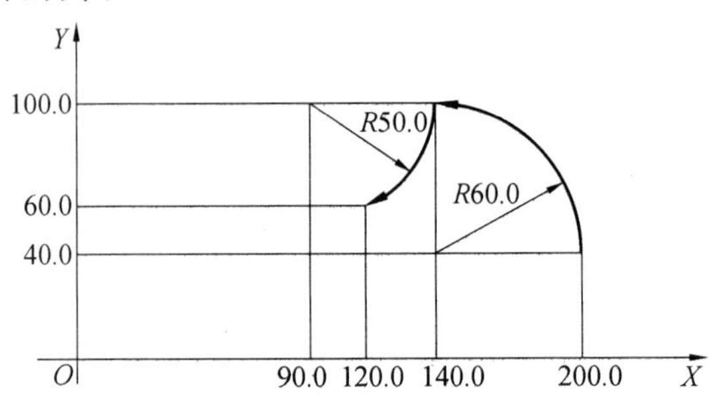

图 2.29 圆弧插补编程

(1)在绝对编程方式下,加工程序如下

G92 X200.0 Y40.0 Z0;

G90 G03 X140.0 Y100.0 R60.0 F300.0;

G02 X120.0 Y60.0 R50.0;

或 G92 X200.0 Y40.0 Z0;

G90 G03 X140.0 Y100.0 I-60.0 F300.0;

G02 X120.0 Y60.0 I-50.0;

(2)在增量编程方式下,加工程序如下

G91 G03 X-60.0 Y60.0 R60.0 F300.0;

G02 X-20.0 Y-40.0 R50.0;

或 G91 G03 X-60.0 Y60.0 I-60.0 F300.0;

G02 X-20.0 Y-40.0 I-50.0;

5. 螺旋线插补指令(G02,G03)

螺旋线插补是通过圆弧插补和其它一个(或二个)轴与其同步运动实现的。该指令使刀具沿螺旋线轨迹运动。它的基本方法在圆弧插补指令上附加一个运动指令,如图 2.30 所示。螺旋线插补指令格式,按另一个运动与不同插补平面(X_PY_P、Z_PX_P 或 Y_PZ_P)内插补运动同步,可分为三种类型。分别列于下面

$$G17\begin{Bmatrix}G02\\G03\end{Bmatrix}X_{P\_}Y_{P\_}\begin{Bmatrix}I\_J\_\\R\_\end{Bmatrix}\alpha\_(\beta\_)\ F\_;$$

$$G18\begin{Bmatrix}G02\\G03\end{Bmatrix}X_{P\_}Z_{P\_}\begin{Bmatrix}I\_K\_\\R\_\end{Bmatrix}\alpha\_(\beta\_)\ F\_;$$

$$G19\begin{Bmatrix}G02\\G03\end{Bmatrix}Y_{P\_}Z_{P\_}\begin{Bmatrix}J\_K\_\\R\_\end{Bmatrix}\alpha\_(\beta\_)\ F\_;$$

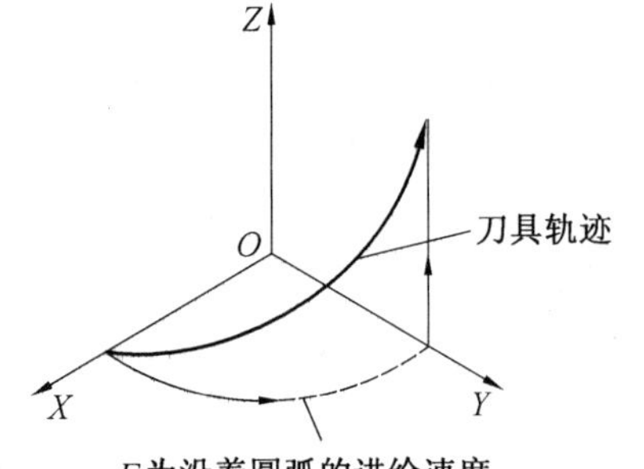

图 2.30 螺旋线插补

其中 α、β 为不参加圆弧插补的任一轴,最多到二个轴可以被指定。螺旋线插补指令中的 F 代码规定为刀具沿圆弧的进给速度,因此直线轴的进给速度需用下面公式计算

$$直线轴的进给速度 = F\times\frac{直线的长度}{圆弧的弧长} \tag{2.6}$$

在确定进给速度,也包括直线轴进给速度的确定时,不能超过参数规定的各种限制值。特别是通过参数设置,可以防止直线轴进给速度超过规定值。另外,刀具半径补偿只适应圆弧插补。刀具偏移、刀具长度补偿在螺旋线插补程序中不能使用。

6. 切削螺纹指令(G33)

该指令用于在数控车床上加工固定导程的直螺纹,如图 2.31 所示。螺纹加工是通过主轴的转动与刀具的进给运动同步合成实现的。主轴的实时速度(r/min)由安装在主轴上的位置编码器检测,刀具的每分钟进给速度(mm/min)由主轴速度换算得来。

螺纹切削指令格式为:

G33 IP_ F_;

其中,IP_为螺纹终点位置;F_为长轴方向导程(或螺距)。

例如,加工螺纹的长度 10 mm,螺距 1.5 mm,指令为 G33 Z10.0 F1.5。

一般情况下,螺纹切削在粗加工和精加工时,都是沿着同样的刀具轨迹重复进行。当位置编码器检测到主轴一转信号后,螺纹切削启动,此后,螺纹切削始终从固定位置开始,在工件上沿着同样的刀具轨迹重复进行。当然,切深在增加。螺纹加工过程中,主轴速度必须保持恒定,否则将出现不正确的螺距。一般情况下,由于伺服系统滞后等原因,会在螺纹切削的起点和终点处产生一小段不正确的螺距。为了补偿在起点和终点处的不正确螺距,可以通过使指定的螺纹切削长度稍大于要求长度的办法来解决。在螺纹切削时要注意以下问题:

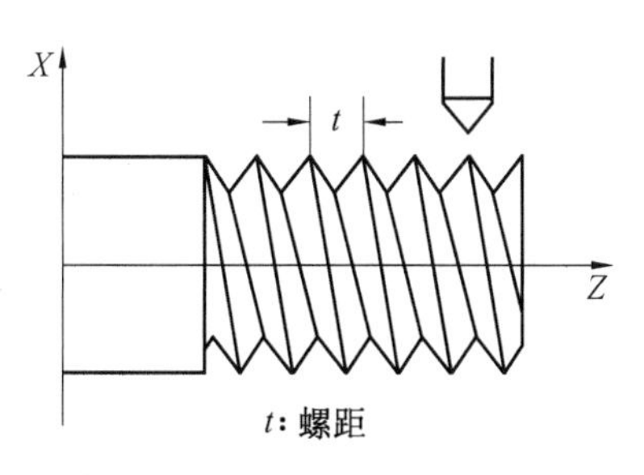

图 2.31　螺纹切削指令

①主轴速度要限制在下面规定的范围

1≤ 主轴速度 ≤ 最大进给速度 / 螺纹螺距

其中,主轴速度:rpm;螺纹螺距:mm 或 inch;最大进给速度(mm/min)受机械及电机的限制。

②在螺纹粗加工和精加工的全过程中,不能使用“进给速度倍率”调节速度,进给速度倍率应固定在 100% 。

③转换后的进给速度被限制在设定的上限进给速度。

④螺纹加工时,“进给暂停”无效。此时若按下进给暂停按钮,机床在螺纹切削完成之后(即 G33 方式结束以后)的下个程序段的终点停止。

7. 渐开线插补(G02.2, G03.2)

渐开线插补可以应用于多种场合,如渐开线齿轮的加工、渐开线运动轨迹的控制实现等。该指令为数控高级指令,在高档数控系统中才提供。

渐开线插补的指令格式如下:

XpYp 平面的渐开线插补

G17 G02.2 Xp_Yp_I_J_R_F_

G17 G03.2 Xp_Yp_I_J_R_F

ZpXp 平面的渐开线插补

G18 G02.2 Zp_Xp_K_I_R_F_

G18 G03.2 Zp_Xp_K_I_R_F

YpZp 平面的渐开线插补

G19 G02.2 Yp_Zp_J_K_R_F_

G19 G03.2 Yp_Zp_J_K_R_F

其中,G02.2 为顺时针方向的渐开线插补;G03.2 为逆时针方向的渐开线插补;Xp 为 *X* 轴或其平行轴(在参数中设定);Yp 为 *Y* 轴或其平行轴(在参数中设定);Zp 为 *Z* 轴或其平行轴(在参数中设定);I_、J_、K_为从起点看到的渐开线曲线的基圆的中心位置;R_为基圆的半径;F_为切削进给速度。

渐开线插补刀具的移动如图 2.32 所示。

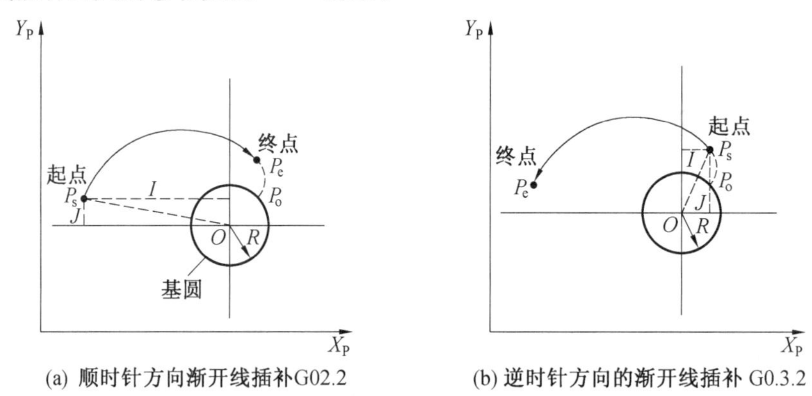

(a) 顺时针方向渐开线插补G02.2 (b) 逆时针方向的渐开线插补 G0.3.2

图 2.32 渐开线插补刀具的移动

8. NURBS 样条插补指令(G06.2)

NURBS(Non-Uniform Rational B-Splines,非均匀有理 B 样条曲线)是一类样条曲线,在 STEP(standard for the exchange of product model data,产品模型数据交换标准)标准中被确定为定义工业产品几何形状的唯一数学方法。其使用控制点、节点矢量、权三个变量来表达自由曲线,表示方程式为多项式的组合,具有可局部变更曲线的特性。NURBS 不但具有整个曲线平滑的特征,还能精确描述除自由形态曲线之外的椭圆、抛物线、双曲线等二次曲线和直线。NURBS 插补在 CNC 内部生成 NURBS 曲线,并沿着该 NURBS 曲线平滑驱动机床,使加工的工件形状非常接近 CAD 设计的几何形状。

FANUC 系统的 NURBS 插补指令的格式为:

G06.2 P… K… X… Y… Z… R…F

K… X… Y… Z… R…

…

K… X… Y… Z… R…

其中,P 为 NURBS 曲线的阶次,K 为节点矢量,XY Z 为控制点坐标,R 为权因子。

NURBS 插补方法允许用较少的程序段定义出由大量短直线段组成的程序,减轻了数据流的瓶颈。目前 NURBS 仍为高档插补功能,支持 NURBS 插补的 CNC 系统有 FANUC、SIEMENS、HEIDENHAIN(海德汉)、华中数控等。

2.4.5　进给功能和主运动 G 指令

1. 切削进给速度控制(G09、G61-G64)

在编程时,可以通过指令对切削速度模式进行控制,见表 2.5。机床启机,默认为切削方式 G64。

表 2.5　切削速度控制

<table>
<tr><th colspan="2">功　能</th><th>G 代码</th><th>G 代码的有效性</th><th>说　明</th></tr>
<tr><td colspan="2">准确停止</td><td>G09</td><td>该功能只在指定的程序段有效</td><td>刀具在有 G09 的程序段终点减速,执行到位检测,确定到位后,执行下一个程序段</td></tr>
<tr><td colspan="2">准确停止方式</td><td>G61</td><td>一旦指定,这个功能就有效,直到 G62、G63 或 G64 被指定</td><td>刀具在程序段终点减速,执行到位检测,确定到位后,执行下一个程序段</td></tr>
<tr><td colspan="2">切削方式</td><td>G64</td><td>一旦指定,这个功能就有效,直到 G61、G62 或 G63 被指定</td><td>刀具在程序段终点不减速,继续执行下一个程序段</td></tr>
<tr><td colspan="2">攻丝方式</td><td>G63</td><td>一旦指定,这个功能就有效;直到 G61、G62 或 G64 被指定</td><td>刀具在程序段终点不减速,继续执行下一个程序段。指定 G63 以后,进给倍率和进给暂停都无效</td></tr>
<tr><td rowspan="2">自动</td><td>自动的内拐角倍率</td><td>G62</td><td>一旦指定,这个功能就有效;直到 G61、G63 或 G64 被指定</td><td>刀具补偿方式中,刀具在沿着内拐角运动时,对切削速度实施倍率可以减小单位时间切削量,保证好的表面光洁度</td></tr>
<tr><td>内圆弧切削速度改变</td><td>-</td><td>该功能在刀具补偿方式中有效,而不考虑 G 代码</td><td>在刀具半径补偿内圆弧切削时,自动调整刀具中心的运动速度以满足编程的 F 指令</td></tr>
</table>

注:① 到位检测的目的是检查进给坐标是否达到参数设定的精度范围;

② G62 指令中内拐角(θ)的范围:$2° \leq \theta \leq 178°$。

2. 暂停指令(G04)

指令 G04 代码后,下一个程序段延迟规定的时间执行。另外,暂停指令可以在切削方式(G64)中,规定准确检测。该指令格式为

G04 X_; 或 **G04 P_;**

其中 X_为指定的时间,允许带小数点,单位秒(s);

P_为指定的时间,不允许带小数点,1-99999999,单位 0.001 秒(0.001s);

输入 X 或 P 时,按规定的时间执行准确停止。

3. 时间倒数进给速度指令(G93)

该功能用 F 后面指令的时间倒数(Feed Rate Number, FRN)间接地表示进给速度。G93

模式下,F 指令为非模态指令,每个程序段都要指定。指令格式为

G93;倒数时间进给指令 **G** 代码

F_;进给速度指令(**1/min**)

对于线性插补(G01),时间倒数按下式计算

$$FRN=\frac{1}{\text{时间(min)}}=\frac{\text{进给速度(mm/min 或 inch/min)}}{\text{移动距离(mm 或 inch)}} \tag{2.2}$$

对于圆弧插补(G02/G03),时间倒数按下式计算

$$FRN=\frac{1}{\text{时间(min)}}=\frac{\text{进给速度(mm/min 或 inch/min)}}{\text{圆弧半径(mm 或 inch)}} \tag{2.3}$$

4. 每分钟进给量指令(G94)

每分钟进给速度用 F 代码和其后的每分钟的进给量表示。指令格式为

G94;每分钟进给 **G** 代码

F_;进给速度指令(**mm/min** 或 **inch/min**)

在每分钟进给方式中,指令了 G94 后,F 后面的数值直接代表刀具的每分钟进给量。G94 为模态代码,一旦指定,就一直有效。直到设置 G95(每转进给量)指令,才能改变。机床上电后,自动指定每分钟进给量方式,为默认值。

5. 每转进给量指令(G95)

每转进给速度用 F 代码和其后的主轴每转进给量表示。指令格式为

G95;每转进给 **G** 代码

F_;进给速度指令(**mm/r** 或 **inch/r**)

在每转进给方式中,指令了 G95 后,F 后面的数值直接代表主轴每转刀具的进给量。G95 为模态代码,一旦指定,就一直有效。直到设置 G94(每分钟进给量)指令,才能改变。当主轴转度很低时,进给速度会出现不连续波动。

6. 主轴控制指令(G96、G97)

(1)恒表面速度控制指令(G96)

恒表面速度控制又称为"周速恒定控制"。它的含意是在车削时,车床主轴转速可以连续变化,以保持实时切削位置的切削线速度不变(恒定)。使用此功能不但可以提高工效,还可以提高加工表面的质量,即切削出的端面或锥面等表面粗糙度一致性好。格式为

G96 S○○○○○;

↑表面速度,即线速度(m/min 或 feet/min)

注意:表面速度单位根据机床厂规定,可能会改变。

(2)主轴恒速控制指令(G97)

该指令指定主轴的转速,单位为 r/min,同时取消 G96 方式。格式为

G97 S○○○○○;

↑主轴速度(r/min)

注意:表面速度单位根据机床厂规定,可能会改变。

G96、G97 均为模态代码。机床上电后,G97 为默认状态。

2.4.6 刀具补偿功能 G 指令

刀具补偿功能是数控系统的重要功能,包括刀具长度补偿(G43,G44,G49)、自动刀具

长度测量(G37)和刀具半径补偿(G40～G42)等。

1. 刀具长度补偿指令(G43、G44、G49)

刀具长度补偿(图2.33)也称刀具长度偏移，G43、G44和G49分别为刀具长度的正补偿、负补偿和取消补偿指令。当加工时,所使用的刀具实际长度与编程规定的长度不一致时,可以采用刀具长度补偿消除差值,而不用改变程序。G43、G44为模态指令。

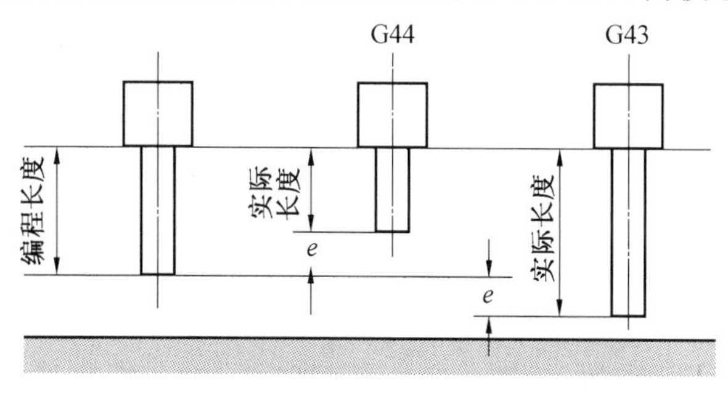

图2.33 刀具长度补偿

G43 Z_ H_;

G44 Z_ H_;

当指令了G43时,用H代码表示的刀具长度偏移值(存储在偏置存储器中)加到程序中指令的刀具终点位置坐标上。当指令了G44时,同样的值从刀具终点位置坐标上减去。其计算结果为补偿后的终点位置坐标,而不管是否选择了增量值还是绝对值方式。如果没有运动指令,当刀具长度偏移量为正值时，G43指令将使刀具向正方向移动一个偏移量;G44指令将使刀具向负方向移动一个偏移量;当刀具长度偏移为负值时,G43、G44指令使刀具向对应的反方向移动一个偏移量。H为刀具补偿存储器的地址字,如H01(补偿号或偏置号)即是01号存储器,该存储器中放置刀具长度偏移值。除H00必须放0以外,其余的均可存放刀具长度偏移值,该值的范围是0～±999.999 mm(公制),或0～±99.999 9 inch(英制)。

执行G43、G44的结果可用下列式子表示:

G43:实际位置=指令值+(H××)

G44:实际位置=指令值-(H××)

其中指令值和偏移量都可能是正值或负值,上式为代数相加或相减。用G49或H00可撤消刀具长度补偿。刀具长度补偿的值可以通过CRT/MDI操作面板输入到内存中。

使用刀具长度补偿要注意:

(1)由于刀具长度偏置号的改变而改变刀具长度补偿值时,新的刀具长度偏移值不能加到旧的刀具长度偏移值上。

例如 H1:刀具长度偏移值为20.0

H2:刀具长度偏移值为30.0

则 G90 G43 Z100.0 H1;刀具将沿 Z 坐标运动到120.0的位置

G90 G43 Z100.0 H2;刀具将沿 Z 坐标运动到130.0的位置

(2)通常用H代码表示刀具长度偏移,用D代码表示刀具半径补偿。

(3)在刀具长度补偿方式下执行G53、G28或G30指令,刀具长度偏移矢量被取消。

如图2.34为采用刀具长度补偿钻削 A、B、C 三孔的例子。实际刀具与基准刀具长度差4.0 mm,因此刀具长度偏移量 H01=4.0。

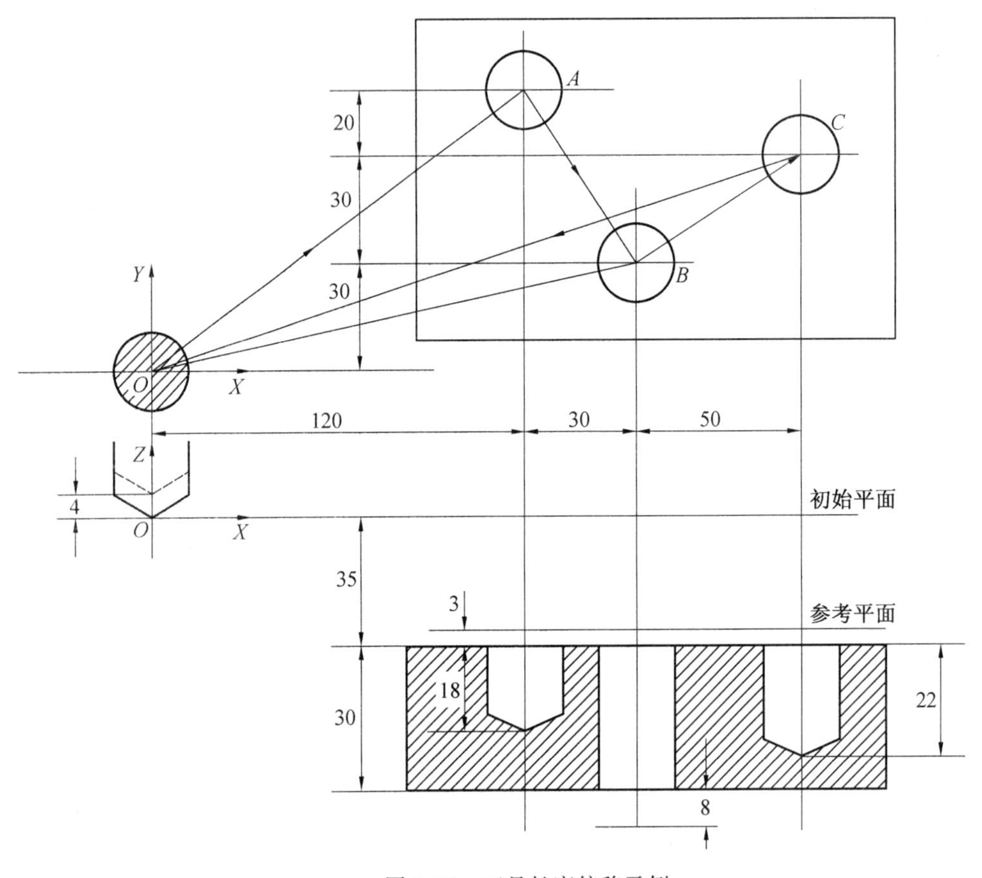

图2.34 刀具长度偏移示例

N5 G92 X0 Y0 Z0;	
N10 G91 G00 X120.0 Y80.0;	在 XY 平面快速定位到 A 孔上方(初始平面)
N15 S200 M03;	主轴启动
N20 G44 Z-32.0 H01;	在 Z 方向快进到工件上方3 mm处(参考平面)
N25 G01 Z-21.0 F100;	钻削加工 A 孔
N30 G04 P2000;	在孔底,进给暂停2 s
N35 G00 Z21.0;	快速返回到参考平面
N40 X30.0 Y-50.0;	快速定位到 B 孔上方
N45 G01 Z-41.0;	钻削加工 B 孔
N50 G00 Z41.0;	快速返回到参考平面
N55 X50.0 Y30.0	快速定位到 C 孔上方
N60 G01 Z-25.0;	钻削加工 C 孔
N65 G04 P2000;	在孔底,进给暂停2 s
N70 G00 Z57.0 H00;	Z 向快速返回到初始平面(起刀点的 Z 向坐标)
N70 或 G00 G49 Z57.0;	

N75　X0 Y0 M05;　　　　　　　X、Y 向快速返回到起刀点,主轴停转

N80　M30;　　　　　　　　　　程序结束

2. 自动刀具长度测量指令(G37)

G37 指令执行后,刀具开始向测量位置运动。直到刀尖到达测量位置,测量装置发出终点到达信号,刀具停止运动(图 2.35)。刀具补偿值用下式表示:

补偿值=(当前的补偿值)+[(刀具停止点坐标)-(编程的测量位置坐标)]

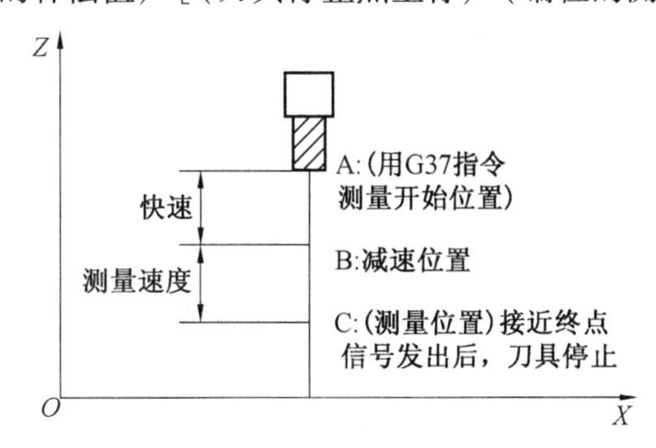

图 2.35　自动刀具长度测量

G37 指令的用法为

G92 IP_;　　　　设置工件坐标系(也可以用 G54 ~ G59 指令)

H○○;　　　　　刀具长度补偿的偏移号

G90 G37 IP_;　　绝对值指令;G37 只在指令的程序段有效;IP_表示测量位置坐标(X-,Y-, Z-,或第四轴)

使用 G37 指令首先要设定工件坐标系,用绝对值指令指定测量到达位置坐标。然后刀具快速运动,中途减速,以测量速度向测量位置移动。最后达到测量位置,并且测量装置发出终点到达信号后,刀具停止运动。测量出差值加到当前刀具长度偏移值上。

图 2.36 给出了 G37 指令执行的过程和终点信号发出的允许范围。减速位置、测量运动速度和终点信号的允许范围均由参数给定。测量误差由终点信号的采样周期和测量速度决定。使用 G37 指令还要注意,在有 G37 指令的程序段不能指定 H 代码,否则将产生报警。指定 H 代码需在 G37 指令程序段之前进行。

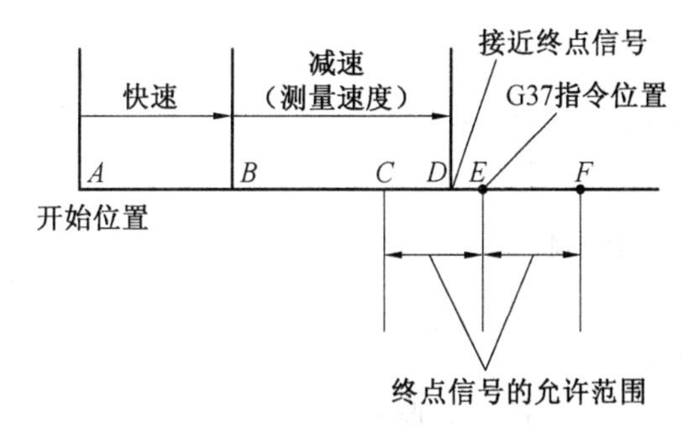

图 2.36　刀具运动到测量位置

如图 2.37 所示,应用 G37 指令的例程如下

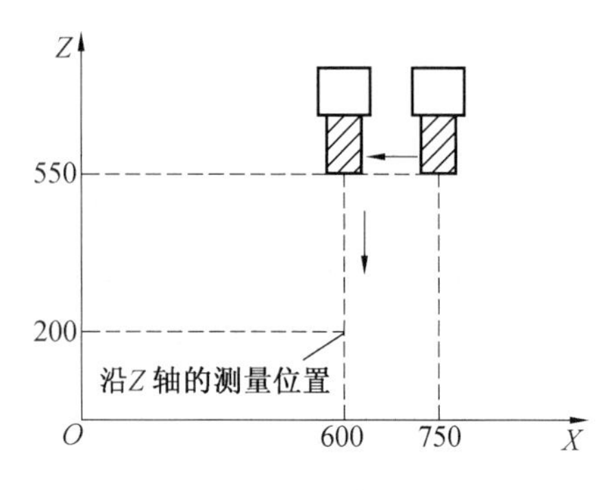

图 2.37　G37 指令的应用

G92 Z550.0 X750.0;	用绝对值指令设置的工件坐标系
G00 G90 X600.0;	刀具运动到 X600.0
	这是沿 Z 轴运动到测量位置所要求距离的点
H01;	指定刀具长度偏移号
G37 Z200.0;	刀具运动到测量位置
G00 Z204.0;	刀具沿 Z 轴回退一个小距离

这个例子中,如果刀具移动到 Z198.0 mm 处发出到信号(测量位置),则刀具长度偏移必须修正 2 mm。

3. 刀具半径补偿指令(G40、G41、G42)

轮廓加工时,铣刀中心应偏离工件轮廓一个刀具半径值。该问题有两种解决方法,一种是由编程人员按照零件的几何形状尺寸及刀具半径,人工计算刀具中心运动轨迹,然后再按刀具中心运动轨迹编制加工程序;另一种方法是编程人员按照零件实际轮廓尺寸编制加工程序,并在程序中指明刀具参数及走刀方式,由数控系统自动完成刀具中心运动轨迹的计算。现代数控系统一般都具有自动计算刀具中心运动轨迹功能,这种功能称之为刀具半径补偿(或刀具半径偏移)功能。刀具半径补偿,可大大简化编程的工作量,具体体现在两个方面:

①由于磨损或换刀引起刀具半径变化时,不必重新编程,只需修改相应的偏置参数即可;

②由于轮廓加工往往不是一道工序能完成的,在粗加工时,要为精加工预留加工余量,加工余量的预留可以通过修改偏置参数实现,而不必为粗精加工各编制一个程序。

刀具半径补偿指令有 G40、G41、G42,分别称为取消刀具半径补偿、设定刀具半径左偏(左刀补)、设定刀具半径右偏(右刀补)指令。

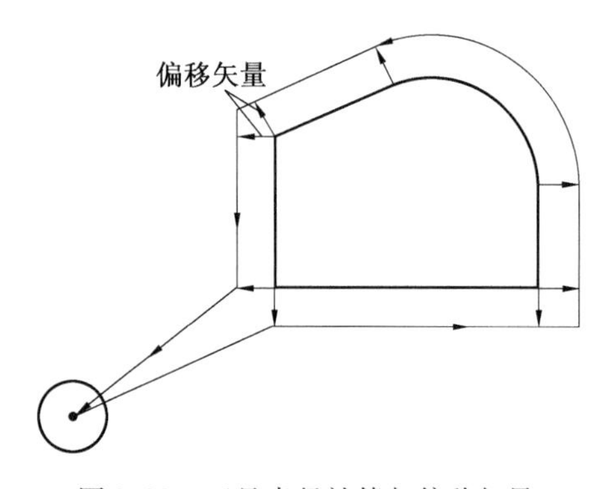

图 2.38　刀具半径补偿与偏移矢量

建立刀补时,CNC 系统首先建立刀具偏移矢量,该矢量的长度等于刀具半径,如图 2.38 所示。偏移矢量垂直于刀具轨迹,矢量的起始点在工件的边缘上,矢量的头部位于刀具中心轨迹上(即零件轮廓线上点的法向矢量),方向随着零件轮廓的变化而变化。加工期间,如果建立刀具半径补偿后执行直线插补和圆弧插补,那么刀具轨迹将偏离工件一个偏移矢量的长度。加工结束后,取消刀具半径补偿并返回到刀具起始位置。

刀偏矢量或称偏移矢量的大小放在内存中,由 D 代码(或 H)指定。指令格式为:

G00(或 G01)G41(或 G42)IP_D_;

其中,G41 为左刀补;G42 为右刀补;IP_为指令坐标轴的运动值;D_为表示刀具半径补偿值的代码(即刀偏号)。

撤消刀补指令为 G40。其指令格式为:

G40

刀具半径补偿是在 G17、G18、G19 指定的平面内进行的(默认平面是 G17 平面),不在平面内的坐标不执行补偿。没有指定的偏移平面不能计算偏移量。在三个轴同时控制时,刀具轨迹投影到偏移平面上,偏移量按此平面指定和计算。例如,G17 定义下的 *Z* 轴的坐标值不受偏移的影响,程序中的指令值仍然照常使用。

用直线运动建立刀补(从刀具偏移开始一直到刀具偏移完成)时,如图 2.39 所示。在该程序段终点形成与直线方向垂直的新偏移矢量,G41 指令所形成的矢量在直线的左边(沿直线前进的方向),G42 在右。偏移矢量的长短由 D 代码指定。圆弧插补情况下,其偏移矢量在圆弧每个点上的方向是变化的。它是沿着圆弧在这个点的法线方向,即圆弧半径方向或者说是与圆弧在该点的切线垂直方向。

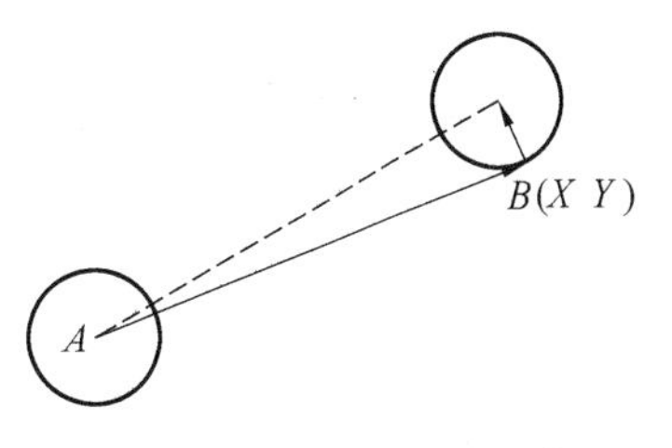

图 2.39　刀具半径偏移的建立

由图 2.40(a)可以看出 *AB* 直线和圆弧相切,故在 *B* 点所产生的偏移矢量与圆弧起点 *B* 所要求的矢量是一致的。若直线和圆弧不相切,则这两个矢量不同,如图 2.40(b)所示。

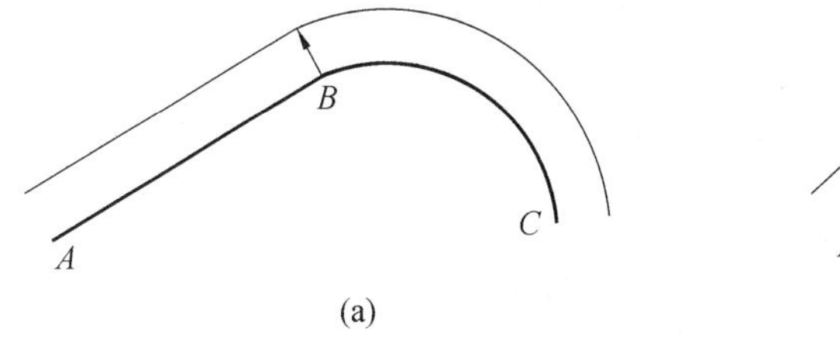

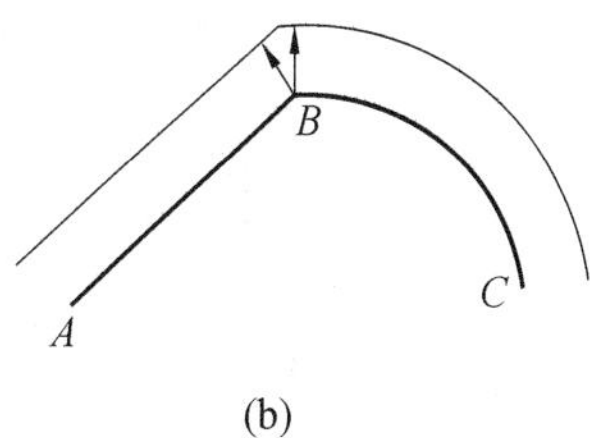

图 2.40　刀具半径偏移

机床上电后处于刀具半径补偿取消方式,偏移矢量为零,刀具中心轨迹为编程轨迹。当 G41 或 G42 被调用以及 D 代码不是 D0 时,CNC 用 G00 或 G01 运动指令建立刀补,从而进入刀具半径偏移方式。如果使用圆弧插补建立刀具半径补偿,将产生报警。为了处理开始程序段和下一个程序段,CNC 需要预先读取两个程序段。在偏移方式中,通过 G00、G01、G02 和 G03 指令执行刀补。假如偏移方式中有两个或更多的程序段没有运动(辅助功能、暂停等),将产生过切或少切现象;如果偏移平面改变,将产生报警,并且停止刀具运动。在刀具半径偏移方式中,指令 G40 或使用 D0 代码,并且在直线运动中 CNC 进入刀具半径偏移取消方式。如果使用 G02 或 G03 指令进入偏移取消方式,CNC 产生报警,并且停止刀具运动。在偏移取消过程中,控制是在指令程序段和刀补缓冲器中的程序段执行。

当更换刀具需要改变刀具半径补偿值时,一般在偏移取消方式中进行。如果改变刀补在偏移方式中进行,那么程序段终点的偏移量被计算出来,作为新的刀具半径补偿值。图

2.41 反映出偏移量改变的情况。

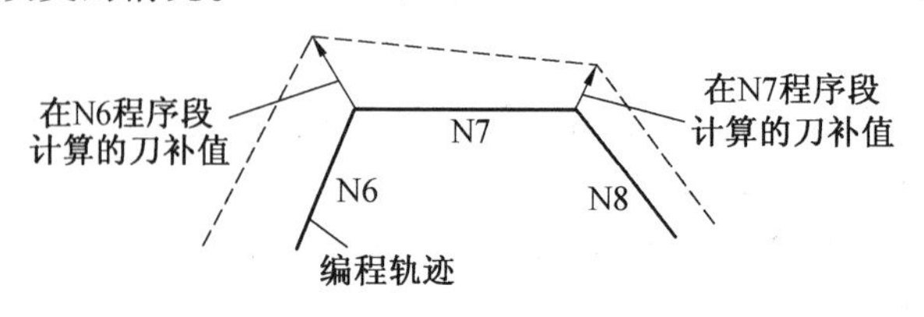

图 2.41 刀补值的改变

D 代码偏移量的设置由 MDI 面板完成。可设置偏移量的范围为 0 ~ ±999.999 mm(公制)或 0 ~ ±99.999 9 inch(英制)。刀具半径补偿值由刀具偏移号表示,D 地址后面的数字为 1 ~3 位数。D0 表示刀偏量为零。D 代码是模态指令,在设定新的 D 代码之前一直保持有效。偏移矢量是二维矢量,其数值等于刀具半径补偿量,由 CNC 内部控制单元计算出来。它的方向随着刀具前进方向改变而改变。偏移矢量的计算在 G17、G18 或 G19 指定的偏移平面上进行,没有指定的偏移平面不能计算偏移量。刀具半径补偿应用示例,如图 2.42 所示,工件上表面为 *Z* 向零点,切削深度 5 mm。

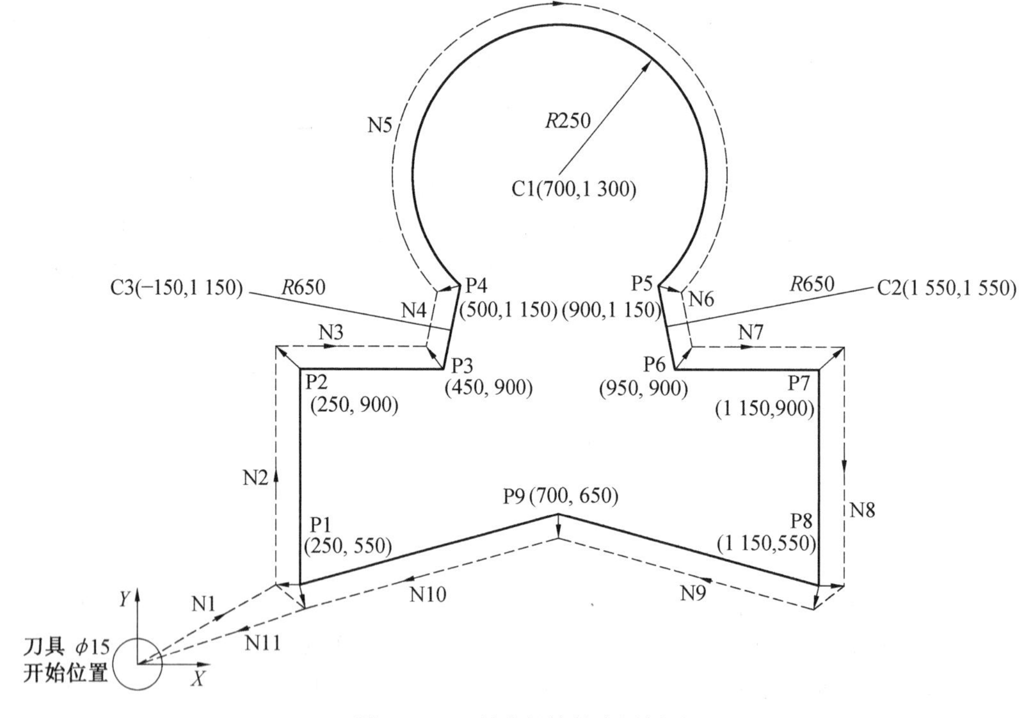

图 2.42 刀具半径补偿应用例子

N05 G92 X0 Y0 Z0 S200 M03;	设定绝对坐标系,刀具位于开始位置(X0,Y0,Z0)
N10 Z-5	
N15 G90 G17 G00 G41 D07 X250.0 Y550.0;	建立刀具半径补偿方式(偏移方式),刀具向编程轨迹左边偏离以 D07 指定的距离。换句话说刀具中心偏离工件轮廓一个刀具半径距离

N20 G01 Y900.0 F150;	加工P1到P2的直线
N25 X450.0;	加工P2到P3的直线
N30 G03 X500.0 Y1150.0 R650.0;	加工P3到P4的逆时针圆弧
N35 G02 X900.0 R-250.0;	加工P4到P5的顺时针圆弧
N40 G03 X950.0 Y900.0 R650.0;	加工P5到P6的逆时针圆弧
N45 G01 X1150.0;	加工P6到P7的直线
N50 Y550.0;	加工P7到P8的直线
N55 X700.0 Y650.0;	加工P8到P9的直线
N60 X250.0 Y550.0;	加工P9到P1的直线
N65 G00 G40 X0 Y0;	取消偏移方式,刀具返回到开始位置(X0,Y0,Z0)
N70 Z0;	
N75 M05;	
N80 M30	

4. 刀尖圆弧R补偿指令(G40～G42)

车床编程时,将车刀刀尖看作一个点,按照工件的实际轮廓编制程序。但实际上为了保证刀尖有足够的强度、提高刀具寿命,车刀的刀尖通常为半径不大的圆弧,一般粗加工车刀圆弧半径为0.8 mm,精加工圆弧半径为0.4 mm和0.2 mm。按假想刀尖编出的程序,进行外圆、内孔等与X、Z轴平行的表面加工时,是不会产生误差的。但在进行倒角、锥面和圆弧切削时会产生少切或过切的现象,补偿这种误差需用刀尖圆弧R补偿,如图2.43所示。该功能的G代码为G40、G41和G42,其意义与刀具半径补偿相同。但要输入刀具参数:刀尖半径R、车刀形状、刀尖圆弧位置(9种方位)。

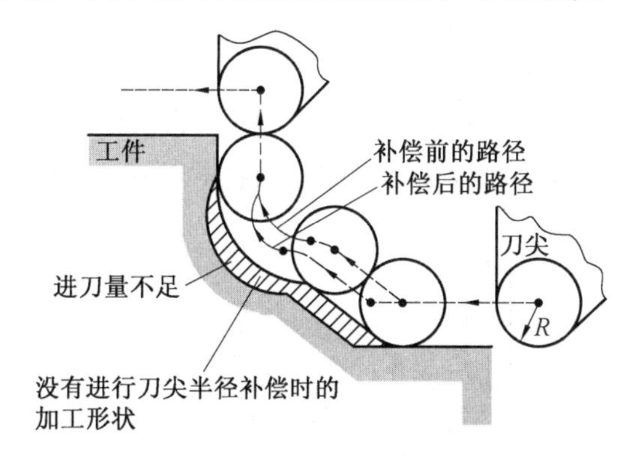

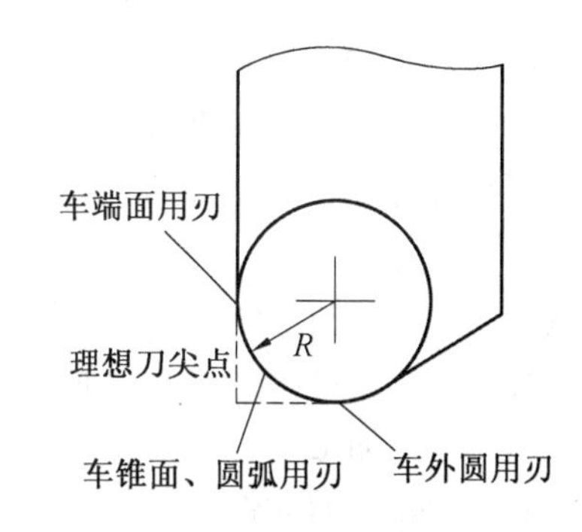

图2.43　刀尖R补偿

具备刀具半径补偿功能的数控系统,除利用刀具半径补偿指令外,还应根据刀具在切削时所摆的位置,选择假想刀尖的方位。按假想刀尖的方位,确定补偿量。假想刀尖方向是指假想刀尖点与刀尖圆弧中心点的相对位置关系。从图2.44可知,若刀尖方位码设为0或9时,机床将以刀尖圆弧中心为刀位点进行刀补计算处理;当刀尖方位码设为1～8时,机床将以假想刀尖为刀位点,根据相应的代码方位进行刀补计算处理。在进行刀尖圆弧半径补偿前,需要将刀尖半径和刀尖方位输入到有关存储器中,分别对应参数R与T。

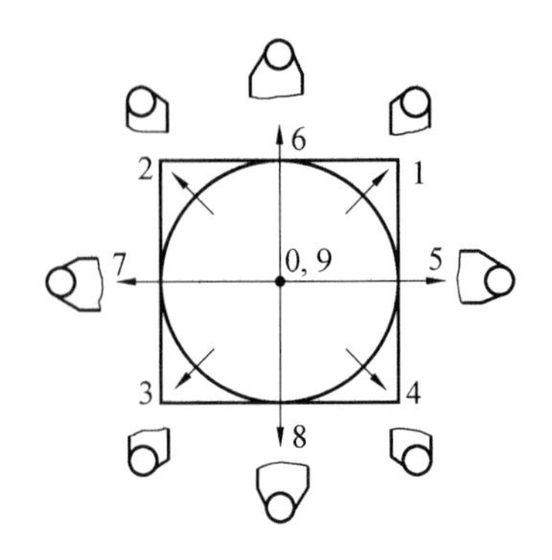

图 2.44　车刀刀尖方位

在程序终点取消刀尖半径补偿退刀时，应指定：

G40 （G00）X_Z_;

当取消刀补时，有可能对相邻轮廓产生过切时，应指定相邻轮廓的方向；

G40（G00）X_Z_I_K_;

其中，I，K 为下一程序段的工件形状的方向，以增量表示，如图 2.45 所示。

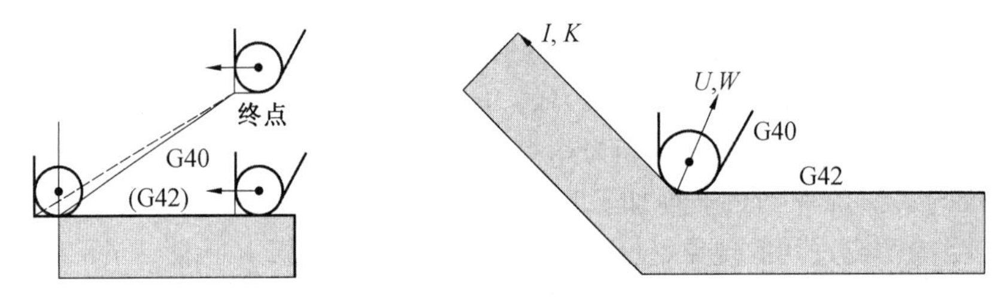

图 2.45　取消刀尖圆弧半径补偿的两种方式

2.4.7　固定循环 G 指令

1. 钻镗类固定循环指令（G73、G74、G76、G80 ~ G89）

孔加工是机械加工过程中经常遇到的加工操作，而其加工是一种反复循环的加工过程，每一种循环都是由多个简单动作组合而成。如图 2.46 所示，一个固定循环最多时由下列六个动作顺序组成：

动作 1　*X*、*Y* 轴定位（增量或绝对值）

动作 2　快速进给到 *R* 点平面

动作 3　孔加工

动作 4　孔底的动作

动作 5　退回到 *R* 点平面

动作 6　快速退回到初始点

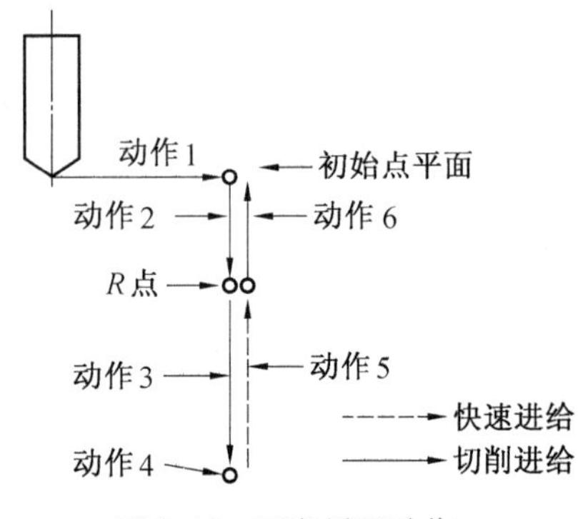

图 2.46　固定循环动作

孔加工固定循环指令的功能相当于用多个程序段指令组合而成的加工操作，即用一个固定循环 G 指令程序段代替多个加工操作的程序段，从而使加工程序及编程过程得以简化，缩短程序，节省内存。常用固定循环指令及其功能、动作见表 2.6。

表2.6　固定循环指令

G代码	加工运动(-Z)	孔底动作	退刀动作(+Z)	用　途
G73	间歇进给		快速进给	高速深孔加工循环
G74	切削进给	暂停→主轴正转	切削进给	左旋螺纹攻丝循环
G76	切削进给	主轴定向停止	快速进给	精镗循环
G80	——	——	——	取消
G81	切削进给	——	快速进给	钻、点钻循环
G82	切削进给	暂停	快速进给	钻、镗阶梯孔循环
G83	间歇进给	——	快速进给	深孔加工循环
G84	切削进给	暂停→主轴反转	切削进给	攻丝循环
G85	切削进给	——	切削进给	镗循环
G86	切削进给	主轴停	快速进给	镗循环
G87	切削进给	主轴正转	快速进给	背镗循环
G88	切削进给	暂停→主轴停	手动	镗循环
G89	切削进给	暂停	切削进给	镗循环

固定循环中的定位平面由G17、G18或G19指定，其定位轴为组成该平面的坐标轴或平行于定位平面的轴。钻孔轴(固定循环中孔加工轴:钻、镗和攻丝轴)为基本轴 X、Y 和 Z(或平行于基本轴的轴 U、V 和 W 等)，这些轴不构成定位平面，但垂直于定位平面。

在固定循环编程中，沿钻孔轴方向刀具移动距离的表示对于用G90、G91指定是不同的。刀具到孔底后，根据G98、G99的不同，可以使刀具相应地返回到初始平面(G98)和R点平面或称为参考平面(G99)。初始平面为调用固定循环时，刀具所定位的平面。通常，开始的孔加工用G99，最后的孔加工用G98。即使用G99方式，初始点平面也不变。当加工多个相同孔时，采用固定循环重复的方法，重复次数用K代码指定。K只在指定的程序段有效。指定K0时，不钻孔；K1省略。在带重复次数K的固定循环中，若采用G90方式，则钻孔在同一个位置重复。取消固定循环用G80或01组的G代码(G00、G01、G02、G03、G60)。

固定循环指令允许把相关数据存储在数控系统中，固定循环指令及其数据为模态量。固定循环指令包含孔加工方式、孔位置数据、孔加工数据，其格式为:

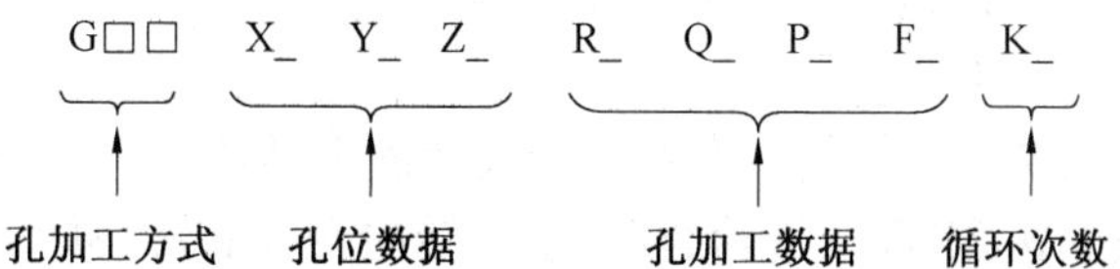

其中，孔加工方式指令分别为G73、G74、G76、G81～G89，各个指令代码对应着不同的孔加工功能。孔位置数据(X、Y)用增量坐标或绝对坐标指定，刀具在各点之间的运动轨迹、进给速度与G00的定位情况相同。

孔加工数据包含如下参数:

Z为增量编程时(G91)指从R点到孔底的增量值;绝对编程时(G90)指孔底的坐标值。

R 为增量编程时(G91)指从初始平面到 R 点的增量值。绝对编程时(G90)指 R 点的坐标值。

Q 为 G73、G83 方式时每次进刀量;G76、G87 方式时刀具让刀的位移量(任何状态均以增量值给定)。

P 为孔底的暂停时间,指令时间的方法同 G04。

F 为指定切削进给速度。

K 为加工相同距离的多个孔时,可以指定循环次数 K(最大为 9999)。K 只在指定的程序段有效,第一个孔的位置要用增量值(G91)表示,如用 G90,则在同一位置加工。指定 K0 只存储数据,不加工。

应该注意:在固定循环中,如果复位,则孔加工方式及孔加工数据保持不变,孔位置数据被取消。因此在固定循环中按了复位按钮,孔加工方式不被取消,在遇到运动指令时仍会自动调用固定循环。固定循环包括钻削、攻丝和镗削循环,下面以钻削为代表进行叙述,即钻削轴可能是钻削轴、攻丝轴或镗削轴。

(1)高速深孔钻削循环(G73)

该指令执行高速深孔钻削循环,它是以间歇进给、重复运动的方式进行。指令格式为:

G73 X_Y_Z_R_Q_F_K_;

其中,Q 为每次切削进给的深度,值为 q;其它地址代码同上面的标准格式一样。

图 2.47 为 G73 指令的操作步骤,特点是每次间歇进给后的退回量 d(其值由参数指定)很小,这样保证了深孔钻削的高效率。指令 G73 代码前,需用辅助功能 M 代码指令主轴旋转。当在同一程序段指定 G73 和 M 代码时,M 代码在钻削循环第一次定位(定位平面内)时执行,然后处理下一个操作。刀具长度补偿(G43、G44 或 G49)可以在固定循环中使用,但只适用于定位到 R 点之间的补偿。使用 G73 固定循环指令还要注意:

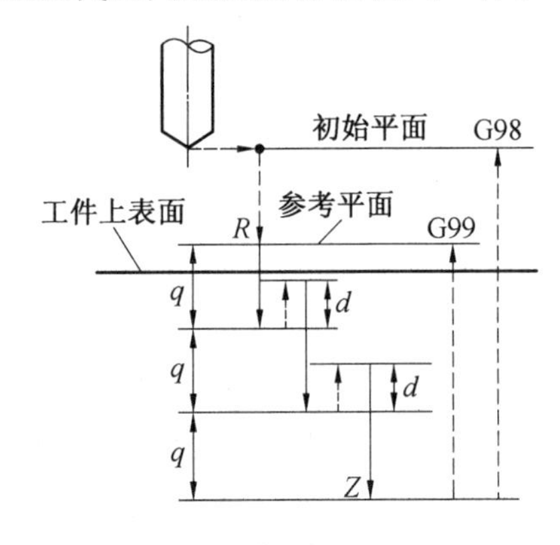

图 2.47 G73 高速深孔钻循环

①若想改变钻孔轴,必须取消固定循环;

②在固定循环程序段中指定 Q 和 R 值才能进行钻孔循环。如果已指定 Q 和 R 但不加工,那是因为没有存储模态数据;

③在固定循环中刀具偏移(G45 ~ G48)被忽略。

(2)左旋螺纹攻丝循环(G74)

G74 指令执行左旋螺纹攻丝操作。在左螺纹攻丝固定循环中,主轴逆时针旋转,刀具按每转进给量进给。刀具到达孔底时,进给暂停,主轴转向变为右旋(顺时针),以反向进给速度退回。刀具到达 R 点平面后进给暂停,主轴转向变为逆时针。然后进行下一个孔的攻丝或返回到初始平面。

指令格式为:

G74 X_Y_Z_R_P_F_K_;

其中,P 为暂停时间,其它地址代码意义同上。循环动作如图 2.48 所示,图中 P 为进给暂停位置。攻丝循环中进给倍率无效。其它规定和注意事项同上。

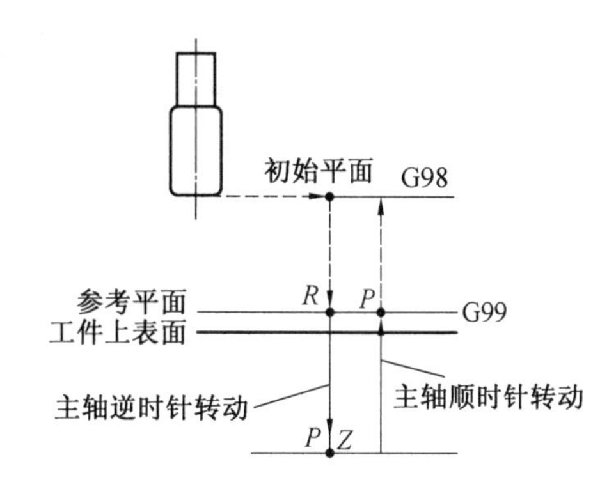

图2.48　G74左螺纹攻丝循环

(3)精密镗孔循环(G76)

G76固定循环指令能够完成精密镗孔加工工作。在该循环中刀具定位后,主轴正转,接着进行快进和切削进给(镗孔)。刀尖到达孔底时,进给暂停、主轴定向停、刀具离开工件加工面(横向让刀,离开距离为 q),然后快速返回,刀具沿横向移动加工位置,准备下一次加工。指令格式为:

G76 X_Y_Z_R_ Q_P_F_K_;

其中,Q为孔底让刀指令代码,位移量为 q;其它代码意义同前,循环动作如图2.49所示。

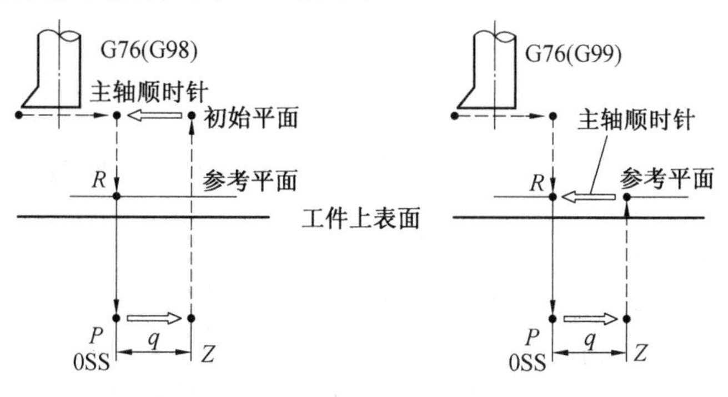

图2.49　G76精密镗孔循环

图2.49中,0SS为主轴定向停符号;左图、右图分别是用G98、G99代码的情况,它们的区别是返回平面不一样。G76固定循环指令的特点是加工后有让刀,保证了已加工面不被划伤,从而可实现精密和高效地镗削加工。Q地址后面的数值必须是正值,如果指定了负值被忽略。让刀方向由参数确定,其它规定和注意事项同前。

(4)钻削循环(G81)

该指令用于通常的钻削加工,在循环中,切削进给到孔底后,刀具用快速返回。指令格式为:

G81 X_Y_Z_R_F_K_;

其中,格式中各指令代码的意义同前。循环动作如图2.50所示。指令动作包括定位、快进(到 R 点)、工进(切削速度)和快速返回。用G98返回到初始平面,用G99返回到 R 点平面。很适于通孔加工。其它规定和注意事项同前。

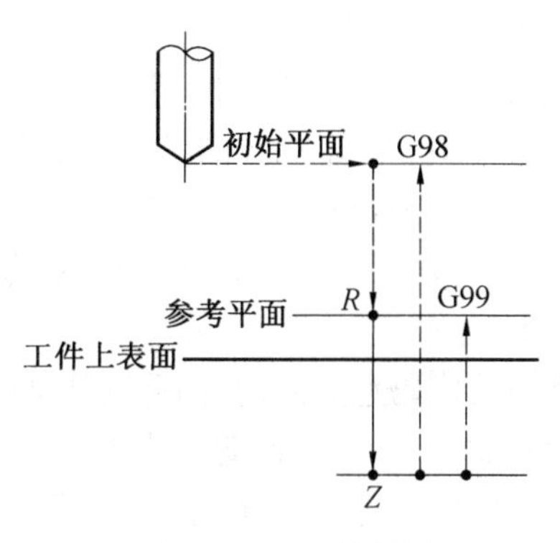

图2.50　G81钻削循环

(5)钻、镗阶梯孔循环(G82)

该循环指令用于通常的不通孔钻、镗削加工。在循环中切削进给到孔底，进给暂停，然后刀具快速返回。指令格式为：

G82 X_Y_Z_R_P_F_K_;

其中，各代码的意义同前。循环动作如图 2.51 所示。该指令的动作与 G81 相似，只是多了一个孔底暂停动作。暂停的作用是清出根部铁屑，并保证孔加工深度。其它规定和注意事项同前。

(6) 深孔加工循环(G83)

该固定循环指令以间歇进给方式完成深孔加工。其动作与 G73 相似，主要区别是每次间歇进给后退回到 *R* 平面。而且下一次切削进给前留有预留量 *d*（用参数指定），这样每次进给加工的切屑清除彻底，使刀具处于较好的工况下。但是加工效率受到一定影响。

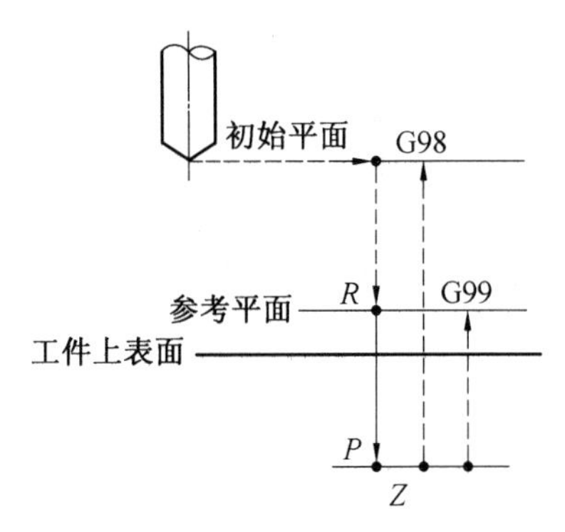

图 2.51　G82 钻、镗阶梯孔循环

指令格式为：

G83 X_Y_Z_R_Q_F_K_;

其中，Q 为用增量表示的每次切削进给深度；循环指令中其它代码的意义同前。其它规定和注意事项同前。循环动作如图 2.52 所示。

(7) 攻丝循环(G84)

该固定循环指令能完成正螺纹（右旋）的加工。在攻丝循环中，主轴正转，刀具进给。当刀具到达孔底时，进给暂停，主轴反转，刀具以进给速度返回。刀具到达 *R* 点后，进给暂停，主轴变为正转。指令格式为：

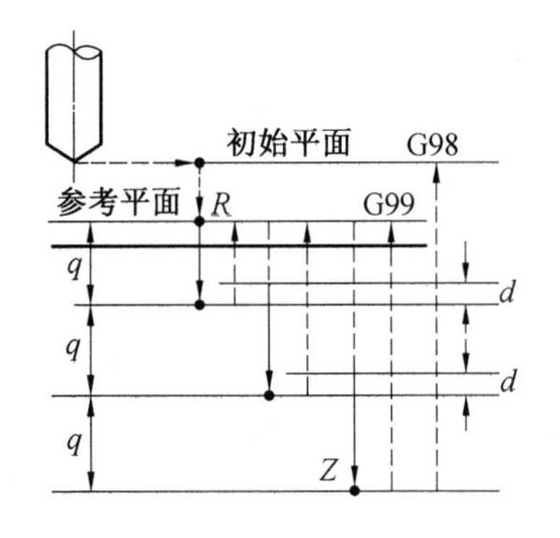

图 2.52　G83 深孔加工循环

G84 X_Y_Z_R_P_F_K_;

其中，切削速度 F 为主轴一转刀具的进给量（按导程或螺距选取），其它代码意义同前。循环动作如图 2.53 所示。

在攻丝时倍率无效，加工不能停止，直到返回操作完成。指定 G84 前，用辅助功能 M 使主轴正向转动。固定循环的其它规定和注意事项同前。

(8) 镗孔循环(G85、G86、G89)

该循环指令用于镗孔。指令格式为：

G85 X_Y_Z_R_F_K_;

其中的代码意义同前，循环动作如图 2.54 所示。

镗孔循环之前，用辅助功能 M 代码使主轴转动。执行 G85 指令，首先在 *XY* 平面定位。然后刀具以快速运动到 *R* 点，接着用进给速度进行镗孔（从 *R* 点到 *Z* 点）。刀尖达到 *Z* 点时，以进给速度返回到 *R* 点(G99)。如果用 G98 指令，则返回到初始平面。固定循环的其它规定和注意事项同前。

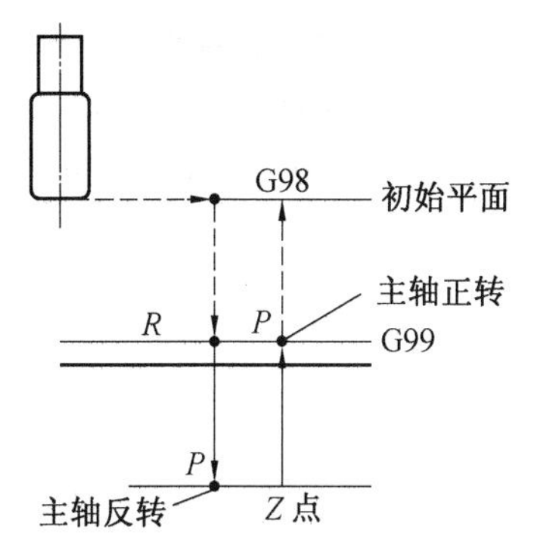

图 2.53　G84 攻丝循环

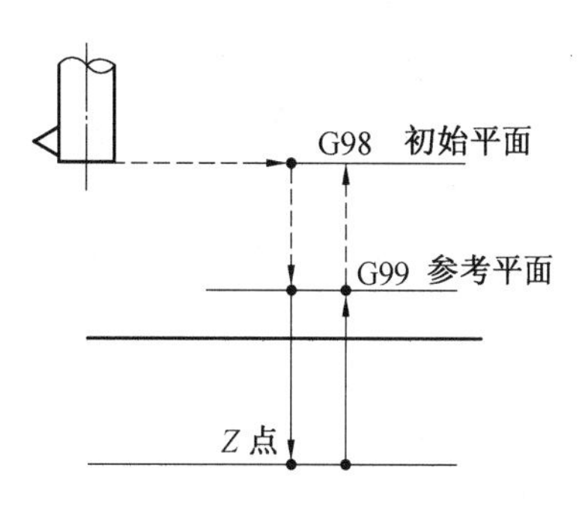

图 2.54　G85 镗孔循环

G86 指令与 G85 指令的区别在于,刀具到达孔底后先主轴停转,然后快速返回参考平面或初始平面。指令格式为:

G86 X_Y_Z_R_F_K_;

G89 指令与 G85 指令的动作几乎相同,所不同的是镗削完成后,在孔底进给暂停。指令格式为:

G89 X_Y_Z_R_P_F_K_;

(9)背镗循环(G87)

这个固定循环指令可以实现背镗,既反向镗削。其指令格式为:

G87 X_Y_Z_R_Q_ P_F_K_;

其中,Z 为孔底到 Z 点的距离; R 为初始平面到 R 点平面(孔底)的距离;Q 为孔底让刀的移动量,Q 是固定循环中能够保持的模态值(G76 指令也有相同的情况)。对该值要小心指定,因为 G73、G83 指令的切削深度也用 Q 表示。G87 固定循环中的其它代码意义同前。

执行 G87 指令,首先在 *XY* 平面定位,主轴停止在固定的旋转位置(定向停),刀具向刀尖的反方向位移。然后刀具以快速运动到孔底(*R* 点),并向刀尖方向位移,主轴顺时针旋转。接着向 *Z* 轴的正方向,用进给速度进行镗孔(从 *R* 点到 *Z* 点)。刀尖达到 *Z* 点后,进给暂停,主轴再一次定向停止,刀具向刀尖的反方向位移。最后刀具快速返回到初始平面(G98),该固定循环不使用 G99 方式。到达初始平面后,刀具向刀尖方向位移,主轴顺时针转动,以便继续下一个程序段的操作。固定循环的其它规定和注意事项同前。循环动作如图 2.55 所示。

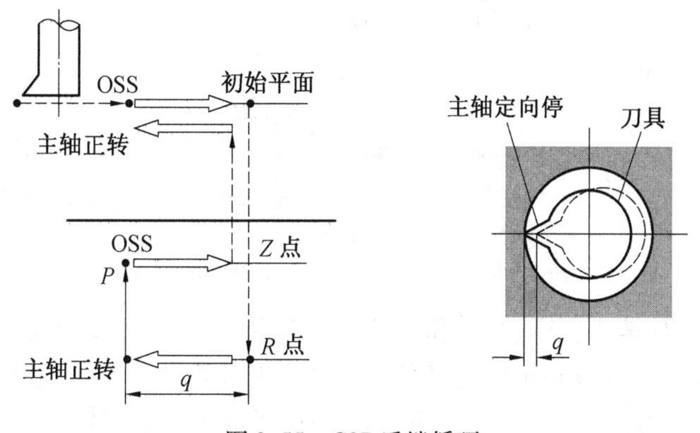

图 2.55　G87 反镗循环

图 2.55 中 OSS 为主轴定向停止，还要注意 *R* 点在 *Z* 点的下面。在反镗循环程序段中，Q 代码必须指定正值。如果指定了负值，将被忽略。让刀移动方向由参数设置。在程序段中指定了 Q 和 R，才能镗削。如果已指定了 Q 和 R 还不能进行镗削，则是没有模态数据存储。固定循环的其它规定和注意事项同前。

（10）取消固定循环指令（G80）

G80 指令的作用是取消固定循环。指令格式为：

G80；

指定了 G80 指令后，所有固定循环被取消，*R* 点、*Z* 点以及其它钻削数据也被清除。从而执行常规操作。

钻镗固定循环编程实例如图 2.56 所示。已知条件如图所示，要求编制 13 个孔的加工程序。

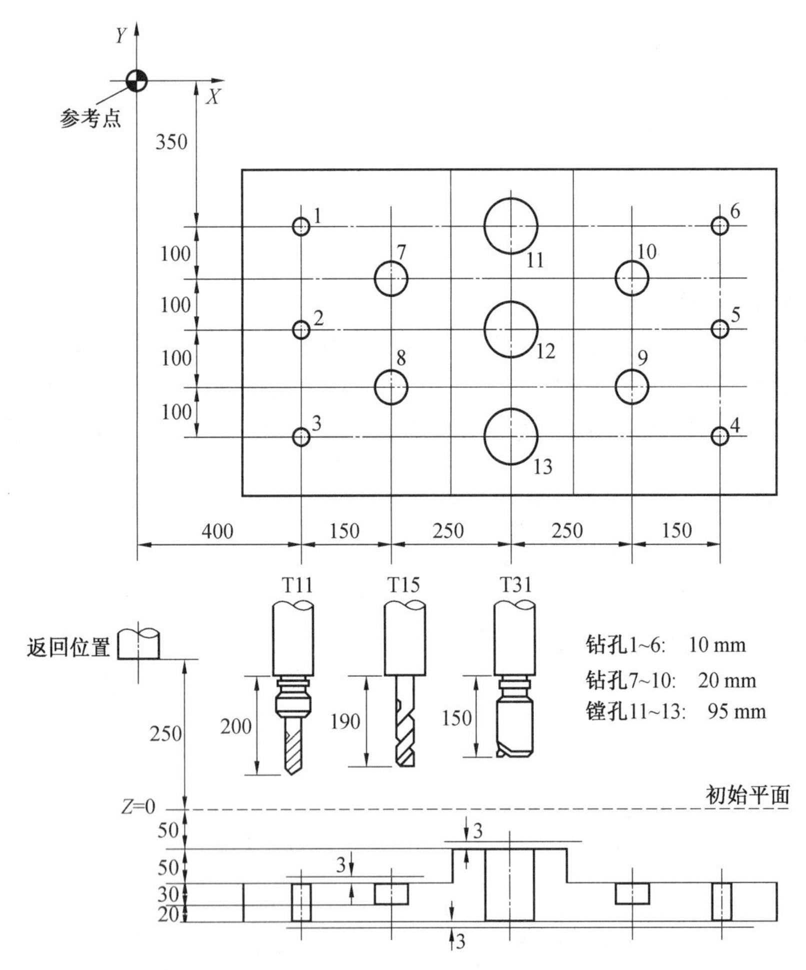

图 2.56 使用刀具长度补偿、固定循环编程的例子

加工中使用的刀具为 T11、T15 和 T31。刀具长度补偿值 H11 = +200.0 mm、H15 = +190.0 mm和 H31 = +150.0 mm 分别存在与补偿号对应的内存中。在参考点处换刀，参考点在工件坐标系中的位置(0.0, 0.0, 250.0)，该例子的程序如下：

N001 G92 X0 Y0 Z0; 工件坐标系设置

N005　G90 G00 Z250.0 T11 M06;	快速运动到换刀点换上 T11 刀具
N010　G43 Z0 H11;	快速运动到初始平面,进行刀具长度补偿
N015　S30 M03;	主轴正转
N020　G99 G81 X400.0 Y-350.0 Z-153.0 R-97.0 F120	定位,钻 1 孔,返回到 *R* 平面
N025　Y-550.0;	定位,钻 2 孔,返回到 *R* 平面
N030　G98 Y-750.0;	定位,钻 3 孔,返回到初始平面
N035　G99 X1200.0;	定位,钻 4 孔,返回到 *R* 平面
N040　Y-550.0;	定位,钻 5 孔,返回到 *R* 平面
N045　G98 Y-350.0;	定位,然后钻 6 孔,返回到初始平面
N050　G00X0 Y0 M05;	*X*、*Y* 坐标返回到参考点,主轴停
N055　G49 Z250.0 T15 M06;	取消刀具长度补偿,换上 T15 刀具
N060　G43 Z0 H15;	快速运动到初始平面,并进行刀具长度补偿
N065　S20 M03;	主轴正转
N070　G99 G82 X550.0 Y-450.0 Z-130.0 R-97.0 P3000 F70;	定位,钻 7 孔,返回到 *R* 平面,孔底暂停
N075　G98 Y-650.0;	定位,钻 8 孔,返回到初始平面,孔底暂停
N080　G99 X1050.0;	定位,钻 9 孔,返回到 *R* 平面,孔底暂停
N085　G98 Y-450.0;	定位,钻 10 孔,返回到初始平面,孔底暂停
N090　G00 X0 Y0 M05;	*X*、*Y* 坐标返回到参考点,主轴停
N095　G49 Z250.0 T31 M06;	取消刀具长度补偿,换上 T31 刀具
N100　G43 Z0 H31;	快速运动到初始平面,进行刀具长度补偿
N105　S10 M03;	主轴正转
N110　G99 G85 X800.0 Y-350.0 Z-153.0 R-47.0 F50;	定位,镗 11 孔,返回到 *R* 平面
N115　G91 G98 Y-200.0 K2;	定位,镗 12、13 孔,返回到初始平面
N120　G49 Z0;	取消刀具长度补偿

```
N125  G00 X0 Y0 M05;          返回起始点,主轴停
N130  M30;                    程序结束
```

2. 车削固定循环指令

为了简化车削编程可以使用车削固定循环指令。车削固定循环包括单一固定循环和复合固定循环。

(1)单一固定循环指令(G77、G78、G79)

单一固定循环为一次进刀加工循环,其指令有外径、内径车削循环指令(G77),螺纹切削循环指令(G78)和端面切削循环指令(G79)。

① 外径、内径车削循环指令(G77)。该指令用于零件外径和内径车削加工,循环操作如图2.57所示。刀具在横向进刀(*X*方向),纵向车削(*Z*方向)。循环操作:1(*R*)为快速进给,2(*F*)为切削加工,3(*F*)为切削退回,4(*R*)为快速退回。指令格式为:

为快速退回,指令格式为:

G77X(U)_Z(W)_F_;

其中X(U)为*X*轴方向加工终点的绝对坐标(X)或增量值(U);Z(W)为*Z*轴方向加工终点的绝对坐标(Z)或增量值(W);F为切削进给速度。有些车削数控系统用X、Z表示绝对值尺寸,用U、W表示对应X、Z的增量值尺寸。而且编程时可以混合使用。另外,X轴方向为了适应直径和半径尺寸标注,可以用参数设置为直径指定或半径指定。

锥形切削(见图2.58)时,指令格式为:

G77X(U)_Z(W)_I_F_;

其中I为锥面大小端的差值,图中方向为正。如果I值为负,则进行反锥形切削。其它同上。

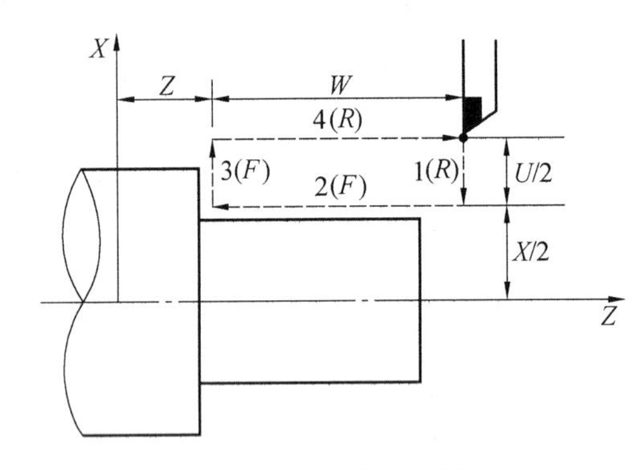

图2.57 G77内、外径车削循环

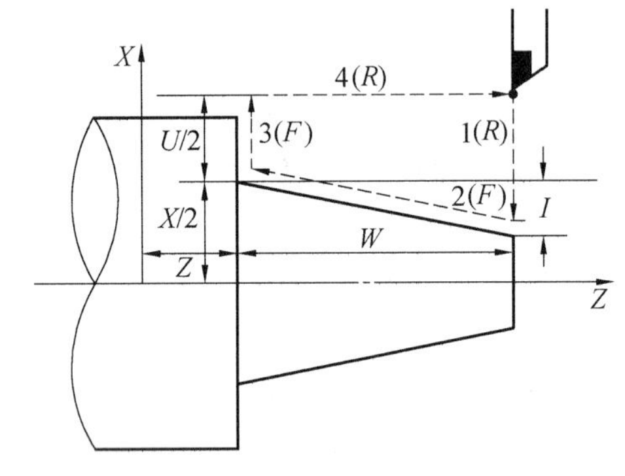

图2.58 G77锥形切削循环

② 螺纹切削循环指令(G78)。直螺纹切削循环如图2.59所示,该指令循环动作与内外径车削循环指令相似,所不同的是在螺纹加工终点前刀具沿45°方向走刀。图中的*r*的大小由参数指定,指令格式为:

G78X(U)_Z(W)_F_;

其中F为与导程(螺距)有关的速度,如主轴一转的进给量。其它地址代码意义同上。

锥螺纹切削循环如图2.60所示,该指令循环动作与锥形切削循环指令相似,所不同的是在螺纹加工终点前刀具沿45°方向走刀。图中的*r*的大小由参数指定,指令格式为:

G78X(U)_Z(W)_I_F_;

其中 I 为纵向锥面大小端的差值,图中方向为正。如果 I 值为负,则进行倒锥螺纹切削。F 为和导程(螺距)有关的速度。

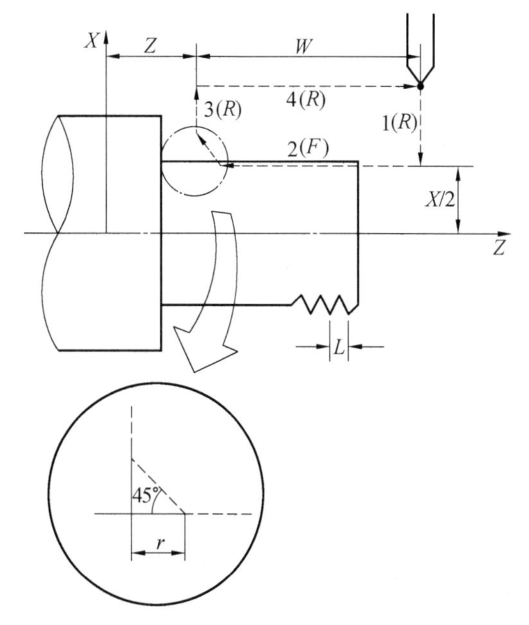

图 2.59　G78 直螺纹切削循环

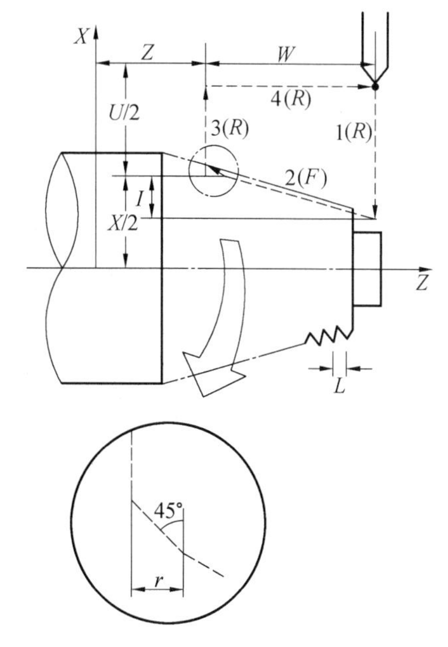

图 2.60　G78 锥螺纹切削循环

③端面切削循环指令(G79)。直端面切削循环如图 2.61 所示,该指令循环动作与 G77 内、外径车削循环相似,但进刀和切削方向改变了。该指令为:刀具纵向进刀(*Z* 方向),横向车削(*X* 方向),指令格式为:

G79X(U)_Z(W)_F_;

其中 X、Z 为端面切削的终点坐标值,U、W 为端面切削终点位置的增量值;F 为切削速度。循环操作由刀具纵向快速进给(1*R*)、横向端面切削(2*F*)、纵向以进给速度退出切削(3*F*)和横向快速返回到起刀点(4*R*)等组成。

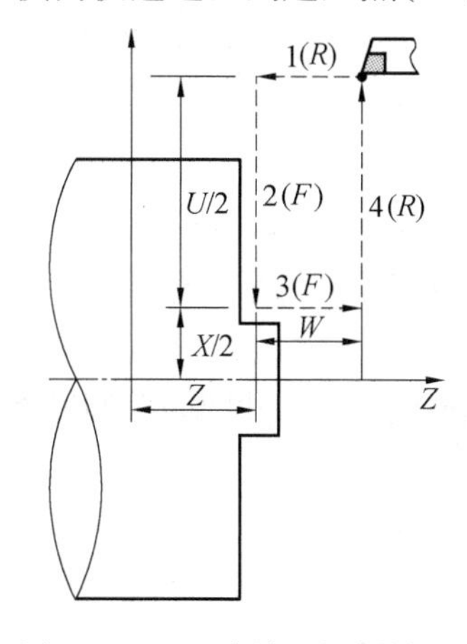

图 2.61　G79 直端面切削循环

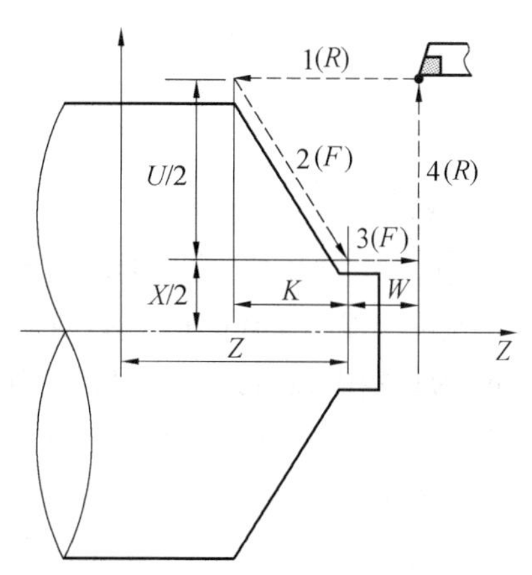

图 2.62　G79 锥端面切削循环

锥端面切削循环如图 2.62 所示，指令格式为：

G79X(U)_Z(W)_K_F_;

其中 K_为横向锥面大小端的差值，图中方向为正。如果 K 值为负，则进行反锥形切削。其它地址代码意义同前。

(2)车削复合固定循环(G70～G76)

复合固定循环为多次走刀切削的固定循环。在应用复合固定循环时，只须指定精加工路线和半径方向的切深(也称背吃刀量)，系统就会自动计算出粗加工路线和加工次数，更进一步地简化了编程。

① 外径粗车循环(G71)。该指令用于切除棒料毛坯的大部分加工余量。粗车后为精车留有余量 Δu(X 方向)、Δw(Z 方向)。如图 2.63 所示，A 点为循环起点，也是循环终点，执行粗车循环时，刀尖由 A 点快速退至 C 点，由 C 点开始车削加工。如果在某一段程序中指定了由 $A \to A' \to B$ 的加工路线，并指定每次 X 轴的进给量 Δd，数控系统将控制刀具由 A 点开始按图中箭头指示的方向进行粗加工循环，最后执行轮廓(包括锥线)加工。指令格式为：

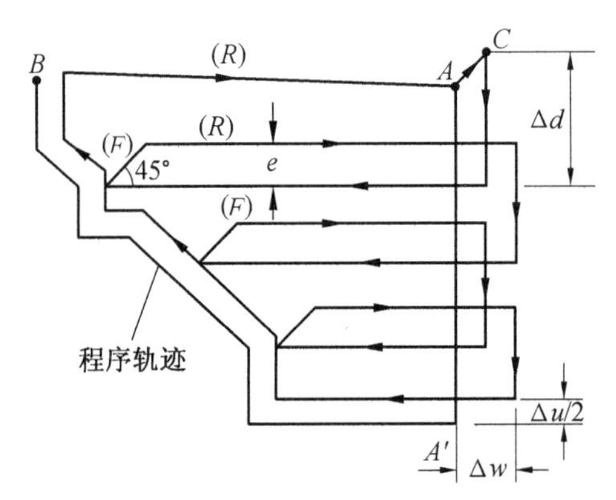

图 2.63 G71 外径粗车削循环

G71U(Δd)R(e);

G71P(ns)Q(nf)U(Δu)W(Δw)F(f)S(s)T(t);

N(ns)…; 在顺序号 **N(ns)** 和 **N(nf)** 的程序段之间，指定由 **A→A′→B** 的加工路线(包括多次进刀循环和形状程序等)

…

…

N(nf)…;

其中，△d 为每次半径方向(即 AA' 方向)的吃刀量(该切深无符号)，半径值；

e 为每次切削循环的退刀量，半径值。退刀量也可由参数指定；

ns 为指定由 A 点到 B 点精加工路线(形状程序，符合 X、Z 方向共同的单调增大或缩小的变化)的第一个程序段序号；

nf 为指定由 A 点到 B 点精加工路线的最后一个程序段序号；

△u 为 X 轴方向的精车余量(直径/半径指定)；

△w 为 Z 轴方向的精车余量；

f,s,t 为 G71 程序段中 F、S、T 功能在粗车循环中有效，而包含在 ns 到 nf 程序段中的任何 F、S、T 功能在粗车循环中被忽略。

应用举例：已知粗车切深为 2 mm，退刀量为 1 mm，精车余量在 X 轴方向为 0.6 mm（直径值），Z 轴方向为 0.3 mm，要求编制图 2.64 所示零件粗、精车加工程序。

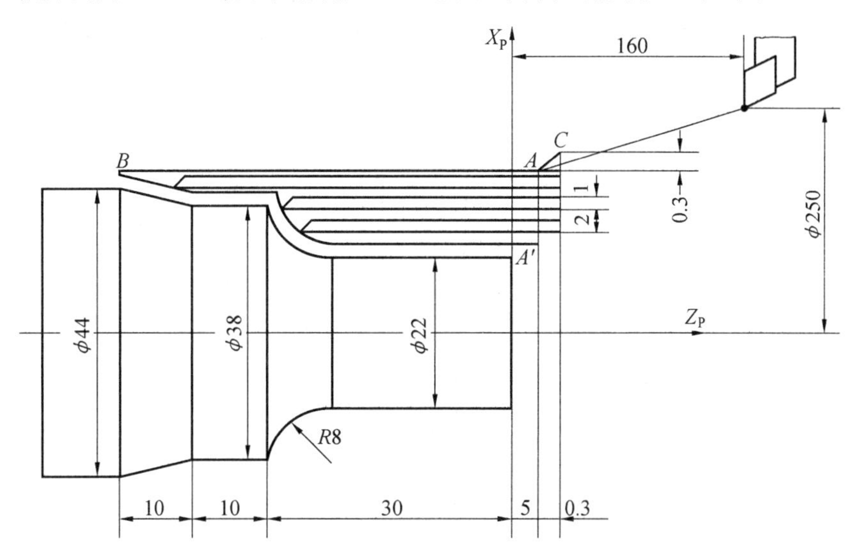

图 2.64　外圆粗、精车循环举例

程序	说明
O001;	程序名
N010 G18G50 X250.0 Z160.0;	设置工件坐标系
N020 T0100;	自动换刀，无长度和磨损补偿
N030 G96 S55 M03;	主轴正转，恒线速度（55m/min）控制
N040 G00 X45.0 Z5.0 T0101;	刀具由起点快进至循环起点 A，采用 1 号刀具补偿
N050 G71U2.0 R1.0;	外圆粗车循环，粗车切深 2 mm，退刀量 1 mm
N060 G95G71 P070Q110U0.6W0.3F0.2;	精车路线为 N070 ~ N110。精车余量单边（X 方向）0.3 mm，Z 方向 0.3 mm。粗车进给量 0.2 mm/r。执行 N060 程序段时，刀尖由 A 点快速退到 C 点。然后从 C 点沿着 X 方向快进一个切深，开始 Z 方向削车循环。末次粗车（形状程序）后零件各表面留有精车余量，粗车结束刀具返回到 A 点
N070 G00X22.0S58;	设定快进 $A \to A'$，恒线速度控制（58 m/min）
N080 G01W-27 F0.1;	车 ϕ22 的外圆，精车进给量 0.1 mm/r
N090 G02X38.0W-8.0R8;	车 R8 圆弧，用圆弧终点坐标和半径指定
N100 G01 W-10.0;	车 ϕ38 的外圆
N110 X44.0W-10.0;	车锥面
N120 G70P070Q110;	精车循环开始：刀具快进 $A \to A'$，精车 $A' \to B$，结束后返回到 A 点

N130 G28U30.0W30.0;　　经中间点(75,35)返回到参考点

N140 M30;　　程序结束

② 端面粗车循环(G72)。G72 为用于端面粗车的复合固定循环指令。如图 2.65 所示,与 G71 指令类似,不同点是通过与 X 轴平行的运动来完成直线加工复合循环。指令格式为:

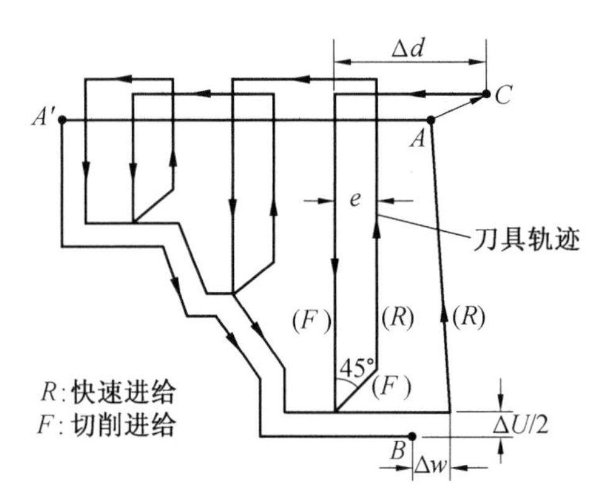

图 2.65　G72 端面粗车循环

G72W(△d)R(e);

G72P(ns)Q(nf)U(△u)W(△w)F(f)S(s)T(t);

N(ns)……;在顺序号 **N(ns)** 和 **N(nf)** 的程序段之间,指定由 **A→A′→B** 的粗加

…　　工路线(包括多次进刀循环和形状程序)

…

N(nf)……;

其中△d 为每次 Z 方向(即 AA' 方向)的吃刀量(该切深无符号);

e 为每次切削循环的退刀量,Z 方向。退刀量也可由参数指定;

ns 为指定由 A 点到 B 点精加工路线(形状程序,符合 X、Z 方向共同的单调增大或缩小的模式)的第一个程序段序号;

nf 为指定由 A 点到 B 点精加工路线(形状程序,单调模式)的最后一个程序段序号;

△u 为 X 轴方向的精车余量(直径/半径指定);

△w 为 Z 轴方向的精车余量;

f,s,t 为 G72 程序段中 F、S、T 功能有效,而包含在 ns 到 nf 程序段中的任何 F、S、T 功能在循环中被忽略。

应用举例:已知粗车切深为 2 mm,退刀量由参数指定。精车余量在 X 轴方向为 0.5 mm(半径值),Z 轴方向为 2 mm,要求编制图 2.66 所示零件粗、精车加工程序。

N101 T0100M06;　　自动换刀,采用 1 号刀具,无长度和磨损补偿

N102 G97S220M08;　　取消主轴恒线速度控制,开冷却液

N103 G00X176.0Z2.0M03;　　刀具由起点快进至循环起点 A,主轴正转

N104 G96S120;　　恒线速度(120 m/min)控制

N105 G72W2.0;　　端面粗车循环,Z 向切深 2 mm,退刀量由参数指定

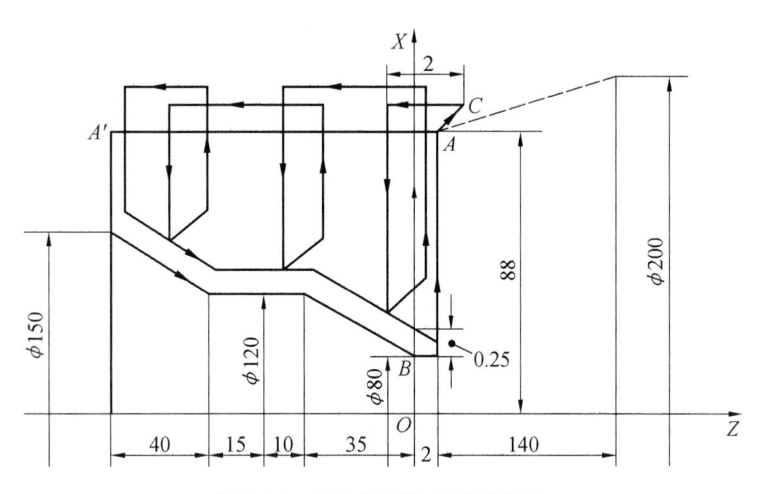

图 2.66　G72 端面粗车循环举例

N106 G95G72P107Q110U0.5W2.0F0.3;	精车路线为 N107 ~ N110。精车余量单边(X 方向)0.25 mm,Z 方向 2.0 mm。粗车进给量为 0.3 mm/r。执行 N106 程序段时,刀尖由 A 点快速退到 C 点。然后从 C 点沿着 X 方向快进一个切深,开始 Z 方向粗车循环。末次粗车后零件各表面留有精车余量,粗车结束刀具返回到 A 点
N107 G00Z-100.0S150;	快进 A→A′恒线速度控制(150m/min)
N108 G01X120.0Z-60.0 F0.15;	车锥面,到 φ120、Z-60 mm,精车进给量为 0.15 mm/r
N109 Z-35.0;	车 φ120 的外圆
N110 X80.0W35.0;	车锥面,移动到 φ80.0、Z0 处。返回 A
N111 G70P107Q110;	精车循环开始:刀具快进 A→A′,精车 A′→B,结束后返回到 A 点
N112 G00G97X200.0Z142.0;	返回到换刀点
N113 M30;	程序结束

③ 封闭粗车循环(G73)。该循环指令也称为固定形状粗车循环。只要指出精加工路线,系统自动给出粗加工路线。G73 指令为重复执行一个具有逐渐偏移的固定切削模式,适合于已基本铸造或锻造成型一类工件的高效率加工。这类零件粗加工余量比用棒料直接车出工件的余量要小得多,故可节省加工时间。循环操作如图 2.67 所示,图中 A 点为循环起点,粗车循环结束后刀具返回 A 点。

指令格式为:

G73U(△I)W(△K)R(d);

G73P(ns)Q(nf)U(△u)W(△w)F(f)S(s)T(t);

N(ns)…;　　在顺序号 **N(ns)** 和 **N(nf)** 的程序段之间,指定由 **A→A′→B** 的粗加工路线(包括多次进刀循环和形状程序等)

…

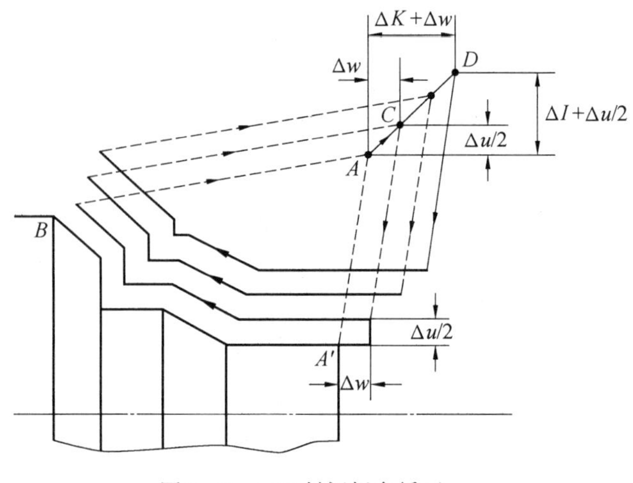

图 2.67 G73 封闭粗车循环

…

N(nf)……;

其中,△I 为 *X* 轴方向的总退刀量,半径值

△K 为 *Z* 轴方向的总退刀量

d 为循环次数

ns 为指定由 *A* 点到 *B* 点精加工路线(形状程序,不用符合 *X*、*Z* 方向共同的单调增大或缩小的变化)的第一个程序段序号

nf 为指定由 *A* 点到 *B* 点精加工路线的最后一个程序段序号

△u 为 *X* 轴方向的精车余量(直径/半径指定)

△w 为 *Z* 轴方向的精车余量

f,s,t 为 G73 程序段中 F、S、T 功能有效,而包含在 ns 到 nf 程序段中的任何 F、S、T 功能在循环中被忽略

应用举例:已知粗车 *X* 方向总退刀量为 9.5 mm,*Z* 方向总退刀量为 9.5 mm;精车余量:*X* 轴方向为 1.0 mm(直径值),*Z* 轴方向为 0.5 mm,要求编制图 2.68 所示零件粗、精车加工

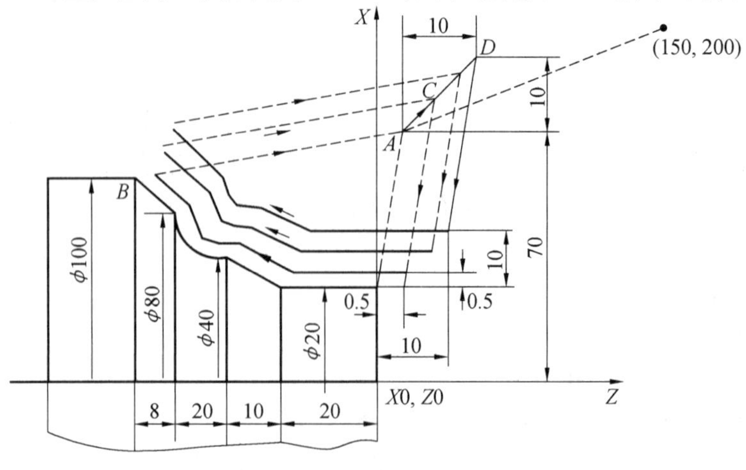

图 2.68 G73 封闭粗车循环举例

程序。

N101 T0100M06;	自动换刀,采用 1 号刀具,无长度和磨损补偿
N102 G97S200M08;	取消主轴恒线速度控制,开冷却液
N103 G00X140.0Z5.0M03;	刀具由起点快进至循环起点 A,主轴正转
N104 G96S120;	恒线速度(120 m/min)控制
N105 G73U9.5W9.5R3;	封闭粗车循环,Z 向退刀量 9. 5mm(半径值),Z 向退刀量 9.5 mm,循环 3 次
N106 G95G73P107Q111U1.0W0.5F0.3;	精车路线为 N107 ~ N113。精车余量单边(X 方向)0.5 mm,Z 方向 0.5 mm。粗车进给量为 0.3 mm/r。执行 N106 程序段时,刀尖由 A 点快速退到 D 点。然后从 D 点沿着 X、Z 两个方向各快进一个切深,开始封闭粗车循环,每次偏移固定的切深。末次粗车后零件各表面留有精车余量,粗车结束刀具返回到 A 点
N107 G01X20.0Z0F0.15;	设定 $A \to A'$,精车进给量为 0.15 mm/r
N108 G01Z-20.0S150;	车 ϕ20 的外圆,恒线速度控制(150 m/min)
N109 X40.0 Z-30.0;	车锥面
N110 G02X80.0Z-50.0R20.0;	车圆弧
N111 G01X100.0Z-58.0;	车锥面
N112 G70P107Q111;	精车循环开始:刀具快进 $A \to A'$,精车 $A' \to B$,结束后返回到 A 点
N113 G00G97X150.0Z200.0;	返回到换刀点
N114 M30;	程序停止

④ 精车循环(G70)。当用 G71、G72、G73 指令对工件进行粗加工之后,可以用 G70 指令按粗车循环指定的精加工路线切除粗加工留下的余量。其指令格式为:

G70P(ns)Q(nf);

其中,ns 为定精加工形状程序的第一个程序段的顺序号;

nf 为定精加工形状程序的最后一个程序段的顺序号。

应当注意:在精加工循环时,在 N(ns) ~ N(nf)程序中指定的 F、S、T 有效。精加工循环结束后,刀具返回到循环起始点 A。

⑤ 自动螺纹复合加工循环(G76)。此指令功能可将多次进刀的单一循环复合起来加工螺纹,进一步简化了螺纹加工编程。指令格式为:

G76 P(m)(r)(a)Q(△d min)R(d);

G76 X(U)_Z(W)_R(i)P(k)Q(△d)F(l);

其中,m 为精加工重复次数(1 ~99),m 为模态指令,用参数也可指定;

r 为螺纹精加工倒角量;

a 为刀尖的角度(螺纹牙型角);可选择 80°,60°,55°,30°,20°,0°六种角度的数值用两位数指定;

m, r, a 用地址 P 一次指定,例如:$m=2$,$r=1.2$,$a=60°$时,指定为:P02 12 60;

Δd min 为最小切入量，当一次切深 Δdn 比 Δdmin 还小时，采用 Δdmin 作为该次切深；

d 为精加工余量；

(X, Z)、(U, W)为螺纹终点(如图 2.69(a)中 D 点)坐标值或增量值(相对于起点 A)；

i 为锥螺纹始点与终点的半径差(当 I=0 时，为圆柱螺纹切削)；

k 为螺纹牙型高度(用半径值指定)；

Δd 为第一次切入量(用半径值指定)，如图 2.69(b)所示切深量逐渐递减，第一次以后切深量公式为：$dn=\Delta d\sqrt{n}$；

l 为螺纹导程。

螺纹复合加工循环的动作及指令格式中的地址参数，如图 2.69 所示。

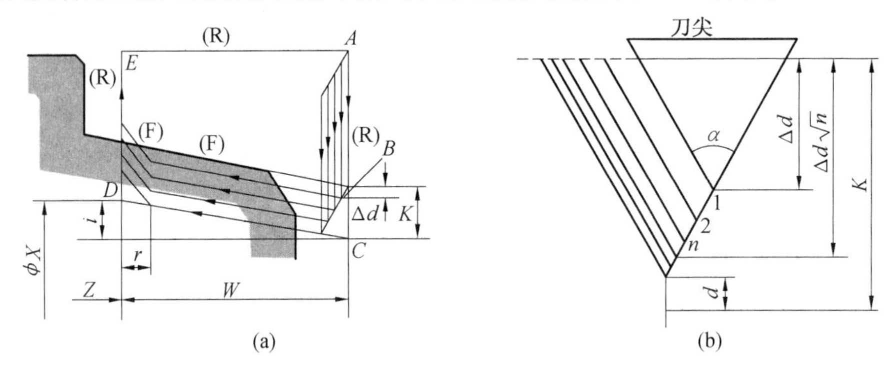

图 2.69　G76 螺纹复合加工循环

2.5　车铣对刀过程

所谓“对刀”，是指“刀位点”与“对刀点”重合的操作。数控机床的对刀操作是一项非常重要的工作，对刀的目的是在机床上建立工件坐标系，并使数控系统掌握刀具在工件坐标系中的位置。为了保证对刀精度，常用千分表、对刀测头或对刀瞄准仪进行找正对刀。不正确的对刀会导致工件报废，甚至发生撞刀事故，因此掌握正确的对刀方法是学习数控机床操作中的一项关键内容。

2.5.1　车削对刀过程

数控车床的对刀操作包括建立工件坐标系和设置刀具偏置两项工作。

一般来说，零件的数控加工编程和上机床加工是分开进行的。数控编程员根据零件的设计图纸，选定一个方便编程的坐标系及其原点，我们称之为程序坐标系和程序原点。程序原点一般与零件的工艺基准或设计基准重合，因此又称作工件原点。数控车床通电后，需进行回零(参考点)操作，其目的是建立数控车床进行位置测量、控制、显示的统一基准，该点就是所谓的机床原点，它的位置由机床位置传感器决定。由于机床回零后，刀具(刀尖)的位置距离机床原点是固定不变的，因此，为便于对刀和加工，可将机床回零后刀尖的位置看作机床原点。

在图 2.70 中，O 是程序原点，O'是机床回零后以刀尖位置为参照的机床原点。

编程员按程序坐标系中的坐标数据编制刀具(刀尖)的运行轨迹。由于刀尖的初始位置(机床原点)与程序原点存在 X 向偏移距离和 Z 向偏移距离，使得实际的刀尖位置与程序指令的位置有同样的偏移距离，因此须将该距离测量出来并设置进数控系统，使系统据此调整刀尖的运动轨迹。

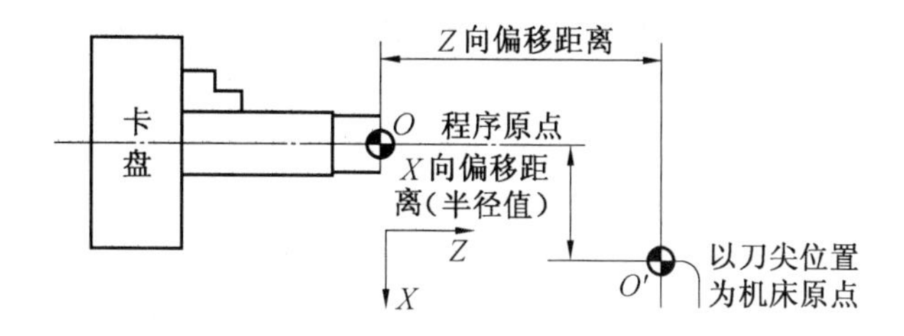

图2.70　数控车削对刀原理

对刀过程就是测量程序原点与机床原点之间的偏移距离，并设置程序原点在以刀尖为参照的机床坐标系里的坐标。对刀的方法有很多种，按对刀的精度可分为粗略对刀和精确对刀；按是否采用对刀仪可分为手动对刀和自动对刀；按是否采用基准刀，又可分为绝对对刀和相对对刀等。但无论采用哪种对刀方式，都离不开试切对刀，试切对刀是最根本的对刀方法。

以图2.71为例，试切对刀的步骤如下：

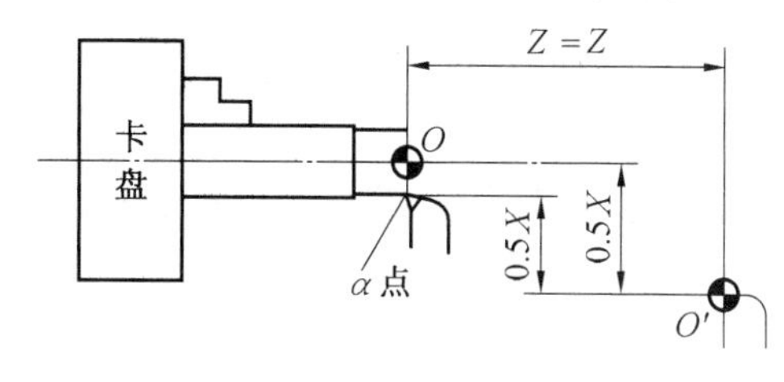

图2.71　数控车削试切对刀

(1)在手动操作方式下，用所选刀具在加工余量范围内试切工件外圆，然后向 Z 正方向退刀后，用卡尺或者千分尺测量试切过的工件直径，并记为 X_{α}。然后，输入刀补中的测量画面相对应的刀具号中；

(2)将刀具沿+Z 方向运动到工件端面处余量范围内一点(假定为 α 点)切削端面，同上在刀补中的测量画面相对应的刀具号中输入 Z:0。此时，将程序原点 O 设在工件端面。

数控车床通常同时安装多把车刀，在加工过程中需要调换刀具加工不同的部位。由于各把刀具的尺寸及安装位置有差别，使换刀之后前后刀的刀位点不能重合，因此 CNC 就必须在换刀后根据前后刀的位置偏差来修正当前刀具的坐标值，保证各刀尖均能按同一工件坐标系指定的坐标移动。如图2.72所示，假设当前 T1 在工件坐标系中的位置为 X40 Z30，更换刀具后 T2 刀位点与 T1 存在偏差，因此 CNC 必须依据偏差值修正当前 T2 的刀位点在工件坐标系中的位置。该过程可以通过设置刀具偏置值实现。

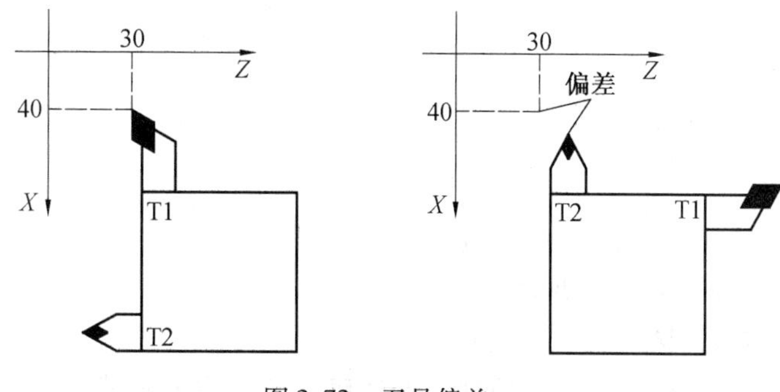

图2.72　刀具偏差

通常指定一把刀具为基准刀，然后测出其余刀具相对基准刀的位置偏差。如图2.73所示，以 T01 刀位点为基准，测量其余刀具相对 T01 的位置偏差：T01(0,0)、T02(-14,10)、T03(-22,-8)、T04(20,5)，基于以上位置偏差，可以计算出任意两个刀位点之间的位置偏差。如 T03 相对 T02 的位置偏差为 $U_{32}=-22-(-14)=-8$，$W_{32}=-8-10=-18$。因此只需要将各把刀具相对基准刀的偏差值作为“刀具偏置值”存入 CNC 的刀具补差数据库中，CNC

就能依据偏置值计算当前刀位点相对前一刀位点的偏差值,从而修正当前刀位点的坐标值。

当机床换刀时,通过刀具指令 T 可以换上指定刀具并调用相应的偏置值。例如,假设当前刀具状态为 T0101,并显示刀位点坐标 $X_1=40$、$Z_1=30$,既使用 01 号刀具并调用 01 号偏置值;然后执行 T0202,则机床会换上 02 号刀具并调用 02 号偏置值。此时 CNC 用 01 号偏置值减去 02 号偏置值就得到 02 号刀相对 01 号刀的位置偏差。

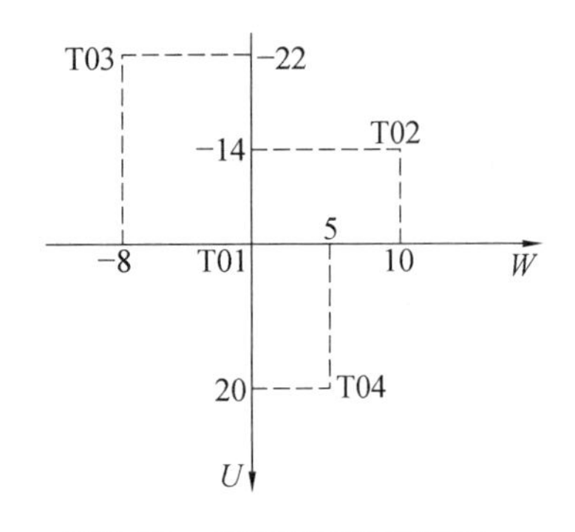

图 2.73 相对基准刀的偏差

2.5.2 铣削对刀过程

1. 用铣刀直接对刀

用铣刀直接对刀,就是在工件已装夹完成并在主轴上装入刀具后,通过手动操作移动工作台及主轴,使旋转的刀具与工件的前(后)、左(右)侧面及工件的上表面(图 2.74(a)中 1 ~5这五个位置)作极微量的接触切削(产生切削或摩擦声),分别记下刀具在做极微量切削时所处的机床坐标值,对这些坐标值作一定的数值处理后就可以设定工件坐标系了。

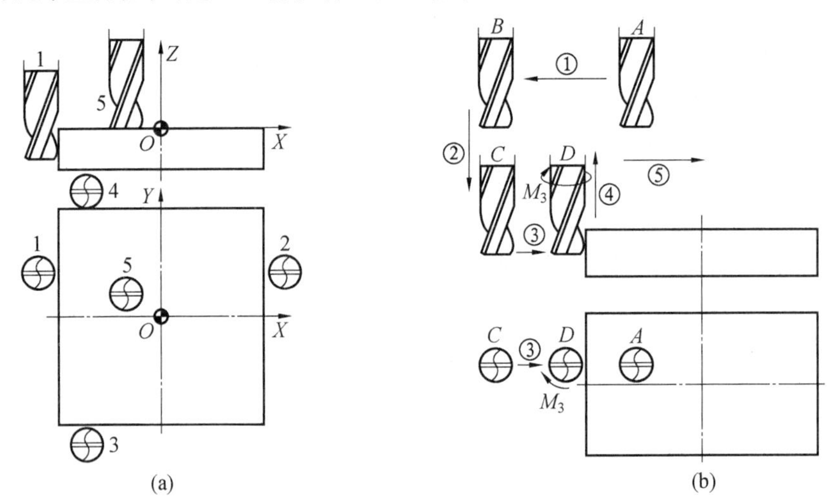

图 2.74 用铣刀直接对刀

针对图 2.74(a)中的位置 1,操作过程为:

① 工件装夹并校正平行后夹紧。

② 在主轴上装入已装好刀具的刀柄。

③在 MDI 方式下,输入 M03 S300,按<循环启动>,使主轴旋转。

④换到手动方式,使主轴停转。转动手摇脉冲发生器,使主轴上升一定的位置(在水平面移动时不会与工件及夹具碰撞即可);分别选择 X、Y 轴,移动工作台使主轴处于工件上方适当的位置,如图 2.74(b)中 A。

⑤手持盒上选择 X 轴,移动工作台,如图 2.74(b)中①,使刀具处在工件的外侧,如图 2.74(b)中 B;手持盒上选择 Z 轴,使主轴下降如图 2.74(b)中②,刀具到达图 2.74 中 C;手

持盒上重新选择 X 轴，移动工作台，如图 2.74(b)中③，当刀具接近工件侧面时用手转动主轴使刀具的刀刃与工件侧面相对，感觉刀刃很接近工件时，启动主轴使主轴转动，倍率选择×10 或×1，此时应一格一格地转动手摇脉冲发生器，应注意观察有无切屑（一旦发现有切屑应马上停止脉冲进给）或注意听声（一般刀具与工件微量接触切削时会发出“嚓”、“嚓”、“嚓”…的响声，一旦听到声音应马上停止脉冲进给），即到达了图 2.74(b)中 D 的位置。

⑥ 手持盒上选择 Z 轴（避免在后面的操作中不小心碰到脉冲发生器而出现意外）。记下此时 X 轴的机床坐标或把 X 的相对坐标清零。

⑦ 转动手摇脉冲发生器（倍率重新选择为×100），使主轴上升如图 2.74(b)中④；移动到一定高度后，选择 X 轴，作水平移动如图 2.74(b)中⑤，再停止主轴的转动。

图 2.74(a)中 2、3、4 三个位置的操作，参考上面的方法进行。

在用刀具进行 Z 轴对刀时，刀具应处在今后切除部位的上方，如图 2.74(b)中 A，转动手摇脉冲发生器，使主轴下降，待刀具比较接近工件表面时，启动主轴转动，倍率选小，一格一格地转动手摇脉冲发生器，当发现切屑或观察到工件表面切出一个圆圈时（也可以在刀具正下方的工件上贴一小片浸了切削液或油的薄纸片，纸片厚度可以用千分尺测量，当刀具把纸片转飞时）停止手摇脉冲发生器的进给，记下此时的 Z 轴机床坐标值（用薄纸片时应在此坐标值的基础上减去一个纸片厚度）；反向转动手摇脉冲发生器，待确认主轴是上升的，把倍率选大，继续主轴上升。

用铣刀直接对刀时，由于每个操作者对微量切削的感觉程度不同，所以对刀精度并不高。这种方法主要应用在要求不高或没有寻边器的场合。

2. 用寻边器对刀

用寻边器对刀只能确定 X、Y 方向的机床坐标值，而 Z 方向只能通过刀具或刀具与 Z 轴设定器配合来确定。图 2.75 为使用光电式寻边器在 1 ~ 4 这四个位置确定 X、Y 方向的机床坐标值；在 5 这个位置用刀具确定 Z 方向的机床坐标值。

使用光电式寻边器对刀时（主轴作 50 ~ 100 r/min 的转动），当寻边器球头与工件侧面的距离较小时，手摇脉冲发生器的倍率旋钮应选择×10 或×1，且一个脉冲、一个脉冲地移动；到出现发光或蜂鸣时应停止移动，此时光电寻边器与工件正好接触。其移动顺序如图 2.75 所示，且记录下当前位置的机床坐标值或相对坐标清零。在退出时应注意其移动方向，如果移动方向发生错误会损坏寻边器，导致寻边器歪斜而无法继续准确使用。一般可以先沿 $+Z$ 移动退离工件，然后再作 X、Y 方向移动。使用光电式寻边器对刀时，在装夹过程中就必须把工件的各个面擦干净，不能影响其导电性。

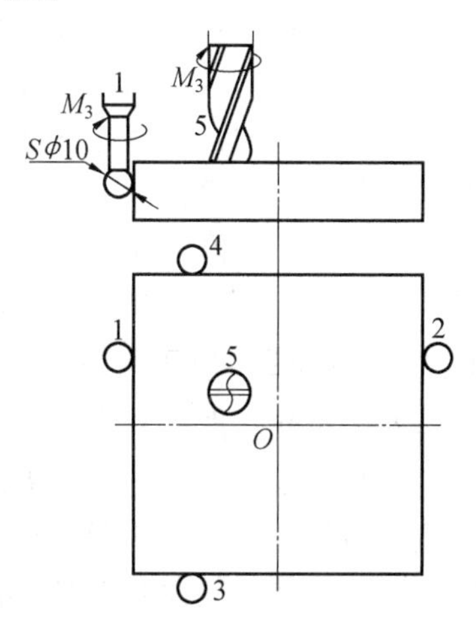

图 2.75　光电式寻边器对刀

2.6 数控手工编程举例

数控手工编程的主要内容有:分析零件图样确定工艺过程、数值计算、编写加工程序、校对程序等,数值计算是其中的重要环节。根据零件图样,按照已确定的加工路线和允许的编程误差(即容差:用已知插补线型逼近实际轮廓曲线时允许存在的误差),计算数控系统所需输入的数据,称为数控加工的数值计算,主要包括:基点计算、节点计算、刀具中心轨迹计算、辅助计算等内容。

(1)基点计算

一个零件的轮廓往往由许多不同的几何元素构成,如直线、圆弧等。构成零件轮廓的这些不同几何元素的连接点称为基点。显然,相邻基点间只能有一个几何元素。常用的基点计算方法有列方程求解法、三角函数计算法、CAD 绘图分析法,其中 CAD 绘图分析法最为简便。

(2)节点计算

当采用不具备非圆曲线插补功能的数控机床加工非圆曲线轮廓的零件时,在加工程序的编制工作中,常常需要用直线和圆弧去近似代替非圆曲线,称为拟合处理。拟合线段的交点称为节点,节点计算是手工编程的难点,有条件时应尽可能借助计算机来完成,以减少计算误差以及编程人员的工作量。

(3)刀具中心轨迹计算

因为刀具都有一定的半径,要使切削部分切过轮廓的基点和节点,必须对刀具进行一定的偏置。对于没有刀具半径补偿或刀具偏置功能的数控系统,应计算出相对于基点和节点的刀具中心位置轨迹。

(4)辅助计算

辅助计算主要包括:增量计算、脉冲数计算与辅助程序段的数值计算。

①增量计算。对于增量编程,应计算出后一节点相对于前一节点的增量值;

②脉冲数计算。通常数值计算是以毫米为单位进行的,若数控系统要求输入脉冲数,则需要进行必要的转换计算;

③辅助程序段的数值计算。对刀点到切入点的程序段,以及切削完毕返回到对刀点的程序均属辅助程序段,在编制程序之前,辅助程序段的数据应预先确定。

2.6.1 数控车削加工程序编制

1. 数控车削编程特点

车削是数控加工的重要工艺方法,包括车内/外圆、端面、锥度、回转曲面、沟槽和螺纹,也可以钻孔。数控车床一般为两坐标联动,当主轴(C)参加联动时,称为具有 C 轴控制功能。此时车削工艺得到很大的扩展,如车多边形、圆柱面/端面上的不同形状沟槽和凸轮等复杂形状工件。车削程序编制特点如下:

(1)坐标系

数控车床坐标系为 XOZ,主轴与尾座连线(纵向)为 Z 坐标,垂直于 Z 轴的径向为 X 坐标。工件坐标系与机床坐标系同向,原点选在工件右端面、左端面或卡爪前端面与工件旋转中心线的交点。工件坐标系用 G50(或 G92)设定,即刀具所在机床坐标系中的点相对工件坐标系原点的距离,该点也是程序起点。数控车床工件坐标的设定也可以用 G54 ~ G59 预置工件坐标系。

(2)编程

编程时,可以用绝对值编程、增量值编程,以及绝对和增量值混合编程。用坐标地址 X、Z 为绝对编程方式,使用坐标地址 U、W 为增量编程方式。在径向,可以根据图纸的标注(ϕ 或 R)由参数指定为直径值编程或半径值编程。地址 I、K 在圆弧插补时表示圆弧圆心的参数;在车削固定循环指令中表示每次循环的进刀量。一般情况下,利用自动编程软件编程时,通常采用绝对值编程。

(3)刀具补偿功能

数控车床具有刀具长度补偿和刀尖圆弧半径补偿功能,这对于刀具安装误差、磨损后修磨和精加工非常有利。

(4)车削固定循环功能

车削加工的工件一般常用棒料或锻件作为毛坯,在粗加工和半精加工时加工余量大,需多次走刀才能完成,丰富的固定循环功能极大地简化了编程工作。此外还有倒角、倒圆、镜像、子程序和宏程序等简化编程功能。

(5)参考点与换刀点

参考点是机床坐标系中的固定点,最多可设置四个。其中第一个参考点(称为机床参考点)与机床原点(或叫零点)一致,而第二、第三、第四参考点是事先通过参数设置与第一个参考点距离来确定。换刀点是自动换刀的位置,为了防止刀架回转换刀时与工件发生碰撞,换刀点可以设置在第一参考点或第二参考点上。当加工小零件时,由于第一参考点较远,返回参考点换刀需要较长时间。为节省时间,可设置一个距离工件较近的第二参考点。

(6)进刀与退刀

为了提高加工效率,车削加工的进刀与退刀都采用快速运动。进刀时,尽量接近工件切削始点,切削开始点的确定以不碰撞工件为原则。

2. 数控车削编程实例

[例1]　编制简单回转零件(图2.76)的车削加工程序,包括粗精车端面、外圆、倒角、倒圆。零件加工的单边余量为 2 mm,其左端 25 mm 为夹紧用,可先在普通车床上完成车削。该零件粗、精车刀分别为 T01 和 T02,精加工余量单边为 0.1 mm。选用第二参考点为

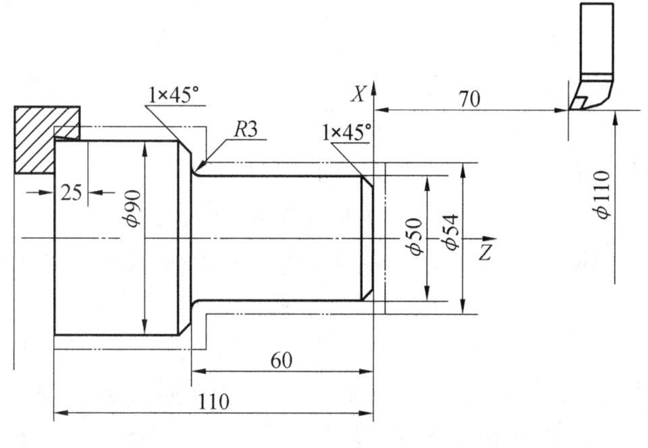

图2.76　车削编程图

换刀点。数控车削程序如下：

程序	说明
O0005;	程序号 O0005
N10 G50 X110.0 Z70.0 ;	设置工件坐标系,有的系统等成 G92 X110.0 Z70.0
N15 G30 P2 U0 W0 ;	返回第二参考点,也可写成 G30 P2 X(U_)Z(W_)形式
N20 T0101 M08 ;	调用 01 号粗车刀,01 号长度补偿,打开冷却液
N25 G96 S60.0 M03 ;	指定恒定切削速度为 60 m/min,主轴顺时针旋转
N30 G18 G00 X56.0 Z0.1 ;	快速走到粗车外圆起点(56.0,0.1)
N35 G95 G01 X-1.6 F0.3 ;	粗车右端面,车削进给速度 0.3 mm/r
N40 G00 Z10.0 ;	刀具沿 Z 方向回退到点(-1.6,10)
N45 X48.0;	快速上移到点(48.0,10)
N50 G01Z0.1;	走到倒角粗车起点(48.0,0.1)
N55 G01 X50.2 Z-1.0 ;	粗车倒角,车倒角也可以用插入倒角指令:G01 Z(W)_C_
N60 Z-57.0;	粗车小端外圆面
N65 G02 X56.0 Z-59.9 R2.9 ;	粗车削台阶内圆角、也可以用插入圆角指令:G01 Z(W)_R-
N70 G01 X88.0 ;	粗车削台阶端面
N71 X90.2 Z-61.0;	粗车倒角
N75 G01 Z-85.0 ;	粗车削台阶外圆面
N80 G30 P2 U0 W0 ;	返回第二参考点换刀
N85 T0202;	调用 02 号精车刀,02 号刀补
N90 G00 X-3.0 Z1.0 ;	快速走到点(-3.0,1.0)
N95 G42 G01 X-1.6 Z0.0 F0.15 ;	走到精车起点(-1.6,0),刀尖半径右补偿
N100 X48.0;	精车端面
N105 X50.0 Z-1.0;	精车倒角
N110 Z-57.0;	精车小端外圆面
N115 G02 X56.0 Z-60.0 R3.0 ;	精车削台阶内圆角
N120 G01 X88.0 ;	精车削台阶端面
N121 X90.0 Z-61.0;	精车倒角
N125 G01 Z-85.0 ;	精车削台阶外圆面
N130 G30 P2 U0 W0 ;	返回第二参考点换刀
N135 T0200 M05 M09 ;	取消刀补,主轴停,关闭冷却液
N140 M30 ;	程序结束

[例 2]　编制轴类零件(图 2.77)的车削加工程序。加工内容包括粗精车端面、倒角、外圆、锥度、圆角、退刀槽和螺纹加工等。毛坯事先在普通机床上加工过,为 ϕ85 mm 的棒料。由于加工余量大,在外圆精车前采用粗车循环指令去除大部分毛坯余量,留有单边 0.2 mm余量。选用第一参考点为换刀点。使用刀具为:外圆粗车刀、外圆精车刀、切槽刀和

螺纹车刀。数控车削程序如下：

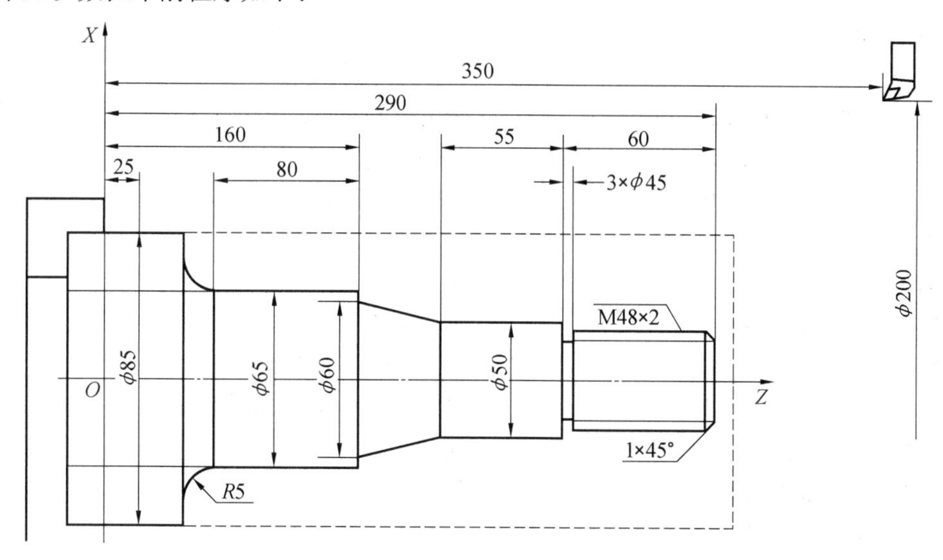

图 2.77　车削编程图

O0006；	程序号
N010 G92 X200.0 Z350.0 ；	设置工件坐标系
N015 G28 U0 W0 ；	返回参考点
N020 S1000 T0101 M03 M08 ；	主轴正转，调用 01 号粗车刀，打开冷却液
N025 G00 X87.0 Z290.2 ；	快速走到粗车右端面起点(87.0,290.2)
N030 G95 G01 X-1.6 W0.0 F0.3 ；	粗车右端面，车削进给速度 0.3 mm/r
N035 G00 Z292.0；	快速走到外圆粗车循环起点
N040 X87.0；	
N045 G71 U2.0 R1.0 ；	粗车循环，每次车削深度 2.0 mm，每次退刀 1.0 mm
N050 G71P55Q115U0.4W0.2F0.3S800；	留精车余量 X 向 0.4 mm，Z 向 0.2 mm
N055 G00 X46.0；	快速走到车削起点，
N060 G01 Z290.0；	
N065 G42 G01 X48.0 Z289.0 F0.15；	刀具右偏，倒角，精车进给 0.15 mm/r
N070 W-59.0；	精车 φ48 外圆
N075 X50.0；	精车台阶端面
N080 W-55.0	精车圆柱面
N085 X60.0 Z160.0；	精车锥面
N090 X65.0；	精车台阶端面
N095 W-80.0；	精车 φ65 外圆
N0100 G02 X75.0 W-5.0 R5.0 ；	精车 R5 内圆角
N0105 X85.0；	精车端面
N0110 Z25.0；	精车 φ85 外圆
N115 G40.0 ；	取消刀补

N120 G28 U0 W0 ;	返回参考点
N125 G50 S1500 ;	限制主轴最高转速为 1500r/min,G50 可以用作主轴钳制速度设定
N130 G96 S20 T0202 ;	指定恒定切削速度,调用 02 号精车刀,02 号刀补
N135 G70 P55Q115 ;	粗车后精车
N140 G00 X87.0 Z290.0	回退到精车端面快速运动起始点
N145 X 50.0;	快速走到精车端面的工进点
N150 G01 X-2.0 ;	精车右端面
N155 G28 U0 W0;	返回参考点
N160 T0303;	调用 03 号切槽刀,03 号刀补
N165 G00 X51.0 Z230.0 ;	刀具快速运动到切槽起点
N170 G01 X45.0 F0.15 ;	切槽
N175 G00 X60.0 ;	切槽刀退出
N180 G28 U0 W0 ;	返回参考点
N185 G97 S1500 T0404 ;	取消恒定切削速度,指定主轴转速,调用 04 号螺纹车刀
N190 G01 X50.0 Z293.0 ;	快速运动到螺纹车削起始点
N195 G76 P3 12 60 Q0.1 R0.1 ;	复合螺纹加工循环
N200 G76X45.4W-62.5R0P1.3Q0.5F2.0;	复合螺纹加工循环
N205 G28 U0 W0 M05 M09 ;	主轴停,关闭冷却液
N210 M30 ;	程序结束

2.6.2 数控铣削加工程序编制

1. 数控铣削编程特点

铣削是最常用的数控加工方法之一,主要用于加工平面和曲面轮廓的零件,还可以加工复杂型面的零件,如凸轮、样板、模具、螺旋槽等。数控铣削在数控卧铣、数控立铣和加工中心等机床上实现。

数控铣削编程具有下述特点:

①零件加工的适应性强、灵活性好,能加工轮廓形状特别复杂或难以控制尺寸的零件,如模具、壳体类零件等。

②能加工普通机床无法加工或很难加工的零件,如用数学模型描述的复杂曲线零件以及三维空间曲面类零件。

③能加工一次装夹定位后,需进行多道工序加工的零件。

④加工精度高、加工质量稳定可靠。

⑤生产效率高。

2. 数控铣削编程实例

[例 1] 对图 2.78 所示工件,进行周边精铣加工,且加工程序启动时刀具在参考点位置,选择 $\phi30$ 立铣刀,并以零件的中心孔作为定位孔,加工时的走刀路线如图,则其数控加工程序如下:

O0012;

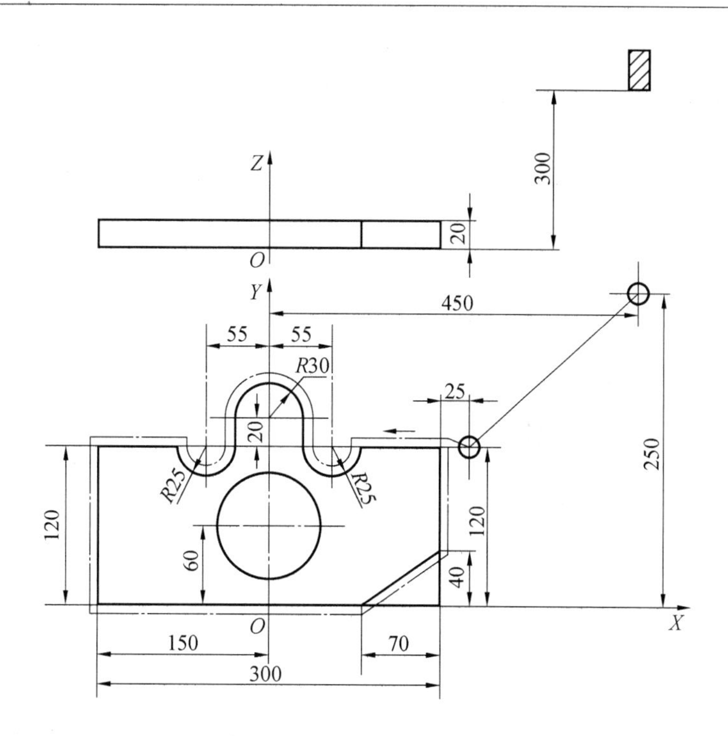

图 2.78　铣削轮廓加工实例图

```
N5 G92 X450.0 Y250.0 Z300.0;
N10 G00 G90 X175.0 Y120.0;
N15 Z- 2.0 S1000 M03;
N20 G01 G42 D10 X150.0 F80;
N25 X80.0 ;
N30 G02 X30.0 R25.0;
N35 G01 Y140.0;
N40 G03 X-30.0 R30.0;
N45 G01 Y120.0;
N50 G02 X-80.0 R25.0;
N55 G01 X-150.0;
N60 Y0.0;
N65 X80.0;
N70 X150.0 Y40.0;
N75 Y125.0;
N80 G00 G40 X175.0 Y120.0;
N85 Z300.0 M05;
N90 X450.0 Y250.0;
N90 M30;
```

[**例** 2]　如图 2.79 所示的零件,毛坯尺寸为 100 mm×90 mm×20 mm,材料为铝。

(1)工艺分析

此零件,主要是外轮廓的铣削加工。选用 $\phi16$ 的立铣刀。切削用量:主轴转速600~800 r/min,进给速度 100~200 mm/min,背吃刀量 5 mm。

(2)基点计算

轮廓由直线和圆弧构成,直线和圆弧的交点需要通过计算获得,如图 2.80 所示。

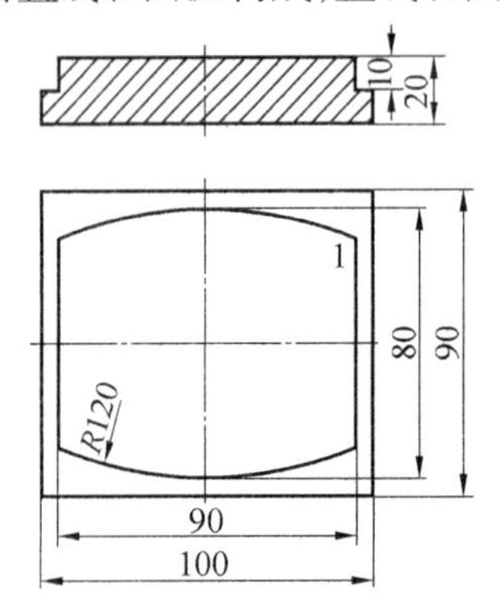

图 2.79 轮廓编程综合实例图

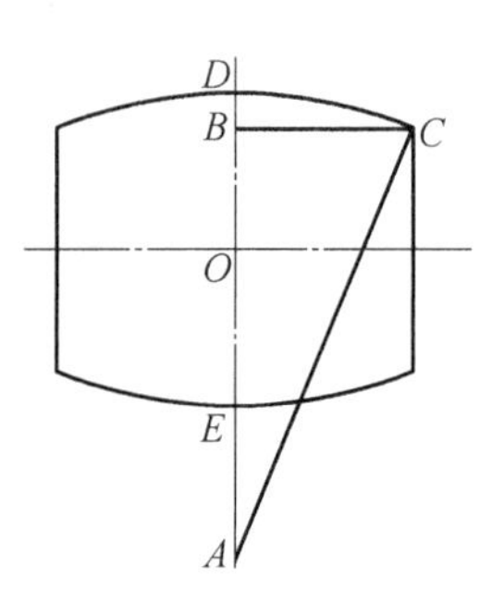

图 2.80 基点计算

如图 2.80 所示,点 1 的计算方法如下:

在△ABC 中,$AC=120.0$,$BC=45.0$,则 $AB=\sqrt{AC^2-BC^2}=\sqrt{120^2-45^2}=111.24$,$AE=AD-DE=120-80=40$,则 C 点(即点 1)的 Y 坐标为 $Y_C=AB-AE-OE=111.24-40-40=31.24$。点 1 的坐标为(45.0, 31.24)。

(3)加工程序

工件坐标系建立在工件中心上,Z 向原点为工件上表面。

```
主程序 O0035
N5 G92 X0 Y0 Z0;                    建立工件坐标系
N10 G90 G00 Z10 ;                   抬刀至安全高度
N15S800 M03 M08 F100;               主轴启动、冷却液开
N20 G00 X-70.0 Y-70.0;              运动到外轮廓外一安全起刀位置
N25Z0.0;                            刀具下降
N30 M98 P20100;                     调用子程序,分层切削外轮廓
N35 G00 Z10.0;
N40 X0 Y0;
N45 M05 M09;                        主轴停,冷却液关
N50 M30;                            程序结束
子程序 O100
N5 G91 G01 Z-5;                     每次 Z 向切深 5 mm
N10 G90 G41 X-45.0 Y-45.0 D01 ;     加工外轮廓
N15Y31.24;
N20 G02 X45.0 R120.0;
N25Y-31.24;
N30 G02 X-45.0 R120;
```

```
N35 G40 G01 X-70.0 Y-70.0;
N40 M99;
```

2.6.3 数控孔加工程序编制

1. 孔加工程序编制的特点

孔加工包括钻孔、扩孔、绞孔、攻螺纹和镗孔等。孔加工一般在数控钻床、镗床上进行，也可以在铣床、车床和加工中心上完成。大部分数控钻床和镗床是点位控制的(孔加工也可以通过连续控制实现)。点位控制只要求定位准确，而与移动路线无关。编程时从效率上考虑，使加工路线尽可能最短。

孔加工编制时没有复杂的数值计算，数学处理简单，只有增量/绝对坐标值的换算等工作。孔径尺寸由刀具保证，孔位尺寸的控制精度可以在一个分辩率(或脉冲当量)之内。而实际的孔位精度取决于数控系统和机械系统的精度。为了提高孔加工的精度和效率，程序编制中要注意以下几点：

①工件坐标系、增量/绝对值输入的选择应与工件图纸尺寸标注方法一致，这样不但减少了尺寸换算工作，而且容易保证加工的精度。

②注意提高对刀精度，换刀点选在容易测量和不能发生碰撞的地方，在空间允许的情况下，换刀点可安排在加工点的上方。

③使用刀具长度补偿功能，在刀具修磨后，只需改变设置的偏移量，而不用改变程序。

④在孔加工量很大时，使用固定循环、子程序可以简化编程。

2. 孔加工编程举例

[**例 1**]　以图 2.34 例，用固定循环编制孔加工程序。

分析：用固定循环进行孔加工首先要了解每个固定循环指令的功能。本例中通孔选择 G81 指令；不通孔选择 G82 指令，G82 指令有孔底暂停。接着要考虑坐标系，初始平面和参考平面、换刀点的位置及 G98/G99 的使用。其次要掌握固定循环指令格式，在使用 G90/G91 时，正确地写出 Z、R 后面坐标值/增量值。最后合理选择切削用量和加工路线等工艺参数。

孔加工程序如下：

```
O 0001;                                         程序号
N5 G92 X0 Y0 Z0;                                设定工件坐标系
N10 G90 G00 Z250.0 T11 M06;                     在 Z 方向快速移动到换刀点，换刀
N15 G44 Z0 H01 S600 M03 M08;                    进给到初始平面、加长度补偿、主轴正
                                                转、开冷却液
N20 G99 G82 X120.0 Y80.0 Z-53.0 R-32.0 P2000 F100;用 G82 固定循环加工 A 孔，
                                                孔底暂停 2 s，加工后返回到
                                                参考平面
N25 G81 X150.0 Y30.0 Z-73.0 ;                   用 G81 固定循环加工 B 孔，加工后返回
                                                到参考平面
N30 G98 G82 X200.0 Y60.0 Z-57.0 P2000;          用 G82 固定循环加工 C 孔，孔底暂停
                                                2 s，加工后返回到初始平面
N35 G00 X0 Y0 H00 M05 M09;                      快速返回到原点，撤消长度补偿
N40 M30;                                        程序结束
```

［例 2］ 对图 2.81 所示零件，首先要求进行钻孔，然后攻螺纹。

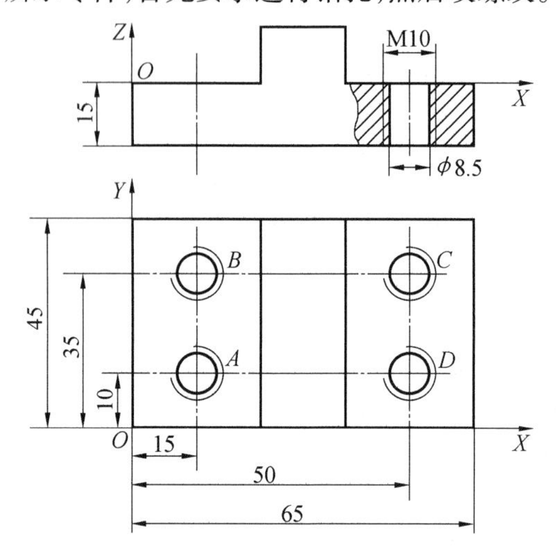

图 2.81 孔加工程序例二

说明：换刀点选在坐标系的 $X=0,Y=0,Z=250$ 处。初始平面设在 $Z=150$ 的位置，参考平面设在被加工孔上表面 $Z=3$ mm 处。选用钻头（$\phi 8.5$ mm）为 T01 号刀具，丝锥（M10）为 T02 号刀具。刀具伸出孔外距离为 4 mm。孔加工顺序为 $A\to B\to C\to D$。加工程序如下：

```
O0002;
N10 G92 X0 Y0 Z250.0;                      设定工件坐标系
N15 T01 M06 ;                               在换刀点换刀(φ8.5 mm 钻头)
N20 G90 G00 Z150.0 S600 M03;               进给到初始平面、主轴正转
N25 G99 G81 X15.0 Y10.0 Z-19.0 R3.0 F50;   钻 A 孔,加工后返回到参考平面
N30 G98 Y35.0;                              钻 B 孔,加工后返回到初始平面
N35 G99 X50.0;                              钻 C 孔,加工后返回到参考平面
N40 G98 Y10.0;                              钻 D 孔,快速返回到初始平面
N45 G00 X0. Y0. M05;                        主轴停
N50 Z250. 0 T02 M06;                        快速返回到换刀点换刀(M10 丝锥)
N55 Z150.0 S150 M03;                        进给到初始平面、主轴正转
N60 G99 G84 X15.0 Y10.0 Z-19.0 R3.0 F150;  攻丝 A 孔,加工后返回到参考平面
N65 G98 Y35.0;                              攻丝 B 孔,加工后返回到初始平面
N70 G99 X50.0;                              攻丝 C 孔,加工后返回到参考平面
N75 G98 Y10.0;                              攻丝 D 孔,快速返回到初始平面
N80 G80;                                    取消固定循环
N85 G00 X0. Y0. Z250.0 M05;                 快速返回到换刀点
N90 M30;                                    程序结束
```

2.6.4 加工中心综合编程实例

［例 1］ 完成如图 2.82 所示的零件编程，毛坯尺寸 50 mm×50 mm×30 mm。

（1）工艺分析

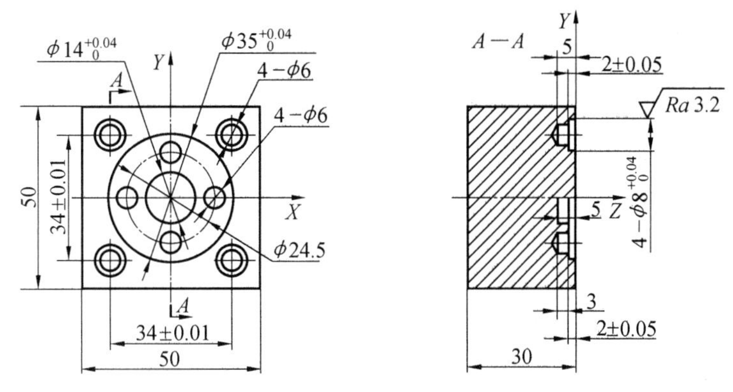

图 2.82　加工中心编程实例 1

该零件主要由孔和内型腔组成，可以在铣削加工中心上完成全部特征的加工。加工顺序：

①钻 9 个中心孔；

②钻 9-ϕ6 底孔；

③锪 4-ϕ8 台阶孔；

④粗精铣 ϕ14、ϕ35 内圆腔。

(2)工件装夹

采用平口钳，使用的刀具有 ϕ3 中心钻(T01)、ϕ6 钻头(T02)和 ϕ8 立铣刀(T03，基准刀)。工件坐标系的零点设在工件的中心与上表面上，通过制定不同刀具半径补偿值实现 ϕ35 内圆腔的粗、精加工。加工程序如下：

```
O1000;
N5 G28;                                  回参考点(换刀点)
N10 T01 M06;                             换 1 号刀具，φ3 中心钻
N15 G54 S800 M03 M08;                    选择工件坐标系，主轴启动、冷却液开
N20 G00 G43 Z20.0 H01;                   加刀具长度补偿 H01
N25 G99 G81 X0 Y0 Z-1.0 R3.0 F100;       钻 9-φ3 中心孔，初始平面 Z=20.0
N30 X12.25 Y0;
N35 X17.0 Y17.0;
N40 X0 Y12.25;
N45 X-17.0 Y17.0;
N50 X-12.25 Y0;
N55 X-17.0 Y-17.0;
N60 X0 Y-12.25;
N65 G98 X17.0 Y-17.0;                    返回初始平面
N70 G49 G00 Z50 M05;                     长度补偿取消，主轴停
N75 G28;                                 回参考点(换刀点)
N80 T02 M06;                             换 2 号刀，φ6 钻头
N85 G00 G43 Z20.0 H02 M03;               加刀具长度补偿 H02
N90 G99 G81 X0 Y0 Z-5.0 R3 F100;         钻 9-φ6 孔，钻削循环 G81
```

```
N95 X12.25 Y0;
N100 X17.0 Y17.0;
N105 X0 Y12.25;
N110 X-17.0 Y17.0;
N115 X-12.25 Y0;
N120 X-17.0 Y-17.0;
N125 X0 Y-12.25;
N130 G98 X17.0 Y-17.0;                      返回初始平面
N135 G49 G00 Z50 M05;                       长度补偿取消，主轴停
N140 G28;                                   返回参考点(换刀点)
N145 T03 M06;                               换3号刀，φ8立铣刀
N150 G00 X0 Y0 Z20 M03;
N155 G99 G82 X17.0 Y17.0 Z-2 R3 P300 F80;   锪4-φ8孔，钻削循环G82
N160 X-17.0 Y17.0;
N165 X-17.0 Y-17.0;
N170 X17.0 Y-17.0;
N175 G00 X0 Y0;
N180 G01 Z-5;                               下刀
N185 G41 X7.0 Y0 D03;                       建立刀具半径补偿，D03=4 mm
N190 G03 X7.0 Y0 I-7.0 J0;                  逆圆整圆插补，铣φ14内圆腔
N195 G40 G01 X0 Y0;                         取消刀具半径补偿
N200 G01 Z-2.0 F80;                         抬刀到φ35内圆腔加工深度
N205 G41 X17.5 Y0 D04;                      加刀具半径补偿，D04=7 mm
N210 G03 I-17.5 J0;                         粗铣φ35内圆腔
N215 G40 G01 X0 Y0;                         取消刀具半径补偿
N220 G41 X17.5 Y0 D05;
N225 G03 I-17.5 J0;
N230 G40 G01 X0 Y0;
N235 G41 X17.5 Y0 D03;                      加刀具半径补偿，D03=4 mm
N240 G03 I-17.5 J0;                         精铣φ35内圆腔
N245 G40 G01 X0 Y0;                         取消刀具半径补偿
N250 G00 Z100 M05 M09;                      抬刀，主轴停，冷却液关
N255 M30;                                   程序结束
```

[例2] 完成图2.83所示的零件编程，毛坯尺寸为φ62 mm×30 mm。

(1)工艺分析

该零件的加工特征包括平面、孔、槽等，可以在铣削加工中心上完成全部加工。

① 上平面加工，刀具选用φ80面铣刀（T01，基准刀），直接刀具中心编程。

② 外轮廓加工，刀具选用φ14立铣刀(T02)，刀具半径补偿编程。

③ 键槽加工，刀具选用φ8键槽铣刀(T03)，刀具中心编程。

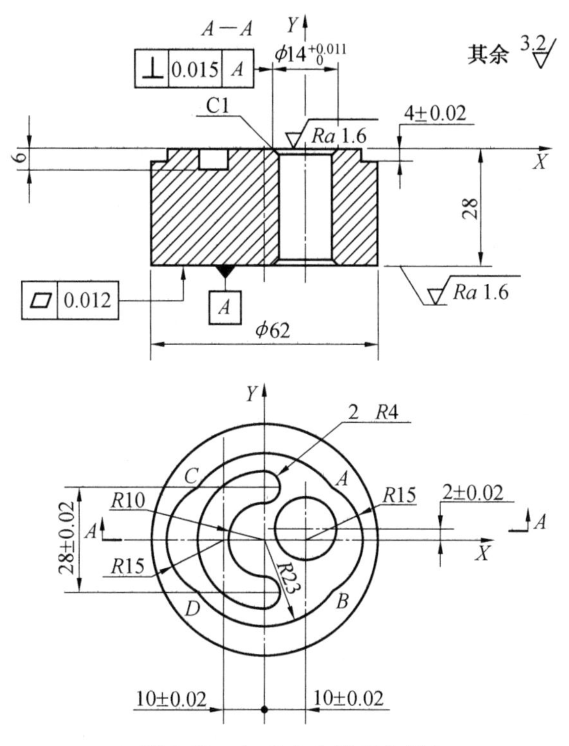

图 2.82 加工中心编程实例 2

④ 孔加工,刀具选用 $\phi8$ 中心钻(T04)、$\phi13.8$ 麻花钻(T05)、$\phi28$ 麻花钻(T06)、$\phi14$ 铰刀(T07)。

(2)基点计算

在编程之前首先要计算基点,即 $R23$ 圆弧和 $R15$ 圆弧的交点。如 $R23$ 的圆方程为

$$x^2 + y^2 = 23^2$$

右侧 $R15$ 圆弧的方程为

$$(x - 10)^2 + y^2 = 15^2$$

两方程相减得到 $x = 20.2$,可以得到其交点 A、B 点的坐标为 $A(20.2, 11.0)$、$B(20.2, -11.0)$,同理可以得到 C、D 点的坐标为 $C(-20.2, -11.0)$、$D(-20.2, 11.0)$。

(3)程序编制

```
O0002;
N5 G28;
N10 T01 M06;
N15 G54 G00 X0 Y0 Z100;
N20  S800 M03 M08;
N25 Z5;
N30 X-75.0 Y0;                    上表面加工
N35 G01 Z0 F100;
N40 X75.0;
N45 G00 Z100 M05
```

```
N50 G28;                                  回参考点(换刀点)
N55 T02 M06;                              换φ14 立铣刀
N60 M03;                                  主轴启动
N65 G00 G43 Z5.0 H02;                     刀具长度补偿
N70 X-40.0Y-40.0
N75 G41 X-25 Y-40 D02;
N80 G01 Z-4 F100;
N85 Y0;                                   切向进刀
N90 G02 X-20.2 Y11.0 R15.0;
N95 X20.2 Y11.0 R23.0;
N100 X20.2 Y-11.0 R15.0;
N105 X-20.2 Y-11.0 R23.0;
N110 X-25.0 Y0 R15.0;
N115 G01 Y10;                             切向切出
N120 G00 Z5.0;                            抬刀
N125 G40 X0 Y0;                           取消刀具半径补偿
N130 G00 G49 Z100 M05;                    取消长度补偿
N135 G28;                                 回参考点(换刀点)
N140 T03 M06;                             换φ8 键槽铣刀
N145 M03;                                 主轴启动
N150 G00 G43 Z5;                          刀具长度补偿
N155 X0 Y-14.0;
N160 G01 Z-6 F100;                        下刀
N165 G02 X0 Y14.0 R14.0 ;
N170 G00 G49 Z100.0 M05;
N175 G28;                                 回参考点(换刀点)
N180 T04 M06;                             换φ8 中心钻
N185 M03;
N190 G00 G43 Z20.0 H04;
N195 G99 G81 X10.0 Y2.0 Z-3.0 R5.0 F80;
N200 G00 G49 Z100.0 M05;
N205 G28;                                 回参考点(换刀点)
N210 T05 M06;                             换φ13.8 麻花钻
N215 M03;
N220 G00 G43 Z20.0 H05;
N225 G99 G81 X10.0 Y2.0 Z-35.0 R5.0 F80;
N230 G00 G49 Z100.0 M05;
N235 G28 ;                                回参考点(换刀点)
N240 T06 M06;                             φ28 麻花钻,孔口倒角
```

```
N245 M03
N250 G00 G43 Z20.0 H06;
N255 G99 G81 X10.0 Y2.0 Z-1.0 R5.0 F60;
N260 G00 G49 Z100.0 M05;
N265 G28;                                回参考点(换刀点)
N270 T07 M06;                            换φ14 铰刀,精铰孔
N275 M03;
N280 G00 G43 Z20.0 H07
N285 G99 G85 X10.0 Y2.0 Z-30.0 R5.0 F80
N290 G00 G49 Z100
N295 M05 M09;
N300 M30;
```

2.7　宏指令与宏程序

宏指令是数控系统提供给用户的一组高级编程语言,由一组宏指令组成的程序本体被称为用户宏程序。用户宏程序与普通程序的区别在于:在普通程序中,只能指定常量,常量之间不能运算,程序只能顺序执行,不能跳转,因此功能是固定的,不能变化;而在用户宏程序本体中,能使用变量,可以给变量赋值,变量间可以运算,程序可以跳转。合理运用宏程序可以简化编程,扩展编程的应用范围。

宏程序比较适合的应用场合:抛物线、椭圆、双曲线等没有插补指令的曲线的编程;图形一样,只是尺寸不同的系列零件的编程;工艺路径相同只是位置参数不同的系列零件的编程。本书以 FANUC 系统为例,介绍宏程序的应用。

2.7.1　变量

普通的加工程序直接用数值指定 G 码和移动距离,例如 G00 X50.0。使用用户宏程序时,除了可直接指定数值外,还可以指定变量号,可以通过程序或 MDI 面板上操作来改变该变量值。

(1)概念

变量用#和后面的数字表示,其格式为:

#i(i =1、2、3、…)

例如:#5;#102;#1006 等。

变量可以代替宏程序中地址后面的数值,变量的值可由用户宏指令给宏程序主体赋值,或者在执行宏程序主体时由得出的计算值决定。使用复数个变量时,可由变量号决定。

(2)变量的种类

变量分为一,一公共变量和系统变量,其用途和性质各不相同。变量的分类见表 2.6。

表 2.6 用户宏程序变量的种类

变量号	变量种类	功能
#0	总是空	该变量永远为空,不能代入值
#1 ~ #33	局部变量	局部变量只能在一个宏程序中用来保存数据(如运算结果)。当切断电源时,局部变量被初始化而变为空。当调用宏程序时,要代入自变量
#100 ~ #149 #500 ~ #531	公共变量	不同的宏程序可共享公共变量。当切断电源时,变量#100 ~ #149被初始化而数据变为空。变量#500 ~ #531 在切断电源时能保持数据
#1000 ~	系统变量	系统变量用来读取和写入各种CNC 数据项,如当前位置和刀具偏置值

(3)变量的引用

变量可以代替宏程序中地址后面的数值,如 F#103,表示进给速度由变量#103 的值指定,当#103=1.5 时,与 F1.5 指令相同; G00 Z-#100,表示刀具在-Z 方向快速定位到变量#100 指定的位置,当#100=250 时,与 G00Z-250.0 指令相同;G#130,当#130=3 时,与 G03 指令相同。此外,用变量#j 代替变量号码 i 时,不能用##j 表示,而用#9j。当#110=120(#110为#j, 120 为变量号码),#120=500 时,则#9110=500。地址 O,N 不能引用变量,即不能使用 O#100,N#120。变量值可以显示在 CRT 上,也可以用 MDI 键给变量设定值。

2.7.2 运算指令

在变量之间、变量和常量之间可以进行各种运算,运算指令见表 2.7。

表 2.7 用户宏程序运算指令的种类

运算指令	功 能	定 义
=	定义,置换	#i=#j
+	加法	#i=#j+#k
-	减法	#i=#j-#k
*	乘法	#i=#j * #k
/	除法	#i=#j/#k
OR	逻辑加	#i=#j OR #k
AND	逻辑乘	#i=#j AND #k
XOR	异或运算	#i=#j XOR #k
SQRT[ ]	平方根	#i= SQRT[#j]

续表 2.7

运算指令	功　能	定　义
ABS[ ]	绝对值	#i=ABS[#j]
BIN[ ]	从 BCD 向二进制转换	#i= BIN[#j]
BCD[ ]	从二进制向 BCD 转换	#i= BCD[#j]
SIN[ ]	正弦	#i= SIN[#j]
COS[ ]	余弦	#i= COS[#j]
TAN [ ]	正切	#i= TAN[#j]
ATAN[ ]	反正切	#i= ATAN[#j]
FIX[ ]	小数点以下舍去	#i= FIX[#j]
FUP[ ]	小数点以下进位	#i= FUP[#j]
ROUND[ ]	四舍五入	#i= ROUND[#j]

使用时,运算指令可以单个使用、也可以多个运算指令与[,],#,*,=等代码符号一起任意组合使用。运算顺序为先括号内,后括号外以及按函数、乘除法、加减法的次序运算。例如,#1= SIN[[#2+#5]*3.14+#5]*ABS[#10]。

2.7.3　控制指令

由以下指令可以控制用户宏程序主体的程序流程。控制指令包括转移和重复两类。

1. 转移与条件判断

(1)无条件转移(GOTO 语句)

转移到序列号为 n 的语句,序列号范围 1 ~ 99999,序列号也可用表达式指定。无条件转移指令的格式为:

GOTO n;　**n**:序列号(**1—99999**)

例如:GOTO 1;　　　　　GOTO #10;

(2)条件判断 IF 语句

该类指令为在 IF 后指定表达式,可分为两类,第一类为:

IF[<条件式>]**GOTO n ;**

其中,n 为转移到的程序段顺序号;条件式为程序转移的条件。条件成立时,从顺序号 n 的程序段之后执行。变量或变量 <式> 可以代替 n,这样执行的程序段可以改变。当条件不成立时,执行下一个程序段。如果省略了 IF[<条件式>]会无条件地执行下一个程序段。

条件表达式必须包含一个比较算符,插在进行比较的两个变量之间,或一个变量和一个常数之间,而且必须用括号[,]括起来。表达式可以替代变量。每个算式由两个字母组成,用来比较两个值,决定它们是否相等,或一个值比另一个值小或大。常用算符见表 2.8。

表 2.8 常用算符

算符	含义
EQ	等于(=)
NE	不等于(≠)
GT	大于(>)
GE	大于或等于(≧)
LT	小于(<)
LE	小于或等于(≦)

例如,求出 1 ~20 的和,编写的程序如下:

```
O0001;
#1=0;                          和的初始值
#2=1;                          加数变量的初始值
N10 IF[#2 GT 20] GOTO 15;      当加数大于 20 时,转移到 N15
#1=#1+#2;                      计算解
#2=#2+1;                       下一个加数
GOTO 10;                       转移到 N10
N15 M30;                       程序结束
```

第二类为:IF[<条件式>]THEN ;

如果指定的条件表达式满足,则执行预定的宏语句。但只执行一个宏语句。

例如:IF[#1 EQ #2] THEN #3=0;如果变量#1 和#2 的值相同,则将 0 代入变量#3。

2. 循环指令(WHILE 语句)

在 WHILE 后指定条件表达式。如果当指定的条件表达式满足时,程序从 DO 执行到 END;如果指定的条件表达式不满足,则执行 END 后面的程序块。

重复执行的格式为:

WHILE[<条件式>]DOm ;m 为识别号码,m=1,2,3

…

ENDm;

<条件式>成立期间,从 DOm 程序段到 ENDm 程序段之间重复执行;<条件式>(<条件式>的种类同上)不成立时,从 ENDm 的下一个程序段执行。WHILE[<条件式>]也可省略,省略时,从 DOm 程序段到 ENDm 程序段之间无限重复执行。WHILE[<条件式>]DOm 与 ENDm 必须成对使用,由识别号码 m 识别对方。

[例] 假如#120=1,下面程序重复执行。

N10 WHILE[#120 LT 10]DO1;

```
     …
N20 WHILE[#30 EQ 1]DO2;                          ┐
     …                            ┐               │
N30 END2;                         ┘#30=1,重复执行 │重复执行 10 次
     …                                            │
     …                                            │
  #120 =#120+1;                                   ┘
N40 END 1;
```

2.7.4　用户宏程序调用指令

调用宏程序的方法有多种,包括非模态调用(G65)、模态调用(G66)、G 代码调用、M 代码调用等。本书中仅对前两种进行介绍。

1. 非模态调出(G65)

G65 只调用一次用户宏程序,其调用指令格式为:

G65 P(程序号)**L**(重复次数)<指定自变量>;

宏程序调用(G65)不同于子程序调用(M98),主要表现在 G65 可以将数据传递给宏程序。指定自变量 I 是用地址(除了 G,N,O,P 之外的 A~Z 所有字母)和其后的数字组成,如 A5.0,E2.4,M25.6 等。指定自变量的地址必须与宏程序主体中使用的变量号(#1、#2、#3、…)一一对应。对应关系见表 2.9。

表 2.9　地址与变量的对应关系

地址	变量号	地址	变量号	地址	变量号
A	#1	I	#4	T	#20
B	#2	J	#5	U	#21
C	#3	K	#6	V	#22
D	#7	M	#13	W	#23
E	#8	Q	#17	X	#24
F	#9	R	#18	Y	#25
H	#11	S	#19	Z	#26

2. 模态调出(G66)

指令模态调出后,宏程序主体可被多次调出。其调用指令格式为:

G66 P(程序号)**L**(重复次数)<指定自变量>;重复次数、指定自变量是可选的。

模态调出经常与移动指令一起使用,每执行一次移动指令,指定的用户宏程序主体就被调出一次,G67 为取消模态调出用户宏程序指令。其它同非模态调用。例如,当钻孔循环被指令为模态调用时,在每个钻孔位置(定位点)都执行一次钻孔循环,其程序如下:

```
…
N_ G66 P9010 R-35.0Z-40.0X2.0;   R、Z 分别为参考点与孔底的增量值,X 为孔底暂停时间
```

```
N_ X_Y_;                        定位到第一个孔,进行钻孔循环
N_ M _;
N_ Y _;                         定位到第二个孔,进行钻孔循环
…;
…;                              定位到第 n 个孔,进行钻孔循环
N_ G67;                         取消模态调出
  O9010;                        宏程序
N200 G91 G00 Z#18;              Z 向快速运动 R 平面 Z=-35(#18=-35mm)
N201 G01 Z#26;                  钻孔,从 R 到孔底为 40 mm(#26=-40 mm)
N202 G04 #24;                   暂停 2 s(#24=2)
N203 G00 Z-#18+#28];            快速返回初始平面(返回距离为 35+40=75)
N204 M99;                       宏程序结束
```

2.7.5 用户宏程序实例

用户宏程序主体的结构与子程序相同,具体如图 2.84 所示。

```
O□□□□;  程序号
N××× 指令(可用于变量,运算,控制指令);
N×××   …;
N×××   M99;
```

图 2.84 用户宏程序主体的结构

1. 实例一:宏程序钻孔程序

如图 2.85 所示,在半径为 R 的圆周上钻削 H 个等分孔,已知加工第一个孔的起始角度为 α ,相邻两孔之间角度的增量为 β ,圆周中心坐标为(x,y)。Z 向原点位于工件上表面。

宏程序调用时,传递的变量说明:

#1=(A)　　第一个孔相对于水平轴的角度 α

#2=(B)　　各孔间角度的增量角 β

#4=(I)　　圆周半径 R

#9=(F)　　进给速度

#11=(H)　　孔数 H

#18=(R)　　固定循环中参考点坐标

#24=(X)　　圆心 X 坐标 x

#25=(Y)　　圆心 Y 坐标 y

#26=(Z)　　钻孔 Z 坐标

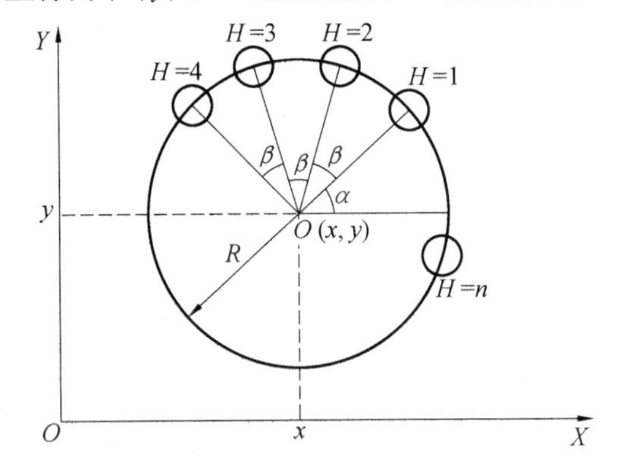

图 2.85 宏程序孔加工示例

```
O7500;
G90 G92 X0 Y0 Z100.0;
S800 M03;
G65 P9500 X100.0 Y50.0 R30.0 Z-50.0 F500 I100.0 A0 B45.0 H5;
```

```
G00 X0 Y0 Z100.0 M05;
M30;

O9500;
G99 G81 Z#26 R#18 F#9 K0;          指定孔加工循环,保存参数,不加工
WHILE [#11 GT 0]  DO 1;            循环 1 开始
#5 = #24 + #4 * COS[#1];           计算孔中心的 X 坐标
#6 = #25 + #4 * SIN[#1];           计算孔中心的 Y 坐标
X#5 Y#6;                           运动到目标位置并钻孔
#1 = #1 + #2;                      角度更新
#11 = #11- 1;                      钻孔数目递减
END 1;                             循环 1 结束
M99;                               子程序结束,返回调用处
```

2. 实例二:椭圆加工宏程序

椭圆是一种典型的二次曲线,无论在车削还是铣削加工中都较常见,如图 2.86 所示。利用宏程序可以很容易实现椭圆的加工。椭圆的解析方程为

$$\frac{x^2}{a^2} + \frac{y^2}{b^2} = 1$$

或参数方程形式

$$\begin{cases} x = a\cos\theta \\ y = b\sin\theta \end{cases}$$

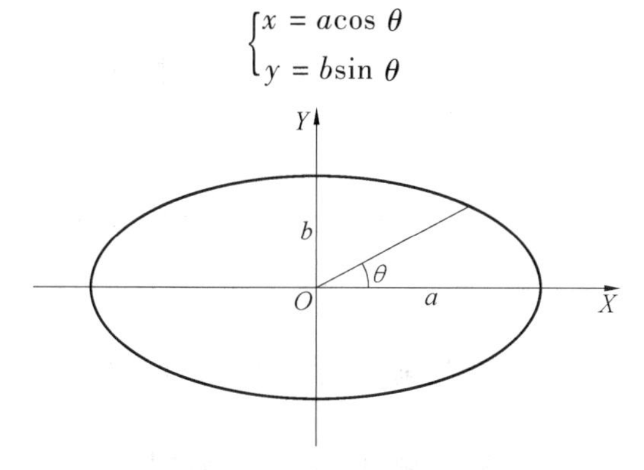

图 2.86　椭圆轨迹加工

以下以长半轴为 40.0 mm,短半轴为 20.0 mm 的椭圆凸台(图 2.87)为例,介绍椭圆铣削的宏程序编制。工件坐标系的原点建立在椭圆中心上。

```
O 0650;
#1=40.0;                      椭圆长半轴 a=40.0
#2=20.0;                      椭圆短半轴 b=20.0
#4=0.0;                       Z 向分层铣削的坐标值,初值赋为 0
#11=10.0;                     椭圆轮廓凸台的深度
#17=1.0;                      Z 向分层铣削,每层的坐标增量(绝对值)
#8=1.0;                       角度增量
G90 G92 X0.0 Y0.0 Z30.0 ;     起刀点在椭圆圆心的上方
```

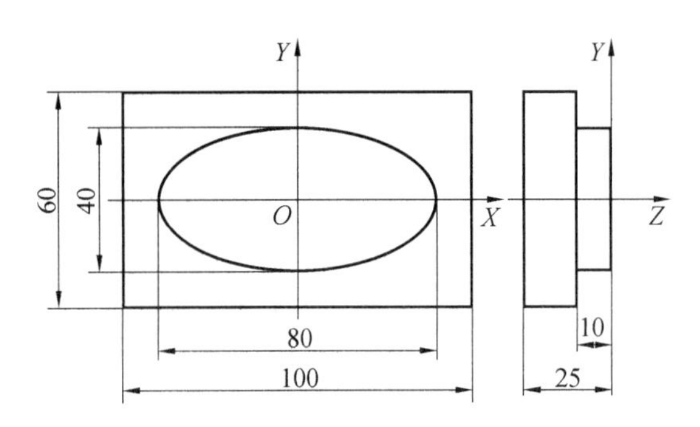

图 2.87 椭圆凸台零件

```
S1000 M03;                         主轴启动
WHILE[#4 LE #11]D01;               如果加工高度#4<#11,循环 1 继续
G00 G40 X[#1+10.0] Y0;             快移至椭圆外下刀点,+X 轴上,"10.0"为示意值,应
                                   大于刀具半径。
Z[-#4+1.0];                        Z 轴快速降至当前加工平面 Z-#4 以上 1.0mm 处
G01 Z-#4 F300;                     下刀至当前加工深度
#7=0;                              置角度初始值为 0
WHILE[#7 LE 370] DO 2;             如果角度小于 370°(360°+10°),循环 2 继续
#5= #1*COS[#7];                    椭圆上点的 X 坐标
#6 =#2*SIN[#7];                    椭圆上点的 Y 坐标
G01 G42 D01 X#5 Y#6 F600;          以直线插补逼近椭圆(逆时针方向)
#7=#7+#8;                          角度参数以#8 为增量递增
END 2;
G00 Z30.0;                         提刀至安全高度
#4=#4+#17;                         Z 坐标依次递增#17(层间距)
END 1;
M30;
```

此例中,只针对 Z 向进行了分层铣削,实际加工时,XY 方向可能也需要分层铣削。

2.8 STEP-NC 编程

2.8.1 STEP-NC 的产生背景

1. STEP-NC 的产生

传统的数控加工技术以 ISO6983 标准为基础,采用传统的 G、M 代码语言,这种只针对刀具路径和机器状态进行描述的数控程序由于缺少智能性,制约了数控技术的进一步发展。具体而言,主要存在以下问题:

①现场编程或修改困难,对于稍具复杂性的加工对象,G、M 代码一般需要事先由后处理程序生成,增加了信息流失或出错的可能性。

②G、M 代码只定义了机床各个坐标轴对刀具中心的运动和开关动作,丢失了尺寸公差、精度要求、表面粗糙度等大量有用信息,是一种面向过程的编程代码。因此 CNC 系统根

本不可能获得完整的产品信息，更不可能真正实现智能化。

③从 CAD/CAM 系统到 CNC 系统的传输过程是单向的，无法直接反馈到设计部门，难以支持先进制造模式。

④由于厂商和最终用户开发的许多扩展功能未能标准化，因此零件程序在不同的数控系统之间不具有互换性。

⑤在机床上不能实现实时刀具路径生成、碰撞、检验、图形加工可视化和复杂 NC 程序修改等功能。

⑥ 该标准描述点到点的运动，因此在加工曲线时要将其分解为一系列微小直线或圆弧，从而造成编程量大。

⑦ISO 6983 和它的扩展部分在不同的数控机床和计算机辅助系统（CAX）之间不能进行双向数据交换。

STEP（the STandard for the Exchange of Product model data，STEP）标准的出现，使得制造业可在整个企业过程链中使用统一的标准，允许在不同的和不兼容的计算机平台上分享和交换数据信息。但对于数控机床要实现数据标准的统一，现有的数控编程标准 ISO 6983 满足不了这一要求。为此，国际上制定了一种新的 CNC 系统标准 ISO 14649（STEP-NC），它是 STEP 标准向 NC 领域的扩展和延伸。开发和推广这个标准的首要目的是在不同 CAX 系统之间通过标准的中性文件进行数据交换，进而为实现 CAX 与 CNC 之间双向无缝连接提供有效途径。

2. STEP-NC 的优点

STEP-NC 克服了 ISO 6983 的许多缺点，使得 STEP 标准延伸到自动化加工的底层设备，建立了一条贯穿整个制造网络的高速公路。它不仅影响数控系统本身，而且还会影响其它相关的 CAX 技术、刀具、机床本体和夹具等的发展以及先进生产模式的实施等。STEP-NC 的主要优点表现在如下几个方面：

（1）数控程序的通用性

由于 STEP-NC 面向制造特征，描述工件的加工操作，不依赖于机床轴的运动，不需要后置处理程序，数据格式在不同的机床上完全一样，同一加工程序可适用于不同 CNC，因此程序具有良好的互操作性和可移植性。

（2）工艺参数修改方便

以传统的数据接口为基础的 NC 程序，仅能修改进给速率和切削速度等工艺参数，而 STEP-NC 可以有效地修改各种工艺参数。

（3）实现双向数据交换

为了优化生产过程和提高成品质量，经常需要对 NC 程序加以修改。但采用 ISO 6983 这些改动无法反馈到 CAM 系统，因为生成 NC 程序时记录最初加工需求的信息已经丢失了，而使用 STEP-NC 就会减少信息丢失的问题。同时 CAM 系统和数控系统既能重新解释这些最终用户和供应商定义的代码扩展部分，也能通过数据库存储这些信息以避免在加工车间再进行多余的代码测试。

（4）直接进行信息交换

由于使用 STEP 对零件毛坯和成品进行几何信息的描述，因此在 CAD、CAM 和 CNC 系统之间就能实现信息的直接交换。几何数据和制造特征能够从基于特征的 CAD 系统中输入,再加入加工工艺等信息就能生成零件加工程序。

(5)加工车间获得高层次的加工信息

STEP-NC 除了包含工件几何信息外,还包含加工过程中所需的刀具和工件等信息,因此在整个生产的每个阶段都避免了信息丢失,给加工车间提供更高层次的信息,以实现精确加工。不再需要为机床设计专用后置处理器,有利于实现数控系统的智能化。

(6)简化数控编程,易于修改

STEP-NC 编程简单,现场编程方便而且代码易于再利用。产品数据统一管理,任何阶段的数据修改都能够实时进行并被存储,程序代码修改更加便捷。另外,同一程序可以直接在不同型号的机床上运行。

(7)CAX 系统分工重新分配

采用 STEP-NC 作为数控编程接口后,CNC 具备了更强的自我规划、自我检测与自我决策功能。新的 STEP-NC 数控系统可以将现有的 CAM 与 CNC 功能集于一身,直接读取 CAD 生成的工件几何信息,完成工艺规划,生成刀具轨迹。后处理器在终端用户处将不再需要,如果存在,将被隐藏在控制器内部,功能是将 STEP-NC 程序转化为传统的 G 代码程序。

(8)提高加工质量和效率

STEP-NC 的提出改变了目前 CNC 系统被动执行者的地位。CNC 功能的加强不仅有利于产品质量和加工效率的提高,而且还能提高其上游环节的效率。据美国 STEP Tools 公司统计,STEP-NC 能够节省 35% 的加工工艺准备时间,节省 75% 的生产数据准备时间,减少 50% 的实际加工时间。

(9)STEP-NC 控制器的智能化

采用 STEP 的数据格式后,CNC 的结构、功能都将发生很大的改变。从结构上来看,STEP-NC 数控系统的输入输出(Input/Output,I/O)接口与伺服系统将保持不变,后置处理器消失。从系统功能来看,数控系统将会把 CAM 的部分甚至全部功能内嵌在其内部,随着 CNC 读取的信息量的大幅度增加,其智能化程度将不断提高。

基于 STEP-NC 的 NC 程序的格式及优点,如图 2.88 所示。

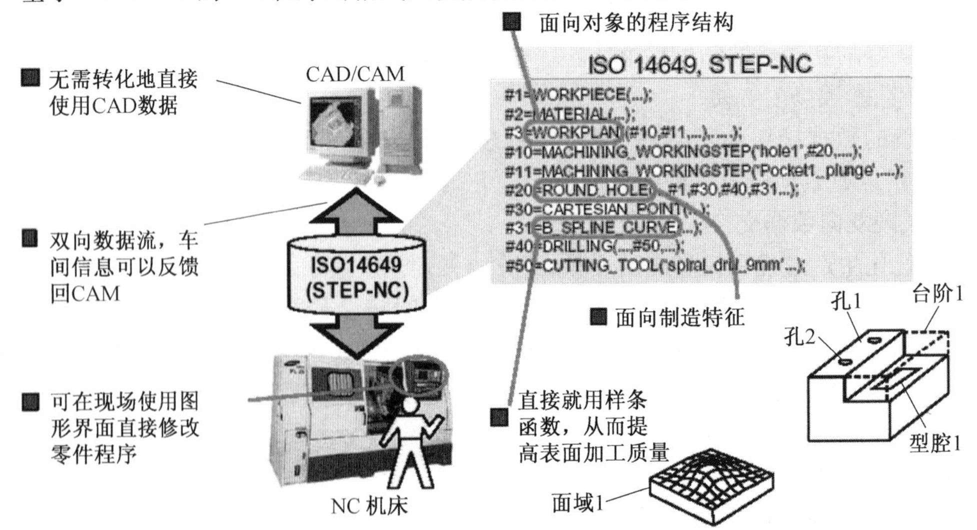

图 2.88 基于 STEP-NC 的 NC 程序的格式及优点

3. STEP-NC 对数控技术的影响

STEP-NC 既是正在完善中的 CNC 接口标准,又是提升现代 CNC 的实施技术。它为 CNC 开放性和智能化提供了广阔的发展空间,同时也解决了 CNC 与 CAX 之间双向无缝连接的核心问题。它的出现是数控技术领域的一次革命,对于数控技术的发展乃至整个制造业将产生深远的影响,主要表现如下:

(1)STEP-NC 引发了一种崭新的制造和产品理念

传统产品的理念是有形的真实产品,而新的产品理念是数据模型。在传统的制造理念中,NC 加工程序都集中在单个计算机上,而基于 STEP-NC 标准的制造中,任何合适的机床设备具有兼容 STEP-NC 的 CNC 后,都可以加工零件。还可通过互联网接入产品数据模型库,被指定的机床能够在任何地方通过网络与其它机床共享或交换数据。对制造企业而言,参与高度竞争的全球供应链,这种灵活性至关重要,通过互联网将形成一个全球化的 CNC 系统。

(2)采用基于 STEP-NC 的信息模型

加工过程中的产品信息还可以被上游系统直接阅读,实现信息在设计模块与制造模块之间的双向数据流传输。采用 ISO 6983 标准的程序若有改动,信息不能反馈到设计部门。而 STEP-NC 程序能将修改信息反馈到设计部门且保存在数据库中,避免进行多余的代码测试。

(3)STEP-NC 标准使零件全生命周期有统一的信息标准

使制造系统中的各功能模块(CAD、CAPP、CAM、PDM、MRP、ERP 等)之间形成了一条“高速公路”,实现设计、制造、管理等的无缝链接。

(4)STEP-NC 使得 CNC 更加智能化

STEP-NC 文件能在任何满足条件的 CNC 机床上运行,因此不需要后置处理器。优化 CNC 的控制功能,可简化 NC 代码,也可简化一些复杂的加工任务,比 CAD/CAM 系统离线处理更加有效。

(5)STEP-NC 大幅度减少设计时间、提高加工效率

STEP Tools 公司的研究表明:STEP-NC 的应用将使目前的加工工艺规划(CAM)时间减少 35%,生产数据的准备(CAD)时间减少 75%,加工(CNC)时间减少 50%(以五轴和高速加工为例)。

2.8.2 STEP-NC 数控系统

1. STEP-NC 系统的类型

采用 STEP-NC 作为编程接口之后,数控系统的结构和功能都将发生很大的改变。从结构上来看,基于 STEP-NC 数控系统的 I/O 接口与伺服系统将保持不变,后置处理器消失;从系统功能来看,STEP-NC 数控系统会把 CAM 的一部分甚至全部的功能内嵌在其内部,随着数控系统读取的信息量的大幅度增加,其智能化程度将不断提高。

根据数控系统实现 STEP-NC 的不同程度,基于 STEP-NC 的数控系统可划分为三种类型:

①传统控制型;

②新控制型;

③智能控制型。

三种 STEP-NC 数控系统结构框图如图 2.89 所示。

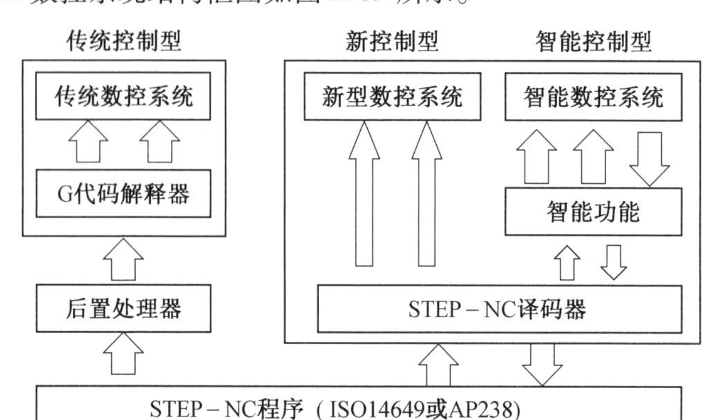

图 2.89　三种 STEP-NC 数控系统结构框图

第 1 种基于 STEP-NC 的数控系统需要后置处理，在实际加工之前需要通过内嵌的后置处理器将 STEP-NC 程序转化为 G 代码，再输入到传统的数控系统指示机床加工。嵌入插件程序后，将 STEP-NC 的数据结构转化成传统数控系统可识别的 G 代码数据结构，以后的工作就与未采用 STEP-NC 数据结构时一样。所以，这种数控系统被称为传统控制型，更加严格地讲，这种数控系统不能称为 STEP-NC 数控系统，因为它不能直接采用 STEP-NC 作为数控编程接口。世界上第一台符合 STEP-NC 标准的 2.5D 和 3D 加工数控原型系统就是采用传统的 CNC、CAM 和 STEP-NC 解释器的累加而成。

第 2 种数控系统自带一个 STEP-NC 译码器，能够直接读取 STEP-NC 数控程序。这种控制器可以按照获取的信息，自动生成刀具轨迹，驱动机床运动，按顺序执行数控程序中的加工工步，这种数控系统被称为新控制型。但这种数控系统除了可以生成刀具轨迹之外，没有任何其它的智能化功能。现在世界上开发的 STEP-NC 数控系统都属于这一类。

最后一种是发展比较成熟的 STEP-NC 数控系统，是数控系统以后的发展目标。这一类的 STEP-NC 数控系统可以完成大多数的智能功能：自动识别特征、自动生成无碰撞的刀具轨迹、自动选择刀具、自动选择切削参数、检测机床状态和自动恢复以及反馈加工状态与结果。

2. STEP-NC 系统的实现方式

STEP-NC 系统可以参照新的数控编程标准，由零件的几何模型自动生成零件的数控加工程序（STEP AP238 文件），最终替代传统的基于 ISO 6983 的 G、M 代码编程。

生成 AP238 文件（STEP-NC 数控加工程序）有两种方法：一种是由 CAD 系统建立好零件的三维模型后，生成 STEP AP203 文件，再由工艺规划模块生成 AP238 文件，最后到 CNC 系统。第二种方法是直接由 CAD/CAM 集成系统生成 STEP AP238 文件，如图 2.90 所示。

第一种方法的工艺规划模块读取 STEP AP203 文件，添加特征信息、工艺信息、公差信息等按照 STEP AP238 文件格式生成 AP238 文件。工艺规划模块要完成的工作有制造特征识别、添加公差信息、工艺规划等。第二种方法中 CAD、CAM 实现了集成，CNC 系统也分担了一些 CAM 系统的功能，AP238 文件由 CAD/CAM 系统直接生成。

要实现 STEP-NC 数控系统的功能，先要确定系统的数据流向，正确划分系统的各个模块，确定各模块的不同功能，一般可分成如下五个模块：

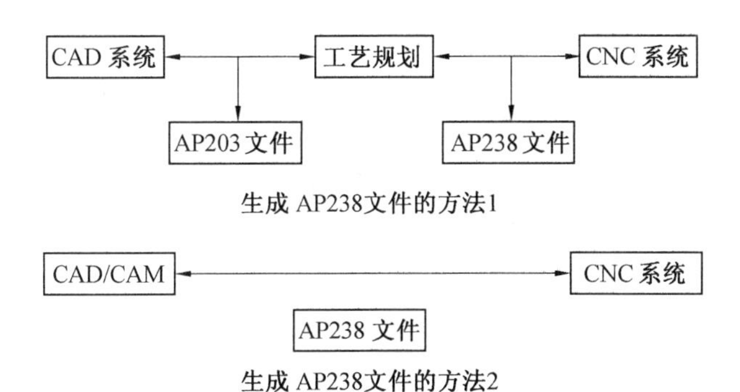

图 2.90　生成 AP238 文件的两种方法

(1)三维建模模块

利用软件建立几何模型后,选择另存为以 STEP 格式保存,生成的文件作为整个系统的输入文件。

(2)信息提取模块

此模块的功能是从 STEP 文件中提取相关信息。

(3)特征识别模块

此模块的功能是实现零件上制造特征的自动识别,根据零件的几何信息,按照一定的算法判断出零件上的制造特征。

(4)工艺规划模块

此模块的功能是添加零件的工艺信息,最终生成 AP238 文件。

(5)STEP 文件生成模块

此模块的功能是按照 STEP Part21 规定的格式生成 STEP 物理文件。

3. STEP-NC 系统加工实例

以图 2.91(a)所示的 UG 造型的零件(包括一个孔、型腔和带节点的 B 样条曲面特征)为例,输出 AP203 文件。然后将该文件读入 STEP-NC 程序生成器,依次获得 AP203 文件中的特征信息,配置特征、坐标系、操作、工步和工作计划等实体参数,生成符合 ISO14649 标准的 STEP-NC 程序。所生成的 STEP-NC 工件程序部分代码如下:

#2000=PROJECT('EXECUTE EXAMPLE1',#2100,(#1000),$,$,$);

#2100=WORKPLAN('MAIN WORKPLAN',(#2202,#2203,#2204),$,#,$);

#2202=MACHINING_WORKINGSTEP('WS FINISH POCKET1',,#3200,#4200,$);

#2203=MACHINING_WORKINGSTEP('WS DRILL HOLE1',,#3300,#4300,$);

#2204=MACHINING_WORKINGSTEP('WS FINISH B SURFACE',,#3400,#4400,$);

#1000=WORKPIECE('SIMPLE WORKPIECE',#1001,0.010,$,$,$,(#1002,#1003,#1004,#1005));

#3200=CLOSED_POCKET('POCKET1',#1000,(#4200),#3201,#3202,( ),$,#3203,#3204,#3205,#3206);

#4200=BOTTOM_AND_SIDE_FINISH_MILLING($,$,'FINISH_POCKET1',10.000,$,#4201,#4202,,$,$,$,#4203,$,$,$,$);

#3300=ROUND_HOLE('HOLE1 D=20',#1000,(#4300),#3301,#3302,#3303,$,

#3304);

#4300=DRILLING($,$,'DRILL HOLE1',20.000,$,#4301,#4302,,$,$,$,$,$,#4303);

#3400=REGION_SURFACE_LIST('SURFACE LIST1',#1000,(#4400),$,(#3401));

#4400 = FREEFORM_OPERATION($,$,'FINISH_B_SURFACE_WITH_KNOT',15.000,$,#4401,#4402,#4403,$,$,$,#4404);

程序中,#2000 表示工程,#2100 表示工作计划,#2202、#2203 和#2204 表示加工工步,#1000表示工件,#3200、#3300 和#3400 分别表示封闭型腔、圆孔和带节点的 B 样条曲面特征,#4200、#4300 和#4400 分别表示如上 3 个特征所采用的操作信息。

将生成的 STEP-NC 程序输入到 STEP-NC 铣削仿真系统进行刀具轨迹规划和切削加工仿真,图 2.91(b)和(c)为仿真加工结果分别为零件实体模型和刀具轨迹的仿真结果。再将程序输入到所建立的 STEP-NC 数控系统中进行实际加工,其加工结果如图 2.91(d)所示。

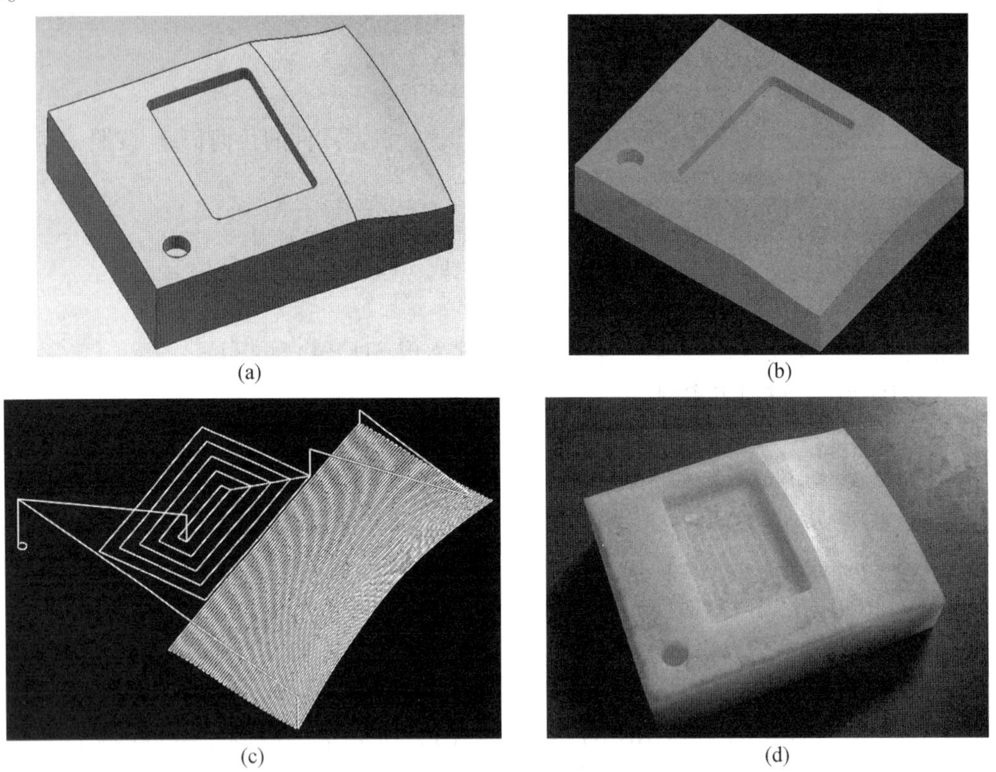

图 2.91　工件的 UG 造型结果、仿真结果和加工结果

2.9　自动编程

2.9.1　自动编程概述

数控编程经历了手工编程、APT 语言编程和交互式图形编程三个发展阶段。手工编程是利用一般的计算工具,通过各种数学方法,人工进行刀具轨迹的运算,并编制指令。这种

方式比较简单，很容易掌握，适应性较强。可用于复杂程度低，计算量不大的零件编程，是最早发展的编程方法，也是其它编程方法的基础。通常，自动编程是指用计算机和编程软件进行编程。目前，交互式图形编程是普遍采用的自动编程方法，其组成如图 2.92 所示。

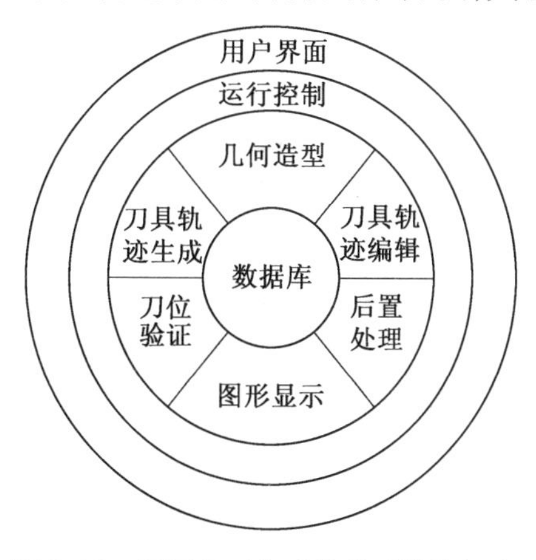

图 2.92　图形交互自动编程系统的组成

自动编程是借助计算机和 CAD/CAM 自动编程系统软件进行数控加工编程的方法。自动编程时，大部分编程工作由计算机来完成，这样不但提高了编程效率，还解决了手工编程无法解决的复杂零件的加工编程问题。自动编程系统的功能对编程的质量和效率是至关重要的，自动编程系统技术水平的提高是数控技术发展的重要方面。

2.9.2　自动编程 CAD/CAM 系统简介

2.9.3　自动编程的主要过程

1. 自动编程的工作内容

(1)零件图样分析，确定零件的加工工艺

分析零件的几何要素与技术要求，明确加工内容，确定加工方法，选择机床、夹具、刀具和切削工艺参数，制订加工工艺路线，确定基准点、参考点和走刀路线(进给路线)。

(2)零件图形的数字化

将零件图转化为实体模型，供计算机识别。注意实体模型的文件格式应能够被自动编程软件所接受。

(3)给定初始条件，生成与编辑刀具轨迹

输入初始条件，生成加工轨迹，根据实际加工状态对生成的轨迹进行裁剪、拼接等编辑处理，形成刀具轨迹。

(4)生成加工程序

输入机床、刀具、切削用量等工艺参数和各种编程指令代码，计算机会根据已有的刀具轨迹自动生成所需要的 NC 程序。

2. 自动编程的步骤

目前，国内外图形交互式自动编程软件的种类很多，但其编程的基本原理和过程大体相同。编程人员应遵循一定的步骤进行编程工作，自动编程的主要步骤和工作内容如下：

(1)分析加工零件

①根据被加工零件的图样和数控加工工艺要求，分析待加工表面及约束面，确定所需的

机床设备、零件的加工方法、装夹方法及工夹量具。

②确定编程原点及编程坐标系。一般根据零件的基准位置以及待加工表面的几何形态,在零件毛坯上选择一个合适的编程原点及编程坐标系(也称为工件坐标系)。设置加工零件毛坯尺寸,确定对刀点和刀具原点位置。

(2)几何造型

利用CAD/CAM软件的曲线、曲面造型、实体造型等功能绘制零件加工图形(2D或3D图形),与此同时,在计算机内自动生成零件的图形文件,作为下一步刀具轨迹设计的依据。

(3)确定刀具和加工参数

确定所需刀具数量、刀具种类,设置刀具参数和走刀路线;设置不同加工种类的特性参数。

(4)生成刀具轨迹并作适当编辑与修改

根据所选择的刀具和加工参数,系统自动生成刀具轨迹,对于刀具轨迹不合适的地方,要用人工交互方式进行编辑和修改。刀具轨迹计算的结果存放在刀位源文件之中。

(5)刀具轨迹模拟与验证

利用CAD/CAM软件的刀具轨迹验证功能,可以对可能过切、干涉与碰撞的刀位点进行检验。

(6)后置处理

运行数控编程系统提供的后置处理程序,生成加工程序单(G代码)。

(7)根据不同的数控系统对G代码作适当修改。

(8)将正确的G代码传送到数控系统。

3. CAD/CAM系统简介

近年来,随着CAD/CAM一体化技术的发展和推广,极大地提高了产品设计和自动编程的效率与质量。CAD/CAM软件已成为数控加工自动编程系统的主流。这些软件具有生动的图形显示功能,友好的人机界面,智能化的操作命令,可以用人机交互方式对零件的几何模型进行绘制、编辑和修改,从而得到零件的几何模型。然后对机床和刀具进行定义和选择,确定刀具相对于零件表面的运动方式、切削加工参数,生成刀具轨迹。最后经过后置处理,即按照特定机床规定的文件格式生成加工程序。通常软件还具有加工轨迹的仿真功能,以用于验证走刀轨迹和加工程序的正确性。

使用这类软件通过交互式图形生成的方法把零件几何信息、拓扑信息、工艺信息输入计算机,对加工程序的生成和修改都非常方便,大大提高了编程效率。另一方面,由于交互式图形输入的直观性和易操作性,可以使编程操作中的失误大幅度地减少。

一个典型的CAD/CAM集成系统,应具备以下几大功能模块:

①造型设计功能,包括二维草图设计、曲面设计、实体和特征设计、曲线曲面的编辑。对于型腔模具CAD/CAM集成数控编程系统来说,型腔和型芯的自动生成具有十分重要的意义。

②在三维几何造型设计的基础上,自动生成二维工程图的功能。对于单一功能的数控编程系统,二维工程图功能不一定是必须的。

③数控加工编程、刀具轨迹生成、刀具轨迹编辑、刀具轨迹验证和通用后置处理等。

刀具轨迹生成模块直接采用几何模型中的几何信息,根据所选用的刀具及加工方式进行刀位计算,生成数控加工刀具轨迹。

4. 常见的 CAD/CAM 软件类型

(1)UG NX 软件系统

UG NX 是由美国 UGS(Unigraphics Solutions)公司开发的 CAD/CAM/CAE 一体化软件,它的功能覆盖了整个产品的开发过程,即覆盖了从概念设计、功能工程、工程分析、加工制造到产品发布的全过程,广泛应用在航空、汽车、机械、电器电子等工业领域。

UG NX 有强大的实体造型、曲面造型、虚拟装配和生成工程图等设计功能,无论装配图还是零件图设计,都是从三维实体造型开始的,可视化程度很高,三维实体生成后,可自动生成二维视图。其三维 CAD 有参数化修改功能,一个零件的尺寸修改可致使相关零件的变化。在设计过程中可进行有限元分析、机构运动分析、动力学分析和仿真模拟,提高设计的可靠性。

UG NX 系统具有丰富的数控加工编程能力,可用建立的三维模型直接生成数控代码用于产品的加工,是目前市场上数控加工编程能力最强的 CAD/CAM 集成系统之一,其加工编程功能包括:车削加工、型芯和型腔铣削、平面铣削、固定轴铣削、自动清根、可变轴铣削、顺序铣削、线切割、刀具轨迹编辑、验证、仿真、后置处理等。

(2)Pro/ENGINEER

Pro/ENGINEER 是美国 PTC 公司开发的世界著名的 3D CAD/CAM/CAE 软件。Pro/ENGINEER 是高度集成的面向产品设计的大型软件,它开创了三维 CAD/CAM 参数化的先河,其全参数化思想关联了产品开发的每一个环节。该软件集成了零件设计、装配、模具生成、NC 加工、造型设计、逆向工程、工程仿真与分析、产品数据库管理等众多功能于一身,并具有较好的二次开发环境和数据交换能力。

Pro/ENGINEER 系统的核心技术具有以下特点:

①基于特征。将某些具有代表性的平面几何形状定义为特征,并将其所有尺寸作为可变参数,进而形成实体,以此为基础进行更为复杂的几何形体的构建。

②全尺寸约束。将形状和尺寸结合起来考虑,通过尺寸约束实现对几何形状的控制。

③尺寸驱动设计修改。通过编辑尺寸数值可以改变几何形状。

④全数据相关。尺寸参数的修改导致其它模块中的相关尺寸得以更新,如果要修改零件的形状,只需修改一下零件上的相关尺寸。

(3)CATIA

CATIA 是法国达索飞机公司开发的 CAD/CAM 软件。CATIA 软件因有较强大的曲面设计功能而在飞机、汽车、轮船等设计领域享有较广泛的应用。CATIA 采用特征造型和参数化造型技术,允许自动指定或由用户指定参数化设计、几何或功能化约束的变量式设计。CATIA 的曲面造型功能提供了极丰富的造型工具来支持用户的造型需求。例如,其特有的高次 Bezier 曲线曲面功能,次数能达到 15,能满足特殊行业对曲面光滑性的苛刻要求。

CATIA 的数控铣削系统具有菜单接口和刀具轨迹验证能力,主要编程功能除了常用的多坐标点位加工编程、表面区域加工编程、轮廓加工编程、型腔加工编程外,还有以下特点:

①在型腔加工编程功能上,采用扫描原理对带岛屿的型腔进行行切法编程;对不带岛屿的任意边界型腔(即不限于凸边界)进行环切法编程。

②在雕塑曲面区域加工编程功能上,可以连续对多个零件面编程,生成刀具轨迹的功

能。

目前,CATIA 系统已发展成从产品设计、产品分析、加工、装配和检验,到过程管理、虚拟运作等众多功能的大型 CAD/CAM/CAE 软件。

(4) Mastercam

Mastercam 是美国 CNC Software 公司所研制开发的 CAD/CAM 系统。该软件侧重于数控加工,具有很强的加工功能,尤其对复杂曲面自动生成加工代码方面具有独到的优势。

Mastercam 软件的操作功能简便实用,其 CAM 主要功能有:二维外形铣削挖槽和钻孔,二维挖槽残料加工,实体刀具模拟;二至五轴单一曲面粗加工、沿面加工、投影加工;二至五轴直纹曲面、扫描曲面、旋转曲面加工;三维曲线、曲面粗精加工;三维固定 Z 轴插铣加工;三维沿面夹角清角加工;刀具轨迹编辑、干涉处理、验证和仿真。Mastercam 还提供多种图形文件接口。

(5) Cimatron

Cimatron 软件是以色列 Cimatron 公司以航天科技研发技术为基础发展而来,是面向工模具行业提供的完全整合的 CAD/CAM 系统软件,实现从数据输入到模型输出的全自动化的操作过程。它的 CAD 部分支持复杂曲线和复杂曲面造型及结合实体功能的混合造型。它的 NC 模块具有智能化,能对工件上符合一定几何或技术规则的区域进行加工,并指示系统如何进行切削,还能够对实体和曲面的混合模型进行加工。该软件还具有各种通用和专用的数据接口及产品数据管理(PDM)等功能。

(6) CAXA 制造工程师(CAXA-ME)

CAXA-ME 是由北京北航海尔软件有限公司研制开发面向数控铣床和加工中心的三维 CAD/CAM 软件,采用原创 Windows 菜单和交互方式,全中文功能界面。

CAXA-ME 不仅具有丰富的造型设计功能,能快速地创建复杂的三维模型,还具有优质高效的数控加工功能,可快速生成二至五轴的刀具轨迹和加工代码,可加工具有复杂三维曲面的零件。另外该软件支持高速加工,能对刀具轨迹进行参数化轨迹编辑和批处理,可通过仿真检验数控代码的正确性,其后置处理功能适用于各种数控系统,并提供了强大的数据接口。该软件还有易学易用的特点,价格较低。因此,在国内被众多企业和研究院所应用。

复习题

1. 试述手工编程的内容与方法。
2. 何谓自动编程,与手工编程的区别是什么?
3. 数控编程的工件坐标系和机床坐标系的关系如何建立?
4. 常用的插补指令有哪些?
5. 辅助功能(M 指令)的作用是什么? 常用的 M 指令有哪些?
6. 简述用户宏程序的应用场合。
7. 补偿指令的作用是什么?
8. 钻、镗、车削固定循环的基本思想是什么?

第3章 数控插补原理

3.1 概 述

3.1.1 插补的基本概念

在数控加工过程中,数控加工程序提供了刀具运动的起点、终点和运动轨迹等加工信息,而刀具如何沿规定的运动轨迹从起点运动至终点则由机床数控系统的插补装置或插补软件来决定。根据零件轮廓线型的有限信息(如直线的起点、终点,圆弧的起点、终点、旋向、圆心等),实时计算刀具的一系列加工点位置坐标值、完成数据密化的工作过程称为“插补”(interpolation)。从本质上讲,插补的任务是通过插补算法将与时间无关的刀具运动路径细化为与进给速度相关联的刀具运动轨迹,并据此产生各坐标的运动指令。正是因为有了插补功能,轮廓控制系统才能加工出各种形状复杂的零件。

插补过程不但要保证一定的精度,而且需要在较短的时间间隔内完成,其运算速度和精度直接影响数控系统的控制速度与精度。因此,插补技术是机床数控系统的核心技术之一。

3.1.2 插补方法的分类

数控系统中完成插补运算的装置或程序称为插补器。随着数控技术的发展,插补器经历了硬件插补器,软硬件组合插补器和软件插补器三个阶段。早期数控系统一般采用由数字电路实现的硬件插补器或软硬组合插补器,现在数控系统中的插补功能则主要由软件来实现。

由于直线和圆弧是构成零件轮廓的基本线型,因此一般 CNC 系统都具有直线和圆弧插补功能。在一些高档 CNC 系统中,还有抛物线插补、渐开线插补、正弦线插补、样条曲线插补、球面螺旋线插补以及曲面直接插补等功能。目前常用的插补算法,根据插补原理的不同,可分为基准脉冲插补和数据采样插补两大类。

1. 基准脉冲插补

基准脉冲插补(reference-pulse interpolation)又称为脉冲增量插补或行程标量插补,其特点是每次插补结束仅向各运动坐标轴输出一个控制脉冲,产生一个脉冲当量或行程的增量。脉冲序列的频率代表坐标运动的速度,而脉冲的数量代表运动位移的大小。这类插补运算简单,一般仅用加法和移位即可完成插补,易于采用硬件电路实现。另外,插补输出为脉冲序列,可以直接用于步进电机的驱动。因此,该类方法主要用在早期的采用步进电机驱动数控系统。

基准脉冲插补的方法很多,如逐点比较法、数字积分法、矢量判别法、比较积分法、最小偏差法、单步追踪法等。应用较多的是逐点比较法和数字积分法。

2. 数据采样插补

数据采样插补(sample-data interpolation),又称数字增量插补、时间分割插补或时间标量插补，其采用时间分割思想，根据编程的进给速度将轮廓曲线分割为每个插补周期的进给直线段（又称轮廓步长），以此来逼近轮廓曲线。在每一个插补周期，插补程序被调用一次，根据轮廓步长计算出下一进给周期各坐标轴的进给增量，进而计算出相应插补点（动点）的位置坐标。该位置坐标将以指令的形式发送给伺服系统，伺服系统在每个采样周期内将闭环或半闭环反馈位置及位置指令相比较，求得跟随误差。然后，根据跟随误差算得相应轴的进给速度指令，输出给驱动装置驱动电机运转，实现闭环控制。以直流或交流伺服电机驱动的闭环或半闭环控制系统一般都采用数据采样插补方法，它能满足数控系统控制速度和控制精度的要求。

具体的数据采样插补方法有很多，如直线函数法、扩展数字积分法、样条曲线插补法等。这些插补方法都基于时间分割的思想。

3.1.3 插补算法的评价指标

1. 稳定性指标

插补算法实质上是一种迭代运算，所以存在算法稳定性问题。在插补运算过程中，其计算误差和舍入误差不能随迭代次数的增加而累积。这里的计算误差主要是指由于采用近似计算而产生的误差，而舍入误差则是指计算结果圆整时所产生的误差。完成一段直线或曲线的插补运算，往往需要成千上万的迭代运算，若算法本身不稳定，则有可能由于计算误差和舍入误差的累积而使总误差不断增大，从而导致插补轨迹严重偏离指定轨迹。因此对插补运算进行稳定性分析是非常必要的。

2. 插补精度指标

插补精度是指插补轮廓与给定轮廓的符合程度，它可用插补误差来评价。插补误差包括逼近误差（指用直线逼近曲线时产生的误差）、计算误差和圆整误差，其中逼近误差和计算误差与插补算法密切相关。一般要求上述三误差的综合效应不大于系统的最小运动分辨率或脉冲当量值。

3. 合成速度的均匀性指标

合成速度的均匀性是指插补运算输出的各轴进给率，经运动合成的实际速度（F_r）与指令速度（F）的符合程度。由于插补误差等因素的存在，实际合成速度会与指令速度有偏离，或在指令速度附近上下波动。若实际合成速度波动过大，就会影响零件的加工质量，尤其是表面质量，严重者还会使加工过程产生噪音，甚至振动，从而导致机床和刀具寿命的降低。速度的均匀性，一般采用速度不均匀系数 λ 来衡量

$$\lambda = \frac{|F-F_r|}{F} \cdot 100\%$$

一般要求 $\lambda_{max} \leqslant 1\%$。

4. 算法的时间和空间复杂度

算法的时间复杂度是指执行算法所需要的时间，空间复杂度是指算法需要耗费的内存空间。因为插补运算是实时性很强的运算，要求在较短的时间间隔内完成，因此插补算法要求简洁高效，否则将制约进给速度指标和精度指标的提高。

3.2 基准脉冲插补

3.2.1 逐点比较法

1. 插补原理及特点

逐点比较法(point-by-point comparison),又称代数运算法或醉步法,是我国早期数控机床中广泛采用的一种插补方法。其特点是根据当前插补点的瞬时坐标同指令轨迹之间的偏差来决定下一步的进给方向,且每次插补仅向一个坐标轴输出一个进给脉冲。每个插补循环由偏差判别、进给、偏差计算和终点判断四个步骤组成。

(1)偏差判别

通过某种计算判别加工点相对指定轮廓曲线的偏离位置,进而决定进给方向。

(2)进给

根据偏差判别结果,输出一个脉冲给某个坐标轴,进给一步。

(3)偏差计算

计算新的加工点对指定轮廓的偏离量,作为下一步执行偏差判别的依据。

(4)终点判断

判断插补是否到达终点,若到达终点,则停止插补;否则,继续执行插补循环。

2. 逐点比较法直线插补

(1)偏差函数构造

直线插补时,通常将坐标原点设在起点上。对于第一象限起点为 O,终点为 A 的直线 OA,与 X 轴的夹角为 α,如图 3.1 所示。其偏差函数构造过程如下:设 $P_i(x_i, y_i)$ 为某时刻的插补点,OP_i 与 X 轴的夹角为 α_i,采用正切值代替角度进行判别,有

$$\tan \alpha_i = \frac{y_i}{x_i} \qquad \tan \alpha = \frac{y_e}{x_e}$$

$$\tan \alpha_i - \tan \alpha = \frac{y_i}{x_i} - \frac{y_e}{x_e} = \frac{x_e \cdot y_i - y_e \cdot x_i}{x_i \cdot x_e} \tag{3.1}$$

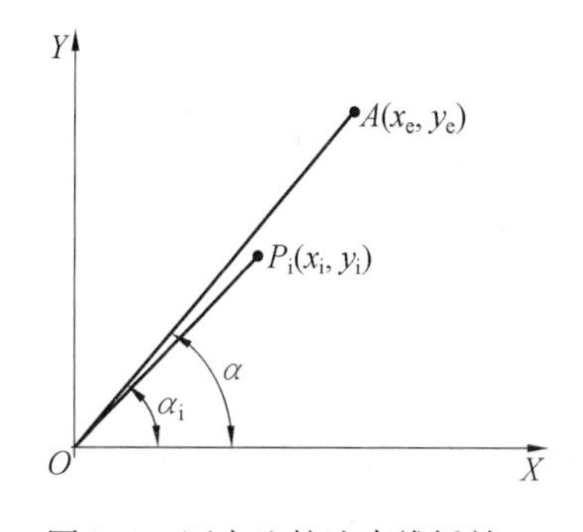

图 3.1 逐点比较法直线插补

由式(3.1)可得 M_i 点的偏差函数

$$F_i = x_e \cdot y_i - y_e \cdot x_i \tag{3.2}$$

若 $F_i > 0$,表明当前插补点位于直线轮廓的左侧,为减小偏差应向 $+x$ 方向进给一步;若 $F_i = 0$,表明当前插补点位于直线轮廓上,规定向 $+x$ 方向进给一步;若 $F_i < 0$,表明当前插补点位于直线轮廓的右侧,为减小偏差应向 $+y$ 方向进给一步。

(2)偏差函数的递推计算

依据式(3.2)进行偏差计算,要进行乘法和减法计算,还要对动点 M_i 的坐标进行计算,不论是用硬件还是软件实现都比较繁杂。为了简化偏差函数的计算,通常采用偏差函数的递推式(迭代式)。

若 $F_i>=0$，$+x$ 方向走一步，则有

$$\begin{cases} x_{i+1}=x_i+1 \\ F_{i+1}=x_e y_i-y_e(x_i+1)=F_i-y_e \end{cases} \tag{3.3}$$

若 $F_i<0$，向 $+y$ 方向走一步，则有

$$\begin{cases} y_{i+1}=y_i+1 \\ F_{i+1}=x_e(y_i+1)-y_e x_i=F_i+x_e \end{cases} \tag{3.4}$$

插补过程中用式(3.3)和(3.4)代替式(3.2)进行偏差计算，只有加法和减法可使计算大为简化。

(3)分象限处理

前面讨论的插补原理与计算公式，仅适用于第一象限的情况。对于其它象限的直线插补，可根据上面的分析方法，分别建立其偏差函数的计算公式，得到4组计算公式。也可以采用坐标变换的思想，采用与第一象限相同的计算公式，只不过终点坐标(x_e，y_e)和加工点坐标均取绝对值，图3.2为四个象限直线插补的进给偏差和进给方向。

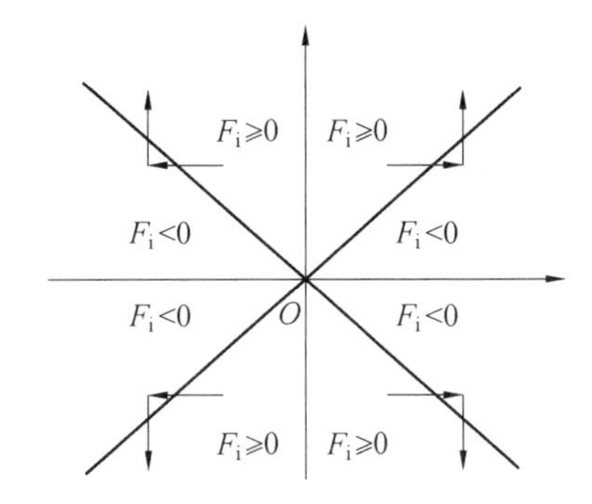

图3.2　直线插补的进给偏差和进给方向

(4)终点判别

直线插补的终点判别可采用三种方法。

①判断插补或进给的总步数：$N= x_e + y_e$；

②分别判断各坐标轴的进给步数；

③仅判断进给步数较多的坐标轴的进给步数。

例如，对于第一象限直线 OA，终点坐标 $A(6, 4)$(坐标单位为脉冲当量)，插补过程见表3.1，插补轨迹如图3.3所示。

表3.1　逐点比较法直线插补过程

步数	偏差判别	坐标进给	偏差计算	终点判别
0			$F_0=0$	$\sum=10$
1	$F_0=0$	$+x$	$F_1=F_0-y_e=0-4=-4$	$\sum=10-1=9$
2	$F_1<0$	$+y$	$F_2=F_1+x_e=-4=6=2$	$\sum=9-1=8$
…	…	…	…	…
9	$F_8<0$	$+y$	$F_9=F_8+x_e=-2+6=4$	$\sum=2-1=1$
10	$F_9>0$	$+x$	$F_{10}=F_9-y_e=4-4=0$	$\sum=1-1=0$

3. 逐点比较法圆弧插补

(1)偏差函数构造

圆弧加工可分为顺时针加工和逆时针加工,与此相对应的便有顺圆插补和逆圆插补两种方式。如图 3.4 所示,设待加工圆弧轮廓半径为 R,圆心位于坐标原点 O,P 为某时刻的加工点,到原点 O 的距离为 R_i。

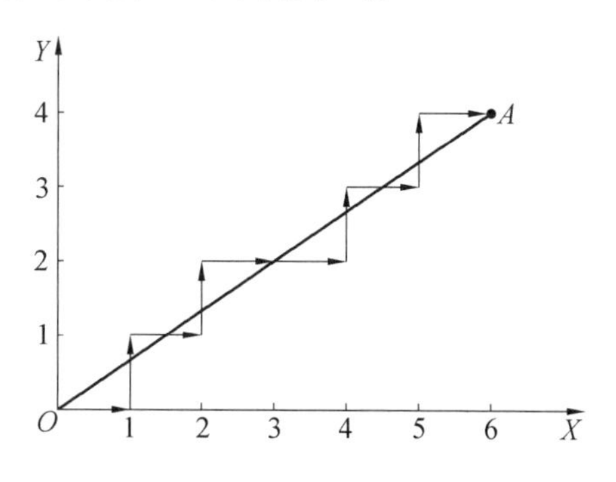

图 3.3　逐点比较法直线插补轨迹

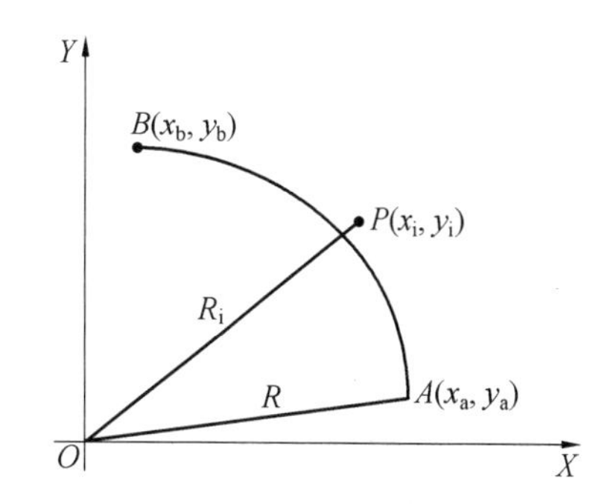

图 3.4　逐点比较法圆弧插补

显然,P 点的偏差函数可表示为 $F_i=R_i^2-R^2=x_i^2+y_i^2-R^2$。若 $F_i\geqslant 0$,表明当前插补点位于圆弧轮廓的外部或在圆弧上;若 $F_i<0$,表明当前插补点位于圆弧轮廓的内部。

(2)偏差函数的递推计算

①逆圆插补。若 $F_i\geqslant 0$,向 $-x$ 方向走一步,则有

$$\begin{cases} x_{i+1}=x_i-1 \\ F_{i+1}=(x_i-1)^2+y_i^2-R^2=F_i-2x_i+1 \end{cases} \tag{3.5}$$

若 $F_i<0$,向 $+y$ 方向走一步,则有

$$\begin{cases} y_{i+1}=y_i+1 \\ F_{i+1}=x_i^2+(y_i+1)^2-R^2=F_i+2y_i+1 \end{cases} \tag{3.6}$$

②顺圆插补。若 $F_i\geqslant 0$,向 $-y$ 方向走一步,则有

$$\begin{cases} y_{i+1}=y_i-1 \\ F_{i+1}=x_i^2+(y_i-1)^2-R^2=F_i-2y_i+1 \end{cases} \tag{3.7}$$

若 $F_i<0$,向 $+x$ 方向走一步,则有

$$\begin{cases} x_{i+1}=x_i+1 \\ F_{i+1}=(x_i+1)^2+y_i^2-R^2=F_i+2x_i+1 \end{cases} \tag{3.8}$$

可见,偏差函数的计算由平方运算转化为加法和 2 乘运算,计算得到了简化。

例如,对于第一象限圆弧,起点 $A(4,\ 0)$,终点 $B(0,\ 4)$,插补过程见表 3.2,其插补轨迹如图 3.5 所示。

表 3.2 逐点比较法圆弧插补过程

步数	偏差判别	坐标进给	偏差计算	坐标计算	终点判别
起点			$F_0=0$	$x_0=4,\ y_0=0$	$\Sigma=4+4=8$
1	$F_0=0$	$-x$	$F_1=F_0-2x_0+1$ $=0-2*4+1=-7$	$x_1=4-1=3$ $y_1=0$	$\Sigma=8-1=7$
2	$F_1<0$	$+y$	$F_2=F_1+2y_1+1$ $=-7+2*0+1=-6$	$x_2=3$ $y_2=y_1+1=1$	$\Sigma=7-1=6$
3	$F_2<0$	$+y$	$F_3=F_2+2y_2+1=-3$	$x_3=4,\ y_3=2$	$\Sigma=5$
4	$F_3<0$	$+y$	$F_4=F_3+2y_3+1=2$	$x_4=3,\ y_4=3$	$\Sigma=4$
5	$F_4>0$	$-x$	$F_5=F_4-2x_4+1=-3$	$x_5=4,\ y_5=0$	$\Sigma=3$
6	$F_5<0$	$+y$	$F_6=F_5+2y_5+1=4$	$x_6=4,\ y_6=0$	$\Sigma=2$
7	$F_6>0$	$-x$	$F_7=F_6-2x_6+1=1$	$x_7=4,\ y_7=0$	$\Sigma=1$
8	$F_7<0$	$-x$	$F_8=F_7-2x_7+1=0$	$x_8=4,\ y_8=0$	$\Sigma=0$

(3)分象限处理

上述的插补原理与计算公式只适用于第一象限的圆弧插补。圆弧所在象限不同、加工方向不同,插补计算公式和进给方向也因之改变。图 3.6 为四个象限圆弧插补的进给方向。参照第一象限的递推公式的求解过程,我们同样可以得到其它三个象限的递推公式。

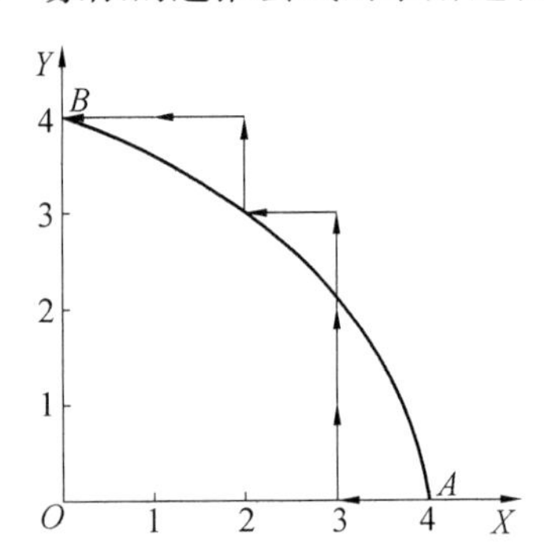

图 3.5 逐点比较法圆弧插补轨迹

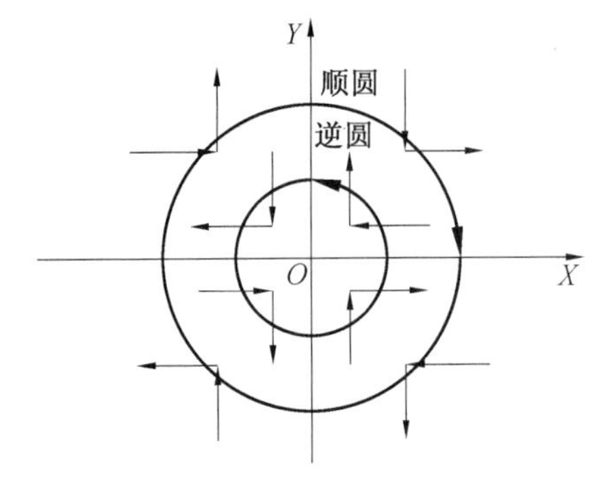

图 3.6 四象限圆弧插补的进给方向

(4)终点判别

终点判别可采用与直线插补相同的方法。

①判断插补或进给的总步数:$N=|x_a-x_b|+|y_a-y_b|$

②分别判断各坐标轴的进给步数;$N_x=|x_a-x_b|$,$N_y=|y_a-y_b|$

4. 逐点比较法的速度分析

(1)直线插补的速度分析

直线加工时,加工时间可以表示为

$$\frac{L}{V}=\frac{N}{f}$$

式中,L 为直线长度;V 为刀具进给速度;N 为插补循环数;f 为插补频率。

$$N=x_e+y_e=L\cos\alpha+L\sin\alpha=L(\sin\alpha+\cos\alpha)$$

式中，α 为直线与 X 轴的夹角。于是，可以得到

$$V=\frac{f}{\sin\alpha+\cos\alpha}=\frac{f}{\sqrt{2}\sin(\alpha+45^\circ)} \tag{3.9}$$

式(3.9)说明，采用逐点比较法插补直线时，刀具的进给速度与插补频率、直线与 X 轴的夹角有关。若保持 f 不变，则加工 0°、90°直线时，刀具进给速度最大（为 f）；加工 45°直线时，速度最小（为 0.707f）。例如，加工第一象限两段直线，起点为原点 O，终点分别为 $A(5, 0)$、$B(3, 4)$，直线长度均为 5，但插补循环数分别为 5 和 7，加工 OA 时的进给速度要快于 OB。

(2)圆弧插补的速度分析

如图 3.7 所示，P 是圆弧 AB 上任意一点，cd 是圆弧在 P 点的切线，其与 X 轴的夹角为 α。刀具在 P 点的速度可以认为与插补切线 cd 时的速度近似相等。由式(3.9)可知，加工圆弧时，如果插补频率恒定的话，刀具的进给速度与该点处的半径同 Y 轴的夹角有关，进给速度在(1～0.707)f 间变化。

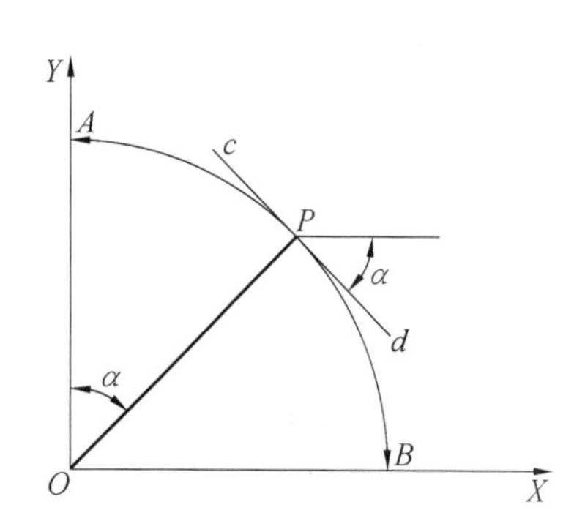

图 3.7　逐点比较法圆弧插补速度分析

3.2.2　数字积分法

1. 插补原理及其特点

数字积分法又称 DDA（Digital Differential Analyzer）法，是利用数字积分的方法，计算刀具沿各坐标轴的位移，以便加工出所需要的线型。其实质是通过对曲线速度矢量的积分，获得各轴的位移坐标。在实际计算过程中，用累加来近似代替积分运算。数字积分法运算速度快、脉冲分配均匀，易于实现各种函数曲线，特别是多坐标空间曲线的插补。

2. DDA 法直线插补

(1)DDA 法直线插补的积分表达式

对于图 3.8 所示的直线 OA，有

$$\frac{V_x}{x_e}=\frac{V_y}{y_e}=\frac{V}{L}=K \tag{3.10}$$

式中，L 为直线长度；K 为比例系数；V 为刀具沿直线段的进给速度；V_x、V_y 分别为刀具在 X、Y 轴方向的进给速度分量，则

$$V_x=Kx_e\text{，}\quad V_y=Ky_e$$

用积分法可以求得刀具在 X、Y 方向的位移

$$\begin{cases} X=\int V_x\mathrm{d}t=\sum\limits_{i=1}^{m}Kx_e\Delta t \\ Y=\int V_y\mathrm{d}t=\sum\limits_{i=1}^{m}Ky_e\Delta t \end{cases} \tag{3.11}$$

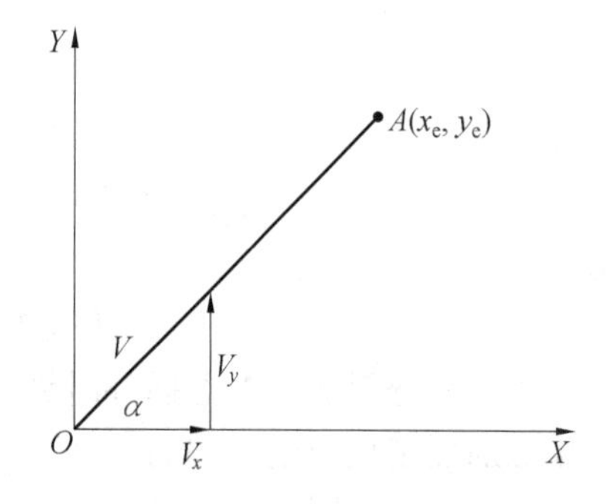

图 3.8　DDA 法直线插补原理

从式(3.11)可以得出，动点从原点走向终点的过程，可以看作各坐标轴每经过一个时间间

隔 Δt,分别以增量 $\Delta x = Kx_e$、$\Delta y = Ky_e$ 同时累加的过程,经过 m 次累加后,到达终点(x_e, y_e)。令 $\Delta t = 1$,即取一单位时间间隔,则有

$$\begin{cases} x_e = \sum_{i=1}^{m} Kx_e = mKx_e \\ y_e = \sum_{i=1}^{m} Ky_e = mKy_e \end{cases}$$

可得 m、K 须满足 $mK = 1$ 的关系。选择 K 时,主要考虑每次增量 Δx、Δy 不大于 1,以保证坐标轴上每次分配进给脉冲不超过 1 个。x_e、y_e 的最大容许值受寄存器容量的限制,N 位的寄存器,最大容许寄存数值为 $2^N - 1$,为了满足 $Kx_e < 1$,$Ky_e < 1$ 的条件,一般取 $K = 1/2^N$,相应的累加次数 $m = 2^N$。则式(3. 10) 变为。

$$\begin{cases} x = \sum_{i=1}^{m} \frac{x_e}{2^N} \\ y = \sum_{i=1}^{m} \frac{y_e}{2^N} \end{cases} \tag{3.12}$$

式(3. 12)便是 DDA 直线插补的积分表达式。对于二进制数来说,$x_e/2^N$ 只要把小数点左移 N 位即可,因此对于 N 位寄存器来说,存放 x_e、y_e 与 $x_e/2^N$、$y_e/2^N$ 的数字是相同的,只不过认为后者的小数点出现在最高位的前面。由此构成的 DDA 直线插补器,如图 3. 9 所示。

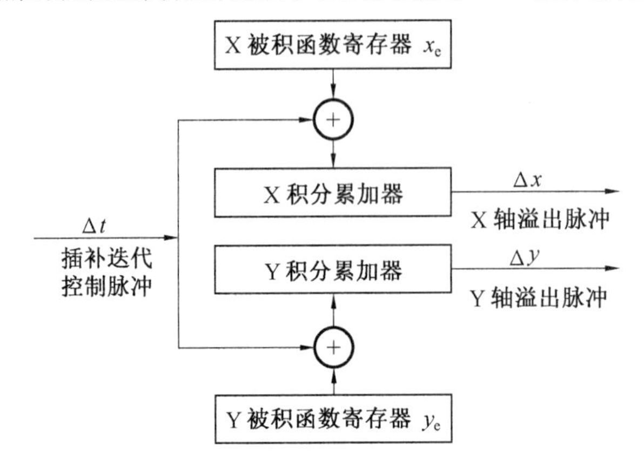

图 3. 9 DDA 直线插补器

当累加数等于或大于 2^N 时,便发生溢出,而余数仍存放在累加器中。这种关系式可以表示为

积分值=溢出脉冲数+余数

当两个积分累加器根据插补时钟同步累加时,溢出脉冲数符合式(3. 12),用这些溢出脉冲数分别控制相应坐标轴的运动,就能加工出所要求的直线。当累加次数 $m=2^N$,两坐标轴同时到达终点。因此,累加次数或插补循环数是否等于 2^N,可作为 DDA 法直线插补终点判别的依据。

(3)DDA 法直线插补举例

第一象限直线 OE,起点为 $O(0,0)$,终点为 $E(5,3)$。取被积函数寄存器 J_{VX}、J_{VY},余数寄存器 J_{RX}、J_{RY},终点计数器 J_E,均为三位二进制寄存器。插补过程见表 3. 3,插补轨迹如图

3.10 所示。从图中可以看出,DDA 法允许向两个坐标轴同时发出进给脉冲,这一点与逐点比较法不同。

表 3.3　DDA 直线插补过程

累加次数 (Δt)	X 积分器			Y 积分器			终点计数器 J_E	备注
	J_{VX} (x_e)	J_{RX}	溢出 Δx	J_{VY} (y_e)	J_{RY}	溢出 Δy		
0	101	000		011	000		000	初始状态
1	101	101		011	011		001	第一次迭代
2	101	010	1	011	110		010	J_{RX}有进位,ΔX 溢出脉冲
3	101	111		011	001	1	011	J_{RY}有进位,ΔY 溢出脉冲
4	101	100	1	011	100		100	ΔX 溢出
5	101	001	1	011	111		101	ΔX 溢出
6	101	110		011	010	1	110	ΔY 溢出
7	101	011	1	011	101		111	ΔX 溢出
8	101	000	1	011	000	1	000	ΔX、ΔX 同时溢出 $J_E=0$,插补结束

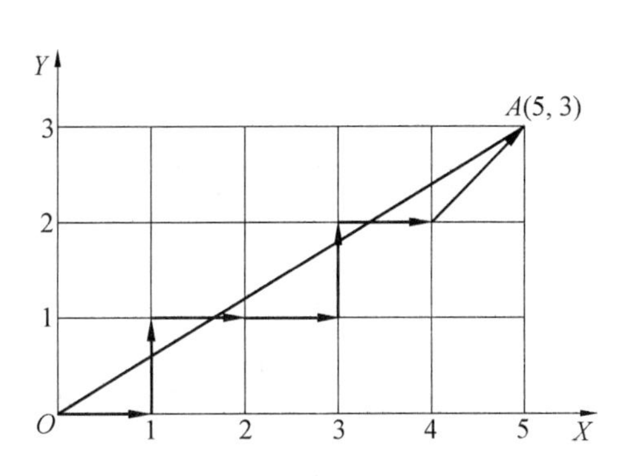

图 3.10　DDA 法直线插补轨迹图

3. DDA 法圆弧插补

(1) DDA 法圆弧插补的积分表达式

DDA 直线插补的物理意义是使加工点沿速度矢量的方向前进,这同样适合于圆弧插补。如图 3.11 所示,圆的方程式为

$$x^2+y^2=R^2$$

式中 R 为半径,是一常数。等式两边对时间 t 求导,得到

$$2x\frac{\mathrm{d}x}{\mathrm{d}t}+2y\frac{\mathrm{d}y}{\mathrm{d}t}=0$$

$$\frac{V_x}{V_y}=-\frac{Y}{X}$$

由此可以导出,第一象限逆圆弧在两个坐标方向的速度分量

$$\begin{cases} V_x = -Ky \\ V_Y = Kx \end{cases}$$

式中 K 为一常数。上式说明速度分量 V_x、V_y 是随着动点变化的，令动点的坐标为 $(x_i,\ y_i)$，$\Delta t=1$，$K=1/2^N$，可得 DDA 圆弧插补的表达式

$$\begin{cases} x = \int V_x \mathrm{d}t = -\sum_{i=1}^{m} K y_i \Delta t = -\frac{1}{2^N}\sum_{i=1}^{m} y_i \\ y = \int V_y \mathrm{d}t = \sum_{i=1}^{m} K x_i \Delta t = \frac{1}{2^N}\sum_{i=1}^{m} x_i \end{cases} \tag{3.13}$$

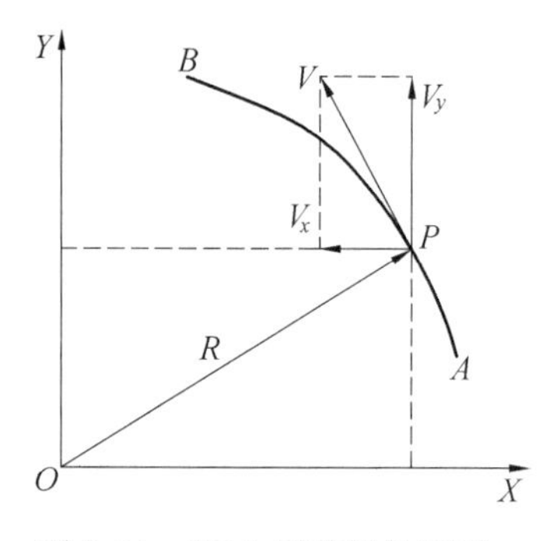

图 3.11 DDA 圆弧插补原理

DDA 圆弧插补器的结构如图 3.12 所示。用 DDA 法进行圆弧插补时，是对即时坐标 x_i 与 y_i 的数值分别进行累加，若累加器产生溢出，则在相应坐标方向进给一步，进给方向根据刀具的切向运动方向在坐标轴上的投影方向来确定，即决定于圆弧所在象限和顺圆或逆圆插补，见表 3.4。

表 3.4 DDA 法圆弧插补的进给方向

插补方向	顺圆				逆圆			
象限	I	II	III	IV	I	II	III	IV
Δx	+	+	−	−	−	−	+	+
Δy	−	+	+	−	+	−	−	+

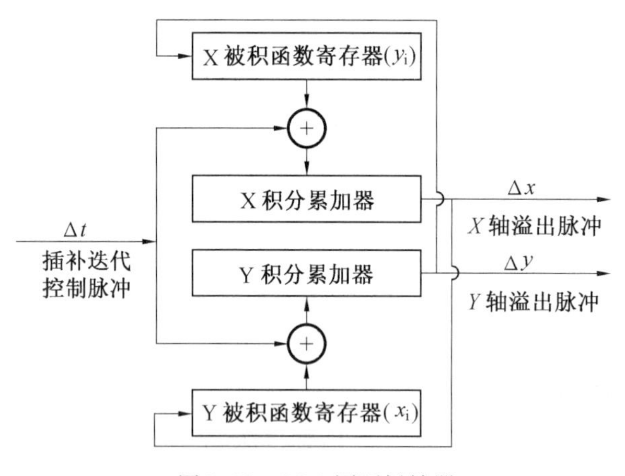

图 3.12 DDA 圆弧插补器

(2)终点判别

DDA 法圆弧插补的终点判别不能通过插补运算的次数来判别，而是分别判断各坐标方向进给步数，$N_x=|x_a-x_b|$，$N_y=|y_a-y_b|$。当某个坐标首先到达终点后，则停止该坐标的插补计算。

(3)DDA 圆弧插补举例

对于第一象限内端点为 $A(5,0)$、$B(0,5)$ 的一段逆圆弧的插补脉冲计算过程见表 3.5，

插补轨迹如图 3.13 所示。插补过程中，一旦累加器发生溢出，说明刀具在相应坐标方向进给了一步，则必须对相应的被积函数进行更新。该例中，两坐标的进给步数均为 5，一旦某坐标完成进给步数，则停止该坐标方向的插补运算。

表 3.5　DDA 圆弧插补过程

运算次序	X 积分器			X 终	Y 积分器			Y 终	备　注
	J_{VX} (Y_i)	J_{RX} $(\sum Y_i)$	Δx		J_{VY} (X_i)	J_{RY} $(\sum X_i)$	Δy		
0	000	000	0	101	101	000	0	101	初始状态
1	000	000	0	101	101	101	0	101	第一次迭代
2	000	000	0	101	101	010	1	100	产生 ΔY 修正 J_{VX}(即 Y_i)
	001								
3	001	001	0	101	101	111	0	100	
4	001	010	0	101	101	100	1	011	产生 ΔY 修正 Y_i
	010								
5	010	100	0	101	101	001	1	010	产生 ΔY 修正 Y_i
	011								
6	011	111	0	101	101	110	0	010	
7	011	010	1	100	101	011	1	001	产生 ΔX、ΔY 修正 X_i、Y_i
	100				100				
8	100	110	0	100	100	111	0	001	
9	100	010	1	011	100	011	1	000	产生 ΔX、ΔY，Y 终点到，停止 Y 迭代
	101				011				
10	101	111	0	011	011				
11	101	100	1	010	011				产生 ΔY 修正 X_i值
					010				
12	101	001	1	001	010				产生 ΔX 修正 X_i
					001				
13	101	110	0	001	001				
14	101	011	1	000	001				产生 ΔX，X 终点到，插补结束
					000				

DDA 圆弧插补，插补的轨迹与起点有较大关系，本例中插补轨迹未进入圆内，当起点的 Y 坐标大于 X 坐标时，就会出现插补轨迹进入圆内的情况。

4. DDA 法插补的速度分析

DDA 法直线插补和圆弧插补时的进给速度可分别表示为

$$V_L = \frac{1}{2^n} L f \delta;\quad V_R = \frac{1}{2^n} R f \delta$$

式中，f 为插补时钟频率；δ 为坐标轴的脉冲当量。

显然，进给速度受到被加工直线长度和被加工圆弧半径的影响，行程长或半径大则走刀快，行程短或半径小则走刀慢。这将引起各程序段间进给速度的不一致，影响加工质量和加工效率，为此，人们采取了许多改善措施。

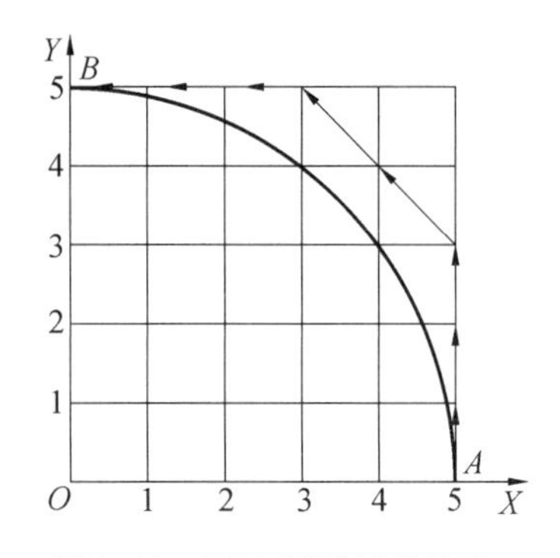

图 3.13 DDA 圆弧插补轨迹

(1)设置进给速率数 FRN

利用 G93，设置进给速率数 FRN(Feed Rate Number)，即

$$\mathrm{FRN}=\frac{V}{L}=\frac{V}{R}=\frac{1}{2^n}f\delta$$

则 $V_L=\mathrm{FRN}\cdot L$，或 $V_R=\mathrm{FRN}\cdot R$，通过 FRN 调整插补时钟频率 f，使其与给定的进给速度相协调，消除行程 L 与圆弧半径 R 对进给速度的影响。

(2)左移规格化

所谓左移规格化是当被积函数过小时，将被积函数寄存器中的数值同时左移，使两个方向的脉冲分配速度扩大同样的倍数而两者的比值不变，提高加工效率，同时还能使进给脉冲变得比较均匀。

直线插补时，左移的位数要使坐标值较大的被积函数寄存器的最高有效位数为 1，保证每经过两次累加运算必有一次溢出。

圆弧插补时，左移的位数要使坐标值较大的被积函数寄存器的次高位为 1，以保证被积函数修改时不直接导致溢出。

3.3 数据采样插补

3.3.1 数据采样插补的基本原理

数据采样插补是根据用户程序的进给速度，将廓型曲线分割成每一插补周期的插补直线段(即轮廓步长)，进而以小直线段逼近轮廓轨迹的插补方法。每一插补周期数控系统执行一次插补运算，计算出下一插补周期的坐标增量(Δx、Δy)，进而得到下一个插补点的指令位置。与基准脉冲插补法不同，由数据采样插补算法得出的不是进给脉冲，而是数字表示的进给量(Δx、Δy)，该量作为指令被送入位置伺服控制系统。位控系统以位置采样周期为单位采样实际位置，与插补计算的坐标值相比较得出跟随误差，然后根据跟随误差算得相应轴的进给速度指令，输出给驱动装置驱动电机运转，实现闭环控制。

1. 插补周期与位置采样周期的关系

插补周期是插补程序每两次计算各坐标轴增量进给指令间的时间。采样周期是位置闭环数字控制系统的采样时间。插补周期与采样周期，对数控系统而言，是固定不变的两个时间间隔。采样周期必须小于或等于插补周期。采样周期与插补周期不相等时，插补周期应该是采样周期的整数倍，这样便于编程处理。减小采样周期的目的是为了提高位置反馈响应速度，使机床实际进给速度变化更加均匀。相对于插补运算，电动机的位置闭环数字控制算法较简单,CPU 的处理时间较短,因此每次插补运算的结果可供多次伺服用。

插补周期对系统的稳定性没有影响,但对系统的轮廓轨迹精度有直接影响。采样周期对系统的稳定性和轮廓轨迹精度均有影响。因此在选择插补周期时,主要从插补精度方面来考虑,而在选择位置采样周期时,则要从位置闭环伺服系统的稳定性和精度来考虑。插补计算误差是与插补周期成正比的,插补周期越长,插补计算误差将会越大。因此,从减少插补计算误差角度考虑,插补周期越小越好,但插补周期必须大于插补运算所占用的 CPU 时间。这是因为计算机数控系统进行轮廓控制时,CPU 除要完成插补运算外,还必须实时地完成其它的一些工作,如显示、监控等。插补周期必须大于插补运算时间与完成其它实时任务所需的时间之和。

计算机数控系统必须选择一个合理的插补周期。根据有关资料介绍,CNC 系统插补周期不得长于 20 ms。随着微处理器的运算处理速度越来越高,为了提高 CNC 系统的响应速度和轨迹精度,插补周期将会越来越短。采样周期的选择形式有两种:一种是与插补周期相同,如美国 A-B 公司 7630 型 CNC;另一种是插补周期为采样周期的整数倍,如 FANUC-BESK 7CM 系统的插补周期为 8 ms,而位置采样周期为 4 ms。在每个 4 ms 的采样周期中,仅将插补计算的位置增量的一半作为该周期的增量命令。位置采样频率的提高,使进给速度更加平稳,提高了系统的动态特性。

2. 数据采样插补的误差分析

直线插补时,将直线分割为每个插补周期的轮廓步长,理论上讲轮廓步长与给定的直线轨迹重合,不会造成轨迹误差。

圆弧插补时,一般将轮廓步长作为弦线或割线对圆弧进行分割,因此存在轮廓逼近误差,如图 3.14 所示。

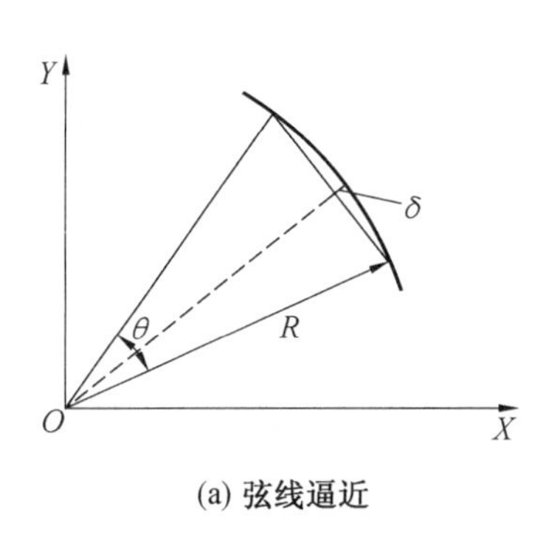

(a) 弦线逼近

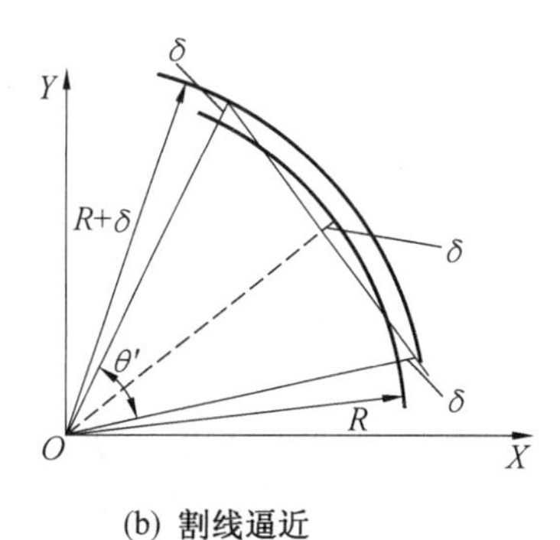

(b) 割线逼近

图 3.14　弦线、割线逼近圆弧的径向误差

采用弦线对圆弧进行逼近时,根据几何关系可得

$$R^2-(R-\delta)^2=\left(\frac{l}{2}\right)^2$$

$$2R\delta-\delta^2=\frac{l^2}{4}$$

舍去高阶无穷小 δ^2,则

$$\delta=\frac{l^2}{8R}=\frac{(FT)^2}{8R} \tag{3.14}$$

式中,R 为圆弧半径;δ 为轮廓逼近误差;l 为轮廓步长;F 为进给速度;T 为插补周期。若采

用理想割线，又称内外差分弦对圆弧进行逼近，可使内外半径的误差 δ 相等，如图 3.14(b)所示，有

$$(R+\delta)^2-(R-\delta)^2=\left(\frac{l}{2}\right)^2$$

$$\delta=\frac{l^2}{16R}=\frac{(FT)^2}{16R} \tag{3.15}$$

在曲线插补时，当用内接弦来逼近曲线时，由于轮廓步长一般较小，所以可以近似认为该处为一段曲率半径为 ρ 的圆弧，轮廓逼近误差 δ 也可近似表示为

$$\delta\approx\frac{l^2}{8\rho}=\frac{(FT)^2}{8\rho} \tag{3.16}$$

由以上可知，曲线插补时的逼近误差 δ 与曲率半径 ρ 成反比，而与插补周期 T 和进给速度 F 的平方成正比。当 δ 给定时，较小的插补周期可以允许较大的进给速度。从这个意义上讲，插补周期 T 越小越好。但是，插补周期的选择要受计算机运算速度的限制。在一个插补周期 T 内，计算机除了完成插补运算外，还要执行诸如位置控制、显示等其它任务，所以插补周期必须大于插补运算时间与完成其它实时任务时间之和。实际加工时，T 是固定的，ρ 是零件形状决定的，因此往往通过对 F 进行限制来保证 δ 在允许的范围内。

3.3.2　数据采样法直线插补

如图 3.15 所示，直线采用数据采样法插补。第 i 个插补周期的进给速度为 F_i，则该插补周期的轮廓步长 $l_i=F_i\cdot T$。X 轴和 Y 轴的坐标增量 Δx_i 和 Δy_i 分别为

$$\Delta x_i=l_i\cdot\cos\alpha=\frac{F_i\cdot T}{\sqrt{x_e^2+y_e^2}}\cdot x_e \tag{3.17}$$

$$\Delta y_i=l_i\cdot\cos\beta=\frac{F_i\cdot T}{\sqrt{x_e^2+y_e^2}}\cdot y_e \tag{3.18}$$

插补点的位置坐标为

$$x_i=x_{i-1}+\Delta x_i,\ y_i=y_{i-1}+\Delta y_i \tag{3.19}$$

为减小插补过程计算量，一般将上述计算过程分为两个步骤进行。

(1)插补预处理

其任务是在实时插补前，根据输入加工信息，将一些只需一次性计算的任务在插补前完成。这里，插补预处理工作主要为曲线长度和余弦函数的计算。

(2)实时插补计算

首先，根据加减速控制规律得到第 i 个插补周期的进给速度 F_i。然后，计算各坐标轴的坐标增量。最后，结合第 $i-1$ 个插补周期末的位置，计算出第 i 个插补周期插补点的位置坐标。在匀速状态下，每个插补周期的进给分量 Δx、Δy 是不变的，但在加减速过程中要发生变化。为了和加减速过程采用统一的处理方法，即使在匀速段也要进行插补计算。

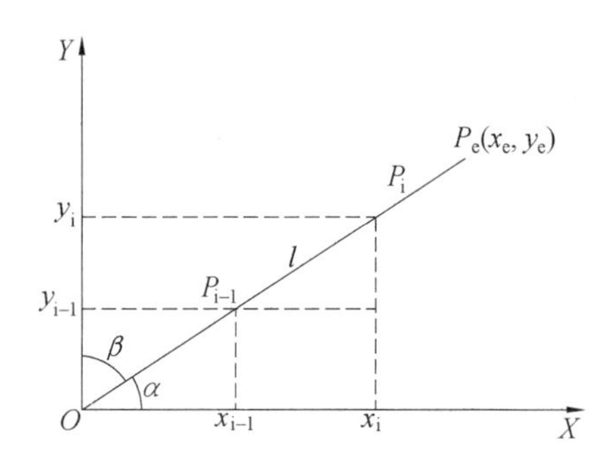

图 3.15　数据采样法直线插补

另外,由于各种扰动因素(如进给倍率改变,进给速度指令的改变等)的影响,会使插补直线段长度的累计值不正好等于被插补直线的长度 L,因此在插补过程中还需根据实际情况对插补直线段长度进行动态优化处理。例如,在实际插补过程中,要实时计算程序段中尚未插补的剩余量,当某插补周期的输出增量大于该剩余量时,则将该剩余量输出,插补结束。

采用方向余弦的方法进行插补计算只是数据采样直线插补算法的一种,其它实用的插补算法还有直接函数法、进给速率法、一次计算法等。

3.3.3 数据采样法圆弧插补

圆弧是二次曲线,多用弦线或割线进行逼近。用直线逼近圆弧的插补算法很多,本书以扩展 DDA 法和递归函数计算法为例进行介绍。

1. 扩展 DDA 法数据采样插补

扩展 DDA 算法是在 DDA 积分法的基础上发展起来的,它是将 DDA 法切线逼近圆弧的方法改变为割线逼近,从而大大提高了圆弧插补的精度。如图 3.16 所示,若加工半径为 R 的第一象限顺时针圆弧 AD,圆心为 O 点,设刀具处在加工点 $A_i(x_i,y_i)$ 位置,线段 A_iA_{i+1} 是沿被加工圆弧的切线方向的进给步长,$A_iA_{i+1}=FT=l$。显然,刀具进给一个步长后,点 A_{i+1} 偏离圆弧轨迹较远,轮廓逼近误差也较大。此时,通过 A_iA_{i+1} 线段的中点 B,作以 OB 为半径的圆弧的切线 BC,过 A_i 作 BC 的平行线 A_iH,并在 A_iH 上截取直线段 A_iA_{i+1}',使 $A_iA_{i+1}=A_iA_{i+1}'$,可以证明 A_{i+1}' 点必定在所要求圆弧 AD 之外。如果用直线段 A_iA_{i+1}' 替代切线 A_iA_{i+1},会使轮廓逼近误差大大减小。这种用割线进给代替切线进给的插补算法称为扩展 DDA 算法。

下面推导在一个插补周期 T 内,轮廓步长 l 的坐标分量 Δx_{i+1} 和 Δy_{i+1},并据此求出本次插补后新加工点 A_{i+1}' 的坐标位置 (x_{i+1},y_{i+1})。

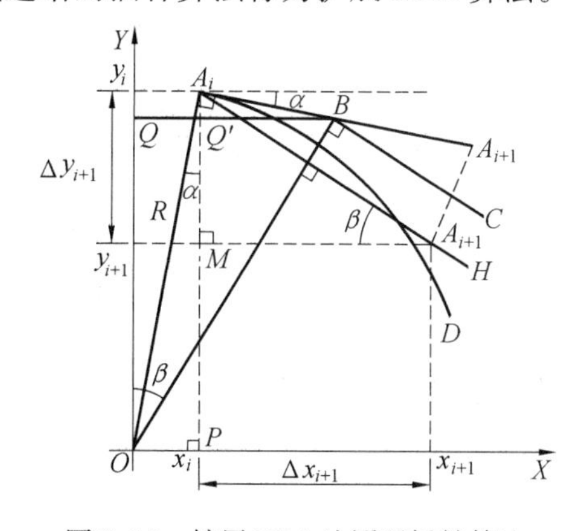

图 3.16　扩展 DDA 法圆弧插补算法

由图 3.16 可知,在直角 $\triangle OPA_i$ 中

$$\sin\alpha=\frac{OP}{OA_i}=\frac{x_i}{R}$$

$$\cos\alpha=\frac{A_iP}{OA_i}=\frac{y_i}{R}$$

过 B 点作 X 轴的平行线 BQ 交 Y 轴于 Q,并交 A_iP 于 Q'点。由图 3.16 可知,直角 $\triangle OQB$ 与直角 $\triangle A_iMA_{i+1}'$ 相似,有

$$\frac{MA'_{i+1}}{A_iA'_{i+1}}=\frac{OQ}{OB} \tag{3.20}$$

在图 3.16 中 $MA_{i+1}'=\Delta x_{i+1}$,$A_iA_{i+1}'=l$,在 $\Delta A_iQ'B$ 中,有 $A_iQ'=A_iB\cdot\sin\alpha=l\cdot\sin\alpha/2$,则有

$$OQ=A_iP-A_iQ'=y_i-\frac{l}{2}\cdot\sin\alpha$$

在直角 ΔOA_iB 中,将 OQ 和 OB 代入式(3.20)中,得 $OB=\sqrt{(A_iB)^2+(OA_i)^2}=\sqrt{(\frac{l}{2})^2+R^2}$,则式(3.22)变为

$$\frac{\Delta x_{i+1}}{l}=\frac{y_i-\frac{l}{2}\sin\alpha}{\sqrt{\left(\frac{l}{2}\right)^2+R^2}}$$

上式中，因为 $l<<R$，故可将 $\left(\frac{1}{2}l\right)^2$ 略去，则上式变为

$$\Delta x_{i+1}\approx\frac{l}{R}\left(y_i-\frac{l}{2}\cdot\frac{x_i}{R}\right)=\frac{FT}{R}\left(y_i-\frac{1}{2}\cdot\frac{FT}{R}\cdot x_i\right) \tag{3.21}$$

在相似直角 $\triangle OQB$ 与直角 $\triangle A_iMA_{i+1}'$ 中，还有

$$\frac{A_iM}{A_iA_{i+1}'}=\frac{QB}{OB}=\frac{QQ'+Q'B}{OB}$$

在直角 $\triangle A_iQ'B$ 中，有 $Q'B=A_iB\cdot\cos\alpha=\frac{l}{2}\cdot\frac{y_i}{R}$，又 $QQ'=x_i$，则有

$$\Delta y_{i+1}=A_iM=\frac{A_iA'_{i+1}(QQ'+Q'B)}{OB}=\frac{l\left(x_i+\frac{l}{2}\cdot\frac{y_i}{R}\right)}{\sqrt{\left(\frac{l}{2}\right)^2+R^2}}$$

同理，由于 $l<<R$，略去高阶无穷小 $\left(\frac{l}{2}\right)^2$，则有

$$\Delta y_{i+1}\approx\frac{l}{R}\left(x_i+\frac{l}{2}\cdot\frac{y_i}{R}\right)=\frac{FT}{R}\left(x_i+\frac{1}{2}\cdot\frac{FT}{R}\cdot y_i\right) \tag{3.22}$$

若令 $K=\frac{FT}{R}$，则式(3.21)、式(3.22)变为

$$\begin{cases}\Delta x_{i+1}=K\left(y_i-\frac{1}{2}Kx_i\right)\\ \Delta y_{i+1}=K\left(x_i+\frac{1}{2}Ky_i\right)\end{cases} \tag{3.23}$$

则 A_{i+1}' 点的坐标值为

$$\begin{cases}x_{i+1}=x_i+\Delta x_{i+1}=x_i+K\left(y_i-\frac{1}{2}Kx_i\right)\\ y_{i+1}=y_i-\Delta y_{i+1}=y_i-K\left(x_i+\frac{1}{2}Ky_i\right)\end{cases} \tag{3.24}$$

式(3.23)和(3.24)为第一象限顺圆插补计算公式，依照此原理，不难得出其它象限及其走向的扩展 DDA 圆弧插补计算公式。

2. 递归函数计算法

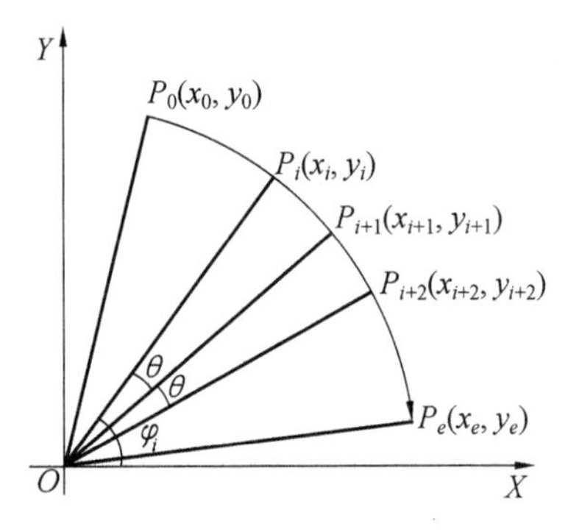

图 3.17　函数递归法圆弧插补

图 3.17 为要插补的圆弧，起点为 $P_0(x_0,y_0)$，终点为 $P_e(x_e,y_e)$，圆弧半径为 R，圆心位于坐标原点，进给速度为 F。设刀具现在位置为 $P_i(x_i,y_i)$，经过一个插补周期 T 后到达 $P_{i+1}(x_{i+1},y_{i+1})$，刀具运动轨迹为 P_iP_{i+1}，转过的圆心角为 θ，称为步距角，$\theta\approx\frac{FT}{R}=K$。

$$\begin{cases} x_i = R\cos \varphi_i \\ y_i = R\sin \varphi_i \end{cases}$$

插补一步后，有 $\varphi_{i+1} = \varphi_i - \theta$

$$\begin{cases} x_{i+1} = R\cos(\varphi_i - \theta) = x_i\cos \theta + y_i\sin \theta \\ y_{i+1} = R\sin(\varphi_i - \theta) = y_i\cos \theta - x_i\sin \theta \end{cases} \tag{3.25}$$

式(3.25)称为一阶递归插补公式。

将三角函数 $\sin \theta$ 和 $\cos \theta$ 用幂级数展开并进行二阶近似，即

$$\sin \theta = \theta - \frac{1}{3!}\theta^3 + \ldots + (-1)^n \frac{x^{2n+1}}{(2n+1)!} + \ldots \approx \theta \approx K$$

$$\cos \theta = 1 - \frac{\theta^2}{2!} + \ldots + (-1)^n \frac{x^{2n}}{(2n)!} + \ldots \approx 1 - \frac{\theta^2}{2} \approx 1 - \frac{K^2}{2}$$

代入式(3.25)，得到

$$\begin{cases} x_{i+1} = x_i + K\left(y_i - \frac{1}{2}Kx_i\right) \\ y_{i+1} = y_i - K\left(x_i + \frac{1}{2}Ky_i\right) \end{cases}$$

这个结果与扩展 DDA 法插补的结果(式 3.24)一致，因此扩展 DDA 法也可称为一阶递归二阶近似插补。

3.3.4　高速高精采样插补技术

高速高精度已成为数控技术发展的必然趋势，现代数控机床不仅要多坐标联动，还要保证多轴联动的高进给速度和轨迹控制的高精度。高速高精度数控技术的核心内容包括两方面：一是高速高精度多轴联动采样插补技术；二是高速高精度位置伺服控制技术。本节将对高速高精采样插补技术进行简要介绍。

1. 高速高精数控加工对插补频率的要求

由曲线插补的逼近误差公式(3.16)，可得

$$T \approx \frac{60\sqrt{8\rho\delta}}{1000F} \tag{3.26}$$

式中，T 为插补采样周期；F 为进给速度，$mm \cdot min^{-1}$；ρ 为曲线的曲率半径；δ 为轮廓逼近误差。

如果插补允许误差 $\delta = 0.000\ 1$ mm，当以高速($V = 30$ m/min)加工小曲率半径($\rho = 15$ mm)的轮廓时，公式(3.26)可得插补周期 T 等于 0.219 ms，插补频率需高达数千赫兹。由此可见，插补周期是影响数控系统控制精度和速度的关键因素。为了既保证高的控制精度，又达到高的进给速度，唯一的办法就是减小插补周期，提高插补频率。但插补频率的提高对数控系统的软硬件提出了更高的要求。

2. 高速插补的实现方法

(1)硬件方面

高频插补必须以高档次的计算机硬件为基础，图 3.18 为一种插补、位控同步的总体方案。

该方案中，插补频率与位置采样频率(如5 000 Hz)相同，并通过合理的软硬件设计实现

图 3.18 一种高速高精插补的总体方案

高速插补与位控的同步。预处理、高速插补、位置控制三位一体,集成到一个硬件平台上实现,简化了硬件接口,消除了数据传递的瓶颈,而且有效地缩减了硬件规模,提高了系统的可靠性。

(2)软件方面

在高速高精插补时,由于分辨率高且插补周期短(零点几毫秒,甚至更短),使得每一插补周期产生的插补直线段很短。当被插补的曲线较长时,插补生成的直线段的数量将变得非常巨大。若采用常规的增量插补算法,误差积累将对插补精度造成不可忽视的影响。

为此,可以建立被插补曲线的参数化模型$\{x(u),\ y(u),\ z(u)\}$,以绝对方式计算每个插补点,即使每个轨迹点坐标都相对于模型的原点。这样就消除了累计误差的影响。如起点为$A(x_0,\ y_0,\ z_0)$,终点为$B(x_1,\ y_1,\ z_1)$的直线AB的参数方程为

$$\begin{cases} x(u)=(1-u)x_0+ux_1 \\ y(u)=(1-u)y_0+uy_1 \\ z(u)=(1-u)z_0+uz_1 \end{cases} \tag{3.27}$$

式中$0\leqslant u\leqslant 1$。

对于XY平面内,第一象限的圆弧,可以用如下的参数方程表示

$$\begin{cases} x(u)=R\cdot\dfrac{1-u^2}{1+u^2} \\ y(u)=R\cdot\dfrac{2u}{1+u^2} \end{cases} \tag{3.28}$$

式中,R为圆弧半径,$0\leqslant u\leqslant 1$。

采用参数化模型后,在每个插补周期内计算与轮廓步长对应的Δu,从而获得被插补点的绝对坐标。另外,由于所有的插补算法要在极短的插补周期内完成,在插补算法的设计方面,要避免复杂的函数运算,通过加、减、乘等简单运算来减少插补计算时间。

3.3.5 数据采样法样条插补

随着形状数学描述技术的发展,自由型曲线、曲面造型手段越来越丰富,数控加工时生成的刀具轨迹不再局限于直线、圆弧等简单图元,以复杂曲线描述刀具轨迹成为可能。在众多的参数曲线表达形式中,应用较多的样条曲线有三次 B 样条曲线(Cubic B-spline)和非均匀有理 B 样条曲线(NURBS 曲线,Non-uniform Rational Basis Spline)。下面以这两种样条曲线的插补运算为例介绍数据采样法样条插补。

1. 三次 B 样条曲线插补

三次 B 样条曲线的参数表达式为

$$C(u)=A_3u^3+A_2u^2+A_1u^1+A_0 \tag{3.29}$$

式中,A_3,A_2,A_1,A_0为系数矢量,$0\leqslant u\leqslant 1$。

对于三次 B 样条曲线,输入数控系统的信息一般为控制点序列$\{D_0,\ D_1,\cdots,D_n\}$,如果输入的为型值点信息,则需要先由输入的型值点序列将样条曲线的控制点算出。根据样条

曲线理论，三次样条曲线的系数可根据下式计算

$$
\begin{aligned}
A_3 &= (1/6)(-D_i+3D_{i+1}-3D_{i+2}+D_{i+3})\\
A_2 &= (1/6)(3D_i-6D_{i+1}+3D_{i+2})\\
A_1 &= (1/6)(-3D_i+3D_{i+2})\\
A_0 &= (1/6)(D_i+4D_{i+1}+D_{i+2})
\end{aligned}
\tag{3.30}
$$

式中，i 控制点编号，$i=0,1,2,\cdots,n-3$。由于 $n+1$ 个控制点，构成 $n-3$ 段样条曲线，因此在插补过程中，必须根据插补点所在的曲线段动态地选择相应的系数。

根据数据采样插补的原理，插补的目的就是要求出在一个插补周期 T 内，刀具沿曲线所截取的轮廓步长。由于三次 B 样条曲线的各坐标分量均为参数 u 的函数可以直接计算。因此，可以设想一种简单的直接插补算法。在每个插补周期内，有相等参数微小增量 Δu，即参数 u 的增量步长恒速，然后由公式计算得到下一个插补点。但此种方法，各插补周期的分割步长不等，必然造成加工速度波动，从而影响加工质量。下面介绍三次 B 样条曲线的恒速插补。

要使样条插补在轨迹空间内恒速，就必须将轮廓步长映射至参数空间，得到与其相对应的参数空间内的增量 Δu。设 $\boldsymbol{V}$ 是样条曲线切向速度矢量

$$
\boldsymbol{V}=\frac{\mathrm{d}C(u)}{\mathrm{d}t}=\frac{\mathrm{d}C(u)}{\mathrm{d}u}\cdot\frac{\mathrm{d}u}{\mathrm{d}t}
\tag{3.31}
$$

设 F 是样条曲线的程编进给速度，则

$$
F=|\boldsymbol{V}|=\left|\frac{\mathrm{d}C(u)}{\mathrm{d}u}\right|\cdot\frac{\mathrm{d}u}{\mathrm{d}t}
$$

$$
\frac{\mathrm{d}u}{\mathrm{d}t}=\frac{F}{\left|\dfrac{\mathrm{d}C(u)}{\mathrm{d}u}\right|}
$$

对上式微分得

$$
\frac{\mathrm{d}^2u}{\mathrm{d}t^2}=-\frac{F^2\cdot\left(\dfrac{\mathrm{d}C(u)}{\mathrm{d}u}\cdot\dfrac{\mathrm{d}^2C(u)}{\mathrm{d}u^2}\right)}{\left|\dfrac{\mathrm{d}C(u)}{\mathrm{d}u}\right|^4}
$$

设数控系统的插补周期为 T，$t_{j+1}-t_j=T$，u 是关于时间 t 的函数，令

$$
u(t_j)=u_j \text{ 和 } u(t_{j+1})=u_{j+1}
$$

利用泰勒级数，对 $u(t_{j+1})$ 在 t_j 处展开得

$$
u_{j+1}=u_j+\left.\frac{\mathrm{d}u}{\mathrm{d}t}\right|_{t=t_j}(t_{j+1}-t_j)+\frac{1}{2}\left.\frac{\mathrm{d}^2u}{\mathrm{d}t^2}\right|_{t=t_j}(t_{j+1}-t_j)^2+O(\Delta t^2)
$$

则插补递推公式的一阶近似为

$$
u_{j+1}\approx u_j+\frac{F_j\cdot T}{\left.\left|\dfrac{\mathrm{d}C(u)}{\mathrm{d}u}\right|\right|_{u=u_j}}=\frac{F_j\cdot T}{\sqrt{(x'|_{u=u_j})^2+(y'|_{u=u_j})^2+(z'|_{u=u_j})^2}}
\tag{3.32}
$$

二阶近似为

$$u_{j+1} \approx u_j + \frac{F_j \cdot T}{\left| \frac{dC(u)}{du} \right|_{u=u_j}} - \left. \frac{F_j^2 \cdot T^2 \cdot \left(\frac{dC(u)}{du} \cdot \frac{d^2C(u)}{du^2} \right)}{2 \cdot \left| \frac{dC(u)}{du} \right|^4} \right|_{u=u_j} \tag{3.33}$$

由于现在的数控系统插补周期 T 一般都很小,在曲率半径不太小的情况下,一阶近似迭代求解已经可以满足精度要求。将 u_{j+1} 代入三次 B 样条曲线方程(3. 29),可求出第 $j+1$ 个插补周期的插补位置坐标值 $P_{j+1}(x_{j+1}, y_{j+1}, z_{j+1})$。图 3. 19 为三次 B 样条曲线插补示意图。

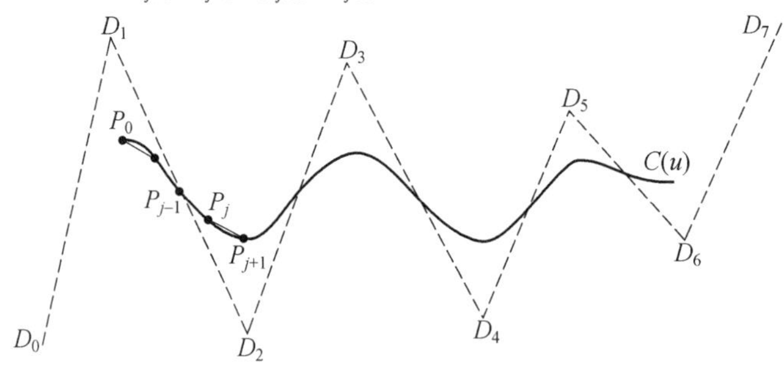

图 3. 19 三次 B 样条曲线插补示意图

为提高样条曲线实时插补的速度和减少其计算工作量,在进行实时插补计算前要进行必要的预处理,即根据数控系统得到的输入信息,确定插补计算公式中的相关系数,包括式(3. 29)参数表达式的系数,$|dC(u)/du|$ 的系数等。图 3. 20 为三次 B 样条曲线插补的流程图。

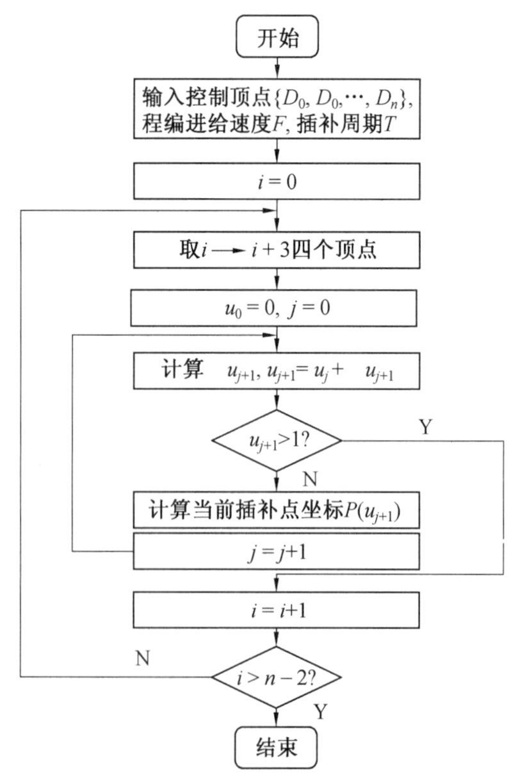

图 3. 20 三次 B 样条曲线插补计算流程图

2. NURBS 曲线插补

在国际标准化组织(ISO)颁布的工业产品数据交换标准(STEP)中,把非均匀有理B样条曲线(NURBS: Non-Uniform Rational B-Splines)作为定义工业产品几何形状的唯一数学方法。NURBS插补的实现对于复杂曲线、曲面的高速加工具有重要意义,主要体现在:

(1)作为曲线表达的标准形式,NURBS为CAD/CAM与CNC信息表达的统一提供了方便。另外,NURBS插补指令包含有曲线的完整信息,为实现CAD/CAM/CNC的信息集成提供了有利条件。

(2)采用NURBS曲线插补方式加工复杂形体零部件时,加工程序代码将得到极大简化。原先采用大量线性微段(G01)逼近的刀具轨迹可以用有限的样条曲线来代替,数控程序代码量得到极大的简化。数控程序文件的减小,同时减轻了CAD/CAM与CNC间信息传递的负担。

(3)与线性插补加工相比,NURBS插补允许的加工速度更高。采用NURBS插补功能进行数控加工时,刀具轨迹曲线为光滑的样条曲线,可以有效避免加工方向的突变,刀具平滑运动,机床加工过程中不存在频繁加减速现象,机床的进给速度平稳。

(4)与线性插补加工相比,可以获得更高的加工精度。与线性插补相比,NURBS插补解决了因多次逼近引起的加工精度损失问题。虽然在曲线插补过程中也采用由插补周期和进给速度决定的最小步长来逼近样条曲线,但是该步长远远小于直线(G01)逼近的线性刀轨,逼近精度明显提高。同时,由于采用样条曲线插补加工时机床的运行平稳,加工质量将会得到显著改善。采用NURBS插补的曲线、曲面加工模式,如图3.21所示。

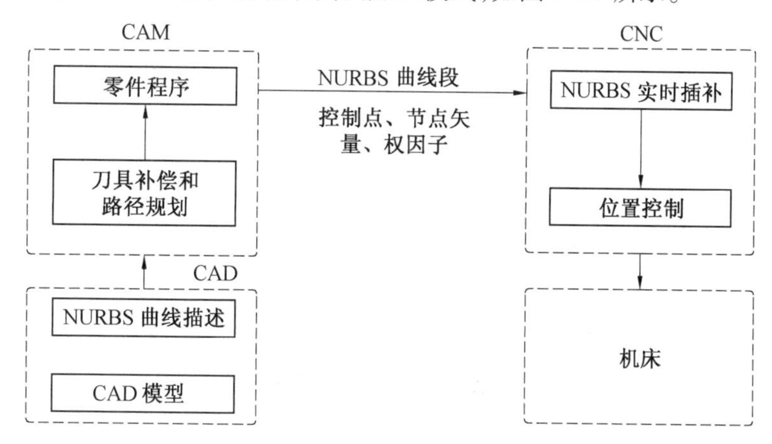

图3.21 NURBS插补曲线、曲面加工模式

一条k次NURBS曲线可以表示为一分段有理多项式矢量函数,其定义式为

$$C(u)=\sum_{i=0}^{n}W_iD_iN_{i,k}(u)/\sum_{i=0}^{n}W_iN_{i,k}(u) \tag{3.34}$$

式中,k为NURBS曲线的次数(三次曲线应用较多),$k+1$为其阶数;D_i为第i个三维控制顶点,顺序连接形成控制多边形;n为控制顶点个数;W_i为权因子,首末权因子大于零,其余权因子不小于零;$N_{i,k}(u)$为第i个k次规范B样条基函数,由德布尔-考克斯递推公式给出

$$
\begin{cases}
N_{i,0}(u)=\begin{cases}1 & (u_i \leqslant u \leqslant u_{i+1}) \\ 0 & (\text{其它})\end{cases} \\
N_{i,k}(u)=\dfrac{u-u_i}{u_{i+k}-u_i}N_{i,k-1}(u)+\dfrac{u_{i+k+1}-u}{u_{i+k+1}-u_{i+1}}N_{i+1,k-1}(u) \\
\dfrac{0}{0}=0\ \text{规定}
\end{cases}
$$

矢量 $U=[u_0, u_1,\cdots,u_{n+k+1}]$ 称为节点矢量，对于非均匀、非周期NURBS曲线，其节点矢量为

$$U=\{\alpha,\alpha,\cdots,\alpha,u_{k+1},\cdots,u_n,\beta,\beta,\cdots,\beta\}$$

α,β 的重复率都是 $k+1$，在大多数情况下，$\alpha=1,\beta=0$。

通过对节点矢量、控制顶点和权因子的确定，可以实现对一条NURBS曲线的完整描述。实际应用时，节点矢量序列可利用控制点序列信息通过某种算法计算得到。因此，输入数控系统的信息一般为控制点序列 $\{D_0, D_1, \cdots, D_n\}$ 和对应的权因子序列 $\{W_0, W_1, \cdots, W_n\}$。

采用与三次B样条曲线同样的方法，可以得到参变量 u 的一阶近似插补递推公式

$$u_{j+1}\approx u_j+\frac{F_j\cdot T}{\left|\dfrac{\mathrm{d}C(u)}{\mathrm{d}u}\right|_{u=u_j}}=\frac{F_j\cdot T}{\sqrt{(x'|_{u=u_j})^2+(y'|_{u=u_j})^2+(z'|_{u=u_j})^2}}$$

只不过其系数更多，求解更复杂。图3.22为NURBS插补的示意图，权重系数取为1。

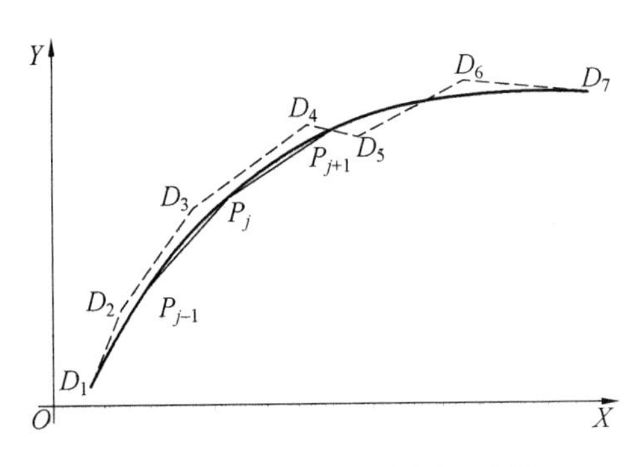

图3.22　三次NURBS插补示意图

3.4　加减速控制

3.4.1　加减速控制分类

由于数控机床的控制系统、驱动系统以及被控制对象电气和机械惯性的存在，使得数控机床各轴的速度不能突变。因此，无论从系统的精度还是从系统的动态品质考虑，数控机床必须具备自动加减速功能。否则，在速度改变时（启动、停止、加工时变速等）将产生冲击、失步、超程或振荡等降低系统精度和品质的现象。加减速控制多数采用软件实现，这样给系统带来很大的灵活性。加减速控制可以在插补前进行，也可以在插补后进行。在插补前进行的加减速控制称为前加减速控制，在插补后进行的加减速控制称为后加减速控制，如图

3.23 所示。

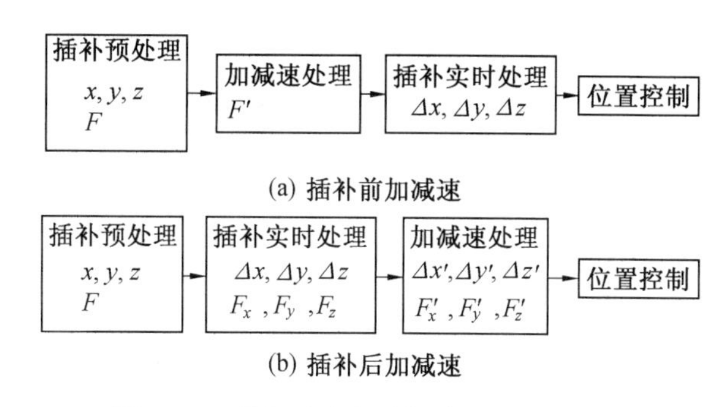

图 3.23 前加减速和后加减速的模块配置

前加减速控制是对合成速度进行控制,后加减速控制是对各运动轴分别单独控制,两种方法的比较见表 3.6。

表 3.6 插补前与插补后加减速的比较

	插补前加减速	插补后加减速
原理	对合成速度进行控制	各轴单独控制加减速
减速区	计算减速区	无需计算减速区
轨迹误差	不存在轨迹轮廓误差	直线时,如果每个轴的增益相等,不造成轮廓误差;曲线插补,有轮廓误差
复杂性	算法复杂	算法简单

对于直线插补,如果各轴的位置增益相等,两种方法都不会产生轨迹误差,而对于圆弧或其它曲线的插补采用后加减速将会产生轨迹误差。以圆弧插补为例,如图 3.24,设 A 为当前插补点,B_1 为插补前加减速算出的下一插补点,而 B_2 为插补后加减速算出的下一插补点。由于 B_1 是先加减速处理然后按照新的合成速度 $F_i = kF$ 插补得到的,因而总能落在圆上,不会产生轨迹误差。而 B_2 是先插补(得到的插补点为 B 在圆上)后变速得到下一个插补点,即使

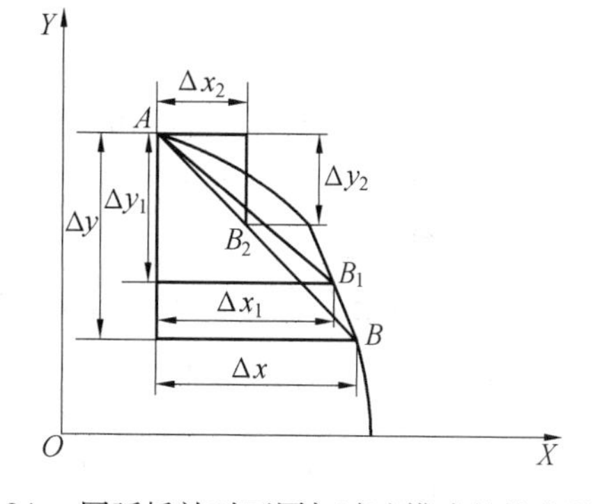

图 3.24 圆弧插补时不同加减速模式的轨迹误差

$$\Delta x_2 = k\Delta x; \quad \Delta y_2 = k\Delta y$$

$$AB_2 = \sqrt{(\Delta x_2)^2 + (\Delta y_2)^2} = k\sqrt{(\Delta x)^2 + (\Delta y)^2} = k \cdot AB$$

由于变速过程中,$k \neq 1$,所以 B_2 便不在圆上了,即产生轨迹误差。

由于插补后加减速容易造成轨迹误差,当前的数控系统多采用插补前加减速。

3.4.2 常用加减速曲线

1. 直线加减速

直线加减速控制使机床在起动或停止时,速度沿一定斜率的直线上升或下降。图 3.25 为直线加减,速度变化曲线 $OABC$ 计算公式为

$$V(t)=\begin{cases}at & (t<t_a)\\ V_e & (t_a\leqslant t<t_b)\\ V_e-a(t-t_b) & (t_b\leqslant t\leqslant t_c)\end{cases} \tag{3.35}$$

式中，V_e 为程序指令给定的稳定速度；a 为用户指定的加速度；t_a 为加速时间；t_b 为减速点时间。

这种加减速曲线优点是算法简单，机床响应快，效率高。但缺点也很明显，如图 3.25 中的加减速起点 O、B 与终点 A、C 处，速度过渡不光滑，加速度有突变，对机械有柔性冲击。

2. 指数加减速

图 3.26 为指数加减速曲线，进给速度按指数规律变化为

$$V(t)=\begin{cases}V_e(1-e^{-\frac{t}{\tau}}) & (t<t_a)\\ V_e & (t_a\leqslant t<t_b)\\ V_e\mathrm{e}^{-\frac{t-t_b}{\tau}} & (t_b\leqslant t\leqslant t_c)\end{cases} \tag{3.36}$$

式中，τ 为时间常数，一般 $t_A\approx 4\tau$。

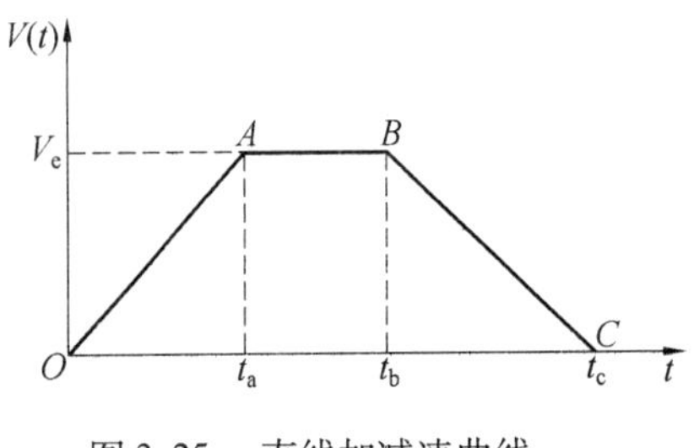

图 3.25　直线加减速曲线

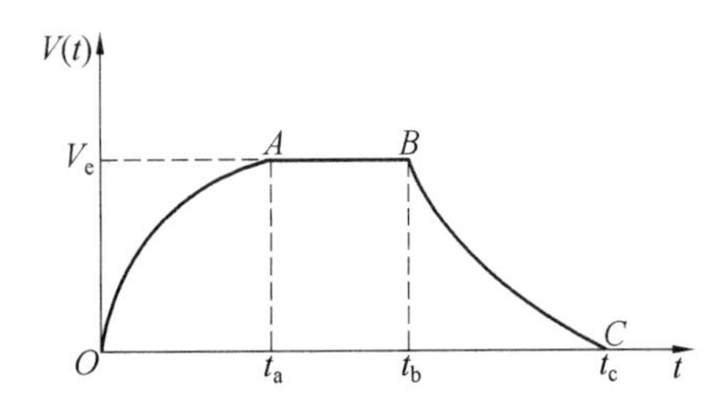

图 3.26　指数加减速曲线

指数加减速与直线加减速相比，平滑性更好，但算法复杂，而且在加减速的起点和终点还是存在加速度突变，有柔性冲击。

3. S 型加减速

图 3.27 为进给速度沿 S 型曲线变化的加减速模式，加速段 OC 的表达式为

$$V(t)=\begin{cases}\int a(t)\,\mathrm{d}t=\int_0^t kt\,\mathrm{d}t=\dfrac{kt^2}{2} & (t\leqslant t_a)\\ V_a+a_{\max}(t-t_a) & (t_a<t\leqslant t_b)\\ V_b+\int_0^{t-t_b}(a_{\max}-kt)\,\mathrm{d}t=V_b+a_{\max}(t-t_b)-\dfrac{k\,(t-t_b)^2}{2} & (t_b<t\leqslant t_c)\end{cases} \tag{3.37}$$

式中，k 为比例系数；$a(t)$ 为加速度函数；$a_{\max}$ 为机床允许的最大加速度。同理，可以得到减速段的表达式。

由图 3.27 可以看出，S 型加减速在任何一点的速度都是光滑连接的，加速度都是连续变化的，从而避免了柔性冲击，非常适用于高速度高精度加工。但算法较复杂。

3.4.3　前加减速控制算法

进行加减速控制，首先要计算出稳定速度和瞬时速度。所谓稳定速度就是系统处于稳定进给状态时的速度。在数据采样系统中，零件程序段中速度命令 F 值(mm/min)，需要转

换成每个插补周期的进给量。另外为了调速方便,在机床的控制面板上一般都设置有进给倍率开关。稳定速度 V_e 的计算公式为

$$V_e = \frac{TKF}{60 \times 1000} \qquad (3.38)$$

式中,T 为插补周期,ms;F 为程编指令进给速度,mm/min;K 为速度倍率。

稳定速度计算完之后,还要进行速度限制检查,如果稳定速度超过由参数设定的最高速度,则取限制的最高速度为稳定速度。

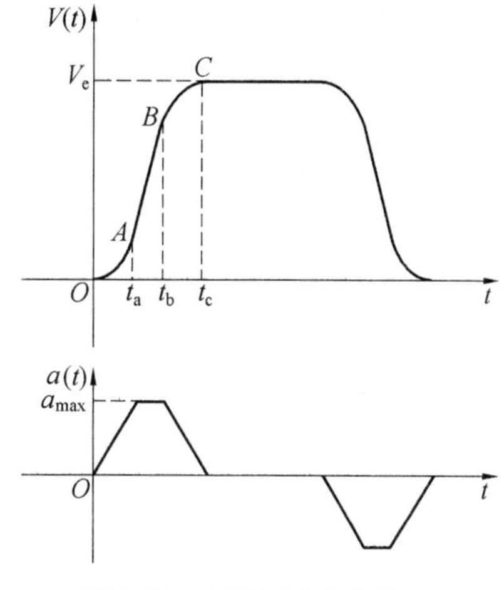

图 3.27 S形加减速曲线

所谓瞬时速度,即系统在每个插补周期的进给速度。当系统处于稳定进给状态时,瞬时速度 $V_i = V_e$,当系统处于加速(或减速)状态时,$V_i < V_e$(或 $V_i > V_e$)。当机床起动、停止或在切削加工中改变进给速度时,系统自动进行加减速处理,常用的有直线加减速、指数加减速、S形加减速等。现以直线加减速为例说明其计算方法。

1. 直线加减速处理

设进给速度为 F(mm/min),加速到 F 所需要的时间为 t(ms),则加/减速度 a 可按下式计算

$$a = 1.67 \times 10^{-2} \frac{F}{t} (\mu\text{m/ms}^2)$$

加速时,系统每插补一次都要进行稳定速度、瞬时速度和加/减速处理。当计算的稳定速度 V_e' 大于原来的稳定速度 V_e 时,则要加速,每加速一次,瞬时速率为

$$V_{i+1} = V_i + aT$$

新的瞬时速度 V_{i+1} 参加插补计算,对各坐标轴进行分配。图3.28是加速处理框图。

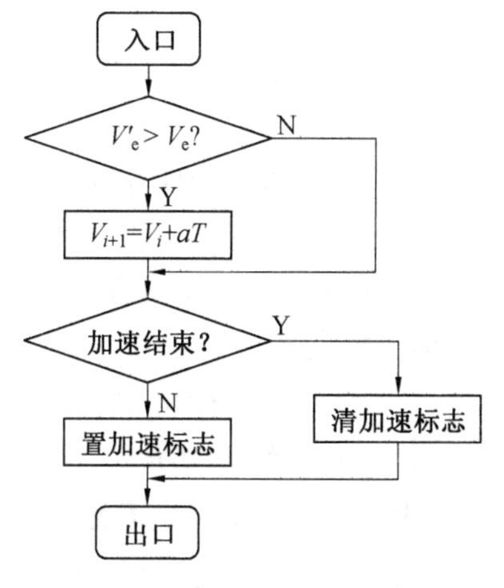

图 3.28 加速处理框图

系统每进行一次插补计算,都要进行终点判别,计算出离终点的瞬时距离 S_i,并根据本程序的减速标志,检查是否已到达减速区域 S,若已到达,则开始减速。当稳定速度 V_e 和设

定的加／减速度 a 确定后，减速区域 S 可由下式求得

$$S = \frac{V_e^2}{2a}$$

若 $S_i \leqslant S$ 则设置减速状态标志，开始减速处理。每减速一次，瞬时速度为

$$V_{i+1} = V_i - at$$

新的瞬时速度 V_{i+1} 参加插补运算，对各坐标轴进行分配。一直减速到新的稳定速度或减速到"0"。若要提前一段距离开始减速，将提前量 ΔS 作为参数预先设置好，其计算公式为

$$S = \frac{V_e^2}{2\alpha} + \Delta S \tag{3.39}$$

图 3.29 为减速处理框图。

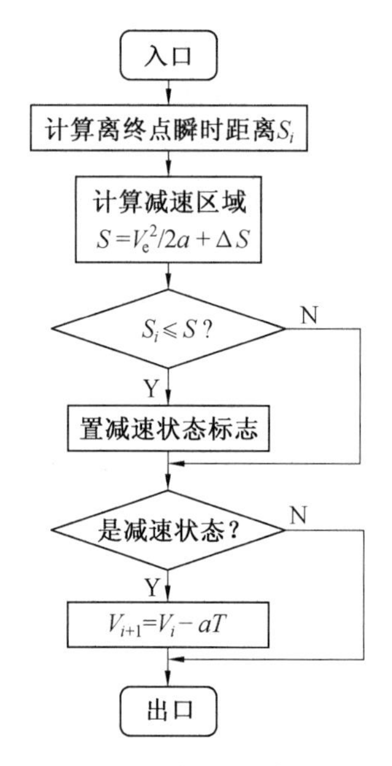

图 3.29　减速处理框图

2. 终点判别处理

在每次插补运算结束后，系统除了给出各轴的插补进给量之外，还要计算刀具中心到本程序段终点的距离 S_i，并以此依据检查本程序段是否已到达减速区和程序段终点。在即将到达终点时，设置相应的标志。对于直线插补，S_i 的计算过程如下：

首先计算当前插补周期的目标位置点 $P_i(x_i, y_i)$

$$\begin{cases} x_i = x_{i-1} + \Delta x_i \\ y_i = y_{i-1} + \Delta y_i \end{cases} \tag{3.40}$$

设直线终点 P_e 的坐标为 (x_e, y_e)，则瞬时点 A 离终点 P 距离 S_i 为

$$S_i = |x_e - x_i| \cdot \frac{1}{\cos \alpha} \tag{3.41}$$

式中，α 为长轴（本例中为 X 轴）与直线的夹角，如图 3.30 所示。

圆弧插补时的计算分圆弧所对应圆心角小于 π 和大于 π 两种情况。

小于 π 时,瞬时点离圆弧终点的直线距离越来越小,如图 3.31(a) 所示。$P_i(x_i,\ y_i)$ 为顺圆插补时圆弧上某一瞬时点,$D(x_e,y_e)$ 为圆弧的终点;P_iM 为 P_i 点在 X 方向上离终点的距离,$|P_iM|=|x_e-x_i|$;MD 为 P_i 点在 y 方向上离终点的距离,$|MD|=|y_e-y_i|$;$P_iD=S_i$。以 MD 为基准,则 A 点离终点的距离为

$$S_i=|MD|\frac{1}{\cos\alpha}=|y_e-y_i|\frac{1}{\cos\alpha} \tag{3.42}$$

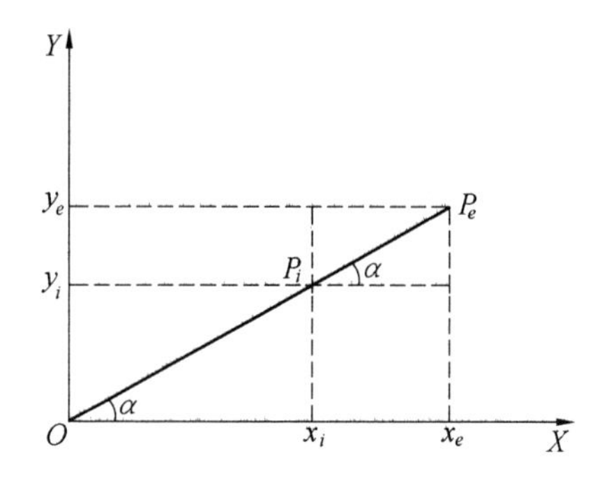

图 3.30　直线插补终点判别

大于 π 时,设 A 点为圆弧 AD 的起点,B 点为离终点的弧长所对应的圆心角等于 π 时的分界点,C 点为插补到离终点的弧长所对应的圆心角小于 π 的某一瞬时点,如图3.31 (b) 所示。显然,此时瞬时点离圆弧终点的距离 S_i 的变化规律是:当从圆弧起点 A 开始,插补到 B 点时,S_i 越来越大,直到等于直径;当插补越过分界点 B 后,S_i 越来越小,与图 3.31(a) 的情况相同。为此,计算 S_i 时首先要判别 S_i 的变化趋势,S_i 若是变大,则不进行终点判别处理,直到越过分界点;若 S_i 变小,再进行终点判别处理。

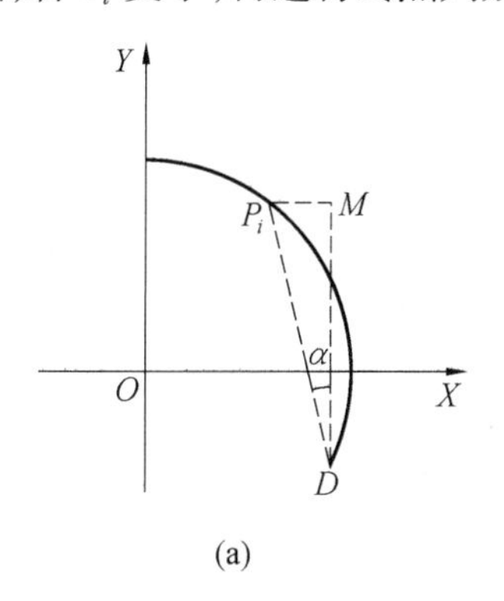

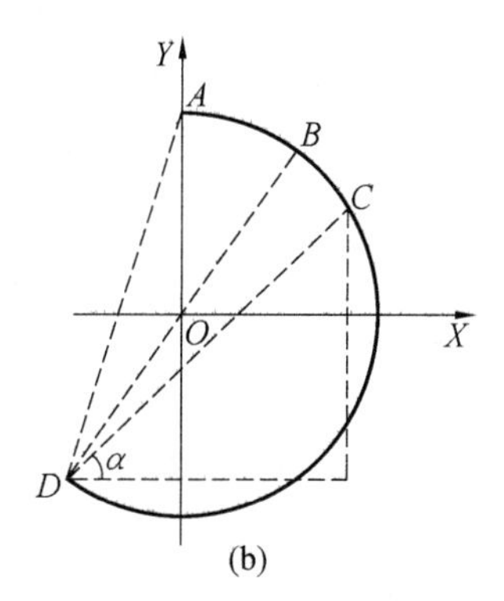

图 3.31　圆弧插补终点判别

复习题

1. 数控加工为什么要使用插补?
2. 高速插补有何特点? 如何实现高速插补?
3. 逐点比较法的基本原理是什么?
4. 数据采样直线插补、圆弧插补是否有误差?
5. 如何实现数控系统中没有对应指令的曲线的加工?
6. 可否用数学函数式直接作为插补算法公式?

第4章 计算机数控(CNC)装置

4.1 概 述

4.1.1 计算机数控系统

根据ISO定义:“数控系统是一种控制系统,它自动阅读输入载体上事先给定的数字信息,并将其译码,从而使机床移动和加工零件”。早期的数控系统采用的是数字逻辑电路,称为硬件数控系统;现代的数控系统则以计算机为核心构建而成,故又称为计算机数控系统,简称CNC(Computer Numerical Control)系统。

CNC系统概念上有广义与狭义之分,广义的CNC系统通常是指实现机床自动控制的整套硬件和软件,其组成如图4.1所示,包括输入输出设备、计算机数字控制装置(CNC装置)、可编程逻辑控制器(Programmable Logical Controller,PLC)、主轴伺服系统、进给伺服系统和测量反馈装置等。狭义的CNC系统通常是指以CNC装置和PLC为主体的硬件和软件系统,不包括主轴驱动系统和伺服驱动系统。

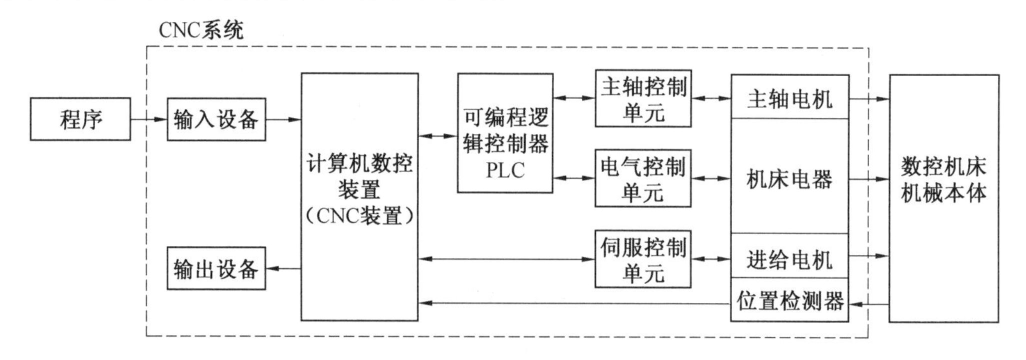

图4.1 CNC系统框图

本章主要介绍计算机数控装置的软硬件构成及其工作原理。

4.1.2 CNC装置的构成

CNC系统的核心是CNC装置。CNC装置的主要工作是正确识别和解释数控加工程序,通过运算和处理,产生数控机床加工所要求的各种运动和动作的控制信号,控制数控系统其它单元协调工作,从而实现机械零件的加工。

CNC装置的结构如图4.2所示,由硬件和软件两部分构成。

CNC装置的硬件结构采用的是用于数控加工的专用计算机,除了具有CPU、内存、显示器等一般计算机的结构外,还具有和数控机床功能有关的功能模块和接口单元。

CNC装置的软件除了计算机相关的操作系统软件和应用软件之外,还有数控相关的管理软件和控制软件。管理软件主要包含零件程序的输入输出程序、显示程序和诊断程序等,控制软件则包含译码程序、刀具补偿计算程序、速度控制程序、插补运算程序和位置控制程序等。

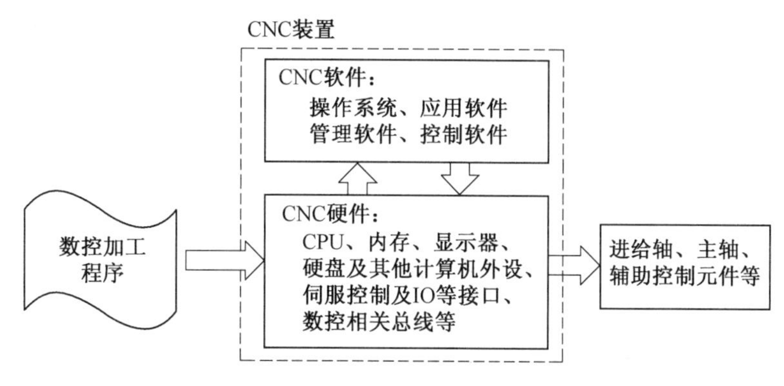

图 4.2　CNC 装置的结构

4.1.3　CNC 装置的工作原理

CNC 装置的工作原理为:通过各种输入方式,接受机床加工零件的各种数据信息,经过 CNC 装置译码,以及计算机的处理、运算,得到各控制轴的运动分量,并将其送至各控制轴的驱动电路,经过转换、放大以驱动伺服电机带动各轴运动。同时,利用实时位置反馈控制,使各个坐标轴能精确地走到所要求的位置。

图 4.3 为 CNC 装置的简要工作过程,其流程如下:

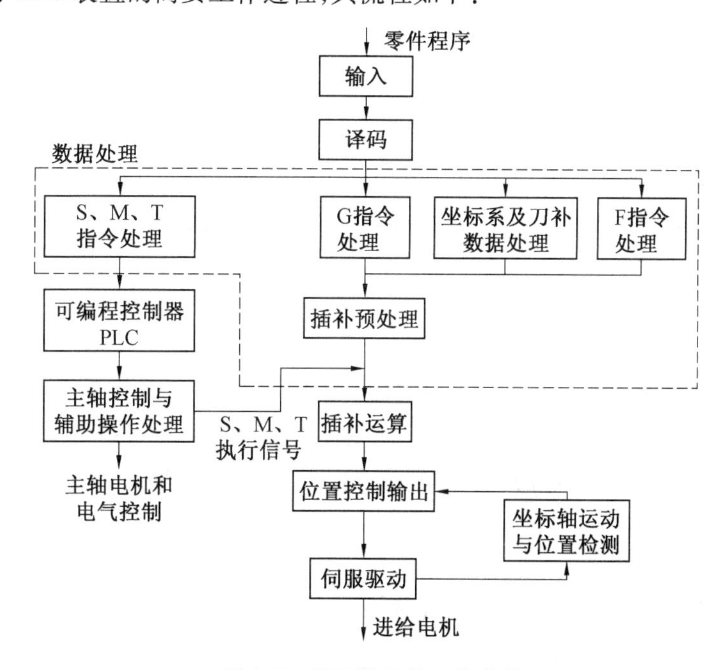

图 4.3　CNC 装置的工作流程

(1) 输入

输入 CNC 装置的内容包括:零件程序及控制参数、补偿量等数据。输入方式可采用光电阅读机、键盘、磁盘、U 盘、连接上级计算机的 DNC (Direct Numerical Control)接口、网络等多种形式。CNC 装置在输入过程中通常还要完成无效码删除、代码校验和代码转换等工作。

(2) 译码

在输入的零件加工程序中,含有零件的轮廓信息(线型、起点/终点坐标值)、加工速度(F 代码)和其它的辅助信息(M、S、T 代码等)。译码指的是 CNC 装置以程序段为单位,根据一定的语法规则解释,将其翻译成计算机能够识别的数据形式,并以一定的数据格式存放在指定的内存专区内。在译码过程中还要完成对程序段的语法检查等工作,一旦发现错误,立即报警提示。

(3) 数据处理

数据处理包括刀具补偿,速度计算以及辅助功能的处理等。

刀具补偿分刀具半径补偿和刀具长度补偿两种。零件程序通常是根据零件轮廓轨迹编制的,刀具半径补偿的作用是将零件轮廓轨迹转换成刀具中心轨迹。现代的 CNC 数控装置中,刀具半径补偿工作还包括程序段之间的自动转接和过切削判断。刀具长度补偿,一方面可以弥补刀具长度方向的磨损量,另一方面为使用多把不同长度刀具加工同一零件的加工编程提供了便利。

速度计算是按编程所给的合成进给速度计算出各坐标轴运动方向的分速度。另外还要根据机床允许的最低速度和最高速度的限制进行判别处理。在某些 CNC 装置中,软件的自动加减速也在这里处理。

辅助功能(M. S. T 指令)处理的大都是开关量信号,控制诸如换刀、主轴启停、冷却液开关等动作。主要是识别、存储、设标志,以使得程序执行时能适时发出信号,指令机床相应部件执行这些动作。

(4) 插补

插补的任务是通过插补计算程序,在一条曲线已知的起点和终点之间进行数据点的密化工作。插补程序在每个插补周期运行一次,在每个插补周期内,根据指令进给速度计算出一个微小的直线数据段,然后将其转化为相应进给轴的位置增量数据,并送至位置控制环节。经过若干个插补周期后,即可插补加工完一个程序段,即完成从程序段起点到终点的"数据密化"工作。

(5) 位置控制

位置控制可以由软件来实现,也可以由硬件完成。它的主要任务是在每个采样周期内,将插补计算出的理论位置与实际反馈位置相比较,用其差值去控制进给伺服电机。在位置控制中还要完成位置回路的增益调整、各坐标方向的螺距误差补偿和反向间隙补偿,以提高机床的定位精度。

(6) I/O 处理

I/O 处理主要是处理 CNC 装置与数控机床一些辅助设备之间的信号输入、输出和控制。

(7) 显示

CNC 装置将数控机床的一些信息显示给操作者,以方便操作者了解机床工作状态并进行操作,显示的信息内容通常有:零件程序、参数、刀具位置、机床状态等。高档 CNC 装置中还有刀具加工轨迹的静、动态图形显示,以及在线编程时的图形显示等。

(8) 诊断

现代 CNC 装置都具有联机和脱机诊断能力。联机诊断是指 CNC 装置中的自诊断程序在机床工作过程中随时检查不正常的事件。脱机诊断是指系统不工作，但在运转条件下的诊断。一般 CNC 装置配备有各种诊断程序，以检查存储器、外围设备、I/O 接口等。脱机诊断还可以采用远程通信方式进行，即把用户的 CNC 装置通过网络与远程诊断中心的计算机相连，由诊断中心计算机对 CNC 装置进行诊断、故障定位和修复工作。

4.1.4　CNC 装置的主要功能和特点

CNC 装置的功能通常包括基本功能和选择功能。基本功能是数控系统必备的功能，选择功能是供用户根据机床的特点和用途进行选择的功能。CNC 装置的功能主要反映在准备功能 G 指令代码和辅助功能 M 指令代码上。根据数控机床的类型、用途、档次的不同，CNC 装置的功能也各不相同。

1. 数控装置的主要功能

(1)轴控制功能

CNC 装置对轴的控制功能主要由其能控制的进给轴数以及联动轴数(同时进行插补的轴数)的数量来衡量。控制的进给轴有移动轴和回转轴，有基本轴和附加轴。CNC 装置能控制的联动轴数是其主要性能指标之一，多轴联动控制可以完成轮廓轨迹加工。一般数控车床只需二轴联动；一般数控铣床需要三轴联动；而在复杂曲面加工中则需要五轴联动。目前一些高档的数控系统还可实现多通道同时控制，每一通道即为一组联动轴，可以单独控制一台数控机床，如 SIEMENS 840D 系统最多可以控制 10 个通道，31 个轴。

(2)准备功能

准备功能也称 G 功能，它是用来指令机床动作方式的功能，包括基本移动，程序暂停、平面选择、坐标设定、刀具补偿、基准点返回、固定循环、公英制转换等。G 指令的使用有一次性(仅在指令的程序段内有效)和模态(G 指令一直保持有效直到出现同一组的其它 G 指令时)两种。ISO 标准中规定准备功能用字母 G 后面的两位数字表示，有 G00 至 G99 共 100 种，数控系统可从中选用。各数控系统公司通常都结合各自要求对 ISO 标准进行了扩展，如采用三位数字 G 代码，并引入了其它字符指令等。

(3)插补功能

插补功能是 CNC 装置的核心功能，通过插补功能，CNC 装置可以对各进给轴进行同步位置控制，使刀具实现沿指令轨迹的精确运动。一般数控装置都有直线和圆弧插补，高档数控装置还具有抛物线插补、螺旋线插补、极坐标插补、正弦插补、样条插补等。

(4)主轴速度功能

主轴功能是指 CNC 装置对主轴运动的控制功能，一般包括：

① 主轴转速控制，用 S 指令和后面的数字设定，单位为 r/min。

② 恒定线速度控制，使切削点的切削线速度保持定值，主要用于对工件端面进行车削或磨削加工时提高表面的加工质量。

③ 主轴定向准停，该功能使主轴在周向的任一位置准确停止，以便于自动换刀操作。

④ 主轴倍率，操作面板上设置了主轴倍率开关，可以在加工时人工对主轴转速在 50% ~120% 范围内进行实时调整。

(5)进给功能

进给功能用于控制进给运动速度，包括：

① 切削进给速度，指切削时刀具相对于工件的进给速度，用 F 指令设定。

② 同步进给速度，为主轴每转时进给轴的进给量，单位为 mm/r。只有主轴上装有位置编码器的机床才能指令同步进给速度。

③ 快速进给速度，一般为进给速度的最高速度，它通过参数设定，用 G00 指令快速进给。

④ 进给倍率，操作面板上设置了进给倍率开关，可以在加工时人工对进给倍率在 0% ~ 120%（或 150%）之间进行实时调整。

(6)补偿功能

刀具长度、刀具半径补偿和刀尖圆弧的补偿，这些功能可以补偿刀具磨损以及换刀时对准正确位置。

工艺量的补偿，包括坐标轴的反向间隙补偿；进给传动件的传动误差补偿，如丝杠螺距补偿，进给齿条齿距误差补偿；机体的温度变形补偿等。

(7)固定循环加工功能

用数控机床加工零件，一些典型的加工工序，如钻孔、攻丝、镗孔、深孔钻削、切螺纹等，所需完成的动作循环十分典型且有规律，将这些典型动作预先编好程序并存储在内存中，用 G 代码进行指令，这就形成了固定循环指令。使用固定循环指令可以简化编程。目前常用的固定循环加工指令有钻孔、镗孔、攻丝循环；车削、铣削循环；复合加工循环；车螺纹循环等。

(8)辅助功能(M 代码)

用于实现数控加工中不可缺少的辅助动作，以 M 指令和两位数字表示。各种型号的数控装置具有辅助功能的多少差别很大，而且有许多是自定义的。常用的辅助功能有程序启停，主轴启停及换向、刀具更换、工件夹紧/松开、冷却液开关、工作台交换等。

(9)刀具管理功能

可以对刀具的半径及长度等参数进行存储及修改，并采用 T 指令选择所需的刀具号。

(10)显示功能

显示功能是指 CNC 装置利用所配置的显示器对各种信息进行显示的功能，显示内容包括人机操作界面、运动坐标信息、零件加工程序及其编程环境、系统和机床参数、补偿量、动态刀具轨迹、故障信息等。

(11)程序编制功能

CNC 装置通常提供了多种方法进行加工程序编程：

① G 代码编程。操作者直接使用 G 代码编制加工程序，操作简单，但效率低，直观性差。

② 自动语言编程。用 CNC 装置所能接受的自动编程语言进行编程，如 FANUC 系统的自动编程语言系统 FAPT 可用于 FANUC 11 的 CNC 装置，Olivetti 的 GTL 语言用于 A-B 公司的 8600 CNC 装置。

③ 人机交互图形编程。这种功能表现为 CNC 可以根据零件图形直接编制程序，或根据引导图和显示说明进行对话式编程。

④ 用户宏程序或参数编程。用户宏程序或参数编程是 CNC 装置提供的一套高级编程语言。与普通程序的主要区别是可以定义变量，可以实现运算、跳转等功能。非常适合图形相同，尺寸不同或工艺路径相同，位置参数不同的系列零件的手工编程。

(12)通信功能

通信功能是指CNC装置能提供的与上级计算机或计算机网络进行信息传输的功能。一般CNC装置都配置有RS232C接口与上级计算机进行通信,传递零件加工程序。有的CNC装置还配置有DNC接口,可实现直接数控或分布数控,一些更高档的CNC装置还支持制造自动化协议MAP(Manufacturing Automation Protocol),以适应FMS(Flexible Manufacture System)、CIMS(Computer Integrated Manufacturing Systems)等制造系统集成的需求。现代CNC装置则配置网卡,可以与Internet连接,以适应网络数控加工和数字制造等新的制造模式。

(13)自诊断功能

CNC装置中设置了各种诊断程序,以防止故障的发生或扩大,并且在故障出现后可迅速查明故障类型及部位,减少故障停机时间。CNC装置设置的诊断程序,可以包含在系统程序中,在系统运行过程中进行检查和诊断,也可作为服务性程序,在系统运行前或故障停机后进行诊断,查找故障部位。有的CNC装置还可以进行远程通信诊断。

2. CNC数控装置的特点

(1)灵活性大

与硬逻辑数控装置相比,灵活性是CNC装置的主要特点,只要改变相应控制软件,就可改变和扩展其功能,满足用户的不同需要。

(2)通用性强

CNC装置硬件结构有多种形式,模块化硬件结构使系统易于扩展,模块化软件能满足各种类型数控机床(如车床、铣床、加工中心等)的不同控制要求。标准化的用户接口,统一的用户界面,既方便系统维护又方便用户培训。

(3)可靠性高

大规模和超大规模集成电路的应用,使得硬件集成度大大提高、体积越来越小,提高了系统的可靠性。另外,随着CNC装置计算能力的提升,许多以前由硬件实现的功能,可以改由软件实现,进一步简化了硬件结构,提高了可靠性。

(4)功能多样化

CNC装置利用计算机强大的计算能力,能方便地实现许多复杂的数控功能,如高次曲线插补、动静态图形显示、多种补偿功能、数字伺服控制功能等。

(5)使用维修方便

CNC装置有对话编程、蓝图编程、自动在线编程等,使编程工作变得简单快捷。而且编好的程序还可以通过刀具轨迹仿真、空运行等进行检查校验。CNC装置的诊断程序为故障定位和排除提供了参考,使维修更加方便。

(6)易于实现机电一体化

由于半导体集成电路技术的发展及先进的表面贴装技术(Surface Mounted Technology, SMT)的采用,使CNC装置硬件结构尺寸大为缩小,并且随着通信功能的进一步完善,使得现代数控机床更加适合构建数控加工自动线,如FMC、FMS、DNC和CIMS等。

4.2 CNC 装置的硬件构成

CNC 装置的硬件结构按各印制电路板的插接方式分为大板式结构和功能模板式结构；按 CNC 中微处理器的个数分为单微处理器和多微处理器结构；按 CNC 装置硬件的结构形式，分为专用型结构和个人计算机式结构；按 CNC 装置的开放程度分为封闭式结构和开放式结构。

4.2.1 大板式结构和功能模块式结构

1. 大板式结构

大板式结构的 CNC 装置由主电路板、ROM/RAM 板、PLC 板、附加轴控制板和电源单元等组成，如图 4.4 所示。主电路板是大印制电路板，其它电路板是小印制电路板，它们插在大印制电路板的插槽内而共同构成 CNC 装置。

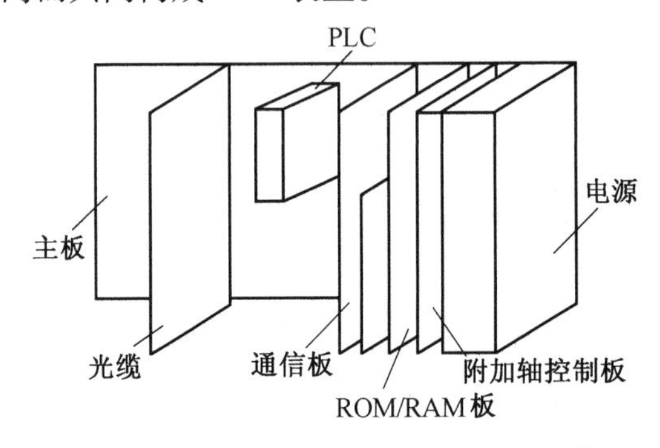

图 4.4 大板式 CNC 结构数控系统示意图

大板式结构的 CNC 是专门设计的，具有集成度高、结构紧凑、成本低、便于大批量生产等特点，但功能固定，不易扩充、升级，一般用于批量大和定制用途的普及型系统。早期的数控系统多采用大板式结构，如 FANUC 公司的 FANUC 6MB 等系统。

2. 功能模块式结构

模块式结构将 CNC 装置按功能划分为模块，硬件和软件设计都采用模块化设计，各模块以积木方式组成 CNC 装置。每一个功能模块被做成规格相同的印制电路或箱体，连接各模块的总线可按需选用各种工业标准总线，如工业 PC 总线、STD 总线等。

模块式结构克服了大板式结构功能固定的缺点，具有系统扩展性和通用性好，系统设计、维护和升级方便，可靠性高等优点。现代的数控系统多采用模块式结构，典型系统有日本 FANUC 的 0i/30i 系列，德国 SIEMENS 的 840/880 系列，美国 A-B 公司的 8600 系列等。

4.2.2 单微处理器结构和多微处理器结构

1. 单微处理器结构

单微处理器数控装置以一个中央处理器（CPU）为核心，CPU 通过总线与存储器以及各种接口相连接，采取集中控制、分时处理的工作方式，完成数控加工中的各个任务。某些 CNC 装置虽然有两个以上的微处理器，但其中只有一个微处理器能够控制系统总线，占有总线资源，而其它的微处理器只是附属的专用智能部件，不能控制系统总线，不能访问主存储器。各微处理器组成主从结构，因此这种 CNC 装置也属于单微处理器结构。

图 4.5 为单微处理器的 CNC 装置的结构框图。

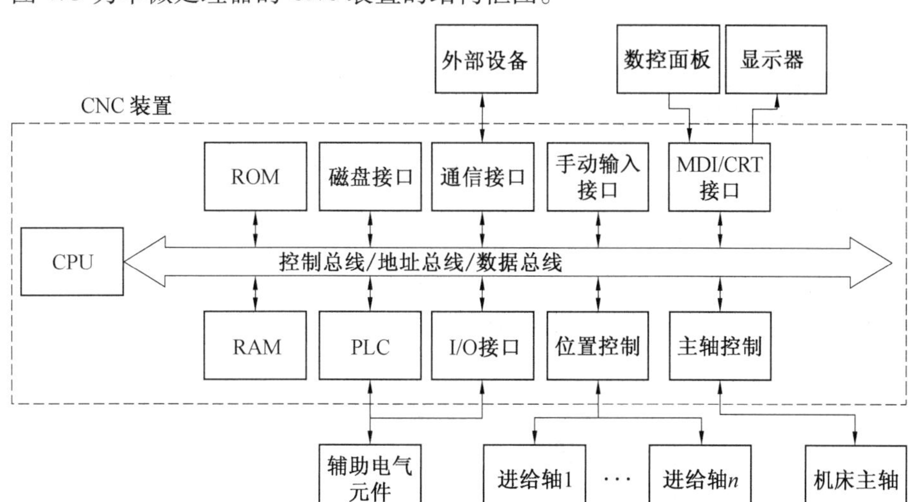

图 4.5　单微处理器的 CNC 装置结构图

(1)微处理器和总线

微处理器(Micro-Processor 为单芯片 CPU)是 CNC 装置的核心,主要完成控制和运算两方面的任务。

控制任务是根据系统要实现的功能而进行的协调、组织、管理和调度。主要包括:零件加工程序输入、输出的控制,获取机床加工现场状态的信息;保持 CNC 装置内各功能部件的动作以及各部件间的协调;输入、输出的管理,保持对外联系和机床的控制状态信息输入和输出。概括一下,控制任务主要完成获取信息、处理信息、发出控制指令等工作。

运算任务是完成一系列的数据处理工作,包括译码、刀补计算、运动轨迹计算、插补计算和位置控制的给定值与反馈值的比较运算等。

总线是 CPU 与各组成部件、接口等之间的信息公共传输线,包括数据、地址和控制三类总线。数据总线为各部件之间传送数据信息,是双向三态形式的总线,它既可以把 CPU 的数据传送到存储器或输入输出接口等其它部件,也可以将其它部件的数据传送到 CPU。地址总线是用来传送地址的,由于地址只能从 CPU 传向外部存储器或 I/O 端口,所以地址总线总是单向三态的。控制总线传输的是控制信号,控制总线的传送方向由具体控制信号而定。随着对传输信息的速度和信息量要求的提高,总线结构和标准也在不断发展。

(2)存储器

存储器用于存放数据、参数和程序等。CNC 装置中的存储器包括只读存储器 ROM (Read-Only Memory)和随机存储器 RAM(Random Access Memory)两类。只读存储器 ROM 中的数据只能读出,不能随机写入。一般,数控系统程序由生产厂家固化在 ROM 中,即使系统断电控制程序也不会丢失。运算的中间结果、需显示的数据、运行状态、标志信息等则存放在随机存储器 RAM 中。它可以随时读出和写入,断电后存放信息会丢失。零件加工程序、机床参数、刀具参数等存放在有后备电池的 CMOS RAM(CMOS:Complementary Metal Oxide Semiconductor 互补金属氧化物半导体)中,这些信息可以被随机读出,还可以根据操作需要写入和修改。断电后,信息仍保留不会丢失。基于 PC 的 CNC 系统多采用硬盘、软盘、Flash 闪存等作为程序存放的介质。

(3)输入/输出(I/O)接口

CNC 装置与机床其它设备之间的数据传送和信息通信,一般不能直接连接,而是经过输入和输出接口(I/O)电路,实现两者之间的信号传送。I/O 接口电路的主要任务有两个:一是进行电平转换和功率放大,CNC 装置输出或接受的信号一般是 TTL 电平,通常被控设备电路的电平不统一,因此必须要进行电平转换,当负载较大时还需要进行功率放大;二是防止噪声引起的误动作,用光电隔离器或继电器,使 CNC 装置和机床之间的信号在电气上加以隔离,达到防止噪声和避免误动作的目的。另外,在输入输出模拟信号时,在 CNC 装置和机床侧要分别接入 A/D、D/A 转换电路。图 4.6 为机床 I/O 接口电路的逻辑框图。

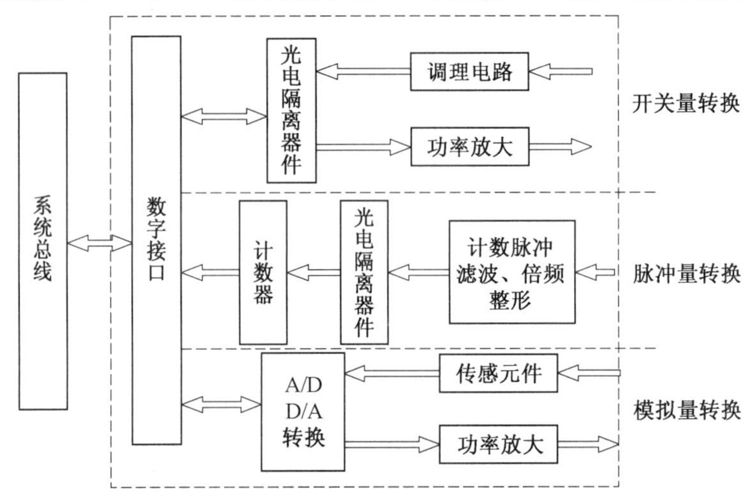

图 4.6　机床 I/O 接口电路逻辑框图

(4)MDI/CRT 接口

MDI 手动数据输入通过数控面板上的键盘操作。MDI 当扫描到有键按下时,将数据送入移位寄存器,经数据处理判别该键的属性及其有效性,并进行相关的监控处理。CRT 显示器接口在 CNC 软件控制下,在单色或彩色 CRT(或 LCD)上实现字符和图形显示,对数控代码程序、参数、各种补偿数据、坐标位置、故障信息、人机对话编程菜单、零件图形和动态刀具轨迹等进行实时显示。

(5)位置控制单元

CNC 装置中的位置控制单元又称为位置控制器或位置控制模块。位置控制单元的主要功能是对数控机床的进给坐标轴位置进行控制。位置控制单元接收经过插补运算得到的每一个坐标轴在单位时间间隔内的位移量,控制伺服电机工作,并根据接收到的实际位置反馈信号,修正位置指令,实现机床运动的精确控制。

位置单元硬件结构一般有采用大规模专用集成电路的位置控制芯片和位置控制模板两种。

① 位置控制芯片。典型的位置控制芯片有 FANUC 公司专门设计的 MB8739,该芯片在 FANUC 6 等很多数控系统中得到了应用。图 4.7 为 MB8739 的结构图,CPU 输出的位置指令,经 MB8739 处理后,送往 D/A 转换模块变换为模拟量,输入速度控制单元以控制电机运动。电机轴上装有光电脉冲发生器,电机转动时产生系列脉冲,该脉冲经接收器反馈到

MB8739,并被分为两路,一路作为位置量的反馈,一路经频率/电压(F/V)变换,作为速度反馈信号送往速度控制单元。

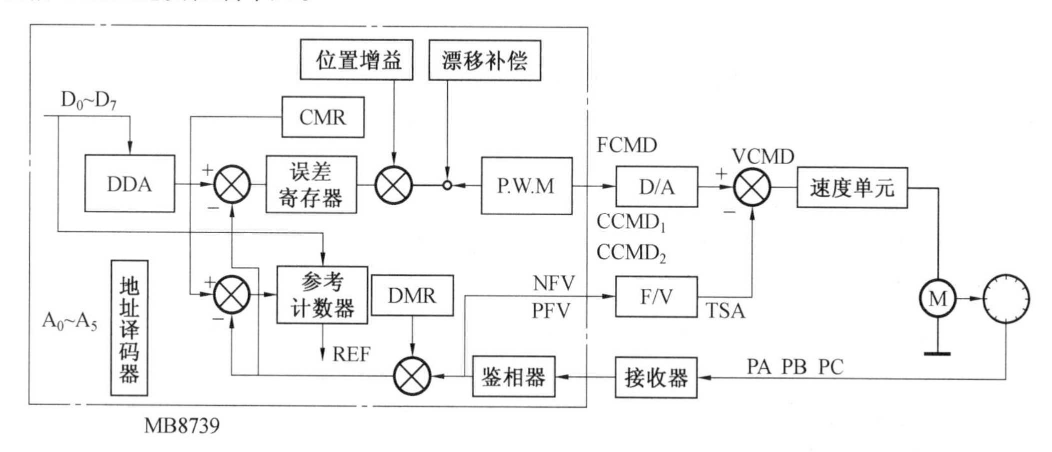

图4.7 MB8739结构图

② 位置控制模板。位置控制单元也可以采用通用芯片构成的位置控制模板(模块或组件),如Siemens数控的MS230、MS250、MS300,华中数控的HC4403等都是典型产品。图4.8为采用位置控制模板的CNC装置结构框图。位置控制功能由软件和硬件共同实现,软件负责跟随误差和进给速度指令的计算,硬件则包括位置控制输出组件和位置测量组件。位置控制输出组件接收进给指令,进行D/A变换,为速度单元提供指令电压。位置测量组件接收位置测量元件的反馈信号,处理后,将其送往“跟随误差计数器”与指令值进行比较计算。

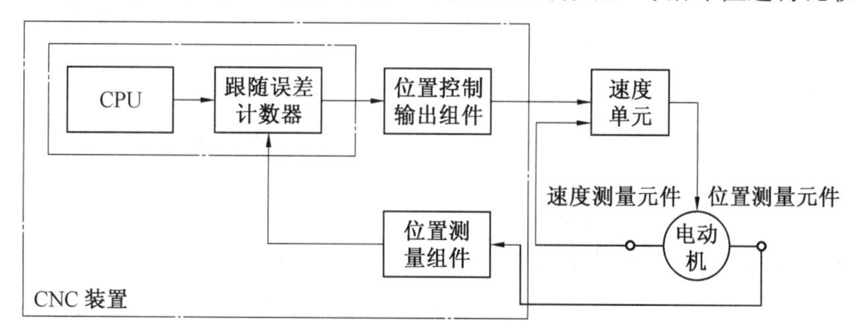

图4.8 采用位置控制模板的CNC结构框图

(6)可编程控制器(PLC)

可编程控制器的功能是替代传统机床的继电器逻辑实现对各种开关量的控制。数控机床使用的PLC分为两类:一类是“内装型”PLC(build-in type),它是为实现数控机床的顺序控制而专门设计制造的,其硬件和软件被作为CNC装置的基本功能统一设计;另一类是“独立型”PLC(stand-alone type),它是技术规范、功能和参数均可以满足数控机床要求的独立部件。“内装型”PLC作为CNC装置中的一个部件,从属于CNC装置,可以与CNC共用CPU也可以单独使用一个CPU。PLC与CNC之间的信号传送是在CNC装置内部实现的,而PLC与机床之间的信号传送是通过CNC输入/输出接口电路来实现。“内装型”PLC具有结构紧凑、性价比高等优点,现代数控机床的PLC多采用内装式,例如Fanuc公司的0i系列,Siemens公司的802D、810D、840D系列。“独立型”PLC又称“通用型”PLC,它不属于

CNC 装置,可以自己独立使用,具有完备的硬件和软件结构。一般在较早的数控系统中使用独立型 PLC,如 Siemens 公司的 SINUMERIK 3 和 8 系列数控系统,均采用了独立型 PLC。

(7)通信接口

当 CNC 装置用作设备层和工作层控制器组成分布式数控系统 DNC 或柔性制造系统 FMS 时,还要与上级计算机或直接数字控制器 DNC 进行数字通信。普通数控机床多采用 RS-232C 或 RS-422 通信接口。

综上,单微处理器的结构特点如下:

① CNC 装置内只有一个微处理器,对存储、插补运算、输出控制、CRT 显示等功能实现集中控制分时处理。

② 微处理器通过总线与存储器、输入输出控制等接口电路相连,构成 CNC 装置。

③ 该处理器结构简单,实现容易,但由于只有一个微处理器实行集中控制,对实时性要求很高的插补运算受微处理器字长、数据宽度、寻址能力和运算速度等因素的限制。

2. 多微处理器结构

多微处理器结构中,有两个以上的 CPU 构成处理部件和各种功能模块。按照相互间耦合的紧密程度,分为紧耦合与松耦合。紧耦合时,有集中的操作系统;松耦合时,各 CPU 构成部件,有多层操作系统,实行并行处理。由 CPU 构成的处理部件能独立运行,因此,能有效地实现并行处理,运算速度快,可以实现复杂的系统功能,适应多轴控制、高精度、高速度和高效率的控制要求。现代 CNC 装置大多采用多微处理器结构。

(1)功能模块

多微处理器结构的 CNC 装置采用模块化技术,可根据具体情况合理划分功能模块。CNC 装置通常由以下功能模块组成。

① CNC 管理模块。这是实现管理和组织整个 CNC 系统工作的功能模块,如系统的初始化、中断管理、总线仲裁、系统出错的识别和处理、系统软硬件的诊断等功能由该模块完成。

② CNC 插补模块。该模块完成译码、刀具半径补偿、坐标位移量的计算和进给速度处理等插补前的预处理,然后进行插补计算,为各坐标轴提供位置给定值。

③ 位置控制模块。插补后的坐标位置给定值与位置检测器测得的位置实际值进行比较,并自动加减速,得到速度控制的模拟电压去驱动进给伺服电机。

④ 人机接口模块。完成操作控制、数据输入/输出和显示等功能,包括加工程序、参数和数据、各种操作命令的输入/输出,加工信息显示等。

⑤ PLC 模块。零件程序中的开关功能和由机床来的信号等在这个模块中作逻辑处理,实现各功能和操作方式之间的联锁,机床电气设备的启停,刀具交换,转台分度,工件数量和运转时间的计数等。

⑥ 存储器模块。该模块存放程序和数据,是各功能模块间数据传送的共享存储器,称为主存储器。另外,每个 CPU 控制模块中还有局部存储器。

不同的 CNC 装置,功能模块的划分和数目也各不相同。如果要扩充功能,可再增加相应的模块。

(2)多主结构 CNC 装置的典型结构

多微处理器结构 CNC 装置的结构方案多种多样,它随着计算机系统结构的发展而变化,多处理器互联方式有总线互连、环形互连、交叉开关互连等。多主结构的 CNC 装置一般采用总线互连方式,典型的结构有共享总线结构、共享存储器结构以及它们的混合型。

① 共享总线结构。FANUC 15 系列数控系统的 CNC 装置为多微处理器共享总线结构,如图 4.9 所示。按照功能需求,将系统划分为若干功能模块。带 CPU 的称为主模块,不带 CPU 的称为从模块。根据不同的配置可以选用 7、9、11 或 13 个功能模块插件板。所有主从模块都插在配有总线(FANUC BUS)插座的机柜内,通过共享总线的形式把各个模块有效地连接在一起,实现各种数据和信息的交换,组成一个完整的多任务实时系统,完成 CNC 装置预定的功能。

FANUC 15 CNC 装置的主 CPU(基本 CPU,图中未画,与插补模块做在一起)为 Motorala 公司的 68020(32 位)。在可编程控制器(PLC)、轴控制(进给坐标)、插补、图形控制、通信及自动编程模块中都有各自的 CPU。根据用户需求,可构成最小至最大系统,控制轴数为 2~15。系统采用了 32 位高速多主总线结构,信息传送速度很快。

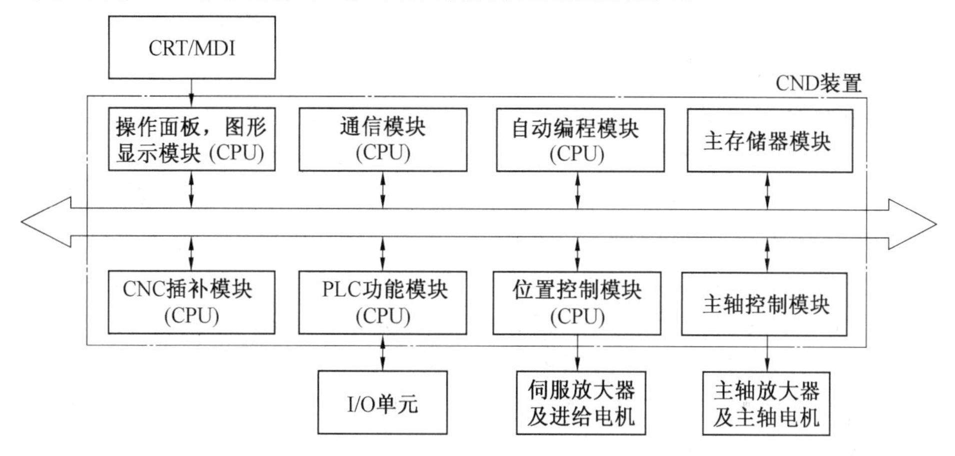

图 4.9 FANUC15 的 CNC 装置(共享总线多主结构)结构框图

共享总线多主结构系统中只有主模块有权控制和使用系统总线。由于某一时刻只能由一个主模块占有总线,设有总线仲裁器来解决多个主模块同时请求使用总线造成的竞争矛盾,每个主模块按其担负任务的重要程度,已预先排好优先级别的顺序。总线仲裁的目的就是在它们争用总线时,判别出各模块的优先权高低。

总线仲裁有两种方式:串行方式和并行方式。

串行总线仲裁方式中,优先权的排列是按链接位置确定。某个主模块只有在前面优先权更高的主模块不占用总线时,才可使用总线,同时通知它后面的优先权较低的主模块不得使用总线,如图 4.10 所示。

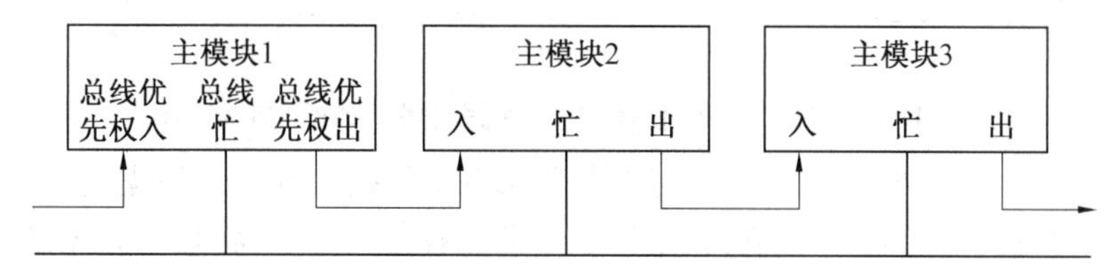

图 4.10 串行总线仲裁连接方式

并行总线仲裁方式中,配备专用逻辑电路来解决主模块的优先权问题,通常采用优先权编码方案,如图4.11所示。这种结构模块之间的通信,主要依靠存储器来实现。大部分采用公共存储器方式,公共存储器直接插在系统总线上,有总线使用权的主模块都能访问。使用公共存储的通信双方都要占用系统总线,可供任意两个主模块交换信息。

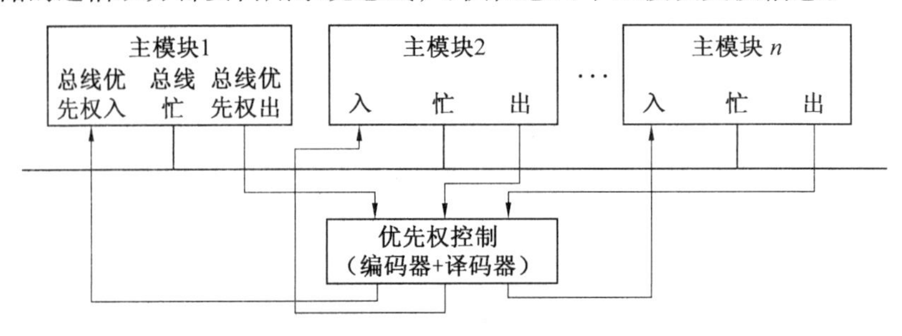

图4.11　并行总线仲裁连接方式

支持这种系统结构的总线有STD bus(支持8位和16位字长)、Multi bus(Ⅰ型支持16位字长,Ⅱ型支持32位字长)、S-100 bus(支持16位字长)、VERSA bus(支持32位字长)以及VME bus(支持32位字长)等。

共享总线结构方案的优点是系统配置灵活,结构简单,容易实现,造价低,不足之处是会引起"竞争",使信息传输率降低,总线一旦出现故障,会影响全局。

②共享存储器结构。GE公司的MTC 1型数控装置为共享存储器型结构,系统共包含3个带有CPU的主模块,功能模块之间通过公用存储器连结耦合在一起,如图4.12所示。

CPU1为中央处理器,其任务是数控程序的编辑、译码、刀具和机床参数的输入。此外,作为主处理器,它还控制CPU2和CPU3,并与之交换信息。CNC的控制程序(系统程序)有56K,存放在EPROM中,26K的RAM存放零件程序和预处理信息及工作状态、标志。为与CPU2和CPU3交换信息,它们各有512字节的公用存储器,CPU1可以与公用存储器交换信息。

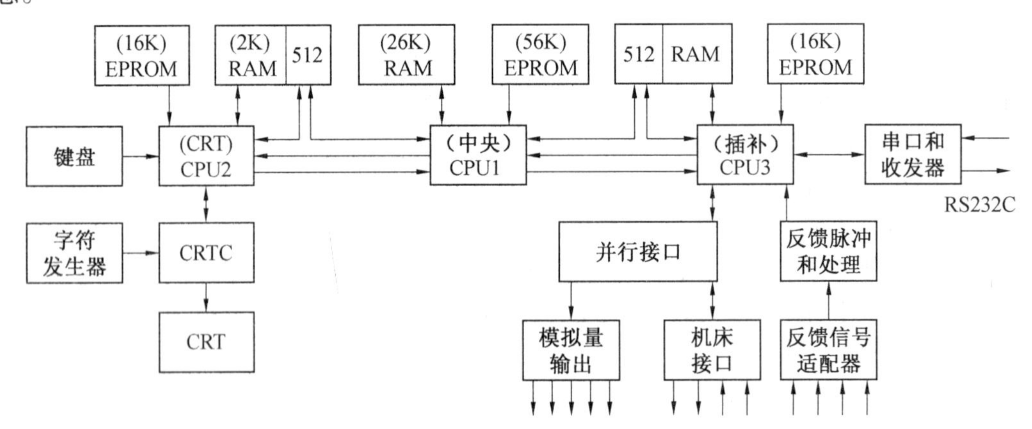

图4.12　MTC1 CNC装置(共享存储器多主结构)结构框图

CPU2为CRT显示处理器,它的任务是根据CPU1的指令和显示数据,在显示缓冲区中组成一幅画面数据,通过CRT控制器、字符发生器和移位寄存器,将显示数据送到视频电路进行显示。此外,它还定时扫描键盘和倍率开关状态,并送CPU1进行处理。CPU2有16K EPROM,存放显示控制程序,还有2K RAM存储器,其中512字节是与CPU1共用的公用存储器,另外的512字节是对应显示屏幕的页面缓冲区,其余1K字节用于数据、状态及开关编码等信息的存储。

CPU3为插补处理器。插补控制程序存储在16K的EPROM存储器中,它完成的工作包括插补运算、位置控制、机床输入/输出接口和RS232C接口控制。CPU3根据CPU1的命令及预处理结果,进行直线和圆弧插补。它定时接收各轴的实际位置,并根据插补运算结果,计算各轴的跟随误差,以得到速度指令值,再经D/A转换输出模拟指令到各伺服单元。另外,CPU3通过它的512字节公用存储器向CPU1提供机床操作面板开关的状态,及所需显示的位置信息等。CPU3还可通过RS232C接口定时接收外设送来的数据,并通过公用存储器转送到CPU1的零件存储器中;或从公用存储器将CPU1送来的数据,经RS232C接口传送至外设。

MTC1数控装置中的公用存储器,是通过CPU1分别向CPU2(或CPU3)发送总线请求保持信号HOLD,才被占用的。此时CPU2或CPU3处于保持状态,CPU1与公用存储器进行信息交换。信息交换结束,CPU1撤消HOLD信号,CPU1释放公用存储器,CPU2和CPU3恢复对公用存储器的控制权。

CPU1对CPU2和CPU3的控制是通过中断实现的。三个CPU都分别设有若干级中断,CPU1的6.5级中断受CPU3的6.5级中断控制。在CPU3的6.5级中断结束时,发出CPU1的6.5级中断请求,而CPU3的6.5级中断是由定时器每10ms请求一次,这样CPU1与CPU3的信息交换就协调一致了。同样CPU2的5.5级中断每20ms来一次,它触发CPU1的7.5级中断,使CPU1与CPU3的通信同步、协调。

共享存储器的多CPU CNC装置还采用多端口存储器来实现各微处理器之间的互连和通信。由多端口控制逻辑电路解决访问冲突。图4.13是一个双端口存储器结构框图,它配有两套数据、地址和控制线,可供两个端口访问,访问优先权预先安排好。两个端口同时访问时,由内部硬件裁决其中一个端口优先访问。图4.14是多微处理器共享存储器采用多端口结构的框图。

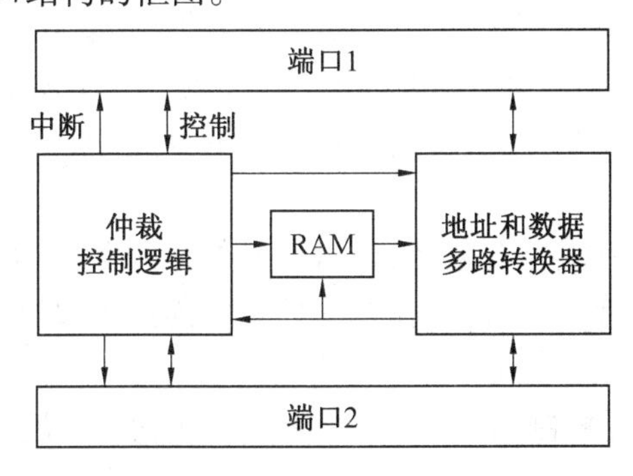

图4.13 双端口存储器结构框图

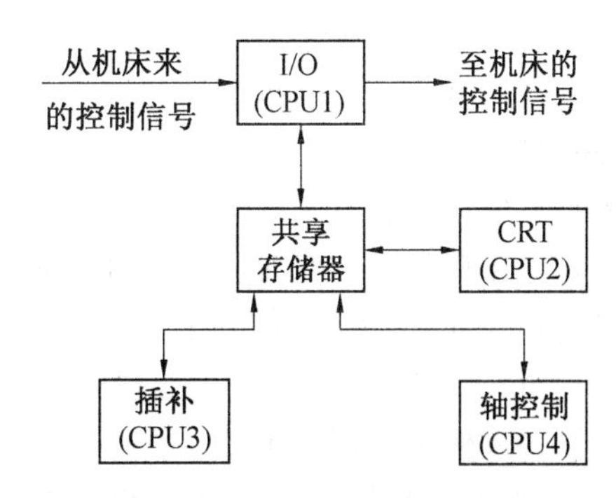

图4.14 多CPU共享存储器框图

③共享总线和共享存储器型结构。还有的多微处理器CNC装置采用既共享总线又共享存储器的结构形式,FANUC11的CNC装置就是这种硬件结构,如图4.15所示。

FANUC11 CNC装置是为柔性制造系统(FMS)所用数控机床设计的,除能实现多坐标控制外,还能实现在线(后台)自动编程、加工过程和程编零件的图形显示以及与主机的通信等。系统有公用的存储器,各自的CPU还有自己的存储器。按功能可划分基本的数控部分,会话式自动编程部分,CRT图形显示部分和可编程机床控制器PMC(Programmable

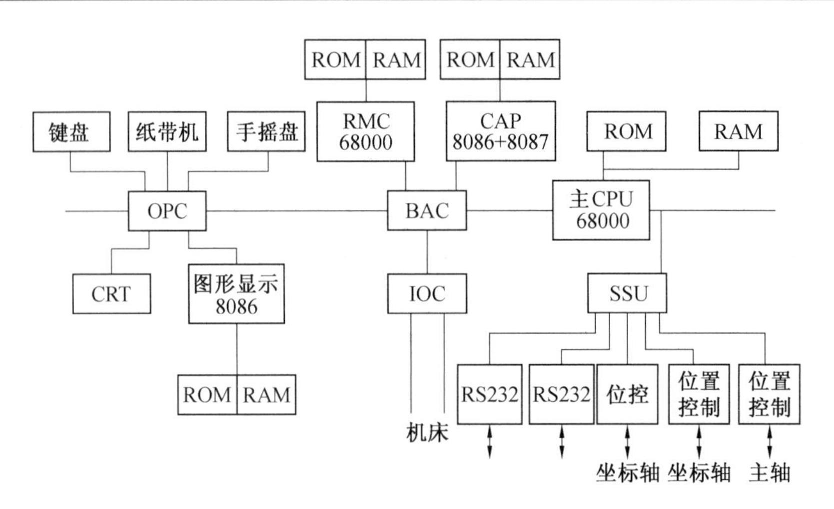

图 4.15 FANUC11 的 CNC 装置结构框图

Machine Controller,与 PLC 有相同的含义)等。

功能模块包括如下部分:

①主处理单元。完成基本的数控任务及系统管理,主 CPU 为 Motorala 公司的 16 位处理器 68000。

②图形显示单元。完成数控加工的图形显示(CPU 为 Intel 公司的 16 位处理器 8086)和在线的人机对话自动编程(CPU 为 Intel 公司的 8086+8087)。

③总线仲裁控制器 BAC(Bus Arbitration Controller)。其功能为:对请求总线使用权的 CPU 进行裁决,按优先级分配总线使用权,以及产生信号,使没有得到总线控制权的 CPU 处于等待状态。此外,BAC 还具有位操作、并行 DMA(Direct Memory Access,直接存储器存取)控制和串行 DMA 控制等特殊功能。

④接口 SSU。这是系统支持单元,它是 CNC 装置与机床和机器人等设备的接口。功能部件有:位置控制芯片(MB87103),其输入为插补得到的速度指令和位置测量元件的反馈信号,其输出为进给驱动装置和主轴驱动装置的输入指令,用于传送高速信号的高速 I/O 口;2 ms的插补定时器。

⑤操作板控制器 OPC。用于和各种操作外设相连,主要包括:键盘信号的接收和驱动;CRT 的控制接口;手摇脉冲发生器接口;用于和纸带阅读机、穿孔机等外设相连的 RS232C 接口和 20 mA 电流回路接口;操作开关等。

⑥输入输出控制器 IOC。它接收和传送可编程控制器 PMC 和机床侧的按钮、限位开关、继电器等之间的信号。PMC 的 CPU 也是 Motorala 公司的 68000。

⑦存储器。该系统有多种存储器,除主存储器外,各 CPU 都有各自的存储器。大容量磁泡存储器的容量可达 4 MB。PMC 的 ROM 为 128 KB,可存储顺序逻辑程序 16000 步。系统控制程序 ROM 的容量为 256 KB。

多微处理器 CNC 装置结构的特点:

①计算处理速度高。多微处理器结构中的每一个微处理器完成系统中指定的一部分功能,独立执行程序,并行运行,比单微处理器提高了计算处理速度。它适应多轴控制、高进给速度、高精度、高效率的数控要求。

②可靠性高。由于系统中每个微处理器分管各自的任务,形成若干模块。插件模块更换方便,可使故障对系统影响减到最小。共享资源省去了重复机构,不但降低造价,也提高了可靠性。

③有良好的适应性和扩展性。多微处理器的 CNC 装置大都采用模块化结构。可将微处理器、存储器、输入输出控制组成独立的硬件模块,相应的软件也采用模块结构,固化在硬件模块中。硬软件模块形成一个特定的功能单元,称为功能模块。功能模块间有明确定义的接口,接口是固定的,成为工厂标准或工业标准,彼此可以进行信息交换。因此,可以像搭积木一样配置 CNC 装置,使设计变得简单,且具有良好的适应性和扩展性。

④硬件易于组织规模生产。硬件一般是通用的,容易配置,只要开发新的软件就可构成不同的 CNC 装置,因此便于组织规模生产,形成批量。

4.2.3　专用型和个人计算机式结构的 CNC 装置

1. 专用型结构

这类 CNC 装置的硬件由各制造厂专门设计和制造,布局合理,结构紧凑,专用性强,但硬件之间彼此不能交换和替代,没有通用性。许多知名数控系统,如日本 FANUC 数控系统、德国 SIEMENS 数控系统、美国 A-B 数控系统、西班牙 FAGOR 数控系统、法国 NUM 数控系统、德国 HEIDENHAIN 数控系统等的大多数产品系列都属于专用型。

2. 个人计算机式结构

图 4.16 为以工业 PC 为平台的 CNC 装置结构图。这类 CNC 系统是以工业 PC 机作为 CNC 装置的运行平台,再由各数控机床制造厂家根据自身数控系统的需要,插入自己的控制卡和数控软件构成相应的 CNC 装置。由于工业标准计算机的生产数量大,其生产成本很低,进而也就降低了 CNC 系统的成本。若工业 PC 机出故障,修理及更换均很容易。美国

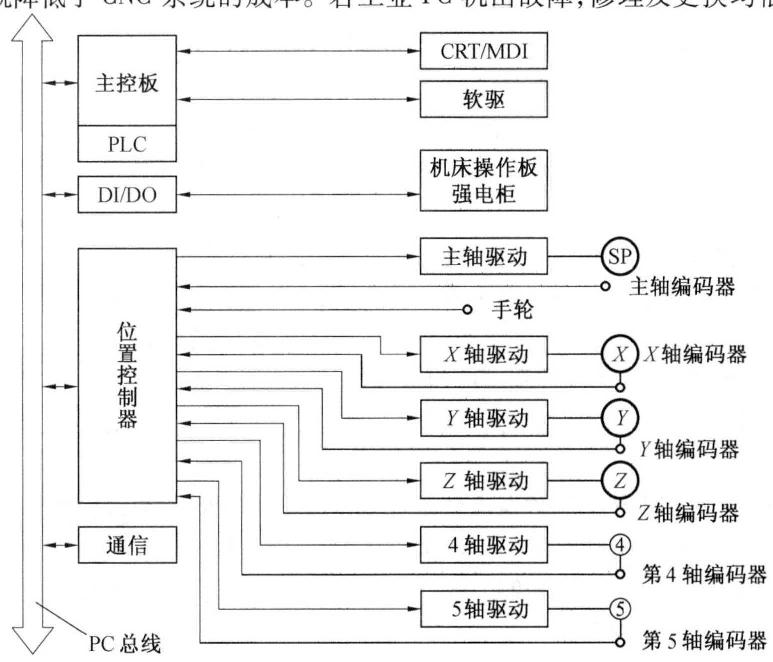

图 4.16　以工业 PC 为平台的 CNC 装置结构图

ANILAM 公司和 AI 公司的 CNC 装置、我国的华中数控均属这种类型。主机采用工业 PC 机，负责管理 CNC 系统的人机界面、数控程序编译、图形显示、插补运算控制及整个机床的调度等；位置控制器负责完成各个运动轴位置的伺服控制；PLC 可以使主机直接发送各种辅助控制命令，实现对数控机床的控制，并可通过读取现场开关量信号状态掌握机床运行情况，以便进行监控和故障诊断。它们之间的通信是通过 PC 总线以并行方式完成的。

4.2.4 开放式 CNC 装置

1. 开放式数控系统的特点

目前大多数数控系统采用专用的封闭式体系结构，不同厂家之间产品难以相互兼容。传统的数控系统虽结构简单，技术成熟，但随着技术进步，其固有缺陷日益明显，主要体现在：

① 兼容性差。传统数控系统往往采用专用的硬件，难以与通用 PC 兼容。而且各个厂家采用独特的硬件设备，造成各个品牌之间的数控系统的数据交互困难。甚至同一品牌不同型号的数控系统之间也存在兼容性问题。

② 集成度差。不同数控系统各个功能模块之间通信困难，系统集成度差；不同风格的操作界面增加了培训费用；同时，专用件的大量使用，增加了维护的成本。

③ 技术封闭。系统的封闭性使得对其进行扩充和修改极为困难，用户难以将自己的专门技术和工艺经验融入控制系统；此外，由于技术保密等原因，传统数控系统出厂时常将硬件进行封装，给扩展和升级带来困难，使传统数控系统的性能远落后于当前科技发展。

针对传统数控系统存在的问题，国内外都在积极地开展开放式数控系统的研究工作。1981 年美国国防部开始了一项“下一代控制器（NGC：Next Generation Workstation/Machine Controller）”的计划，1991 年完成了“开放系统体系结构标准（SOSAS：Specification of An Open System Architecture Standard）”；1994 年美国汽车工业开始了“开放式、模块化体系结构控制器（OMAC：Open Modular Architecture Controller）”计划；1992 年欧洲启动了“自动化系统中控制的开放系统体系结构（OSACA：Open System Architecture for Controls within Automation Systems）”计划；1995 年日本机床公司开始了“控制器开放系统环境（OSEC：Open System Environment for Controller Architecture）”计划。OMAC、OSACA 和 OSEC 是三个有影响的开放式数控系统研究计划。1996 年芝加哥国际机床展览会开始展出以个人计算机（PC）为基础的数控系统，从此开始了开放式数控系统的新时代。

从开放式数控系统目前的研究成果看，开放式数控体系结构还没有统一、明确的概念与内涵，还处于百家争鸣的时代。IEEE 对开放式数控系统的定义为：开放式数控系统应该是具有下列特征的系统，符合系统规范的应用，可以运行在多个销售商的不同平台上，可以与其它的系统应用互操作，并且具有一致风格的用户交互界面。与传统数控系统相比，开放式数控系统具有下列特点：

①可互换性。数控系统的软件及硬件系统不受生产厂商的限制，具有通用性。开放式数控系统以通用 PC 或工控机作为底层硬件平台，其硬件组成不受单一供应商的限制，可根据需要进行替换。此外，开放式数控系统将功能模块化，并采用标准化模块接口，因此不同品牌的功能模块也可以相互替换。

②开放性。系统的功能可以进行设置和修改，开发人员可以方便的将专业技术及软件集成到控制系统中去，构建针对某种特殊工艺或特殊功能需求的专用数控系统，满足不同应

用场合的需求。

③可移植性。系统的应用软件与底层硬件无关,使得系统内各种功能模块能够独立运行于不同厂商所提供的硬件平台上。

④网络化。开放式数控系统具有网络通信功能,通过独立的通信模块实现信息交互,满足网络化工业生产的需要。

这些特点使得开放式数控系统成为当今数控的主流研究方向。一方面,采用开放式的数控技术,可以使数控系统开发商实现厂家间的开发协作,降低成本并缩短数控系统的研发周期。另一方面,机床生产厂家可以将专门的软件或技术封装到数控系统当中去,并根据自身机床结构对系统进行二次开发。用户可以自由选择所需的功能部件,获得比传统数控系统功能更为强大,成本更为低廉的产品,满足不同用户的需求。另外,用户可以根据功能要求进行软硬件的升级和扩展,良好的通用性也使得数控系统的维护更加方便。

2. 开放式数控装置的模式

在开放式数控系统中,其数控装置的模式主要有以下三种:

(1)衍生模式(专用 NC+PC 前端)

该类型系统是将 PC 作为 NC 的部件嵌入到 NC 内部,PC 与 NC 之间采用专用的总线连接,构成前后台结构,形成多微处理器数控系统。PC 前端将丰富的 PC 硬件软件资源融入数控系统,完成系统的非实时任务;后台 NC 完成系统的实时控制功能,可保留其成熟可靠的性能。其优点是系统数据传输快,响应迅速,同时,原型 NC 系统也可不加修改就得以利用。其缺点是不能充分发挥 PC 的潜力,开放性受限制,系统造价高。这种数控系统尽管具有一定的开放性,但由于它的 NC 部分仍然是传统的数控系统,其体系结构还是不开放的。

衍生模式实质上是一种折衷解决方案,采用这种结构主要是一些知名的传统 CNC 厂商,它们不愿放弃成熟的传统 NC 技术而又需要 PC 来扩展系统的开放性。典型代表有日本 FANUC 的 18i 系统、德国 SIEMENS 的 840D 系统、法国 NUM 公司的 1060 系统等。

(2)嵌入模式(PC+NC 控制卡)

该类型系统以通用 PC 架构为基本平台,将具有标准 PC 接口(如 ISA、PCI)的 NC 控制板或整个 CNC 单元插入 PC 主板扩展槽中形成开放式数控系统。PC 完成人机界面、数据通信及 NC 功能调用等非实时任务,NC 扩展卡完成运动控制和 PLC 控制等实时任务。这种方法能够方便地实现人机界面的开放化和个性化。缺点是运动控制和伺服依赖于专用运动控制卡,无法实现硬件通用化。

NC 扩展卡一般选用高速的 DSP 芯片作为 NC 的 CPU,其标准的函数库可供用户在操作系统平台下二次开发所需要的功能。就开放程度而言,这种方式比 PC 嵌入 NC 式数控系统要高,得到了广泛的应用。较为典型的系统有日本 MAZAK 公司基于日本 MITSUBISHI 公司 Meldas 64 的 MAZATROL 640 系统,美国 Delta Tau 公司基于 PMAC 多轴运动控制卡的 PMAC-NC 系统等。

(3)全软件型

这种 CNC 装置的主体是 PC 机,以实时操作系统(Windows NT 的实时扩展 VenturCom RTX、RT-Linux、Windows CE 等)为数控系统的实时内核,在计算机操作系统(Windows NT、Linux 等)环境下运行具有开放结构的控制软件。它的 CNC 软件全部装在 PC 机中,而硬件部分仅包含 PC 机以及伺服驱动和外部 I/O 之间的接口板卡,接口板卡插在 PC 机的标准插槽中。在这种数控系统中,PC 机不仅能够完成文件管理、人机接口、网络通信等非实时任务,同时在实时操作系统的管理下,还能以软件控制的方式完成插补运算、伺服进给控制、电源控制、I/O 控制以及 PLC 控制等实时性任务。CNC 接口板只完成 PC 与各种接口的连接与驱动。

这种实现形式的数控系统在软件上基于操作系统编程标准,在硬件上基于通用 PC 硬件标准,所以在理论上可以实现完全开放,是未来开放数控的发展方向。目前典型的产品有:美国 MDSI 公司的 Open CNC、德国 Power Automation 公司的 PA8000、德国 Beckhoff Automation 公司的 TwinCAT CNC、美国 Soft Servo System 公司的 ServoWork、德国 Siemens 公司的 SINUMERIK 840Di、法国 NUM 公司的 NUM 1020 等。我国许多高校也针对全软件型开放数控开展了大量研究工作,有些已研制出样机,如哈尔滨工业大学的 HIT CNC 等。

4.3 CNC 装置的软件构成

CNC 数控装置的软件是为完成 CNC 系统的各项功能而专门设计和编制的,是数控加工的一种专用软件,又称为系统软件(系统程序),其管理作用类似于计算机操作系统的功能。不同厂家的 CNC 装置,其功能和控制方案不同,因而系统软件在结构上和规模上也差别较大,互不兼容。现代数控系统的功能大都采用软件来实现,CNC 系统的性能高低与系统软件的功能和设计水平密切相关。

4.3.1 CNC 装置中软硬件的功能划分

软件结构取决于 CNC 装置中软件和硬件的分工,也取决于软件本身的工作性质。硬件为软件运行提供了支持环境。软件和硬件在逻辑上是等价的,由硬件能完成的工作原则上也可以由软件完成。硬件处理速度快,但造价高,软件设计灵活,适应性强,但处理速度慢。在 CNC 装置中,软硬件的分工主要是由性能/价格比决定的。

早期的 NC 装置,数控系统的全部功能都由硬件来实现。随着计算机技术的发展,计算机融入了数控系统,构成了计算机数控(CNC)系统,使由软件完成部分数控工作成为可能。尤其是工业 PC 机的引入,为 CNC 系统提供了十分坚实的硬件资源和极其丰富的软件资源,使得数控系统的许多任务可以由软件来实现,如零件程序的输入与译码、刀具半径补偿和长度补偿、加减速处理、插补运算、位置控制等。图 4.17 为 CNC 装置软硬件功能划分的几种典型形式。

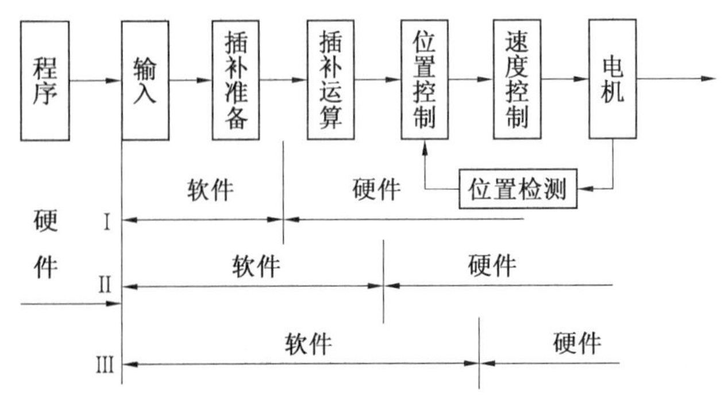

图 4.17 CNC 系统软硬件功能划分形式

4.3.2 CNC 软件的特点

1. 多任务并行性

CNC 系统是一个专用的实时多任务系统,CNC 装置通常作为一个独立的过程控制单元用于工业自动化生产中。因此,它的系统软件可分为管理和控制两大部分。系统的管理部分包括:输入、I/O 处理、通信、显示、诊断以及加工程序的编制管理等;系统的控制部分包括:译码、刀具补偿、速度处理、插补和位置控制等。图 4.18 为 CNC 装置的软件任务分解图,反映了它的多任务性。

另外,在 CNC 软件中,各种任务不是顺序执行的,多数情况下管理软件和控制软件的某些工作必须同时进行。例如,为使操作人员能及时地了解 CNC 装置的工作状态,管理软件中的显示模块必须与控制软件同时运行;当在插补加工运行时,管理软件中的零件程序输入模块必须与控制软件同时运行。而当控制软件运行时,其本身的一些处理模块也必须同时运行。例如,为了保证加工过程的连续性,即刀具在各程序之间不停刀,译码、刀具补偿和速度处理模块必须与插补模块同时运行,而插补程序又必须与位置控制程序同时进行。软件任务的并行处理关系如图 4.19 所示,其中双箭头表示两个模块之间有并行处理关系。

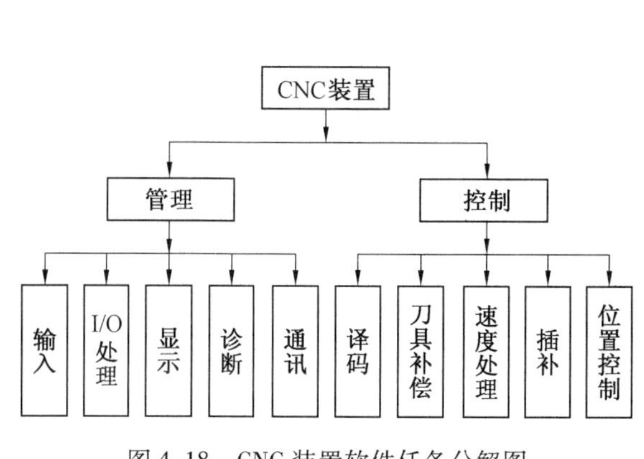

图 4.18 CNC 装置软件任务分解图

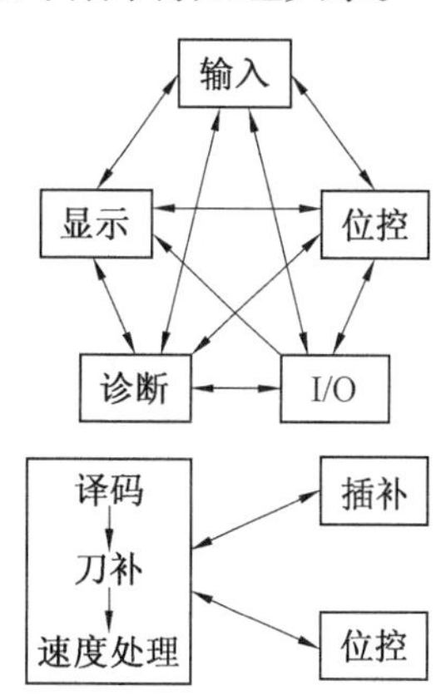

图 4.19 软件任务的并行处理

2. 实时性

实时性是指能够在限定时间内完成规定的功能,并对外部的异步事件做出响应的能力。实时性的强弱通常以完成规定功能和作出响应的时间长短来衡量。

数控系统是一种典型的实时多任务计算机控制系统,其中的很多任务如加减速运算、插补运算及位置控制等,都是实时性很强的任务,目前很多高速、高精度数控系统的插补周期和采样周期已经达到了 1 ms 以下。如果不能在规定周期内完成插补计算或位置控制任务,加工过程就会出现断续和停顿,从而影响工件加工质量并减少刀具使用寿命。另外,当用户通过控制台发出的急停指令时,数控系统必须在给定的时间内作出响应,否则就会危及设备及人身安全。因此,数控系统是一种硬实时系统,系统软件的设计也必须满足实时性需求。

4.3.3 CNC 软件的设计方法

为完成数控加工的各项功能,并满足数控软件的多任务并行性与实时性工作需求,在 CNC 装置的软件设计中常采用资源分时共享并行处理和资源重复流水并行处理方法。并行处理是指计算机在同一时刻或同一时间间隔内完成两种或两种以上性质相同或不同的工作。

1. 资源分时共享并行处理

在单 CPU 的 CNC 装置中,主要采用 CPU 分时共享的原则来实现多任务的并行处理。各任务何时占用 CPU 及各任务占用 CPU 时间的长短,是首先要解决的两个问题。在 CNC 装置的软件设计中,常采用循环调度和中断优先相结合的办法来解决。

(1)循环调度

循环调度是将若干个任务在一个时间片内按一定的顺序执行一次并且一个一个时间片地循环执行。在一个时间片内,各个任务按设定的先后顺序和时间长度分时占用 CPU,而相对于不断循环运行的总时间来说,时间片的时间很短,所以在一个时间片上,若干个任务被看成并行处理。

通常,对于 CNC 装置中实时性要求相近的任务可以采用循环调度的方法进行软件设计。例如,将译码、刀补、速度处理、I/O 处理等任务安排在一个循环结构内。系统在完成初始化任务后自动进入该循环,在循环中依次轮流处理各任务。图 4.20 是一个典型的 CNC 装置各任务分享 CPU 的时间分配图。可以看出,在一个时间片内,CPU 并行处理了多个任务。

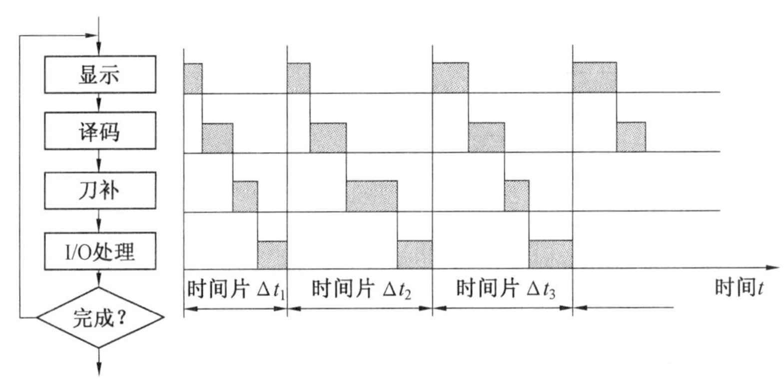

图 4.20 循环调度的分时共享与并行处理过程

在循环调度设计中需要注意,同一个任务在每次循环中所占用 CPU 时间并不相同,必须对每个任务占用 CPU 的最长时间加以限制,对于某些占用 CPU 时间较多的任务,如插补准备(包括译码、刀具半径补偿和速度处理等),可以在其中的某些地方设置断点,当程序运行到断点处时,自动让出 CPU,等到下一个运行时间里自动跳到断点处继续执行(可以将一个复杂的计算过程分解为多个子过程,合理控制其占用 CPU 的时间,在每个时间片内执行一个子过程,保证整个循环内其它任务的运行时间)。

(2)优先抢占调度

为满足 CNC 装置的实时性需求,CNC 软件设计采用优先抢占机制进行调度管理。优先抢占调度是基于实时中断技术的任务调度机制。中断技术是计算机响应外部事件的一种处理技术,特点是能按任务的重要程度和轻重缓急分别进行响应。

优先抢占调度是根据任务的实时性等级不同而进行优先级的设定。在 CPU 空闲时,若同时有多个任务请求执行,优先级别高的任务优先执行(优先调度);在 CPU 执行某任务时,若另一优先级更高的任务请求执行,CPU 将立即终止正在执行的任务,转而响应优先级更高的任务的请求(抢占)。

下面举例说明优先抢占调度实现多任务实时并行处理的过程。假定某 CNC 装置软件将其功能仅分为三个任务:位置控制、插补运算和背景程序(包含若干个任务的循环调度运行),且将这三个任务分为三个优先级别。三个任务中位置控制优先级级别最高,规定 4 ms 执行一次,由定时中断激活;插补运算次之,规定 8 ms 执行一次,由定时中断激活;背景程序最低。当位置控制和插补运算都不执行时便执行背景程序。运行过程是在初始化后,自动进入背景程序,轮流反复执行背景程序中的各个任务。当位置控制和插补运算需要执行时,可以随时中断背景程序的运行。同样,位置控制可随时中断插补运算的运行。优先抢占调度的多任务实时并行处理过程,如图 4.21 所示。

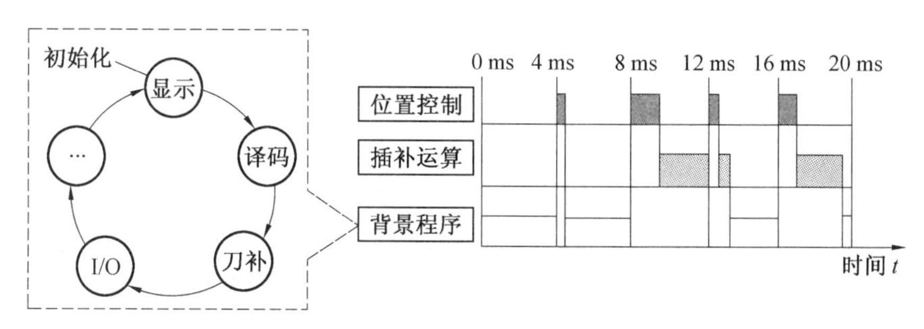

图 4.21　优先抢占调度的多任务实时并行处理过程

从图 4.21 可以看出:在初始时刻自动执行背景程序;在 4 ms 时刻,位置控制发出中断请求,即刻中断背景程序的运行,抢占 CPU 执行位置控制任务;在 8 ms 时刻,位置控制和插补运算同时发出中断请求,又即刻抢占 CPU,中断背景程序的运行,由于位置控制优先级别高于插补运算,位置控制任务优先执行,待位置控制任务完成后,再执行插补运算;就这样,保证了实时周期性任务准确地按一定的时间周期执行。可以看出,虽然在任何时刻只有一个任务占用 CPU,但从一个时间片(8 或 16 ms)来看,CPU 并行执行了三个任务。

可见,资源分时共享的特征为:①在任何一个时刻只有一个任务占用 CPU;②在一个时间片内,CPU 并行执行了多个任务。

2. 资源重复的流水并行处理

在多微处理器结构的 CNC 装置中,使用资源重复的流水技术实现并行处理。所谓资源重复是指这种并行处理是建立在重复配置多个 CPU 资源的基础上;所谓流水处理是指整个数控软件功能被分解为多个任务,并根据各任务之间的时序逻辑关系依次分配给不同的 CPU 来完成,多个 CPU 如同自动化生产流水线上位于不同的工序上的机床一样,彼此协作完成数控系统的整体功能。

当 CNC 装置在自动加工工作方式时,其数据的转换过程将由译码、刀补、插补、位置控制四个子过程组成。如果每个子过程的处理时间分别为 Δt_1、Δt_2、Δt_3、Δt_4,如果以顺序方式处理每个零件程序段,即第一个零件程序段处理完以后才能处理第二个程序段,那么一个零件程序段的数据转换时间将是 $t=\Delta t_1+\Delta t_2+\Delta t_3+\Delta t_4$。图 4.22(a)为这种顺序处理时的时间空间关系。从图中可以看出,两个程序段的输出之间将有一个时间为 t 的间隔。这种时间间隔反映在电机上就是电机的时转时停,反映在刀具上就是刀具的时走时停,这种情况在加工工艺上是不允许的。

消除这种间隔的方法是采用流水处理技术,将任务分配给不同的 CPU,CPU1 负责程序段译码,CPU2 负责刀补,CPU3 负责插补,CPU4 负责位置控制。采用流水处理后的时间空间关系如图 4.22(b)所示。流水处理的关键是时间重叠,即在一段时间间隔内不是处理一个子过程,而是处理两个或更多个子过程。从图 4.22(b)中可以看出,经过流水处理后,从时间 t 开始,每个程序段的输出之间不再有间隔,从而保证了电机和刀具运动的连续性。

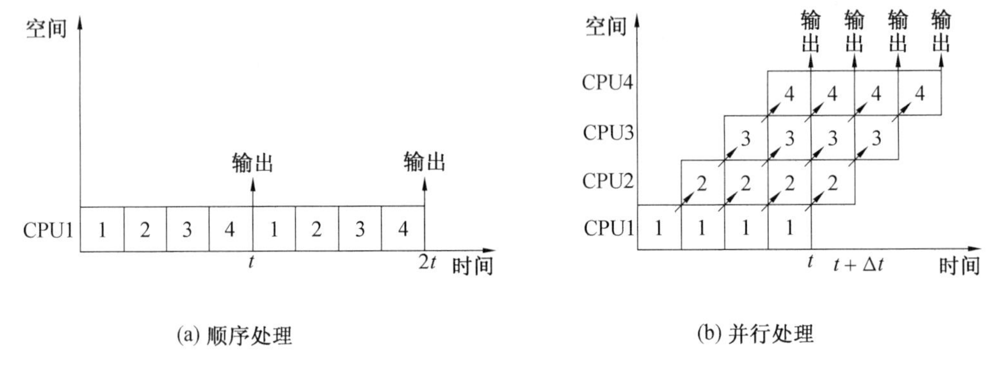

图 4.22 资源重复流水处理

流水处理要求每个子过程的运算时间相等,而实际上 CNC 装置中每个子过程运算时间都是不同的。解决的办法是取最长的子过程运算时间为流水处理时间间隔。在处理运算时间较短的子过程时,增加一段等待时间。

3. 并行处理中的信息交换和同步

在 CNC 装置中信息交换主要通过各种缓冲区来实现。图 4.23 是 CNC 装置通过缓冲区交换信息的示意图。首先将零件程序存放在程序缓冲存储区,译码器从中读入一个程序段,译码后将结果保存在译码缓冲区,又经过插补准备程序处理(包括刀具补偿和速度处理),结果被存放在插补缓冲存储区中,插补程序在执行插补运算时,把插补缓冲存储区的内容读入插补工作存储区,然后进行插补计算,最后结果被送到插补输出寄存器。

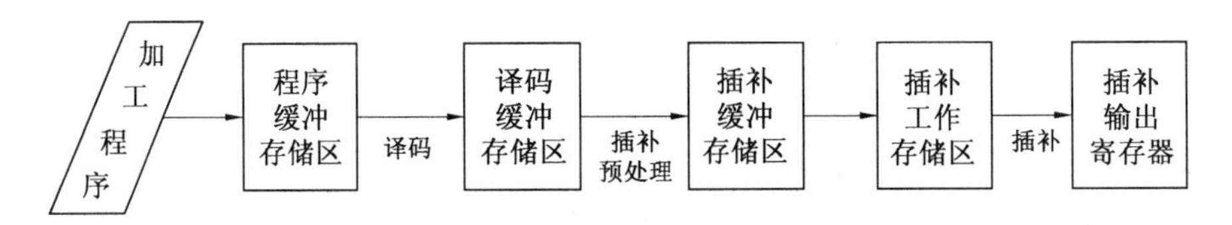

图 4.23 CNC 装置通过缓冲区交换信息框图

各缓冲区数据交换和更新的同步是靠同步信号指针来实现的。

图 4.23 中插补缓冲存储区与插补工作存储区的格式和大小完全一样,这两个缓冲区的设置是为了解决流水处理中插补准备子程序所需运算时间与插补程序运算时间不相等的矛盾。一般情况下,插补准备程序先完成运算,但这时插补运算可能还没有完成。因此,插补准备程序只能把结果先放在插补缓冲存储区,等插补程序处理完一个程序段的插补运算后,再从插补缓冲存储区中取出数据放在插补工作存储区中。偶尔也会有这样的情况,一个程序段的插补运算执行完了,但下一个程序段的插补准备还没有完成,这时插补程序就进入等待状态。待插补准备完成以后,再交换工作存储区,然后开始插补运算。

4.3.4 CNC 软件的结构模式

CNC 软件结构模式是指软件的组织管理方式,即任务的划分方式、任务调度机制、任务间的信息交换机制以及系统集成方法。软件结构所要解决的问题是如何协调各任务的执行,使之满足一定的时序配合要求和逻辑关系,满足 CNC 装置的各种控制要求。

常用的 CNC 软件结构模式有前后台型结构模式和中断型结构模式。

1. 前后台型结构模式

前后台型结构模式将整个软件分为前台程序和后台程序两部分。前台程序是一个实时中断服务程序,完成强实时性任务,如插补、位置控制等,采用优先抢占调度机制。后台程序是一个循环运行程序,完成管理及插补准备等功能,采用顺序调度机制管理。

软件一经启动,首先进行初始化,随即循环执行后台程序,同时开放定时中断,前台中断程序按照优先级排队,每到定时周期就启动执行,这样,在后台程序的运行过程中,前台程序不断地定时插入,前后台程序相互配合,共同完成零件的加工任务。前后台程序之间以及内部子任务之间的信息交换与同步可以利用缓冲区完成。前后台程序之间的关系如图 4.24 所示。

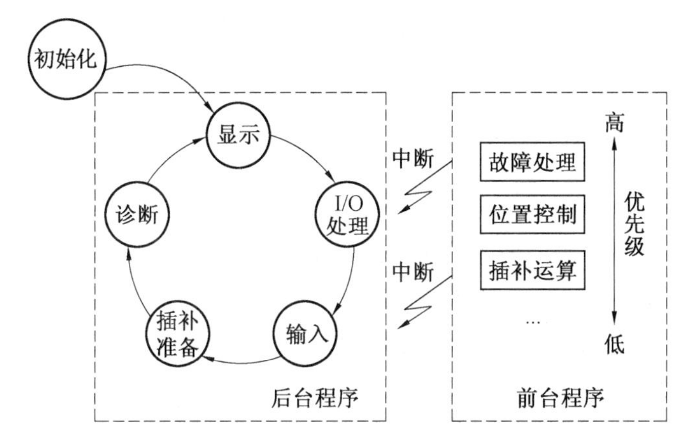

图 4.24　前后台型软件结构

美国 Allen-Bradley 公司(现为 Rockwell Automation Inc.)于 20 世纪 70 年代推出的 7360 型 CNC 装置即采用前后台型软件结构模式,如图 4.25 所示。软件系统主要由系统初始化程序、一个后台程序和三个前台的实时中断服务程序组成。

(1)背景程序

在背景程序中,自动/单段是数控加工中的最主要的工作方式。在这种工作方式下的核心任务是进行一个程序段的数据预处理,即插补预处理。一个数据段经过输入译码、数据处理后,进入就绪状态,等待插补运行。图 4.25 中“段执行程序”的功能是将数据处理结果中的插补用信息传送到插补缓冲器,并把系统工作寄存器中的辅助信息(S、M、T 代码)送到系统标志单元,以供系统全局使用。在完成了这两种传送之后,背景程序设立一个数据段传送结束标志及一个开放插补标志。在这两个标志建立之前,定时中断程序尽管照常发生,但是不执行插补及辅助功能处理等工作,仅执行一些例行的扫描、监控等功能。这两个标志的设置体现了背景程序对实时中断程序的控制和管理。在这两个标志建立后,实时中断程序即开始执行插补、伺服输出、辅助功能处理等,同时,背景程序开始输入下一程序段,并进行新数据段的预处理。

系统设计者必须保证在任何情况下,在执行当前一个数据段的实时插补运行过程中必须将下一个数据段的预处理工作结束,以保证加工过程的连续性。这样,在同一时间段内,

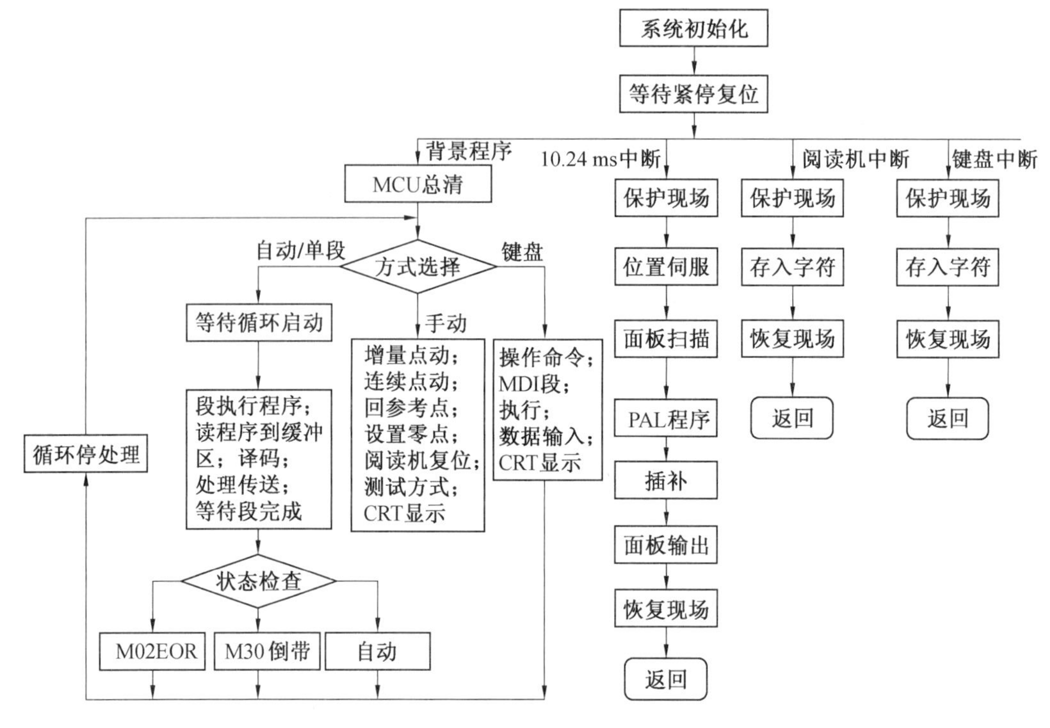

图 4.25 7360 CNC 软件结构总框图

中断程序正在进行本段的插补和伺服输出,而背景程序正在进行下一程序段的数据处理,即在一个中断周期内,实时中断开销一部分时间,其余时间给背景程序。一般情况下,下一段的数据处理及其结果传送比本段插补运行的时间短,因此,在背景程序中有一个等待插补完成的循环,在等待过程中不断进行 CRT 显示。

(2)实时中断服务程序

系统的实时过程控制是通过中断方式实现的,A-B 7360 五级中断的优先级和主要处理功能如表 4.1 所示。在各级中断中,非屏蔽中断只在上电和系统故障发生,阅读机中断仅在启动阅读机输入数控加工程序时才发生,键盘中断占用系统时间非常短,因此,10.24 ms 实时时钟中断是 A-B 7360 系统的核心。

表 4.1 ALLEN-BRADLEY 公司的 7360 CNC 系统中断功能表

优先级	中断名称	中断性质	中断处理功能
1	掉电及电源恢复	非屏蔽	掉电停止处理机,上电进入初始化程序,并显示电源信息
2	存储器奇偶错		显示出错地址,停止处理机
3	阅读机	可屏蔽	每读一个字符发生一次中断,处理并存入阅读机输入缓冲器
4	10.24 ms 实时时钟		实现位置控制、扫描 PLC 实时监控和插补
5	键盘		按键中断,对输入的字符进行处理并存入 MDI 输入缓冲器

10.24 ms 实时时钟中断服务程序的实时控制任务包括位置伺服、面板扫描、可编程应用逻辑(PAL 程序)、实时诊断和轮廓插补,其中断服务程序流程如图 4.26 所示。

7360 系统中 10.24 ms 实时时钟中断服务过程如下:

①检查上一次 10.24 ms 中断服务程序是否完成,若发生实时时钟中断重叠,则系统自动进入急停状态。

②对用于实时监控的系统标志进行清零。

③位置伺服控制,即对上一个 10.24 ms 周期各坐标轴的实际位移增量进行采样,将其与上一个 10.24 ms 周期结束前所插补的本周期的位置增量命令(已经过齿隙补偿)进行比较,算出当前的跟随误差,换算为相应的进给速度指令,驱动各坐标轴运动。

④若有新的数控加工程序段经预处理传送完毕(如前所述,此时"数控加工程序段传送结束"标志被建立)时,系统判断本段有否编入了 M、S、T 功能,若有则设立标志;对于要求段后处理的 M 功能,如 M00、M01、M02、M03 等,也设立相应标志,以备随后处理。

⑤轴反馈服务及表面恒速(又称为恒线速度功能,即控制主轴相对工件表面运动速度保持恒定)处理。

⑥扫描机床操作面板开关状态,建立面板状态系统标志。

⑦调用 PLC 程序。若有 M、S、T 编入标志,PLC 程序实现相应的 M、S、T 功能;若没有 M、S、T 辅助功能被编入时,则 PLC 的主要工作是对机床状态进行监视。

⑧处理机床操作面板输入信息,对于操作员的要求(如循环启动、循环停、改变工作方式、手动操作、速率调整等)做出及时响应。

⑨实时监控。实时监控是保证系统安全运行的关键。当发生超程、超温、熔丝熔断、回参考点出错、点动处理过程出错和阅读机出错等故障时,做出及时响应;检查 M、S、T 功能的执行情况,当段前辅助功能未完成时,禁止插补;当段后辅助功能未完成时,禁止新的数控加工程序段传送;若发生了软件设置的急停请求或操作员按下了急停按钮,系统进入急停状态。

⑩当允许插补的条件成立时,执行插补程序,算出位置增量作为下一个 10.24 ms 周期的位置增量命令。

⑪刷新机床操作面板上的指示灯,为操作员指明系统的现时状态。

⑪清除一些仅在一个 10.24 ms 周期有效的系统标志和一些实时监控标志,例如"数控加工程序段传送结束"标志、与 M、S、T 功能相关的标志,它们都只在一个 10.24 ms 周期内有效,故应在本次中断服务结束前清除。

A-B 7360 CNC 装置采用了时间分割的思想,进行数据采样插补。10.24 ms 既是系统的插补周期,又是伺服的位置采样周期。

2. 中断型结构模式

所谓中断型结构模式,是将除初始化程序外的所有任务按照实时性强弱分别设计为不同优先级别的中断服务程序。管理功能主要通过各级中断服务程序之间的相互通信来解决。

FANUC-BESK7CM 是 20 世纪 70 年代由日本 Fanuc 公司和德国 SIEMENS 公司联合推出的采用 16 位字长微处理器和直流电机作为驱动电机的数控系统,其 CNC 软件为典型的中断型软件结构。整个系统的各个功能模块被分为八级不同优先级的中断服务程序,见表

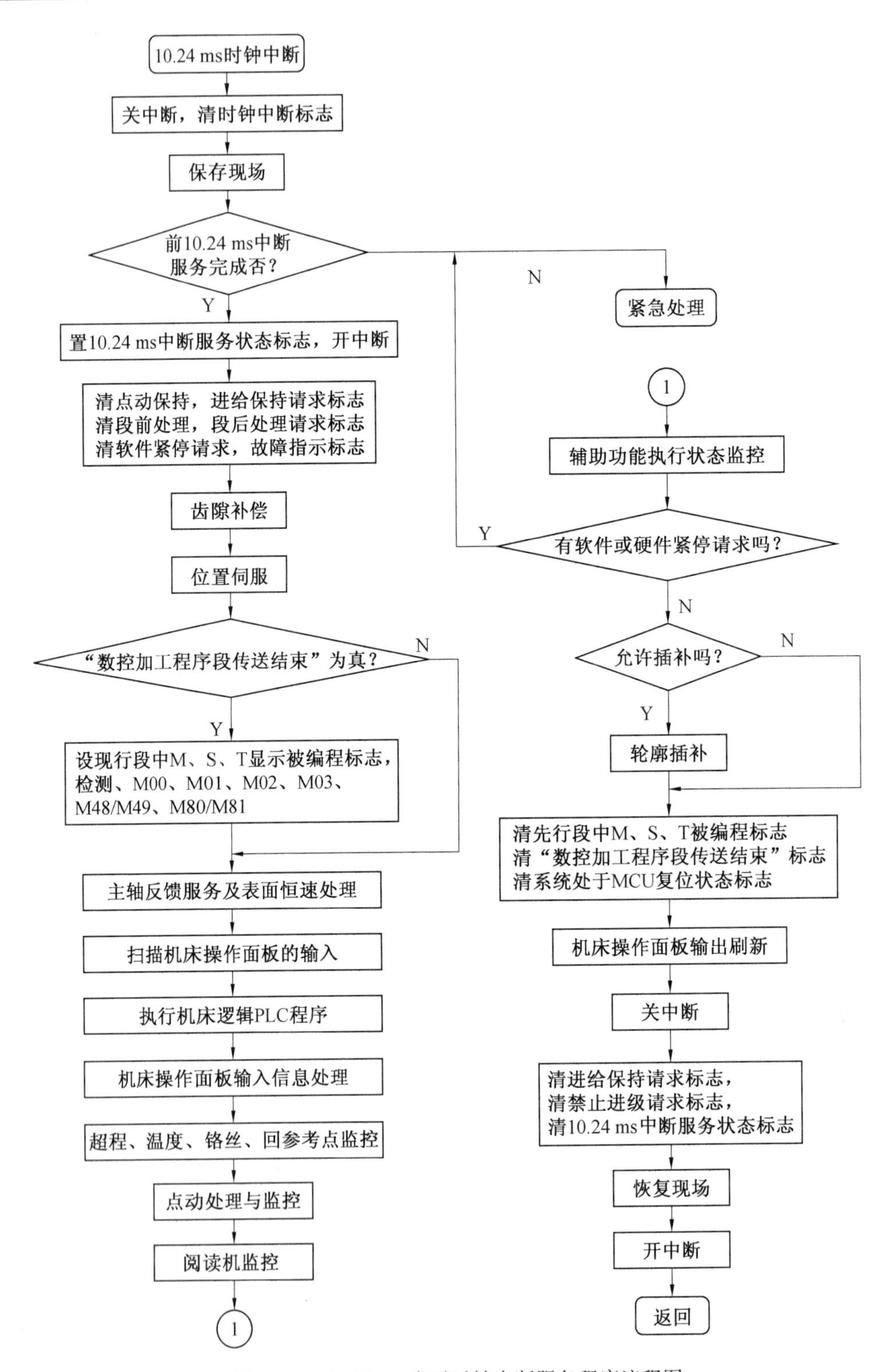

图 4.26　10.24 ms 实时时钟中断服务程序流程图

4.2。其中,伺服系统位置控制被安排成很高的级别,因为机床的刀具运动实时性很强。CRT 显示被安排的级别最低,即 0 级,其中断请求通过硬件接线始终保持存在。只要 0 级以上的中断服务程序均未发生的情况下，就进行 CRT 显示。

表 4.2　FANUC-BESK 7CM CNC 装置的各级中断功能

中断级别	主要功能	中断源
0	控制 CRT 显示	硬件
1	译码、刀具中心轨迹计算，显示器控制	软件，16ms 定时
2	键盘监控，I/O 信号处理，穿孔机控制	软件，16ms 定时
3	操作面板和电传机处理	硬件
4	插补运算、终点判别和转段处理	软件，8ms 定时
5	纸带阅读机读纸带处理	硬件
6	伺服系统位置控制处理	4ms 硬件时钟
7	系统测试	硬件

1 级中断相当于后台程序的功能，进行插补前的准备工作。1 级中断有 13 种功能，对应着口状态字中的 13 个位，每位对应于一个处理任务。在进入 1 级中断服务时，先依次查询口状态字的 0～12 位的状态，再转入相应的中断服务（见表 4.3），其处理过程如图 4.27 所示。口状态字的置位有两种情况：一是由其它中断根据需要置 1 级中断请求的同时置相应的口状态字；处理结束后，程序将口状态字的对应位清除。

表 4.3　FANUC-BESK 7CM CNC 装置 1 级中断的 13 种功能

口状态字	对应口的功能
0	显示处理
1	公英制转换
2	部分初始化
3	译码：从存储区（MP、PC 或 SP 区）读一段数控程序到 BS 区
4	刀补：轮廓轨迹转换成刀具中心轨迹
5	“再启动”处理
6	“再启动”开关无效时，刀具回到断点“启动”处理
7	按“启动”按钮时，要读一段程序到 BS 区的预处理
8	连续加工时，要读一段程序到 BS 区的预处理
9	纸带阅读机反绕或存储器指针返回首址的处理
A	启动纸带阅读机使纸带正常进给一步
B	置 M、S、T 指令标志及 G96 速度换算
C	置纸带反绕标志

2 级中断服务程序的主要工作是对数控面板上的各种工作方式和 I/O 信号处理。

3 级中断则是对用户选用的外部操作面板和电传机的处理。

4级中断最主要的功能是完成插补运算,采用了数据采样法插补,以8ms为单位将数控加工程序段分割为一个个微小线段,并转换为各坐标轴的增量。

5级中断服务程序主要对纸带阅读机读入的孔信号进行处理,基本上可以分为输入代码的有效性判别、代码处理和结束处理三个阶段。

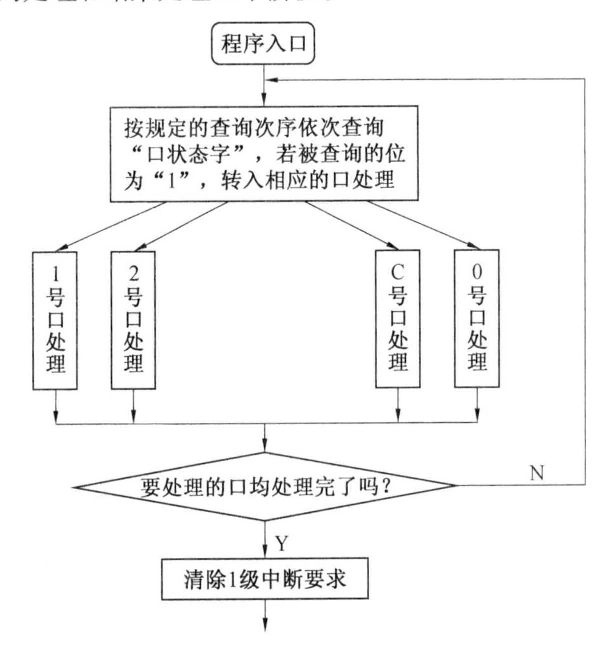

图4.27　1级中断各口处理转换框图

6级中断主要完成位置控制、4ms定时和存储器奇偶校验工作。

7级中断实际上是工程师的系统调试工作,并不是机床的正式工作。

FANUC-BESK7CM中断型CNC装置的工作过程及其各中断程序之间的相互关联如下:

(1)开机

开机后,系统程序首先进入初始化程序,进行初始化状态的设置,ROM检查工作。初始化结束后,系统转入0级中断服务程序,进行CRT显示处理。每隔4ms,进入6级中断。由于1级、2级和4级中断请求均按6级中断的定时设置运行,从此以后系统就进入轮流对这几种中断的处理。

(2)启动纸带阅读机输入纸带

做好纸带阅读机的准备工作后,将操作方式置于“数据输入”方式,按下面板上的主程序MP键。按下纸带输入键,控制程序在2级中断“纸带输入键处理程序”中启动一次纸带阅读机。当纸带上的同步孔信号读入时产生5级中断请求。系统响应5级中断处理,从输入存储器中读入孔信号,并将其送入MP区,然后再启动一次纸带阅读机,直到纸带结束。

(3)启动机床加工

①当按下机床控制面板上的“启动”按钮后,在2级中断中,判定“机床启动”为有效信息,置1级中断7号口状态,表示启动按钮后要求将一个程序段从MP区读入BS区中。

②程序转入1级中断,在处理到7号口状态时,置3号口状态,表示允许进行“数控程序

从MP区读入BS区”的操作。

③在1级中断依次处理完后,返回3号口处理,把一数控程序段读入BS区,同时置“已有新加工程序段读入BS区”标志。

④程序进入4级中断,根据“已有新加工程序段读入BS区”的标志,置“允许将BS内容读入AS”的标志,同时置1级中断4号口状态。

⑤程序再转入1级中断,在4号口处理中,把BS内容读入AS区中,并进行插补轨迹计算,计算后置相应的标志。

⑥程序再进入4级中断处理,进行其插补预处理,处理结束后置“允许插补开始”标志。同时由于BS内容已读入AS,因此置1级中断的8号口,表示要求从MP区读一段新程序段到BS区。此后转入速度计算→插补计算→进给量处理,完成第一次插补工作。

⑦程序进入6级中断,把4级中断送出的插补进给量分两次进给。

⑧再进入1级中断,8号口处理中允许再读入一段,置3号口。在3号口处理中把新程序段从MP区读入BS区。

⑨反复进行4级、6级、1级等中断处理,机床在系统的插补计算中不断进给,显示器不断显示出新的加工位置值。

整个加工过程就是由以上各级中断进行若干次处理完成的。整个系统的管理是采用了中断程序间的各种通信方式实现的。其中包括:

①第6级中断由时钟定时触发,每4ms一次。第1、2、4级为软件中断,都是根据第6级的定时时钟由软件编程来实现的,即每发生两次6级中断,设置一次4级中断请求,每发生4次6级中断,设置1次1、2级中断请求。

②每个中断服务程序自身的连接是依靠每个中断服务程序的“口状态字”位,如1级中断分成13个口,每个口对应“口状态字”的一位,每一位对应处理一个任务。当进行1级中断的某口的处理时,可以设置“口状态字”的其它位请求,以便在处理完某口的操作时立即转入到其它口的处理。

③设置标志,标志是各个程序之间通信的有效手段,如4级中断每8ms中断一次,完成插补计算;而译码、刀具半径补偿等在1级中断中进行。当完成了其任务后立刻设置相应的标志,若未设置相应的标志,CNC会跳过该中断服务程序继续往下进行。

4.3.5 CNC软件的工作过程

CNC软件通过输入输出接口读入数控加工程序,进行数据预处理(包括译码、刀具补偿、速度处理)、插补、位置控制等工作,下面就其中的主要过程进行介绍。

1.译码

译码程序的主要功能是以程序段为单位,提取几何信息和工艺信息,转化为系统内的数据存储结构,为插补和逻辑控制做准备。译码过程中还会进行语法检查,如果发现错误则给出错误提示。

译码是任何一个计算机系统执行输入程序所必须经过的一个步骤。译码可分为解释、编译、动态批处理三种方式。解释方式是由计算机每次顺序取出一个程序段进行译码,然后进行刀补、加减速、插补和位置控制。该方法的好处是占用系统内存少,处理时间短,但难以满足高速微段程序的速度前瞻处理要求。编译方式是将加工程序一次性译完,将结果放入内存,再由后续程序处理运行。采用该方法可相对降低软件编程复杂程度,但译码时间较长，译码结果需要占用较多的内存资源。动态批处理的译码方法是指在系统内建立一定数量的预处理结果缓冲区，对零件程序进行分批预处理，插补程序每次从预处理结果缓冲区取出一条数据执行插补计算，当预处理结果缓冲区存储量低于设定的安全水平时，将向预处理程序发出信息，预处理程序再处理一批数据补充到预处理结果缓冲区中。该方法占用内存较少，可实现速度前瞻控制，满足高速加工要求。现代 CNC 装置中，多采用动态批处理的译码方式。下面说明译码程序的工作过程。

（1）代码识别

以程序段为单位，将文本格式的加工程序转换到系统内能够识别的形式，保存在译码程序内部缓冲区中。

（2）功能译码

根据处于激活状态的 G、M 代码，对内部缓冲区的数据进一步整理、计算，完成数据转换，将几何信息与工艺信息转换为能够被插补和逻辑控制程序所接收的数据形式。处理内容包括坐标变换、单位转换、工作模式的转换等。在此过程中，应该按照一定的先后顺序处理解释当前处于激活状态的 G、M 代码指令。例如，设定进给速率之前需要处理设定进给速率模式指令，处理圆弧插补指令之前需处理选择平面指令。

一个程序段经过译码后得到的运动段（如直线、圆弧等）信息，保存在译码结果缓冲区中。在系统内设有若干个结构相同的缓冲区，形成译码结果缓冲区组，当缓冲区组被填满后，则译码程序暂停运行。当缓冲区组中有若干个缓冲区置空时，系统再次激活译码程序。

与 MST 代码相关的辅助功能信息被保存在系统标志单元内，而后由 PLC 程序处理。

2. 刀具补偿

在数控加工时，刀具的磨损、实际刀具尺寸与编程时规定的刀具尺寸不一致等，都会影响零件的最终加工尺寸，造成误差。为了最大限度地减少因刀具尺寸变化等原因造成的加工误差，数控系统通常具有刀具补偿功能。数控系统的刀具补偿功能主要是为简化编程、方便操作而设置的，包括刀具半径补偿和刀具长度补偿。

目前，刀具半径补偿通常在指定的二维坐标平面内进行，执行过程可分为刀补建立、刀补进行和刀补撤消三步。

（1）B 刀补

B 刀补是 CNC 装置早期所采用的一种刀具半径补偿方法，即读一段，补偿一段，再处理一段的控制方法。对于直线轮廓而言，刀具补偿后的刀具中心轨迹仍然是与原直线相平行的直线，刀补路线都是从每一段线的法向矢量到该线段终点的法向矢量处，当两段轮廓呈尖角过渡时，这种补偿方法不能自动从当前段连接到下一段，会出现间断点或交叉点现象。可见，B 刀补不能预计刀具半径对于下一段加工轨迹所产生的影响，无法完成尖角过渡处理。为此，有的 CNC 装置设立一个 G39 尖角过渡指令，在遇到尖角时，需要预先在两个程序段之间增加一个过渡圆弧，且圆弧半径必须大于所使用刀具的半径。在外轮廓尖角加工时，轮廓尖角始终处于切削状态，故尖角的加工工艺性差。

由于 B 刀补功能存在诸多缺陷，目前已较少采用。

（2）C 刀补

C 刀补方法在处理当前轮廓轨迹时，提前读入下一段轮廓轨迹信息，根据它们之间的转接情况，对当前轮廓轨迹进行伸长、插入或缩短修正，从而实现两个程序段间刀具中心轨迹转接的自动处理。C 刀补采用直线作为拐角的过渡,刀补尖角工艺性好于 B 刀补。

一般,CNC 装置均有直线、圆弧两种线型的插补功能,这两种线型可以形成四种转接形式,即直线与直线转接、直线与圆弧转接、圆弧与直线转接、圆弧与圆弧转接。根据两程序段轨迹交角处在工件侧的角度 α 的不同,直线过渡的刀具半径补偿分为以下三种转接过渡方式:

(a)180 °≤α≤360 °,缩短型;

(b)90 °≤α<180 °,伸长型;

(c)0 °≤α< 90 °,插入型。

角度 α 称为转接角或矢量夹角,其变化范围为 0 °≤α<360 °,是转接处两个运动方向在工件侧的夹角。图 4.28 为两段全是直线段的情况,如为圆弧可用交点处的切线作为角度定义的直线。

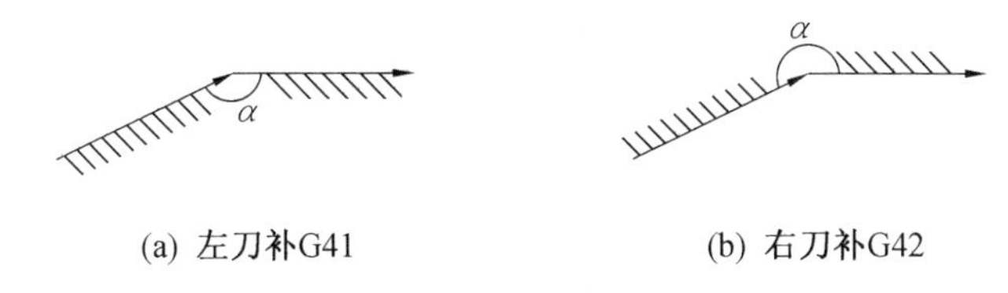

(a) 左刀补G41　　(b) 右刀补G42

图 4.28　矢量夹角示意图

表 4.4 和表 4.5 为右刀补时刀具补偿转接形式和过渡方式的各种典型情况,其中,第一个运动段为圆弧时不允许进行刀补建立操作;第二个运动段为圆弧时不允许进行刀补撤销操作。左刀补情况相似,不再赘述。

表 4.4　刀具半径补偿的建立与撤销

	刀补建立(G42)		刀补撤销(G40)		过渡方式
	直线 －直线	直线 －圆弧	直线 －直线	圆弧－直线	
180°≤α≤360°	α r	α r	α r	α r	缩短型
90°≤α≤180°	α r	α r	α r	α r	伸长型
0°≤α≤90°	α r	α r	α r	α r	插入型

表 4.5 刀具半径补偿

	刀补进行(G42)				过渡方式
	直线—直线	直线—圆弧	直线—直线	圆弧—直线	
$180° \leqslant \alpha \leqslant 360°$	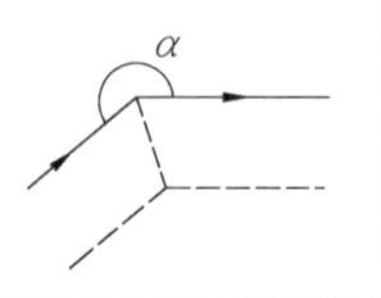	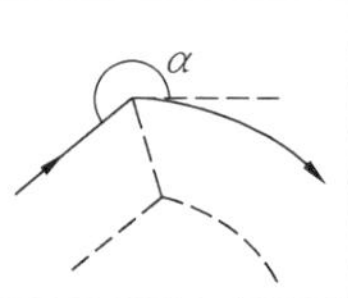	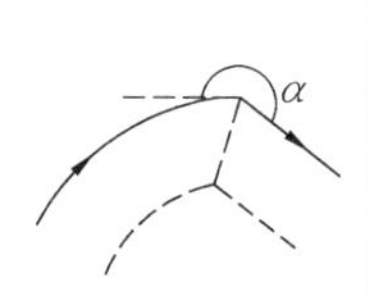	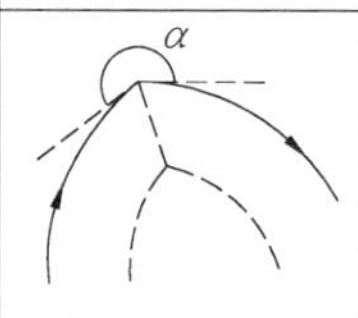	缩短型
$90° \leqslant \alpha \leqslant 180°$	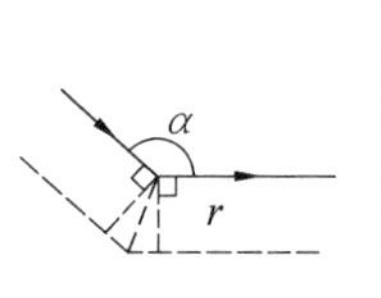	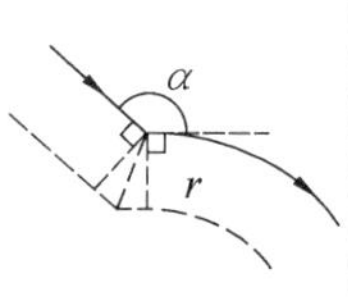	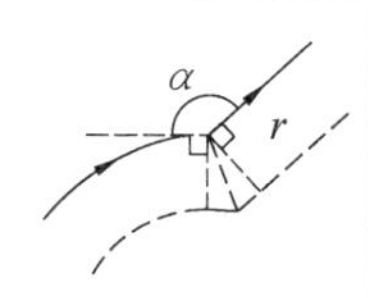	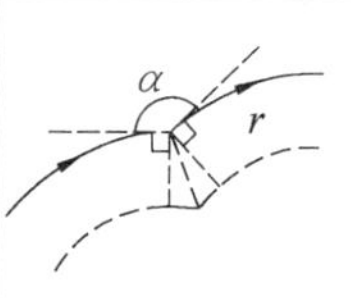	伸长型
$0° \leqslant \alpha \leqslant 90°$	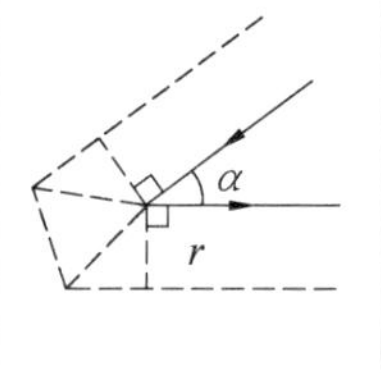	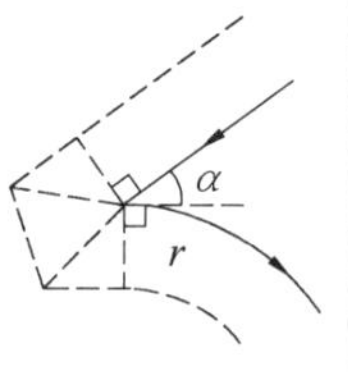	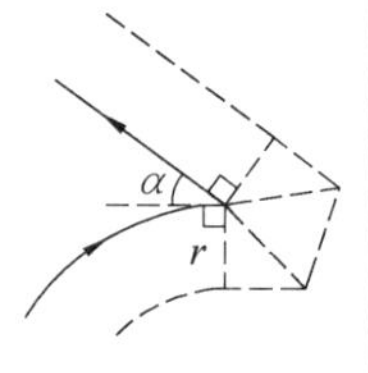	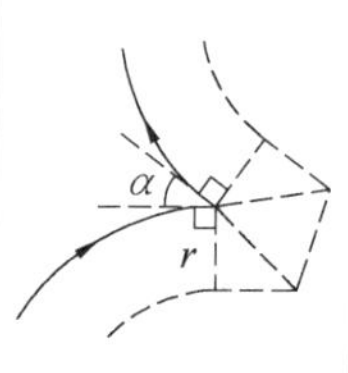	插入型

当 $\alpha=0°$时,转接类型根据两链接程序段的不同,具有一定的特殊性,如图 4.29 所示。当程序段轨迹为直线时,转接类型为插入型,如图 4.29(a)所示;当两程序段轨迹之一为直线时,而另一段为圆弧时,其过渡为缩短型或插入型。以左刀补为例,当圆弧为逆时针时,其过渡为插入型,如图 4.29(b)所示。当圆弧段为顺时针时,其过渡为缩短型,如图 4.29(c)所示。

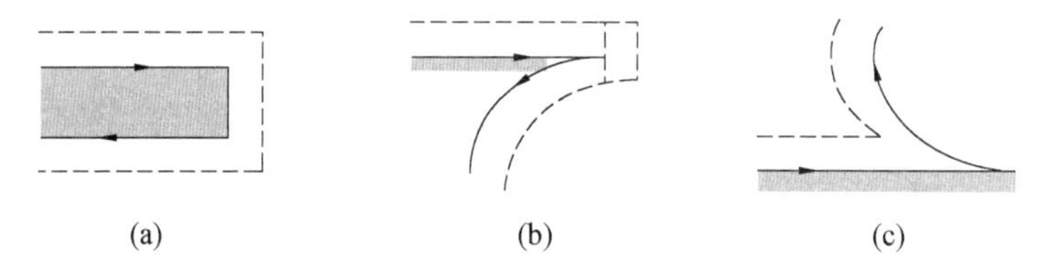

图 4.29 $\alpha=0°$时过渡类型判别示意图

(3)刀具半径补偿软件工作过程

为实现 C 刀补功能,CNC 软件在刀补程序内设立了多个缓冲区,以存储当前轨迹段、下一轨迹段以及刀补后轨迹信息,具体的流程如下:

①从译码缓冲区中读入当前轨迹段和下一轨迹段数据;

②计算两编程轨迹矢量夹角,判断刀具轨迹补偿的过渡方式;

③根据过渡方式进行刀具轨迹计算;

④将补偿得到的运动段信息存入刀补缓冲区;

⑤重复上述过程,当刀补缓冲区组填满,暂停刀补;当若干个缓冲区置空后,刀补程序再次运行。其中刀补缓冲区结构与译码缓冲区结构相似。

(4)刀具半径补偿的实例

对于图 4.30 所示的待加工轨迹,其刀补过程如下:

① 读入 OA 段轨迹数据,因是刀补建立,继续读入下一段 AB 段轨迹数据;

② 计算矢量夹角$\angle OAB$,因$\angle OAB < 90°$,可知段间过渡方式为插入型,计算出点A_1、A_2和A_3坐标;并将刀具中心轨迹的直线段OA_1、A_1A_2、A_2A_3存入刀补缓冲区中;

③ 读入BC段,因是刀补进行中,计算矢量夹角$\angle ABC$,因$\angle ABC < 90°$,段间过渡方式为插入型,计算出点B_1、B_2坐标;将刀具中心轨迹的直线段A_3B_1、B_1B_2存入刀补缓冲区;

④ 读入CD段,仍是刀补进行中,计算矢量夹角$\angle BCD$,因$\angle BCD > 90°$,段间过渡方式为缩短型,计算出点C_1,将直线段B_2C_1存入刀补缓冲区;

⑤ 读入DE段,刀补撤销,计算矢量夹角$\angle CDE$,因$90° < \angle CDE < 180°$,段间过渡方式为伸长型,计算出点D_1、D_2,将直线段D_1D_2、D_2E存入刀补缓冲区;

⑥刀具补偿结束。

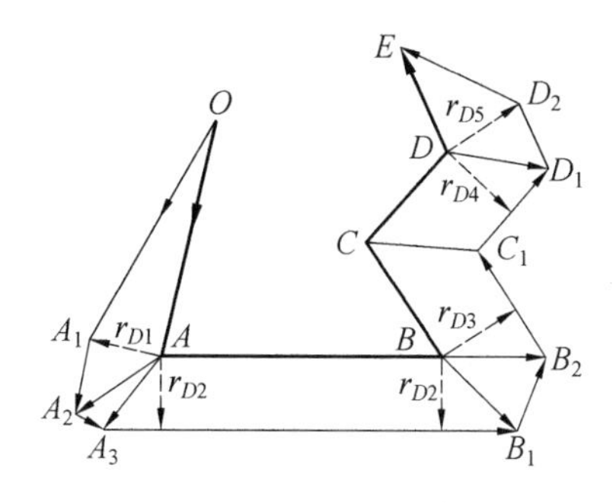

图4.30 C刀补实例

3. 速度处理

(1)速度控制

根据系统采用插补原理的不同,速度控制的方法也不相同。

在基于脉冲插补的速度控制方法中,通过控制插补频率或插补周期来实现对进给速度的控制,即根据进给速度指令计算相应的插补频率。

在基于数据采样插补原理的速度控制方法中,进给速度是根据编程的F值计算出每个插补周期的轮廓步长来获得的。

(2)基于采样插补原理的加减速控制与轨迹前瞻控制

加减速控制的任务是,在机床的进给速度指令发生改变时,系统控制每个插补周期的实际进给速度按照一定的规律逐渐提高或降低,以减小速度变化对机床部件产生的冲击和对加工精度的影响。加减速控制程序得到每个插补周期的进给速度(也称瞬时速度)供插补程序使用。

常规的加减速方式只在相邻两轨迹段间或单个轨迹段内进行速度规划与计算,而在高速高精度加工中,必须采用轨迹前瞻(look ahead)控制(也称速度前瞻控制)。它是为适应现代数控技术高速、高精发展需求而出现的一种新的控制方法。目前主流数控系统均提供速度前瞻控制功能。

在复杂轮廓零件的高速、高精加工中,一方面,为了保证加工精度,编程给出的刀位点往往非常密集,连接刀位点的微线段长度极短;另一方面,为实现高速加工,要求刀具沿工件轮廓表面的进给速度大幅度提高,在短时间内需走过大量空间微线段。此时,如果按照常规方法控制,只在相邻两线段间进行插补前加减速处理,当遇到轨迹急拐弯等情况时,将产生巨大的加(减)速度,不仅会造成很大的轮廓误差,而且所产生的冲击将使机床结构无法承受。

前瞻控制可以解决此问题,其是一种提前发现轨迹突变,并对进给速度进行有效控制的方法。从高速加工的特点可知,当以很高的进给速度加工复杂工件表面时,如果工件轮廓突变,造成刀具运动轨迹产生急弯时,必须将进给速度减小到允许范围内。但由于数控机床的进给速度不能突变,要将进给速度从很高值降到较低值,必须经过一定过程,即要走过较长的加工路径才能将速度减下来。因此,这就要求数控系统具有前瞻控制能力,提前发现轨迹的突变,提前减速。

① 基本原理。在图 4.31 所示的刀具运动轨迹中,刀具运动轨迹在 P_i 点处附近出现急弯,为保证急弯处的轨迹精度,并避免机床结构承受过大的动力冲击,必须限制 P_i 点处的进给速度,即该处的进给速度必须小于或等于由弯道情况确定的允许进给速度。为此,数控系统需根据允许进给速度的大小以及最大加速度和加速度变化率的约束,在 P_i 点之前的 P_s 点开始减速,使到达 P_i 点时速度正好满足允许速度要求,并在走过 P_i 点后逐步加速,使进给速度恢复正常。

为实现轨迹前瞻控制,需解决两个关键问题,一是减速特征识别,二是进给速度处理。

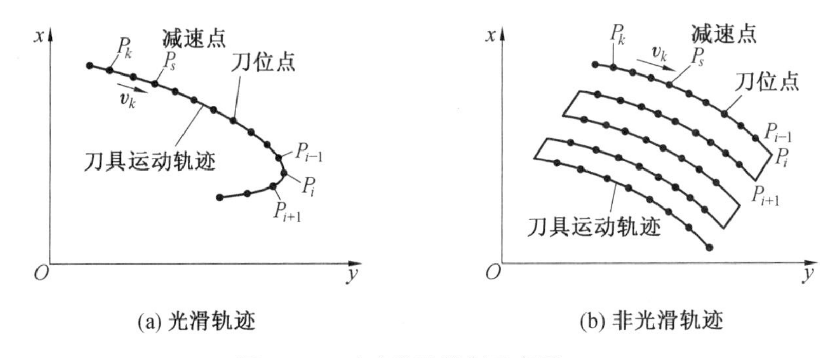

(a) 光滑轨迹　　(b) 非光滑轨迹

图 4.31　速度前瞻控制示意图

② 减速特征识别。减速特征识别涉及到刀具轨迹的几何形态和进给速度的变化。

对于光滑轨迹,如图 4.31(a) 所示,可根据轨迹曲率半径大小和进给速度变化信息实现轨迹减速特征的识别。具体做法是,在预处理过程中超前于插补求出刀具运动路径在各刀位点处的曲率半径,然后根据曲率半径越小允许进给速度越小的原则,确定该点的允许进给速度 v_0,最后将允许进给速度 v_0 与插补点处给定进给速度 v_k 间的差值作为是否进行提前减速的判据,如果速度差值超过规定的阈值,即意味着必须进行提前减速处理。

为实现光滑轨迹下的减速特征识别,必须实时求解刀具运动路径上各刀位点处的曲率半径 ρ。下面给出根据 P_{i-1}、P_i、P_{i+1} 三点来实时求解 ρ 的近似公式。

首先,根据空间圆弧上三点写出以下关系

$$2\rho = \frac{\overrightarrow{P_iP_{i+1}} - \overrightarrow{p_ip_{i-1}}}{\sin(\overrightarrow{P_iP_{i+1}},\overrightarrow{p_ip_{i-1}})} \tag{4.1}$$

然后根据叉积公式,将矢量 $\overrightarrow{P_iP_{i+1}}$ 与矢量 $\overrightarrow{P_iP_{i-1}}$ 夹角的正弦表示为

$$\sin(\overrightarrow{P_iP_{i+1}},\overrightarrow{P_iP_{i-1}}) = \frac{|\overrightarrow{P_iP_{i+1}} \times \overrightarrow{P_iP_{i-1}}|}{|\overrightarrow{P_iP_{i+1}}|\,|\overrightarrow{P_iP_{i-1}}|} \tag{4.2}$$

最后,将式(4.2) 代入式(4.1),即可得到 P_i 处曲率半径的表达式

$$\rho = \frac{|\overrightarrow{P_iP_{i+1}}||\overrightarrow{P_iP_{i-1}}||\overrightarrow{P_iP_{i+1}} - \overrightarrow{P_iP_{i-1}}|}{2|\overrightarrow{P_iP_{i+1}} \times \overrightarrow{P_iP_{i-1}}|} \tag{4.3}$$

对于如图 4.31(b) 所示的非光滑轨迹,可将拐弯前后两段轨迹在拐弯处切线间夹角的大小作为减速特征。

对于离散化的刀具运动轨迹,可用$\overrightarrow{P_iP_{i-1}}$近似代表拐弯前轨迹在拐弯处的切线矢量,$\overrightarrow{P_iP_{i+1}}$代表拐弯后轨迹在拐弯处的切线矢量,$\alpha$ 为两矢量间的夹角,其计算公式为

$$\alpha = \arccos \frac{\overrightarrow{P_iP_{i+1}} \bullet \overrightarrow{P_iP_{i-1}}}{|\overrightarrow{P_iP_{i+1}}||\overrightarrow{P_iP_{i-1}}|} \tag{4.4}$$

根据 α 取值确定拐弯处进给速度的允许值 v_0。当 α 接近 $90°$ 或为锐角时,进给速度的允许数值取 0,即刀具运动到拐弯处必须将进给速度减小到 0,过完拐弯后再逐步恢复;当 α 为钝角时,进给速度允许值 v_0 不为 0,需根据角度大小合理确定。最后,将由此确定的允许进给速度 v_0 与插补点处给定进给速度 v_k 间的差值作为是否进行提前减速的判据,如果速度差值超过规定的阈值,则必须对进给速度进行处理,以实现提前减速。

(3) 进给速度处理

从图 4.31 可见,当插补模块按给定进给速度 v_k 沿图示进给方向插补到 P_k 处时,预处理模块已经超前处理到 P_i 处,P_k 与 P_i 间的微线段数为预处理需超前处理的段数。超前段数的多少,由前瞻控制所需的减速距离来决定。显然,前瞻控制的减速点 P_s 必须位于插补点 P_k 之后。

前瞻控制中速度处理的主要任务是确定减速点 P_s,并对 P_s 至 P_i 间各微线段对应的进给速度进行修正,以满足下列要求:

①P_i 处的进给速度 v_i 等于允许进给速度 v_0;

②P_s 处的进给速度 v_s 等于给定进给速度 v_k;

③P_s 至 P_i 间各微线段的进给速度递减,相邻段间速度的变化和加速度的变化必须小于允许值 a_{max} 和 j_{max}(a_{max} 和 j_{max} 分别为最大加速度和最大加加速度的允许值)。

当给定进给速度与允许进给速度间的速度差较大时,需经过较长路径才能将进给速度降至允许进给速度范围内。由于刀具路径是由许多微线段组成的,这意味着减速过程要涉及很多微线段。至于到底需要经过多少微线段才能将进给速度降至允许范围内,可通过递推过程计算出。

图 4.32 为轨迹前瞻控制减速处理流程框图。进入该程序后,首先进行初始化处理,确定 a_{max}、j_{max},计算允许速度 v_0,并令当前微线段的指令速度 v_i 等于允许进给速度 v_0。然后进入减速处理循环,第一步是计算当前被处理微线段的长度 L_i,然后根据 v_i 和 a_{max} 及 j_{max} 的约束值,进行减速计算,求出该段起点速度 v'_i,并进行速度差判断。如果起点速度 v'_i 大于或等于该段给定速度 v_k,则处理过程结束。否则进入速度修正处理,令 $v_{i-1} = v'_i$,即将原来由编程给出的前一段的指令速度修正为本段的起点速度,并将段号减 1,返回循环起点,进行下一微线段处理过程。这一循环过程将一直进行下去,直到某段的起点速度大于或等于该段给定速度 v_k。

图 4.32 中下部最后三个框的作用是,如果上述循环过程进行到 $i \leqslant k$,即减速点 P_s 反向

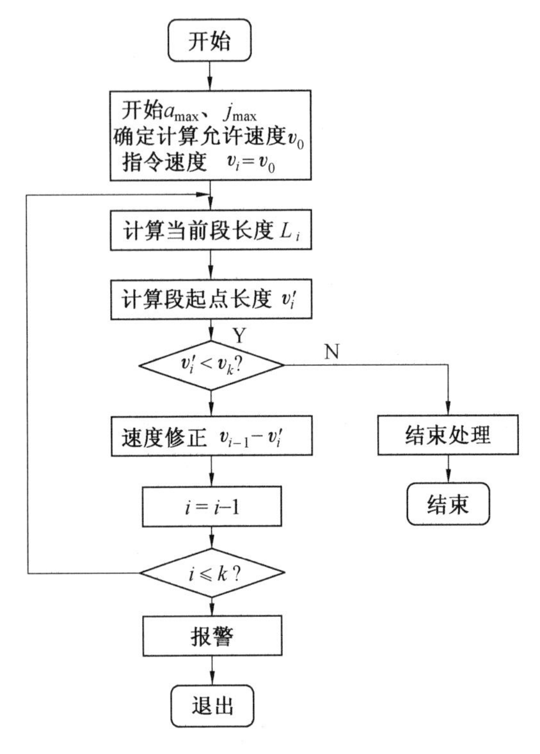

图 4.32 轨迹前瞻控制减速处理流程框图

超越插补点 P_k,表示缓冲区长度不够,无法将进给速度从给定值减到允许值,于是给出报警信息,轨迹前瞻控制程序退出。

在上述速度前瞻控制中,对于每段刀位轨迹的编程进给速度都进行了验算或修正处理,获得了新的指令值。在每个插补周期中,仍然采用常规加减速方法来计算每个插补周期内的瞬时进给速度,供插补程序使用。

4. 插补计算

插补计算程序要求实时性,其任务是在轮廓轨迹经过刀补处理后,在刀具中心轨迹曲线上(已得到了起点和终点)进行"数据点的密化"工作。在每个插补周期 Δt 内,插补程序根据速度处理得到的瞬时速度 v_i 计算出在一个插补周期内进给的微小直线段的长度 $l(l=v_i\cdot\Delta t)$,经过速度倍率修调得到 $\Delta l(\Delta l=l\cdot$倍率$)$,将 Δl 分解到各坐标轴得到 Δx 和 Δy。经过若干个插补周期,可以计算出从起点到终点的若干个微小直线数据段$(\Delta x_1,\Delta y_1)$,$(\Delta x_2,\Delta y_2)$,$\cdots$,$(\Delta x_n,\Delta y_n)$,进而得到各插补周期中插补点(动点)的坐标值。每个插补周期所计算出的微小直线数据段要足够小,使得轮廓逼近误差在允许范围之内,以保证插补轨迹的精度。

由于插补原理的不同,插补算法也不同(见第 3 章),即计算 Δx、Δy 采用的方法不同,好的插补算法应该具有逼近精度高和计算速度快两个特点。现代 CNC 装置多以由软件实现的数据采样插补法为主。随着计算机技术和数控技术的进步,插补方法将会不断发展。

5. 位置控制程序

位置控制的任务是保证坐标轴的实际运动与插补产生的指令值相一致。在多数数控系统中,位置控制处在伺服系统的位置环上,如图 4.33 所示。这部分工作可以由软件来做,也可以由硬件完成。位置控制软件的主要任务是在每个采样周期内,将插补计算出的理论位置与实际反馈位置相比较,其差值输出给速度控制单元,从而控制电机。

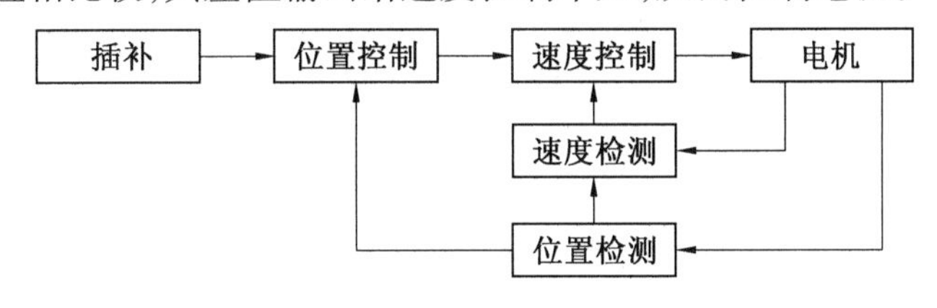

图 4.33　位置控制

在位置控制中,通常还要完成位置回路的增益调整、各坐标方向的螺距误差补偿和反向间隙补偿等功能,以提高机床的定位精度。另外,位置控制软件还要判断是否到达软件行程限位。

螺距误差补偿通常由螺距误差离线测量与 CNC 系统在线补偿两部分构成。离线测量一般采用激光干涉仪作为测量工具,工作流程如下:架设激光干涉仪,并将反射镜固定于运动部件上;在轴向移动的整个范围设定一定数目的点,由标准数控指令驱动机床依次到达设定的位置;利用激光干涉仪依次测量机床所到达各点的实际位置;记录各点的指令位置与测量值之间的偏差;将偏差值按一定格式输入并存储在 CNC 系统中。在线补偿是指,在数控加工过程中,当位置控制程序接收到插补发出的位置指令后,查看与该位置命令相对应的偏差值,对位置指令进行补偿,再根据补偿后的位置指令与采样的实际位置值之间的差值来控制电机的运动。

对于反向间隙补偿,同样使用激光干涉仪测量获得机床运动反向时的间隙值,并将间隙值存入 CNC 系统。在机床运动换向时,位置控制程序对指令值进行补偿修正。

图 4.34 所示,包含螺距误差补偿和反向间隙补偿功能的位置控制程序主要完成下面的计算。

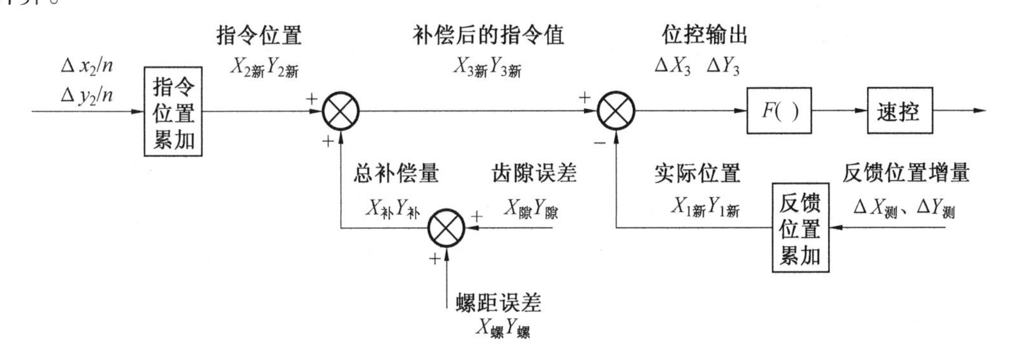

图 4.34　位置控制计算

(1) 指令位置累加

由指令位置累加得到本次位置采样周期的指令位置 $X_{2新}$、$Y_{2新}$。其中,Δx_2、Δy_2 为插补输出,n 为插补周期与位置采样周期的比值,如当插补周期为 8 ms,位置采样周期为 4 ms 时,$n=2$。

(2) 螺距误差补偿

确定与插补指令位置 $X_{2新}$、$Y_{2新}$ 对应的螺距误差补偿量 $X_{螺}$、$Y_{螺}$;

反向间隙补偿:如果 $\Delta X_2\ \Delta X_1 < 0$ 则反向间隙补偿量为 $X_{隙}$,否则 $X_{隙}=0$;

如果 $\Delta Y_2\ \Delta Y_1 < 0$ 则反向间隙补偿量为 $Y_{隙}$,否则 $Y_{隙}=0$;

其中ΔX_1、ΔY_1是前一次插补周期的插补输出。

总补偿量：$X_{补} = X_{螺} + X_{隙}$

$$Y_{补} = Y_{螺} + Y_{隙}$$

补偿后的指令值：$X_{3新} = X_{2新} + X_{补}$

$$Y_{3新} = Y_{2新} + Y_{补}$$

(3) 反馈位置增量

由 $\Delta x_{测}$、$\Delta y_{测}$ 的累加得到当前位置采样周期的实际反馈位置 $X_{1新}$、$Y_{1新}$。

(4) 插补对应的位控

由补偿后的指令值 $X_{3新}Y_{3新}$ 和实际反馈位置 $X_{1新}$、$Y_{1新}$ 相减求得本次插补对应的位控输出 Δx_3、Δy_3。

$$\Delta x_3 = X_{3新} - X_{1新}$$

$$\Delta y_3 = Y_{3新} - Y_{1新}$$

图4.34中$F(\ )$是位置环的调节控制算法或称之为策略，具体的算法视具体系统而定。

4.3.6 故障诊断

为了保证数控系统有较高的利用率，除了要求其有较高的系统可靠性外，还要有良好的故障诊断能力。完善的诊断程序是现代CNC装置的特点之一，随着CNC系统的发展，诊断软件越来越完善，诊断功能也越来越强大。

CNC装置的故障诊断利用装置中的计算机进行，通过软件来实现。诊断程序可包含在系统程序中，在系统运行过程中进行检查和诊断。也可以作为服务性程序，在系统运行前或故障停机后进行诊断，查找故障部位。还可以通信诊断，由通信诊断中心运行诊断程序，指示操作者进行某些试运行从而完成诊断。

1. 运行中诊断

运行中的诊断程序比较分散，常包含在主控程序、中断处理程序等各部分中。接口、伺服系统和机床方面的诊断程序都包含在CNC装置软件结构的相应部分。运行中诊断常用的方法如下：

(1)检查内存中的代码

对内存中的系统程序，每次启动使用时要进行代码检查，检查系统程序是否被破坏。代码检查也适用于对装入内存后反复使用的零件加工程序进行检查。该检查在CPU的空闲时间进行。

(2)格式检查

在数据和程序输入时，进行奇偶检验、非法指令码检查和数据超限等格式检查。

(3)双向传送数据检验

由系统送给接口的数据或控制字，有可能在传送过程中出错。可在输出数据之后，立即用输入指令将接口缓冲器的内容取回，与发送的内容相比，若不相等，应予以显示并停机。有时可再送一次，两次均错应停机，手动数据输入也可用双向传送方式校验。

(4)电压、温度、速度等模拟量监控

对这些模拟量是通过A/D变换，与标准的数字量进行比较，超过或低于规定值则报警、显示。如对伺服系统、电机、动态RAM(带后备电池的CMOS)的电池电压、机内温度等监测都用这种方法。

2. 停机诊断

当系统发生停机故障后,或系统开始运行前,利用诊断程序进行诊断称为停机诊断。该诊断程序可以与系统程序分开,需要时再输入 CNC 装置。

商品化的 CNC 装置多数配有自诊断程序。诊断时,将自诊断程序装入运行,CNC 系统无故障,检查程序连续运行,不停机;如果发现故障,则停机,从停机地址即可找到故障部位。自诊断程序包括内存检查程序、逻辑检查程序、算术检查程序、接口与外设检查程序、位置控制测试程序,以及掉电处理检查程序等。

其中接口与外设检查很重要,对它的综合诊断包括:

(1)面板开关状态检查

将面板上开关置“1”或“0”状态后,启动检查程序,可显示各开关状态。

(2)键盘功能检查

当功能键按下时,该键的 ASCII 码送入数据存储器。启动检查程序,可显示该 ASCⅡ。

(3)一次中断申请检查

用来检查因按键抖动而引起多次中断。

(4)接口单元检查

用输入、输出信息,并显示接口单元内容方法检查接口单元工作的正确性。

(5)CPU 数据板数据通道检查

此程序利用指令对 CPU 的数据通道逻辑电路进行检查。

对接口电路也可设立独立诊断程序,就是使接口与外围设备脱离,将某些接口的输出线与另一些接口的输入线适当连结,以启动信息传送检查。

3. 通信诊断

用户 CNC 系统经电话或网络线路与诊断中心通信,由诊断中心发出诊断程序,CNC 进行某种运行,同时收集数据,分析系统的状态。系统状态与存储的应有工作状态或某些极限值参数进行比较,来确定系统工作状态是否正常。通过通信诊断不但能找出故障,而且还能对故障趋势进行分析预测。

对于长时间才能发现和排除的间歇性故障,诊断中心计算机可发送诊断程序给用户 CNC。此程序与 CNC 的系统程序并行工作,实时地寻找与监视故障。一旦发现故障,就使系统停止工作。

另外,随着人工智能技术的出现,诊断技术也日趋智能化,已经出现了自修复系统、人工智能故障诊断专家系统、神经网络故障诊断系统等。相信,随着 CNC 装置的发展,数控机床的自诊断功能也将得到不断完善与发展。

4.4 CNC 装置的接口电路

数控机床的 CNC 装置需要与数控系统的其它设备进行数据传送和信息通信,如数据输入输出设备、外部机床控制面板、通用的手摇脉冲发生器、进给驱动线路和主轴驱动线路等。此外,CNC 装置还要与上级计算机或 DNC 计算机通信,或通过工厂局部网络与外部设备相连。这些数据传输功能均需要通过接口实现。

4.4.1 机床开关量及其接口

数控机床接口指的是数控系统与机床电气控制设备之间的电气连接部分，现代 CNC 装置都具有完备的数据传送和通信接口。

根据国际标准 ISO4336—1981(E)机床电气设备之间的接口规范的规定，接口分为四类，如图 4.35 所示。

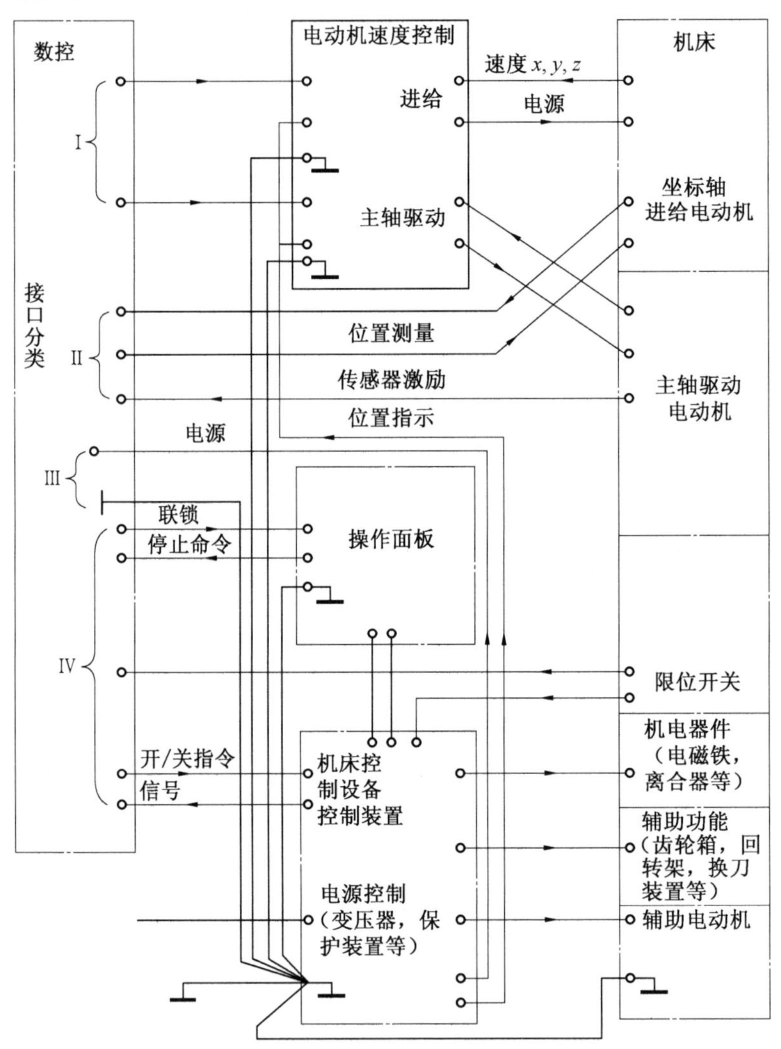

图 4.35　CNC 装置、电气设备和机床之间的连接

第Ⅰ类：与驱动命令有关的连接电路；

第Ⅱ类：数控系统与检测系统和测量传感器间的连接电路；

第Ⅲ类：电源及保护电路；

第Ⅳ类：通断信号和代码信号连接电路；

第Ⅰ类和第Ⅱ类接口传送的信息是数控系统与伺服驱动单元、伺服电机、位置检测和速度检测之间的控制信息及反馈信息，它们属于数字控制及伺服控制。

第Ⅲ类接口电路由数控机床强电线路中的电源控制电路构成。强电线路由电源变压器、控制变压器、各种断路器、保护开关、接触器、功率继电器及熔断器等连接而成。变压器的作用是为辅助交流电动机、电磁铁、离合器、电磁阀等功率执行元件供电。强电线路不能与低压下工作的控制电路或弱电线路直接连接,只能通过断路器、热动开关、中间继电器等器件转换成直流低压下工作触点的开、合动作,才能成为继电器逻辑电路和 PLC 可接收的电信号。反之,由 CNC 系统输出来的信号,应先去驱动小型中间继电器,(一般工作电压直流+24V),然后用中间继电器的触点接通强电线路的功率继电器去直接激励这些负载(电磁铁、电磁离合器、电磁阀线图)。

第Ⅳ类开关信号和代码信号是数控系统与外部传送的输入输出控制信号。当数控系统带有 PLC 时,这些信号除极少数的高速信号外,均通过 PLC 传送。这第Ⅳ类接口信号根据其功能的必要性又可分为两种:

①必须信号,是为了保护人身和设备安全,或者为了操作、为了兼容性所必须提供的接口信号,如“急停”、“进给保持”、“NC 准备好”等;

②任选的信号,并非任何数控机床都必须有,而是在特定的数控系统和机床相配条件下才需要的信号,如“行程极限”、“JOG 命令”(手动连续进给)“NC 报警”、“程序停止”、“复位”、“M 信号”、“S 信号”、“T 信号”等。

在数控机床中,由机床(MT)向 CNC 装置传送的信号称为输入信号;由 CNC 装置向 MT 传送的信号称为输出信号。这些输入/输出信号有:直流数字输入/输出信号、直流模拟输入/输出信号、交流输入/输出信号。而应用最多的是直流数字输入/输出信号;直流模拟信号用于进给坐标轴和主轴的伺服控制(或其它接收、发送模拟信号的设备);交流信号用于直接控制功率执行器件。接收或发送模拟信号和交流信号,需要专门的接口电路,实际应用中,一般都采用 PLC,并配置专门的接口电路才能实现。通常,输入信号都先经光电隔离,使机床和 CNC 装置之间的信号在电气上实现隔离,防止干扰引起误动作。其次,CNC 装置内一般是 TTL 电平,而要控制的设备或电路不一定是 TTL 电平,故在接口电路中要进行电平转换和功率放大,以及 A/D 转换。此外为了减少控制信号在传输过程中的衰减、反射、畸变等影响,还要按信号类别及传输线质量,并限制传输距离,采取一些抗干扰措施。

(1)直流输入信号接口电路

输入接口用于接收机床操作面板上的各开关、按钮信号及机床上的各种限位开关信号。因此,它包括以触点输入的接收电路和以电压输入的接收电路。触点输入电路分为有源和无源两类,图 4.36(a)为无源触点输入,图 4.36(b)为有源触点输入。

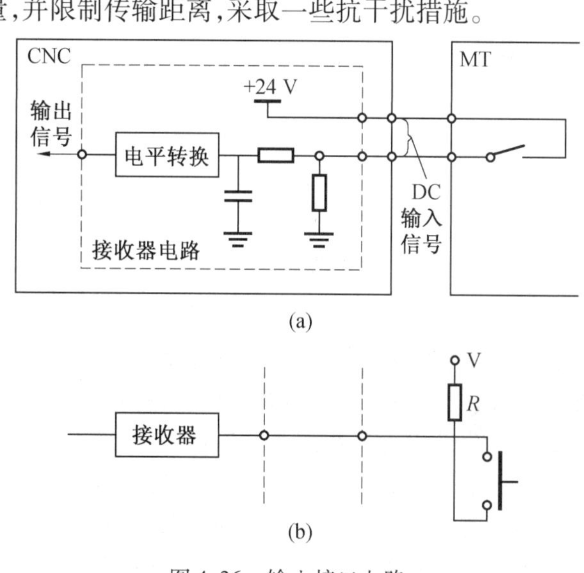

图 4.36 输入接口电路

信号滤波常采用阻容滤波器,电平转换采用三极晶体管或光电隔离电平转换器。光电隔离器既有隔离信号防干扰的作用,又起到了电平转换的作用,在 CNC 接口电路中被大量使用。

为了防止接点输入电路中的触点抖动,只凭软件滤波的方法不能从根本上解决该问题,通常还要采用斯密特电路或 R–S 触发器来整形,如图 4.37 所示。

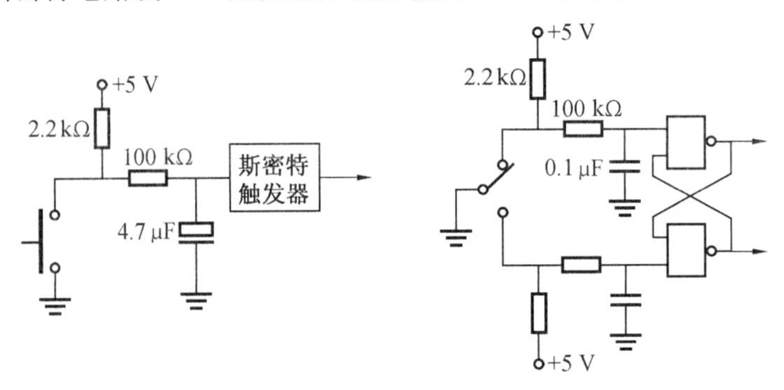

图 4.37 用斯密特电路消除接点抖动

图 4.38 为以电压输入的接口电路。

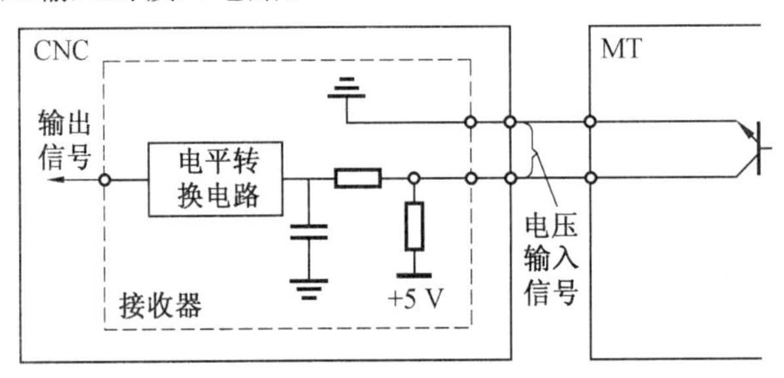

图 4.38 电压输入接口电路

(2)直流输出信号接口电路

输出接口用于将机床各种工作状态送到机床操作面板上用指示灯显示出来,并把控制机床动作的信号送到强电箱,有继电器输出电路和无触点输出电路两大类,如图 4.39 所示。

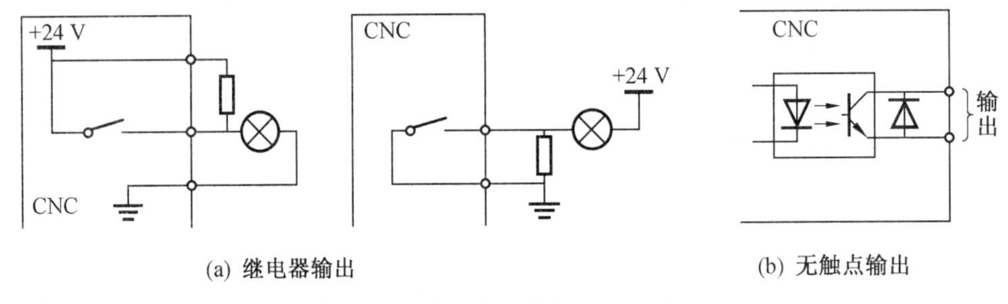

图 4.39 直流输出信号接口电路

图 4.40 为负载为指示灯的典型信号输出电路;图 4.41 为负载为继电器线圈的典型信号输出电路。当 CNC 有信号输出时,基极为高电平,晶体管导通。此时输出状态为“0”,电流流过指示灯或继电器线圈,使指示灯亮或继电器动作。当 CNC 无输出时,基极为低电平,晶体管截止,输出信号状态为“1”,不能驱动负载。

在输出电路中需要注意对驱动电路和负载器件的保护。对于继电器一类电感性负载,通常要安装电火花抑制电路;对于电容性负载,应在信号输出负载线路中串联限流电阻(其阻值确保负载承受的瞬时电流和电压被限制在额定值内);在用晶体管输出直接驱动指示

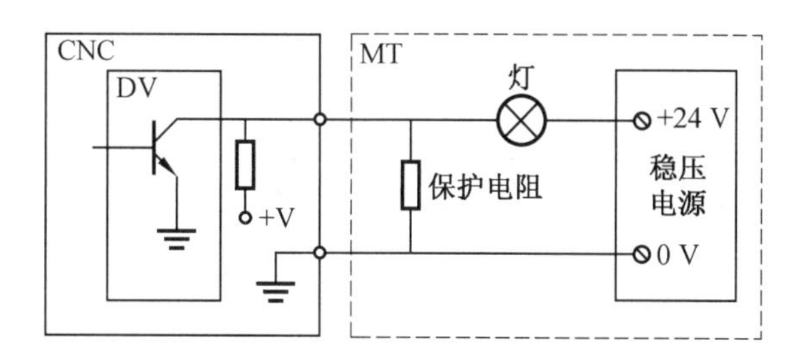

图 4.40　负载为指示灯信号输出电路

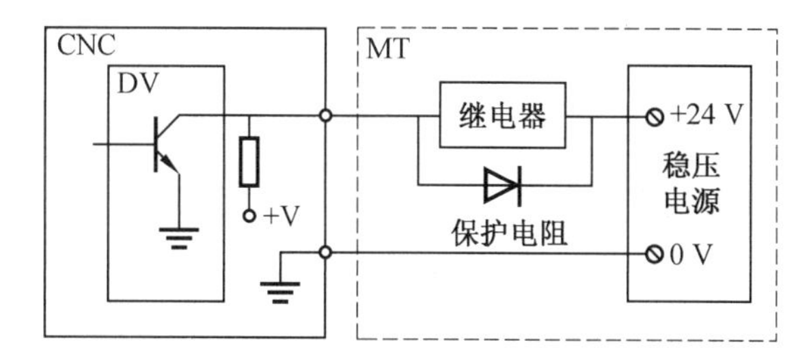

图 4.41　负载为继电器线圈的信号输出电路

灯时,冲击电流可能损坏晶体管,为此应设置保护电阻以防晶体管被击穿;当被驱动负载是电磁开关、电磁离合器、电磁阀线圈等交流负载,或虽是直流负载,但工作电压或工作电流超过输出信号的工作范围时,应先用输出信号驱动小型中间继电器(一般工作电压+24V),然后,用它们的触点接通强电线路的功率继电器或直接去激励这些负载(图 4.42)。当 CNC 与机床之间有 PLC 装置时,PLC 本身具有交流输入、输出信号接口,或有用于直流大负载驱动的专用接口时,输出信号就不必经中间继电器过渡,即可以直接驱动负载器件(这种方案最可靠、最安全)。

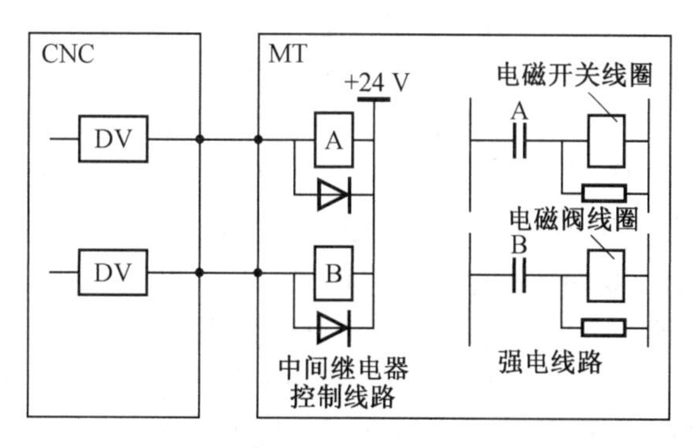

图 4.42　大负载驱动输出电路

(3)直流数字输入、输出信号的传送

直流数字输入、输出信号即开/关量 I/O 信号,在 CNC 和机床之间的传送通过接口存储器进行。机床上各种 I/O 信号均在存储器中占有某一位,该位的状态是二进制的“0”和“1”、分别表示开、关或继电器处于“断开”、“接通”状态。CNC 装置中的 CPU 定时从接口存储器回收状态,并由软件进行相应处理。同时又向接口输出各种控制命令,控制强电箱的动作。图 4.43 为一种接口电路信号传送框图。

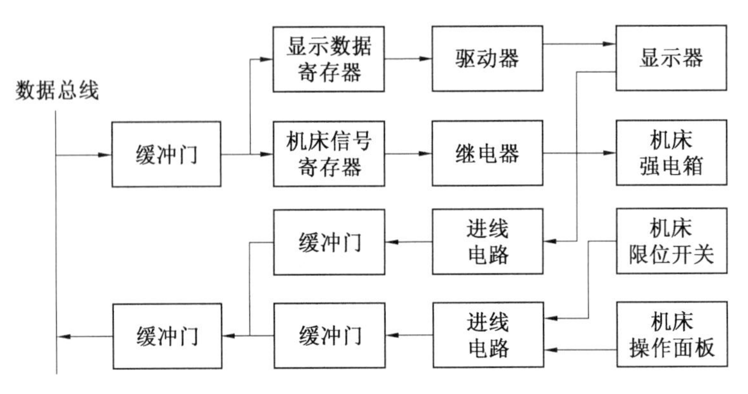

图 4.43 接口电路信号传递框图

4.4.2 串行通信及接口

数据在设备间的传送可用串行方式或并行方式,并行方式传输速度快,但需要使用较多的传输线,因而相距较远的设备数据传送通常采用串行方式。串行方式传输时需要通过串行接口将机内的并行数据转换成串行信号后再传送出去,接收时也要将收到的串行 I/O 信号经过缓冲器转换成并行数据,再送至机内处理。

为了保证数据传送的正确和一致,接收和发送双方对数据的传送应确定一致的且互相遵守的约定,它包括定时、控制、格式化和数据表示方法等。这些约定称为通信规则(procedure)或通信协议(protocol)。串行传送分为异步协议和同步协议两种,异步传送比较简单,但速度不快;同步协议传送效率高,但接口结构复杂,传送大量数据时使用。

异步串行传送在数控机床上应用比较广泛,常用的接口标准有 RS-232C/20mA 电流环、RS-422/RS-449、RS485 等。

CNC 装置中 RS-232C 接口用以连结输入输出设备、外部机床控制面板或手摇脉冲发生器等,传输速率不超过 9600bit/s。CNC 的 20mA 电流环通常与 RS-232C 一起配置,过去它主要用于联接电传打字机和纸带阅读设备。该接口的特点是电流控制,以 20mA 电流作为逻辑“1”,零电流为逻辑“0”,在环路中只有一个电源。电流环对共模干扰有抑制作用,并可采用隔离技术消除接地回路引起的干扰,传输距离比 RS-232C 远。

RS-422S 标准规定了双端平衡电气接口模块,RS-449 标准规定了这种接口的机械连接标准。它采用双端(即一个信号的正信号和反信号)驱动器发送信号,用差分接收器接收信号,能抗传送过程的共模干扰,保证更可靠,更快速的数据传送,还允许线路有较大的信号衰减,其传送频率比 RS-232C 高得多,传送距离也远得多。

4.4.3 网络通信接口

随着制造技术的不断发展,对网络通信要求越来越高。CNC 装置与上级计算机或 DNC 计算机通信,或通过工厂局部网络与外部设备相连。这些数据传输功能均需要通过网络接口实现。联网中的各设备应能保证高速和可靠的数据传送,一般采取同步串行传送方式。CNC 装置中一般设有专用的微处理器的通信接口,完成网络通信任务。现在网络通信协议都采用以 ISO 开放式互连系统参考模型的七层结构为基础的有关协议,或者采用 IEEE802 局部网络有关协议。

ISO 的开放式互连系统参考模型(OSI/RM)是国际标准化组织提出的分层结构的计算

机通信协议的模型。这一模型是为了使世界各国不同厂家生产的设备能够互连,它是网络的基础。该通信协议模型有七个层次:

第一层:物理层。功能为相邻节点间传送信息及编码。

第二层:数据链路层。功能为提供相邻节点间帧传送的差错控制。

第三层:网络层。完成节点间数据传送数据包的路径和由来的选择。

第四层:传输层。提供节点至最终节点间可靠透明的数据传送。

第五层:会议层。功能为数据的管理和同步。

第六层:表示层。功能为格式转换。

第七层:应用层。直接向应用程序提供各种服务。

通信一定在两个系统的对应层次内进行,而且要遵守一系列的规则和约定,这些规则和约定称为协议。OSI/RM 最大优点在于有效地决解了异种机之间的通信问题。不管两个系统之间差异有多大,只要具有下述特点就可以相互通信。

①它们完成一组同样的通信功能。

②这些功能分成相同的层次,对等层提供相同的功能。

③同等层必须遵守共同的协议。

制造自动化协议 MAP(Manufacturing Automation Protocol)是 20 世纪 80 年代由美国通用汽车工业公司发起研究和开发的应用于工厂车间环境的通用网络通信标准,是目前数控机床提供的主要网络接口标准之一。MAP 协议能在制造环境下把各种自动化设备有机集成起来,使它们协调运行,满足生产需要。MAP 协议支持全部 ISO 提出的开放式互连系统七层参考模型。针对该七层模型,MAP 对于每一层都提出了具体的协议标准,专门面向工厂自动化。目前已成为工厂自动化的通信标准,为许多国家和企业接受。

随着开放式数控系统的发展和以太网(Intranet)技术的成熟,越来越多的数控机床开始提供以太网接口。采用以太网的数控机床可以实现车间自动化和办公自动化的无缝连接,实现 CAD/CAM 和 DNC 系统的完全集成,是目前的发展方向。

4.5　典型的数控系统简介

4.5.1　FANUC 0i 系列数控系统

日本 FANUC 公司有 0i、30i、31i、32i、35i 等系列的数控系统,其中 30i/31i/32i/35i 主要面向高速、高精、控制轴数多的高端应用场合;0i 系统是 FANUC 公司推出的高可靠性,高性价比、高集成度的小型 CNC 系统。本书将以 FANUC 的 0i 系统为例进行介绍。

FANUC 0i 系列针对不同应用又细分为 0i-MD /0i mate-MD,0i-TD/0i mate-TD,0i-PD 等,其中 MD 系列主要针对铣削加工中心,TD 系列主要针对车床,PD 系列主要针对冲床。0i 系统采用模块设计,CNC 与液晶显示器一体化结构,体积小巧,便于设定和调试。

1. FANUC 0i 系统硬件结构

FANUC 0i 数控系统的构成如图 4.44 所示,主要包括:

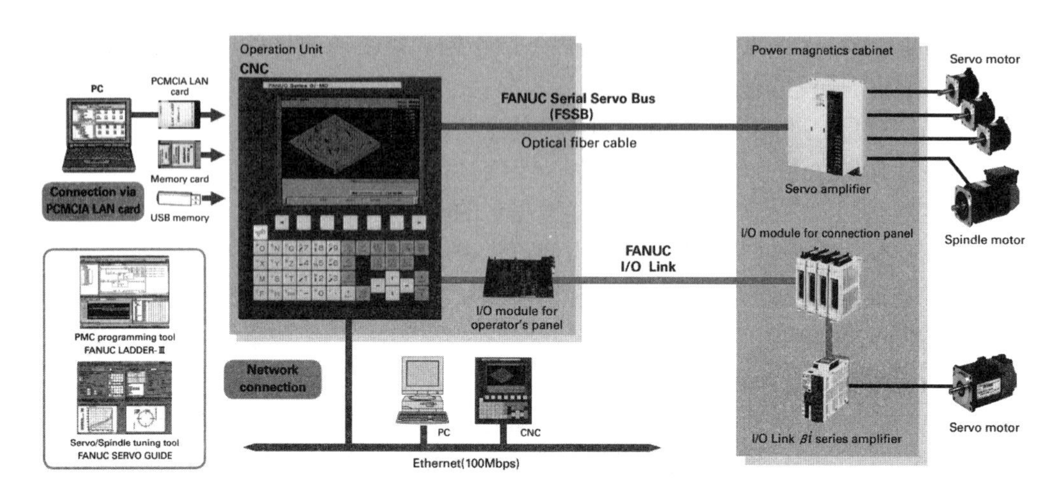

图4.44　FANUC 0i数控系统构成

(1)CNC控制单元

FANUC 0i系统CNC控制单元由主板模块和I/O接口模块两部分构成,主板模块(图4.45)主要包括CPU、内存(系统软件、宏程序、梯形图、参数等)、PMC控制、I/O link控制、伺服控制、主轴控制、内存卡I/F及LED显示等。I/O模块主要包括电源、I/O接口、通信接口、MDI控制、显示控制、手摇脉冲发生器控制和高速串行总线等。

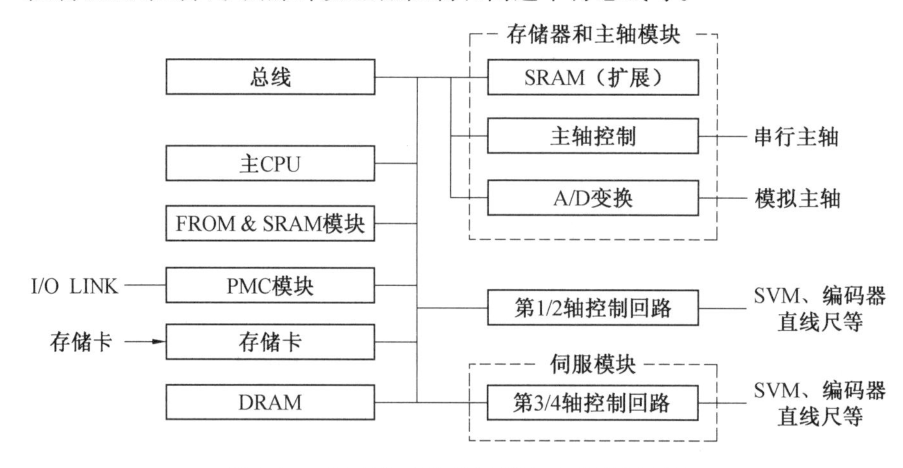

图4.45　0i系统CNC控制模块主CPU板框图

(2)显示单元

系统的显示器可接CRT或LCD(液晶),可以是单色也可是彩色,用光缆与控制单元连接。

(3)机床操作面板

FANUC设计了标准的机床操作面板以供用户选用。面板上有急停按钮和速度倍率波段开关,并留有用户自己可定义的空白键。面板用I/O Link接口与CNC单元连接。

(4)I/O模块

0i系统的I/O模块用I/O Link接口与CNC控制模块连接,I/O Link符合日本JPCN-1标准的现场网路。经由该口可实时地控制CNC的外部机械或I/O点,其传输速度相当高。在0i系统上通常有两种I/O Link口硬件:

① CNC 单元内的 I/O 板,有 96 点输入,64 点输出。对于机床上的一般 I/O 点控制(如 M 功能、T 功能等),用这块板可满足中小型加工中心或车床的要求。

②分离型 I/O 模块,最多可连 1024 个输入点和 1024 个输出点。因此这种模块除用于上述机床的普通 I/O 点控制外,多用于生产线上,连接现场网络的多个外部机械,并与其它 CNC 设备共享这些资源。

(5)伺服驱动单元

经 FANUC 串行伺服总线 FSSB(FNUC Serial Servo Bus),用一条光缆与多个进给伺服放大器(αi 或 βi 系列)相连,放大器有单轴型和多轴型,多轴型放大器最多可接三个小容量的伺服电机,从而可减小电柜的尺寸。放大器本身是逆变器和功率放大器,位置控制部分在 CNC 控制单元内。最多同时控制轴数(即插补轴数):4 轴。

(6)主轴驱动单元

主轴电机控制有两种接口,一种是模拟接口,CNC 根据编程的主轴速度值输出 0～10V 模拟电压,因此可用于连接市售的变频器及其相配的主轴电动机;另一种接口是串行口,CNC 将主轴电动机的转速值通过该口以二进制数据形式输出给主轴电机的驱动器。由于是串行数据传送,因此具有接线少,抗干扰性强,可靠性高,传输速率高等优点。串行接口适用于 FANUC 的 αi 系列主轴驱动器和主轴电动机。FANUC 主轴电动机上安装有用于速度反馈的磁性传感器。如需进行切螺纹、刚性攻丝、Cs 轴轮廓控制或主轴定位、定向时应在主轴上安装位置编码器。

(7)辅助电机单元

为了驱动外部机械(如换刀、交换工作台、上下料等),可以使用经 I/O Link 口连接的 β 伺服放大器驱动的 β_{is} 电动机,最多可连接 7 台。

2. 数据传输接口

FANUC 0i 系统上配有几种数据传送口,用于与外界数据设备的连接。

(1)RS-232C 口

连接 PC 机、软磁盘驱动器等有串行通信口的设备。

(2)HSSB(High Speed Serial Bus)

高速串行数据总线,用于与 PC 机或 Panel-i 连接,高速传送数据。

(3)I/O Link

日本工业企业制定的基于 RS-485 的数据接口标准,用于传送机床强电控制的 I/O 信号信息。

(4)以太网

有三种型式可供选择,包括以太网板、Data Server(数据服务器)板和 PCMCIA 网卡。

(5)现场局部网络

可采用 FL-net(日本常用),Profibus-DP(欧洲常用)和 Device-Net(美国常用),这些网络由插入 CNC 单元的硬件板实现。

4.5.2　SINUMERIK 840D 系列数控系统

SINUMERIK 840D 系列数控系统是 SIEMENS 公司推出的全数字化高端数控系统,具有高度的模块化和规范化结构,功能丰富且具有良好的开放性,在制造业领域得到广泛的应用。

SINUMERIK 840D 系列数控系统包括 SINUMERIK 840D、SINUMERIK 840Di、SINUMERIK 840D sl 和 SINUMERIK 840Di sl 等几种。

在硬件结构上,SINUMERIK 840D 与 840D sl 的主要差别在于:840D 是与 SIMODRIVE 611D 数字驱动系统配套使用,而 840D sl 是与 SINAMICS S120 数字驱动系统配套使用;SINUMERIK 840Di 及 840Di sl 是基于 PC 的数控系统。

SINUMERIK 840D sl 是 SIEMENS 公司 2010 年后主推的数控系统,在此对该系统进行简要介绍。

1. SINUMERIK 840D sl 的主要功能和特点:

①最多可控制 10 个方式组,10 个通道,31 个进给轴/主轴;

②具有直线插补、连续圆弧路径插补、螺旋插补、NURBS 插补、抛物线插补和其它多项式插补以及其它插补功能;

③开放式的结构,可进行用户界面扩展,通过 SINUMERIK HMI 编程包及 OA NCK 开发包还可对 HMI 及 NCK 进行开发;

④具有温度补偿、象限补偿、悬垂补偿、空间误差补偿等多种补偿功能;

⑤图形化显示与仿真功能;

⑥采用 SINAMICS S120 数字驱动系统,具备书本型、装机装柜型和模块型多种封装方式,并支持 SIEMENS 公司多种系列同步电机、异步电机、直线电机及电主轴;

⑦集成 SIMATIC S7 PLC,采用经由 PROFIBUS DP 的分布式 I/O;

⑧具有分布式结构的系统设计,可实现灵活组网,并支持 DNC 加工。

2. SINUMERIK 840D sl 的硬件结构

SINUMERIK 840D sl 的硬件组成如图 4.46 所示,主要包括:

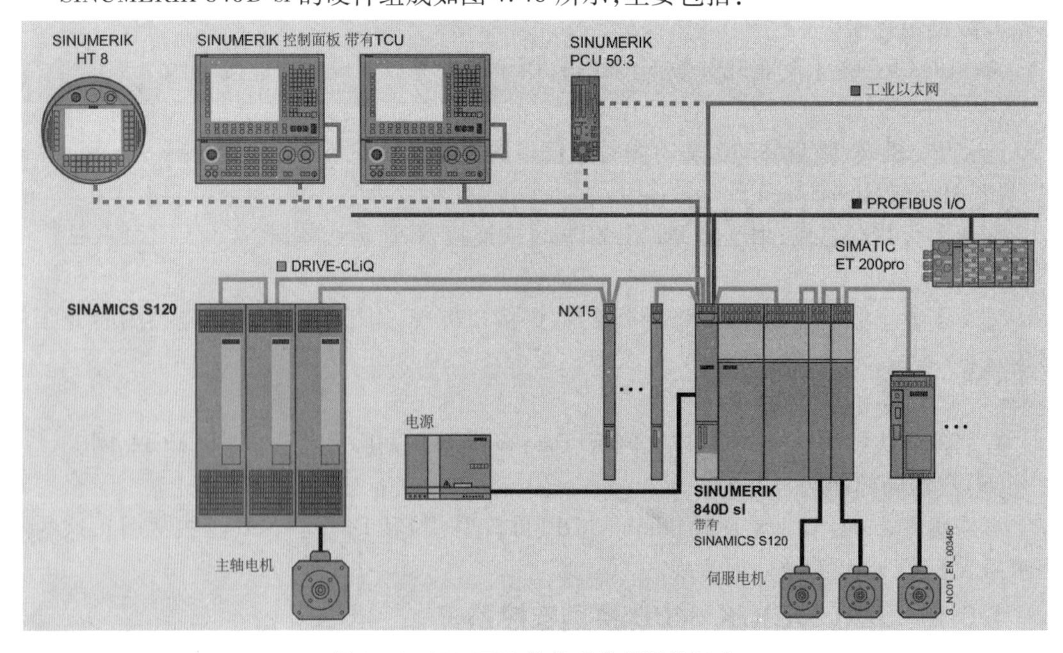

图 4.46　SIEMENS 数控系统的硬件组成

(1)数控单元 NCU

NCU(Numenrical Control Unit)是 SINUMERIK 的中央处理控制单元,负责 NC 的所有功

能、机床的逻辑控制和与 PCU 的通信。它由一个 SINUMERIK 840D sl CPU 板、一个 SIMATIC PLC CPU 板和一个 DRIVE 板组成。不同型号 NCU 单元具有不同的硬件配置,控制的进给轴数目也不相同。

(2)面板控制单元 PCU

PCU(Personal Computer Unit)是 SIEMENS 公司定制的计算机,用于实现人机通信功能,操作系统采用 Windows XP Embeded /Windows NT,并安装 840D sl 系统 HMI 及其它应用程序。

(3)操作面板 OP

OP(Operator Panel)与面板单元 PCU 配套使用,用于提供人机显示界面,编辑、修改程序及参数,实现软件功能操作。OP 一般包含一个显示单元和 NC 键盘,可以把 OP 理解为 PCU 的显示器和键盘鼠标。

(4)机床控制面板 MCP

MCP(Machine Control Panel)为安装在面板上的按键组,通过其实现对机床动作的直接操作,如按给定的工作方式执行 NC 程序,并完成如急停控制、复位、程序控制、工作方式选择等功能。

(5)数字驱动系统 SINAMICS S120

SINAMICS 是西门子公司新一代的驱动产品,它正逐步取代 MASTERDRIVES SIMODRIVE 系列的驱动系统。SINAMICS 系列中 SINAMICS S120 是集 V/F 控制、矢量控制、伺服控制为一体的多轴驱动系统,具有模块化的设计。各模块间(包括控制单元模块、整流/回馈模块、电机模块、传感器模块和电机编码器等)通过高速驱动接口 DRIVE-CLiQ 相互连接。

(6)可选安装单元

SINUMERIK 840D sl 还提供了一些可选安装单元,如手持单元 HHU(Hand Held Unit)、扩展 I/O 单元 SIMATIC ET200S 以及扩展驱动单元 NX10/NX15 等。

SINUMERIK 840D sl 的硬件主要通过以下几种总线连接:

①以太网。包括内部以太网和外部工厂以太网,内部以太网用于 SINUMERIK 840D sl 的数控单元 NCU 与面板控制单元 PCU、机床控制面板 MCP 及手持单元 HUU 等设备之间通信;外部工厂以太网用于数控系统与外部其它设备的通信。

②PROFIBUS DP 及 MPI。PROFIBUS-DP(Decentralized Periphery)是用于分布式设备的 PROFIBUS 总线,MPI(Multi-Point Interface)为多点通信总线,二者均采用 RS485 接口,在 SINUMERIK 840D sl 系统中用于 NCU 与 SIMATIC I/O、带相应接口的 MCP 和 HUU 等设备的通信。

③DRIVE CLiQ。SIEMENS 公司驱动系统的一种专用总线,用于 SINUMERIK 840D sl 的数控单元 NCU 与 SINAMICS S120 驱动系统以及 NX 扩展驱动单元之间的通信。

④其它总线。如 RS 232C 串口总线、PROFINET 总线(基于以太网技术的 PROFIBUS 总线)等。

⑤NCU 内部通信。NCU 内部各 CPU 模块之间通过双端口 RAM(DPR)进行通信。

3. SINUMERIK 840D SL 的软件系统

SINUMERIK 840D 软件系统包括 4 大类软件:MMC 软件系统、NC 软件系统、PLC 软件系统和通信及驱动接口软件。

(1) MMC软件系统

MMC软件系统安装于PCU计算机上,包括操作系统软件,以及串口、并口、鼠标和键盘接口等驱动程序,支撑SINUMERIK与外界MMC-CPU、PLC-CPU、NC-CPU之间的相互通信及任务协调。

(2) NC软件系统

NC软件系统包括NCK数控核初始引导软件、NCK数控核数字控制软件系统、SINAMICS S120驱动数据及PCMCIA卡软件系统(预装有NCK驱动软件和驱动通信软件等)。

(3) PLC软件系统

PLC软件系统包括PLC系统支持软件和PLC程序。

(4) 通信及驱动接口软件

通信及驱动接口软件用于协调PLC-CPU、NC-CPU和MMC-CPU三者之间的通信。

4.5.3 PA8000数控系统

PA8000系列数控系统是德国Power Automation公司开发的一种基于PC的全软件数控系统,最大的特点是其全面的开放性。PA在开放性方面的技术已经先后被SIEMENS、ROCKWELL、HEIDENHAIN等世界著名的数控生产商所采用。

1. PA8000系统的主要功能和特点

PA8000开放式数控系统是完全按照工业标准应用PC技术研制的CNC,基于PC架构,以Windows NT为平台,采用美国Ardence公司的RTX实时内核,弥补了Windows NT操作系统实时性差的不足,是一种全软件CNC开放式数控系统。PA8000系统的主要特点如下:

①PA开放式数控系统使用普通PC主板,用户可以任意配置自己所需的PC硬件和软件,从简单的串行接口到复杂的网络接口等不同的通信接口都能得到应用。

②基于Windows NT操作系统,PA开放式数控系统拥有窗口式的人机界面,简单便捷的菜单和操作模式使操作人员很容易学习和使用。

③作为一个开放式结构的CNC系统,PA系统允许用户以安全可靠的方式集成第三方的专业技术及专用软件,如各种CAD/CAM软件。PA系统还提供一系列开放式软件工具,如循环编译软件(Compile Cycles)允许用户定制自己的特殊加工功能,实现各种复杂机床控制;可视化界面工具(PAVis)使用户可以根据需求定制全新人机界面。

④由于系统控制功能均由软件实现,用户可以根据机床类型及不同的应用选择相应功能模块,提供给用户最大的选择空间和灵活性。

2. PA8000系统的硬件结构

由于PA开放式数控系统的运动控制和逻辑控制功能都由软件实现,因此硬件只有工控主机及显示器、NC操作面板和接口模块等部件组成,硬件结构如图4.47所示。

(1)工控主机和显示器

工控主机和显示器合为一体,其中工控主机是一台安装了Windows NT操作系统的工业标准PC机,主板上有标准的串行通信接口、并行通信接口和USB通信接口,用户还可以通过PC机主板上标准的PCI插槽和总线连接系统需要的各种硬件,如PA总线卡,现场总线、以太网卡、SERCOS接口卡、显卡、声卡等。

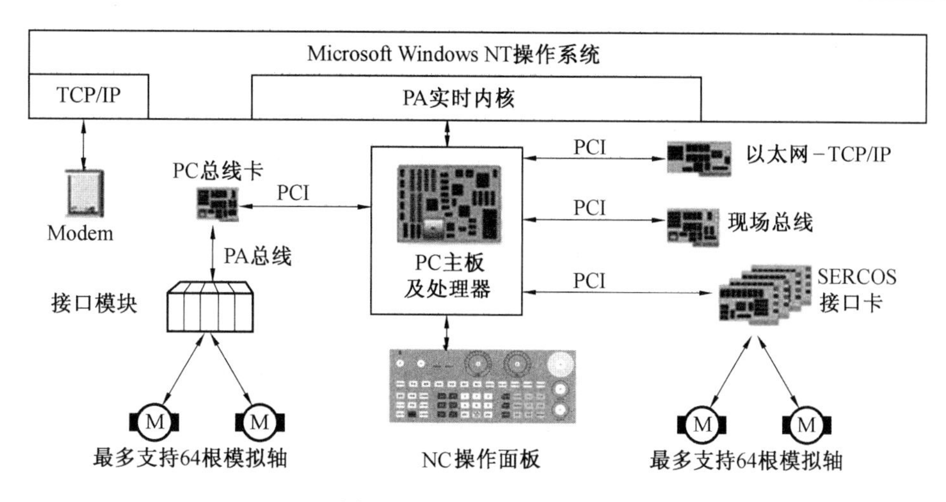

图4.47 PA系统硬件结构

(2)NC操作面板

NC操作面板可用于控制系统和程序的启动、停止以及一些常用机床功能模式的切换，如自动、手动、MDI等；还可以通过它实现控制对象(如机床)的手动控制，如X、Y、Z轴的手动进给，主轴的正转、反转控制，润滑、冷却系统控制等，便于机床操作运行。

(3)接口模块

接口模块通过PA总线连接到工控主机，采用组件化设计，用户可以根据需要通过扩展卡实现更多根轴和更多I/O的控制。

3. PA8000系统的软件结构

PA数控系统的软件结构如图4.48所示，大体可分为强实时性任务和弱实时性任务两部分。对实时性要求比较高的运动控制任务和逻辑控制任务都由运行在内嵌的PA实时内核上的CNC软件完成，并直接控制相关的硬件设备；对实时性要求不高的任务，如人机接口(HMI)、计算机辅助制造(CAM)等需要由PC机实现的任务，仍由Windows NT操作系统来实现。

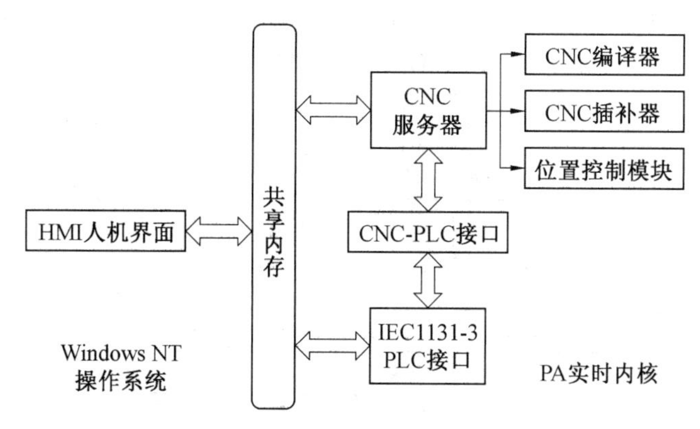

图4.48 PA系统软件组成

PA实时内核使数控系统可以以固定的时间间隔执行实时任务，在执行实时任务时，禁止其它非实时任务的执行，因此能够直接获得系统相关的硬件资源，保证强实时性任务的实时性。只有在没有实时任务需要执行时，Windows NT才能获得CPU资源，去执行弱实时性任务以及基于 NT 系统的应用程序。

系统 CNC 软件主要完成与运动控制有关的功能,具体分为以下四个模块:

(1)CNC 编译器(CNC Interpreter)

CNC 编译器的主要任务是对用户的 NC 程序进行处理,并将其转换成插补器能够识别的格式。

(2)CNC 插补器(CNC interpolator)

插补器是 CNC 的执行单元,主要完成轨迹插补(包括线性、样条、圆弧、螺旋线插补;镜像、并行随动轴功能),诊断与监控管理,与位控任务的通信连接,从 CNC-PLC 接口读取输入信号,向 PLC 传送 BCD 码信号,实时转换(极坐标,五轴转换),实时自校正(包括间隙补偿、齿隙误差补偿、零漂补偿等),主轴输出,从 FIFO 寄存器中读取新的程序段,快速输出数字量信号等功能。

(3)CNC 位置控制(CNC Position)

位控任务用于实现轴的位置控制功能,所有 CNC 和 PLC 的实时任务都是由与控制轴有关的硬件定时中断控制的,每次中断都执行一次位控任务,主要有从门阵列或 SERCOS 接口读取位置值;检测编码器信号(模拟轴);更新机床位置;计算机床位置误差值;计算指令位置值与实际机械位置的偏差;计算对应的位置控制的输出值;输出到 D/A 转换器;输出到 SERCOS 接口等功能。

(4)PLC 控制(PLC Control)

PA 系统提供的软 PLC 以固定的时间间隔顺序扫描执行 PLC 程序代码,来完成和 CNC、I/O 设备的数据通信。

4. PA8000 系统的开发原理

(1)人机界面 HMI 的开发

PA 数控系统的 HMI 是一种开放的、基于浏览器的人机交互界面。

PA 系统的 HMI 可以按组件的方式(包括显示组件 Applet 和功能组件 Function)使用 Qt、Java 语言自由开发,HMI 和 CNC/PLC 之间的通信本质上是组件和 CNC/PLC 内核之间的数据交换。HMI 组件和 CNC/PLC 内核间的通信是基于 TCP/IP 协议,接口采用 Socket,其中 HMI 组件设为客户端 Socket,CNC/PLC 内核端设置为服务器端 Socket,如图 4.49 所示。

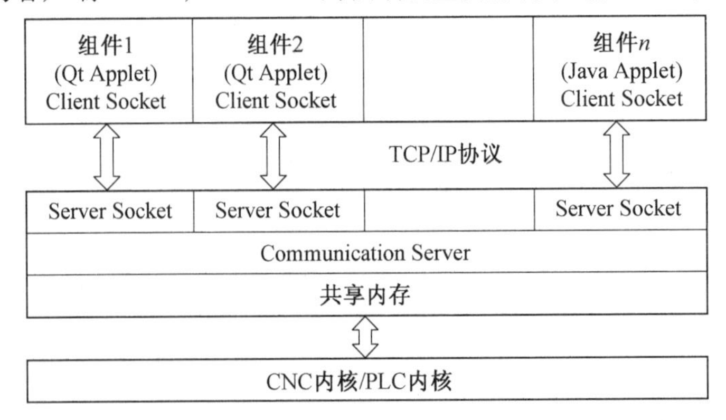

图 4.49　HMI 通信原理图

客户端 Socket 和服务器端 Socket 之间的数据包是通过 XML(Extensible Markup Language,可扩展标记语言)字符串实现的,包括请求和回复两种状态,即客户端向服务器发送请求,服务器做出回复。XML 字符串被称作通信对象(Communication Objects),在客户端和服务器之间传输时被转化为数据对象(Data Objects)。

PA 数控系统为 HMI-CNC/PLC 接口提供了大量的通信对象,每个通信对象都有数量不等的参数,几乎包括了 CNC/PLC 内核运行过程中所有的信息,如通信对象“axes”含有 32 根轴的当前坐标值(pos)、终点坐标值(end)、补偿值(corr)、速度值(vel)等 10 个参数。

通信对象的发送和接收是用户利用 PA 提供的接口命令编写动态链接库或者 ActiveX 控件,然后嵌入到系统运行过程中实现的。

(2)CNC 功能模块的开发

Compile Cycles 是 PA 数控系统提供的用于 CNC 内核的开发工具,是一个开放式的接口,用户可以通过这个接口深入地介入到 CNC 工作的各个阶段,包括 CNC 编译器(Interpreter)、CNC 插补器(Interpolator),从而达到订制任何加工功能的目的,实现各种复杂的机床控制。Compile Cycles 工作原理如图 4.50 所示。

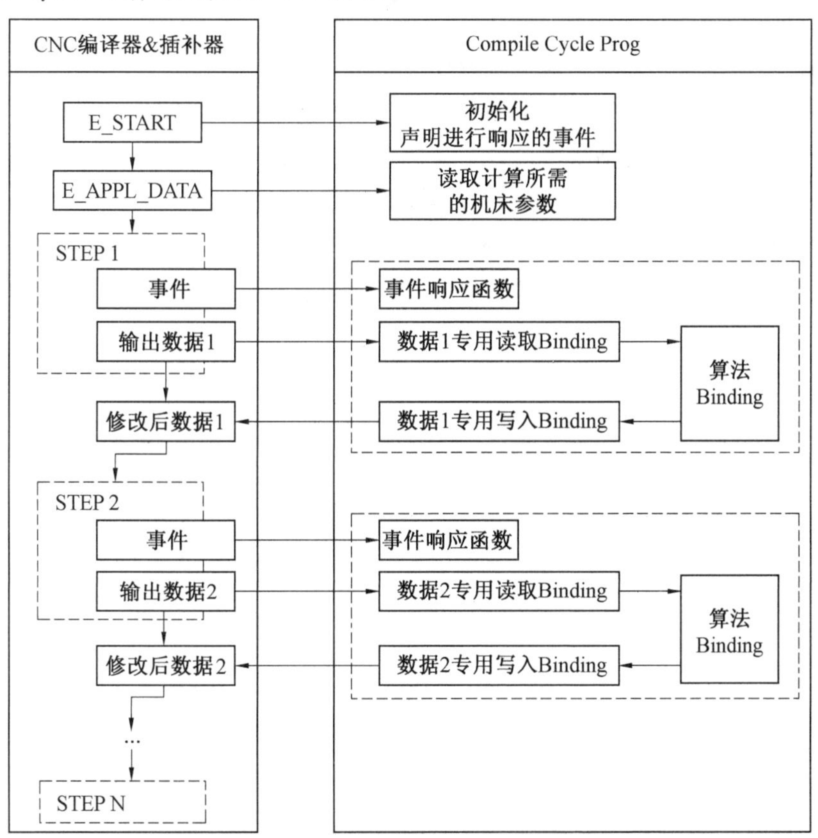

图 4.50　Compile Cycles 工作原理

在 PA 系统中编译器和插补器的工作可以理解成,将数控代码转成进给轴位置数据的一个完整的数据处理过程,PA 系统将这个数据处理过程分成了若干分步,并在步与步之间设定了若干响应事件(Event)。这些响应事件中通过 PA 系统提供的绑定函数(Binding),可以对上一步产生的中间结果数据进行修改,之后再将数据送入下一步中继续处理。用户可以在 E_START 初始设置事件中设定哪些事件需要激活,并编制相应的处理程序,利用此原理实现对 CNC 内核的二次开发。

(3)PLC 功能模块的开发

PA 数控系统内置了一个高速软 PLC 开发环境 PLC-1131-3 DS,支持国际电工委员会 IEC(International Electrotechnical Commission)关于 PLC 编程的标准 IEC61131-3 里规定的全部五种编程语言:LAD(Ladder Diagram,梯形图)、FBD(Function Block Diagram,功能块图)、IL(Instruction List,指令表)、SFC(Sequential Fuction Chart,流程图)及 ST(Structured Text,结构化文本),用户可以任意选择自己熟悉的编程语言,完成各种复杂机床控制逻辑的开发。

PLC 和 HMI 之间通过共享内存来完成实时通信,而 PLC 与 CNC 之间的通信是通过内部的 CNC-PLC 专用接口来完成的。此外,PA 系统还为 PLC 程序提供了大量的函数及功能块,使得 PLC 程序完成部分 CNC 功能成为可能,比如 PLC 直接控制伺服轴运动、读取 NC 代码等。

复习题

1. CNC 系统由哪几部分组成?各有什么作用?
2. CNC 装置的功能有哪些?由哪几部分组成?请用框图说明其工作流程。
3. CNC 装置的软件包括哪些内容?其特点是什么?
4. 说明加工程序在数控装置中是如何处理的。
5. CNC 装置中 PLC 的作用是什么?
6. 加工零件轮廓时,如何实现拐角过渡的?

第5章　数控检测装置

5.1　概　　述

传感器是一种能感受规定的被测量,并按照一定的规律转换成可用输出信号的器件或装置。数控机床根据加工类型的不同,采用的传感器也各不相同,主要有检测位置、直线位移、角位移、速度、电流、压力、温度等物理量的传感器,具体包括接近开关、直线光栅、感应同步器、光电编码器、旋转变压器、霍尔传感器、压力传感器、液位传感器等。本书主要介绍用来感知伺服系统的位移、速度和电流,并向控制系统发送反馈信号,形成闭环或半闭环伺服系统的传感器,即伺服系统的检测、反馈元件。本书中称之为数控机床的检测装置。

对于图5.1所示的闭环控制系统,其系统的闭环传递函数为

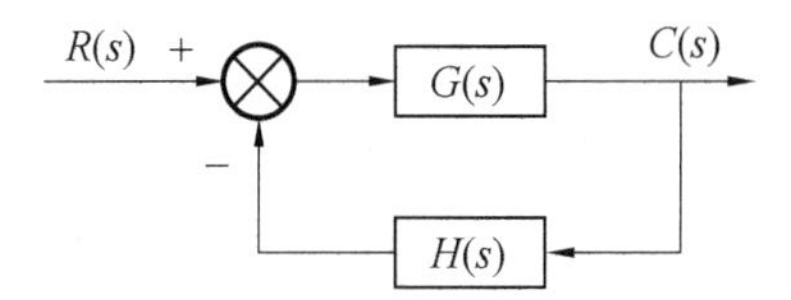

图5.1　闭环控制系统简化框图

$$C(s)=\frac{G(s)}{1+G(s)H(s)}R(s) \tag{5.1}$$

通常 $|G(s)H(s)| \gg 1$,式(5.1)可简化为

$$C(s)=\frac{1}{H(s)}R(s) \tag{5.2}$$

由式(5.2)可得,从一定意义上看,数控机床的加工精度主要取决检测装置的精度。因此,高精密的数控机床必须要配备高精度的检测装置。

数控机床对检测装置的基本要求主要有:

① 稳定可靠、抗干扰能力强。数控机床的工作环境存在油污、潮湿、灰尘、冲击振动等,检测装置要能够在这样的恶劣环境下稳定工作,并且受环境影响小,能够抵抗较强的电磁干扰。

② 满足精度和速度的要求,位移检测分辨率应高于数控机床分辨率一个数量级。

③ 安装维护方便,成本低廉。

5.1.1　数控检测装置的性能指标

检测装置位于伺服驱动系统中,所测量的各种物理量是时变的,因此其测量输出必须能准确、快速跟踪反映被测量的变化。表征检测装置静态特性的主要性能指标如下:

(1) 精度

测量值接近于真值的准确程度称作精度,数控检测装置要满足高精度和高速实时测量的要求。

(2) 分辨率

传感器能分辩出的最小测量值称为分辨率,分辨率不仅取决于传感器本身,也取决于测量电路。分辨率应适应机床精度和伺服系统的要求。分辨率的提高,对提高系统性能和运行平稳性都具有重要意义。一般按机床加工精度的1/3~1/10选取检测装置的分辨率。

(3) 灵敏度

输出信号的变化量相对于输入信号的变化量称为灵敏度。实时测量装置不但要灵敏度高,而且输出、输入关系中各点的灵敏度应该是一致的。

(4) 迟滞

对某一输入量,传感器的正行程的输出量与反行程的输出量的不一致,称为迟滞。数控检测装置要求迟滞小。

(5) 测量范围和量程

测量范围和量程要满足系统的要求,并留有余地。

5.1.2 检测装置的分类

数控检测装置有多种分类方式。按被测物理量的不同,可分为位移,速度和电流三种类型;按安装位置及耦合方式的不同,可分为直接测量和间接测量两类;按测量方法的不同,可分为增量式和绝对式两类;按检测信号类型的不同,可分为模拟式和数字式两类;按运动形式的不同,可分为回转型和直线型检测装置两类;按信号转换原理的不同,可分为光电效应、光栅效应、电磁感应原理、压电效应、压阻效应和磁阻效应等类检测装置。数控机床常用的检测装置及其分类见表5.1。

表5.1 数控机床检测装置分类

<table>
<tr><th>分类</th><th colspan="2">增量式</th><th>绝对式</th></tr>
<tr><td rowspan="2">位移传感器</td><td>回转型:</td><td>旋转编码器、旋转变压器、圆感应同步器、圆光栅、圆磁栅</td><td>绝对式旋转编码器、绝对式圆光栅、绝对式感应同步器、多级旋转变压器</td></tr>
<tr><td>直线型:</td><td>直线光栅、激光干涉仪、直线感应同步器、磁栅尺、球栅尺</td><td>绝对式直线光栅、绝对式球栅尺</td></tr>
<tr><td>速度传感器</td><td colspan="3">交直流测速发电机、光电脉冲编码器、霍尔速度传感器</td></tr>
<tr><td>电流传感器</td><td colspan="3">霍尔电流传感器</td></tr>
</table>

本章针对数控机床中最常用的旋转编码器、光栅尺、激光传感器、霍尔传感器做详细介绍。

5.2 旋转编码器

5.2.1 旋转编码器的类型

旋转编码器(rotary encoder)是一种将旋转角度转换为数字化信号的旋转式传感器,是数控机床上广泛采用的角位移传感器,其输出信号经过变换也可同时用作速度检测。它的编码盘可以直接装在旋转轴上,检测轴的旋转角度变化。如果通过机械装置,如齿轮齿条或丝杠等,将角位移转换为直线位移,还可以用来间接测量直线位移。

按照编码方式不同,可以分为增量式旋转编码器和绝对式旋转编码器。增量式编码器测量的是当前状态与前一状态的差值,即增量值。它通常是以脉冲数字形式输出,然后由计数器计取脉冲数。优点是结构简单,成本低,缺点是一旦中途断电,将无法得知运动部件的绝对位置。绝对式编码器是将位移量直接编码为二进制数字的转换器,即使中途断电,重新上电后也能读出当前的位置。随着绝对式编码器分辨率的提高及成本的降低,其在数控机床上的应用将会越来越多。

无论是增量式还是绝对式旋转编码器,根据工作原理和结构都可分为接触式、非接触式两种类型。接触式编码器由于有接触磨损,目前已较少采用。非接触式编码器一般采用光电、感应或电磁技术。基于感应、磁阻或霍尔原理的编码器需要较复杂的信号调节电路,因此光电编码器是数控机床领域应用最多的一种。它的优点是非接触测量,无接触磨损,允许测量转速高,精度高,光电转换抗干扰能力强,且体积小便于安装,缺点是码盘基片为玻璃,抗冲击和抗震动能力差。

5.2.2　增量式光电脉冲编码器

1. 结构

增量式光电脉冲编码器(incremental rotary encoder)是一种增量检测装置,它的型号一般是由其分辨率来区分,对应的参数有每转刻线数(line)、每转脉冲数(Pulse per Round, PPR)、最小步距(step)、位(bit)等。线(line)就是编码器码盘的光学刻线,如果编码器是直接方波输出的,它就是每转脉冲数(PPR),但如果是正余弦(sin/cos)信号输出的,可以通过对模拟信号相位变化进行电子细分,获得更多的方波脉冲输出;X 位(Bit)增量编码器意味着编码器每圈有 2^X 个测量步距的输出;严格地讲,最小测量步距(Step)就是编码器的分辨率。在高精度数字伺服系统中,应用高分辨率的脉冲编码器,如 20 000PPR、25 000 PPR、30 000 PPR、几百万乃至几千万个脉冲的脉冲编码器。注意,分辨率为几十万、几百万、几千万 PPR 的编码器,并非意味着编码器可以实现每圈上百万、千万的刻线(目前的工艺水平只能实现每圈几万条刻线),而是通过对得到的初始正余弦信号电子细分实现的。

光电脉冲编码器的结构如图 5.2 所示。结构中最大的部分是一个圆盘,圆盘上刻有节距相等的辐射状狭缝,称之为圆光栅。圆光栅的常用材料有玻璃、金属、塑料等。玻璃圆光栅是在玻璃上沉积一层很薄的金属铬,然后通过光刻、腐蚀获得均匀、精细的刻线,其热稳定性好,精度高,但易碎,成本高;金属圆光栅直接由通和不通的刻线构成,常用金属材料为不锈钢、铜、铝等,具有抗振动、抗冲击性好的优点,但由于金属有一定的厚度,精度就受限制,易变形,其热稳定性比玻璃差一个数量级;塑料圆光栅是经济型的,其成本低,不易碎和变形,但精度、热稳定性、寿命均要差一些。本书主要介绍应用最为广泛的玻璃材质的光电编码器。

在一个圆盘上,形成向心的细密刻线,分为透明和不透明两部分,数量从几百条到几万条不等,称为圆盘形主光栅。主光栅与转轴一起旋转。在主光栅刻线的圆周位置,与主光栅平行地放置一个固定的指示光栅,它是一小块扇形薄片,制有三个狭缝。其中,两个狭缝在同一圆周上错开 1/4 节距(称为辨向狭缝,目的是使 A、B 两个转换器在相位上相差 90°)。另外一个狭缝叫做零位狭缝,主光栅转一周时,由此狭缝发出一个脉冲。在数控机床进给系

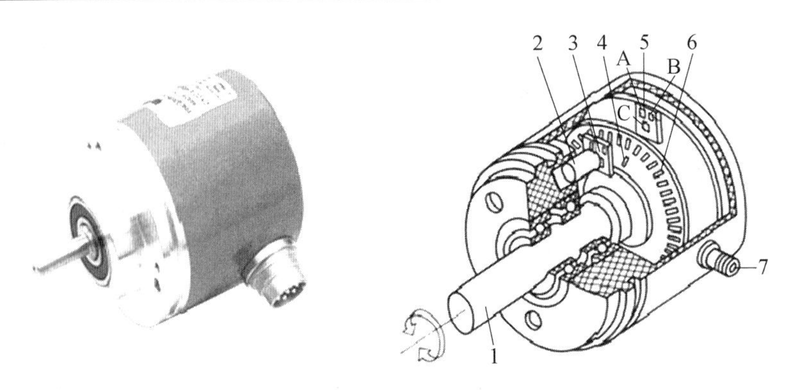

图 5.2　光电脉冲编码器的结构

1-转轴;2-光源;3-指示光栅;4-零位标志;5-光敏元件;6-圆光栅及码道;7-信号输出

统中,零位脉冲可用于精确确定参考点,而在主轴伺服系统中,则可用于主轴准停及螺纹加工等。在主光栅和指示光栅两边,与主光栅垂直的方向上固定安装有光源、光电接收元件。此外,还有用于信号处理的印刷电路板。光电脉冲编码器通过联轴元件将转轴与伺服电机、丝杠等回转部件相连,用于检测角位移。

2. 工作原理及输出信号

当圆光栅旋转时,光线透过两个光栅的线纹部分,形成明暗相间的三路莫尔条纹。同时光电元件接收这些光信号,并转化为交替变化的电信号 A、B(近似于正弦波)和 Z,再经放大和整形变成方波。其中 A、B 信号称为主计数脉冲,它们在相位上相差 90°,如图 5.3 所示;Z 信号又称为零位脉冲,一转一个,该信号与 A、B 信号严格同步。零位脉冲的宽度是主计数脉冲宽度的一半,细分后同比例变窄。

脉冲编码器输出信号的种类有推拉输出、集电极开路输出、正余弦电压输出、差分 TTL 输出(又称长线驱动器输出或 RS422)等形式。数控机床上正余弦电压和差分 TTL 信号输出的旋转编码器应用较多。正余弦输出信号的周期数与编码器的刻线数相对应,可以通过后续的控制器对其进行 5 倍、10 倍、20 倍、25 倍、1024 倍甚至更高倍数的细分;差分 TTL 信号具有抗共模干扰能力强、传输距离长等优点,输出的信号有 A 和经反向后的 $\bar{A}$,信号 B 及反向后的 $\bar{B}$,信号 Z 及反向后的 $\bar{Z}$,如图 5.3 所示。这些信号如经过频率/电压变换,又可作为速度测量反馈信号。

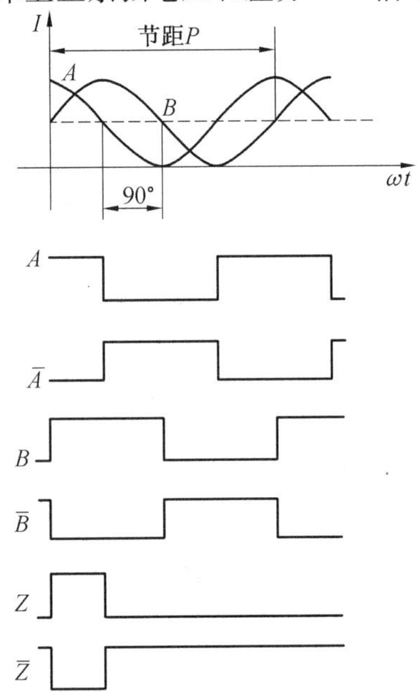

图 5.3　光电脉冲编码器的输出波形

3. 后置信号处理电路

光电脉冲编码器在数控机床上,用于在数字比较伺服系统中作为位置检测装置。当控制对象发生位置变化时,光电脉冲编码器便会发出 A、B 两路相位差 90°的数字脉冲信号。正转时 A 超前 B 90°,反转时 B 超前 A 90°。脉冲的个数与位移量成比例关系,因此通过对脉冲计数即可计算出相应的角位移。为了能对两个方向进行计数,要求计数器既可实现加计数，又能实现减计数。相应的计数方法可以用硬件实现，也可以用软件实现，但硬件计数在执行速度上要优于软件计数。市面上有专门的正交解码与可逆计数芯片，如 HCTL-2021 等，也可以用可编程逻辑器件，如 FPGA（Field-Programmable Gate Array），CPLD（Complex Programmable Device）等实现。本书仅介绍可以接收加减计数脉冲的可逆计数器的基本逻辑实现。

如图 5.4 所示，图（a）为辨向与计数的逻辑控制电路，图（b）为相应的波形图。光电脉冲编码器的输出脉冲信号 A、$\bar{A}$、B、$\bar{B}$ 经过差分驱动传输进入 CNC 装置，仍为 A 相信号和 B 相信号，如图中所示。将 A、B 信号整形后，变成规整的方波（电路中 a、b 点）。当光电脉冲编码器正转时，A 相信号超前 B 相信号，经过单稳电路变成 d 点的窄脉冲，与 b 点信号反相得到的 c 点信号相与，由 e 点输出正向计数脉冲；而 f 点由于在窄脉冲出现时，b 点的信号为低电平，所以 f 点也保持低电平。这时可逆计数器进行加计数。当光电脉冲编码器反转时，B 相信号超前 A 相信号，在 d 点窄脉冲出现时，因为 c 点是低电平，所以 e 点保持低电平；而 f 点输出窄脉冲，作为反向减计数脉冲。这时可逆计数器进行减计数，实现了不同旋转方向时，数字脉冲由不同通道输出，分别进入可逆计数器进行计数处理。

现代全数字数控伺服系统中，由专门的微处理器通过软件对光电脉冲编码器的信号进行采集、处理、传送和调理，完成位置控制任务。另外，针对编码器输出的信号，一般都要对其倍频以提高系统的分辨率，关于倍频的原理，将在直线光栅一节中详细介绍。

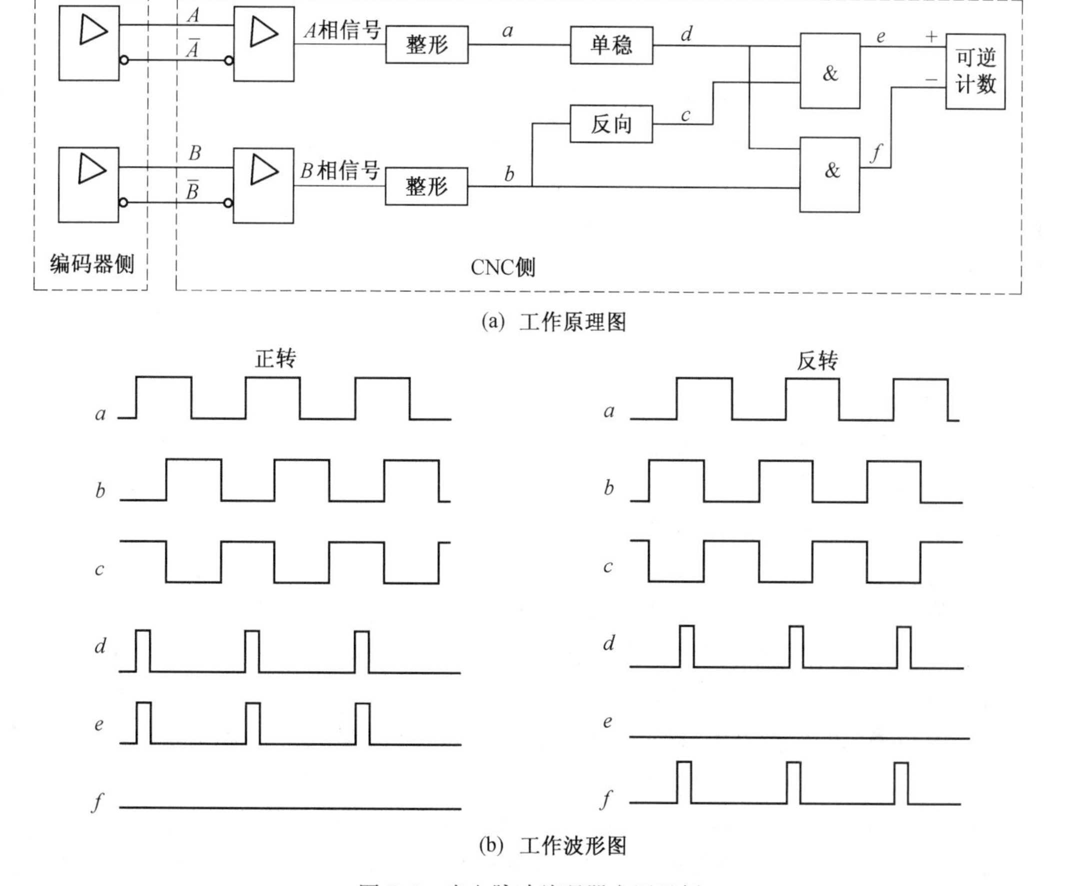

(a) 工作原理图

(b) 工作波形图

图 5.4　光电脉冲编码器应用示例

4. 在机床上的应用

(1) 作为直接测量元件

此时,用作角度、速度测量元件,通过专用数字仪表显示测量值。

(2) 作为反馈元件

此时旋转脉冲编码器作为转速、速度、位移信息反馈元件使用,如数控机床的进给系统,将其安装在伺服电机的尾部(图5.5)或者回转执行部件的一端,通过固定传动比的运动转换部件如丝杠螺母、齿轮齿条等获得直线位移反馈。

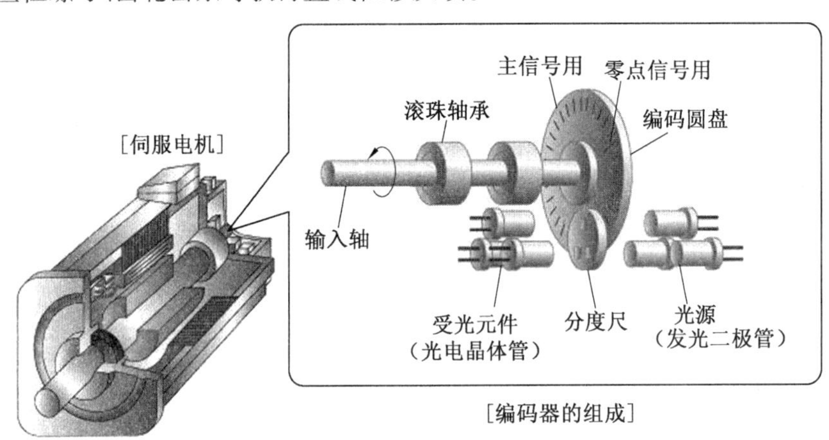

图5.5 伺服电机尾部编码器示意图

如果主运动(主轴控制)中也采用这种光电脉冲编码器,则该系统成为具有位置控制功能的主轴控制系统,或者叫做"C"轴控制。主轴位置脉冲编码器的作用是自动换刀时的主轴准停和车削螺纹时的进刀点、退刀点的定位。加工中心自动换刀时,需要定向控制主轴停在某一固定位置,以便在该处进行换刀等动作。换刀时,数控系统利用主轴位置脉冲编码器输出的信号使主轴准确停在规定的位置上。数控车床车削螺纹时需要多次走刀,车刀和主轴都要求停在固定的准确位置,其主轴的起点、终点角度位置依据主轴位置脉冲编码器的"零脉冲"作为基准来准确保证。

在进给坐标轴中,还应用一种手摇脉冲发生器,一般每转产生若干个脉冲,脉冲当量可以通过数控系统进行设置,坐标轴移动的距离、速度与脉冲产生的个数、速度成正比,它的作用是慢速对刀和手动调整机床。

(3) 提供零位脉冲,建立参考点

在采用增量脉冲编码器作为反馈元件的半闭环数控机床上,需要通过返回参考点,建立坐标基准和机床坐标系。另外,数控机床的各种误差补偿措施如回程间隙补偿、螺距误差补偿等能否发挥作用,完全取决于数控机床能否回到正确的参考点位置。由于系统断电后,机床位置信息丢失,因此半闭环数控机床开机后的第一动作一般都是返回参考点操作。参考点实际上是由编码器所输出的零位脉冲(又称Z脉冲)所确定。为实现由零位脉冲确定参考点,要求机床运动坐标上安装减速挡块,在固定机械本体上安装减速开关。其工作过程如下:机床开机,进入回参考点模式,当减速挡块压下减速开关后,伺服电机减速到接近参考点速度运行。当减速挡块离开减速开关时,即释放开关后,数控系统检测到的第一个零位脉冲后移动一定的参考点偏移距离,得到机床参考点,如图5.6所示。图中,V_C为寻找减速开

关的速度;V_M 为寻找零脉冲的速度;V_P 为定位速度;R_V 为参考点偏移距离。

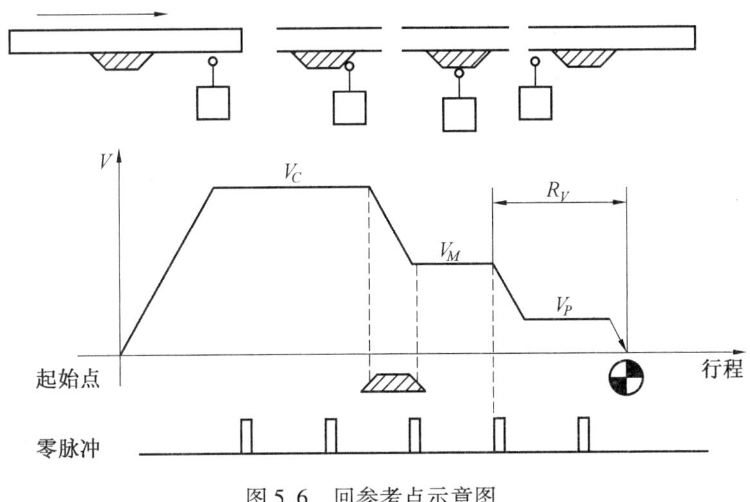

图 5.6　回参考点示意图

5.2.3　绝对编码器

绝对编码器(absolute rotary encoder)是一种直接编码式测量装置,它将被测转角直接转换成相应的数码输出,指示其绝对位置。绝对编码器具有无累积误差,断电后信息也不会丢失等优点。安装有绝对编码器的数控机床在开机后不用返回参考点,即可得到各坐标的当前位置。因此,其在数控机床上的应用越来越广泛。

1. 结构与原理

绝对式编码器一般由三大部分组成:旋转的编码盘、光源和光电敏感元件。编码盘由多条刻线和编码轨道组成,码道为若干个同心的圆环,圆环的数量与编码器的位数成正比。显然,绝对值码盘的分辨率与码道的数量有关。如果用 N 表示码盘的码道数目,即二进制位数,则角度分辨率为 $360°/2^N$。高精度的绝对值编码器已经做到 30 位,分辨率接近 0.001"。

绝对式编码器一般是利用自然二进制或循环二进制(又称格雷码,grey code)方式进行光电转换和编码的。图 5.7 为自然二进制编码的码盘示意图,每个码道代表二进制的一位,靠近圆心的码道代表最高位,越往外位数越低,最外圈是最低位。之所以这样分配是因为最低位的码道要求分割的明暗段数最多,而最外层周长最大,容易分割。由于刻线的不精确,扇形的宽度不可能没有误差。因此,采用二进制编码的是缺点是在两个位置交换处可能产生很大的误差。例如,在 0000 和 1111 相互换接的位置,可能会出现在 0000-1111 之间的各种不同的数值,造成读数误差。在其它位置也有类似的现象,这种误差被称之为非单值性误差或读数模糊。为了消除此种现象,常用另一种编码方法,即循环二进制码或称格雷码。图 5.8 为采用二进制循环码的码盘示意图。循环二进制码是一种单位间隔码,特点是两个相临的计数图案间只有一位数变化,即二进制数有一个最小位数的增量时,只有一位改变状态。它大大减小了由一个状态转换到另一个状态时逻辑的混淆。另外,当多于一位改变了状态时,控制器可以拒绝或修改阅读参数。因此其产生的误差不超过最小的“1”个单位。但是,循环二进制码是一种无权码,不适合计算机和一般数字系统直接处理,因此需要附加一个逻辑处理转换装置将其转换为自然二进制码。从图 5.7 和 5.8 可以看出 4 位循环二进制码与自然二进制码的对应关系。

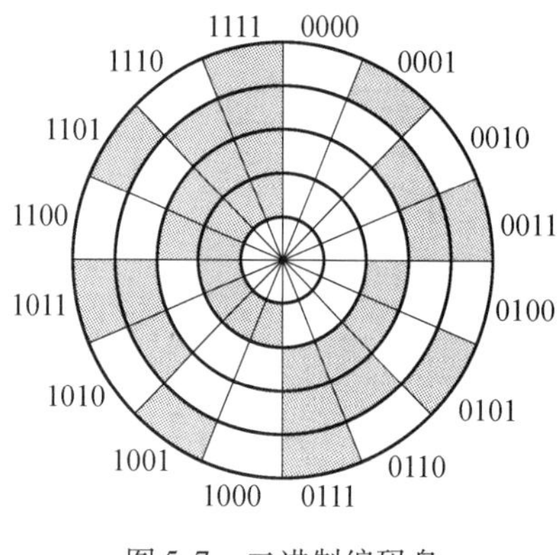

图 5.7　二进制编码盘

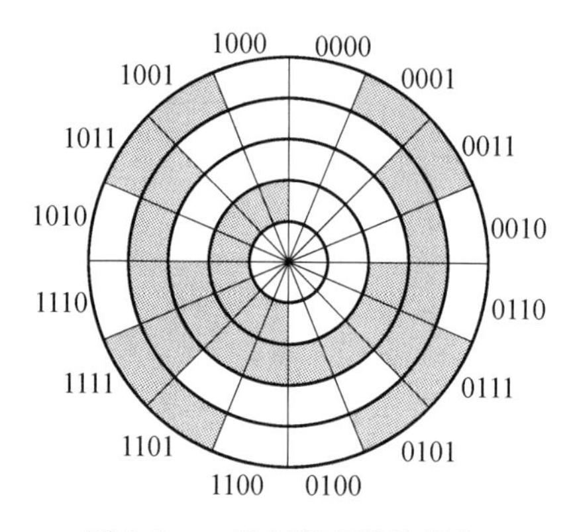

图 5.8　二进制循环码编码盘

循环二进制码到普通二进制码的转换过程如下：从左边第二位起，将每位与左边一位解码后的值异或，作为该位解码后的值（最左边一位保持不变）。例如，格雷码 0111 为 4 位数，所对应的二进制码也必为 4 位数，设为 $abcd$。根据转换规则

$a=0$

$b=a\ XOR\ 1=0\ XOR\ 1=1$

$c=b\ XOR\ 1=1\ XOR\ 1=0$

$d=c\ XOR\ 1=0\ XOR\ 1=1$

因此，转换的二进制码为 0101。循环二进制码的编码方式不是唯一的，上面讨论的是最常用的一种。

对于如图 5.7 和 5.8 所示的编码器，当转动超过 360°度时，编码又回到原点。因此，这样的编码只能用于旋转范围 360°以内的测量，称为单圈绝对值编码器。如果要测量超过 360°的旋转，就要用到多圈绝对值编码器。多圈绝对值编码器在单圈编码的基础上再增加圈数的编码，以扩大编码器的测量范围。圈数的编码可以分为电子增量计圈与机械绝对计圈等多种形式。电子增量计圈通过电池记忆圈数，实际上是单圈绝对、多圈增量，优点是省掉了机械齿轮绝对编码，体积小且没有圈数的限制。但它毕竟是多圈增量的，不是真正意义的绝对值，且断电后依赖电池记忆圈数，会存在电池耗尽的问题，可靠性大打折扣。机械绝对计圈编码器采用钟表齿轮机械的原理，当中心码盘旋转时，通过齿轮传动另一组码盘（或多组齿轮，多组码盘），在单圈编码的基础上再增加圈数的编码，以扩大编码器的测量范围，如图 5.9 所示。它由机械位置确定编码，每个位置编码唯一不重复，且无需记忆。机械绝对计圈，无论每圈的位置还是圈数都是绝对的，具有高的可靠性和耐用性，但计量圈数有一定的范围限制，目前应用较多的是 4 096 圈和 65 536 圈。另外，多圈编码器由于测量范围大，实际使用往往富裕较多，这样在安装时不必要刻意找零点，将某一中间位置作为起始点就可以了，从而大大简化了安装调试难度。

另外，还有一种混合式绝对编码器，它在上面介绍的绝对编码器的基础上附加增量信号。此种编码器将增量制码与绝对制码同做在一块码盘上，码盘的最外圈是高密度的增量制条纹，或增加单独的增量信号码盘。此种类型编码器提供了绝对与增量信号的双输出，优点是：

①增量信号可以作为绝对信号的冗余；

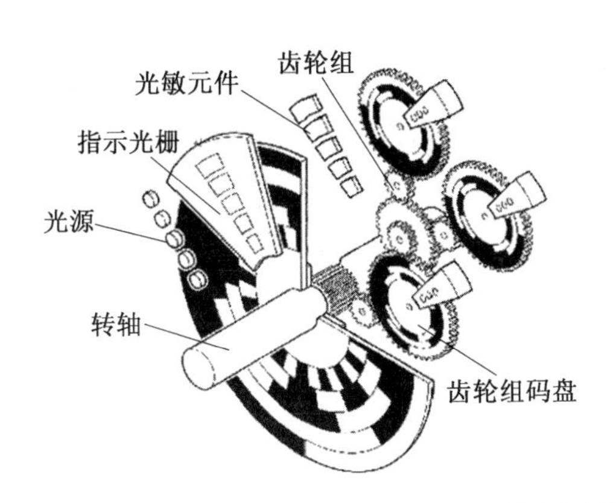

图 5.9　多圈编码器原理图及实物

②实际应用时可以利用绝对信号构成位置闭环，而增量信号作为速度闭环，构成位置控制与速度控制的双闭环系统，以达到位置的精确和速度的高效；

③如果增量信号输出为正弦信号，可以采用细分技术，在绝对编码器两个最小相邻码之间，利用相位变化的不同，获得更精细的信号输出，从而大大提高绝对编码器的分辨率。

2. 绝对编码器的信号输出

绝对编码器信号输出有并行输出、串行输出、总线型输出、变送一体型输出等多种类型。

(1)并行输出

绝对编码器输出的是多位数码(循环二进制码)，并行输出就是在接口上有多点高低电平输出，以代表数码的 1 或 0，对于位数不高的绝对编码器，一般就直接以此形式输出数码，可直接进入 PLC 或上位机的 I/O 接口，输出即时，连接简单。但是并行输出有如下问题：

① 必须是循环二进制码，因为纯二进制码在数据刷新时可能有多位变化，读数会在短时间里造成错码；

② 所有接口必须确保连接好，因为如有个别接口连接不良，该处电位始终是 0，将造成错码且难以诊断；

③ 传输距离不能远，一般一两米，对于复杂环境，最好有隔离；

④ 由于位数较多，需要多芯电缆，并要确保连接可靠，由此带来工程难度。

(2)串行输出

串行输出就是通过约定，在时间上有先后的数据输出，这种约定称为通信协议。串行输出连接线少，传输距离远，信号传输的可靠性大大提高，一般高位数的绝对编码器都采用串行输出。按照发送指令与数据是否同步，串行输出又可分为同步串行输出和异步串行输出。

同步通信是一种连续串行传送数据的通信方式，字符数据间不允许有间隙，以同步字符做为传送的开始，以实现收发同步。同步通信要求发送时钟与接收时钟保持严格的同步。同步串行接口(Synchronous Serial Interface，SSI)，又称 SSI 通信协议。SSI 接口的编码器数据测定和传送有多种形式，但通常只有两种信号(时钟信号和数据信号)，不受编码器精度影响。由编码器读数系统读取数据，并且把该数据持续地发送给并行/串行转换器。当单稳态触发器被时钟信号触发后，数据被存储和传输至具有时钟同步信号的输出端。传输数据帧的长度，由编码器的类型(单圈或多圈)来决定，传输的位数可以是任意的。一般单圈编码器是 13 位，多圈编码器是 25 位。为了增强抗干扰能力和长距离传输，时钟和数据信号采用差分方式传送(RS422)。同步传输可以实现波特率的自适应,在需要高速实时控制的场合采用高速同步时钟,提高数据的传输速度,而在另外一些对数据传输要求不是很高的场合,可以采用低速的波特率来增加传输长度。SSI 通信可以分为主方和从方,主方是一些控制器,如 CNC、PLC 或人机界面等,从方是绝对编码器。主方发送同步时钟脉冲,从方在接收到同步时钟脉冲后在时钟的上升沿送出数据,数据和时钟的传输都是单向的,其工作原理如图 5.10 所示。

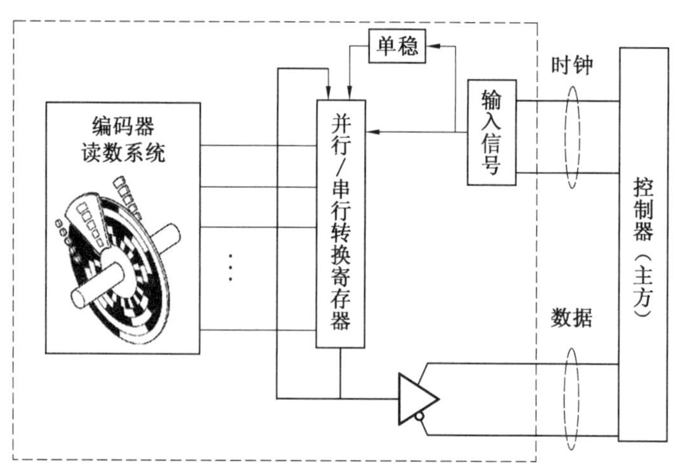

图 5.10　绝对编码 SSI 通信原理图

SSI 只是同步串行通信接口的简称,国际上并没有统一的标准,各个厂家之间可能有细微的差别。在 SSI 基础上,为了进一步提高数据传输的可靠性,许多知名编码器厂商在同步串行信号上增加了循环校验码,采用双向数据传输,并可以读取编码器内部的工作温度、限位开关、加速度等信息,形成了专用接口,如德国约翰内斯・海德汉博士有限公司(DR. JOHANNES HEIDENHAIN GmbH)的 Endat 信号接口(图 5.11),德国 iC-Haus GmbH 公司的 BiSS 开放式串行通信协议等。

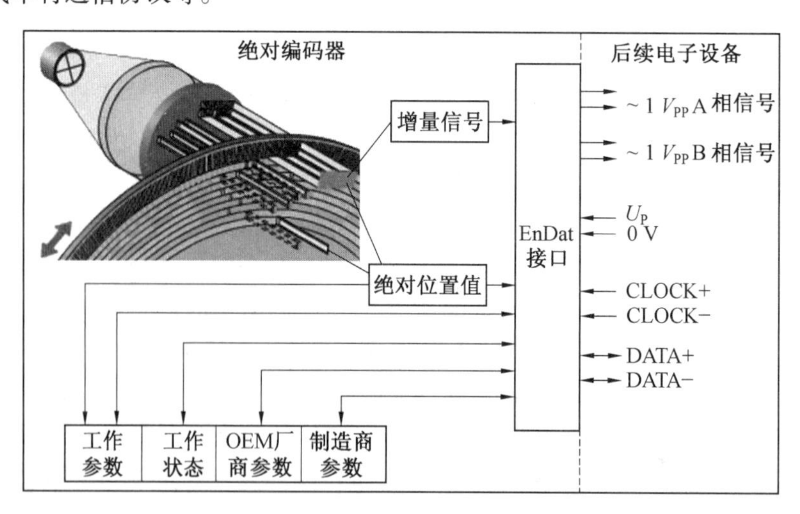

图 5.11　海德汉公司的 Endat 接口

异步通信(Asynchronous Communication)的特点是数据以字符或字节为单位传输的,字符与字符之间是完全异步的;数据传输时,通常以“起始位”开始,以“停止位”结束,靠起始和停止位实现字符的界定。异步通信的优点是不需要时钟同步线,但通信的主从双方必须采用同一个波特率才能实现正确的接收和发送。为此必须有一个波特率的协商机制,比如双方可以先确定一个固定的波特率或通过一个特定的方法得到波特率。常用的异步串行接口有德国西克公司(SICK AG)的 Hiperface 信号接口、RS485、Profibus-DP (DP: Decentralized Periphery)、CANopen、Modbus、DeviceNet 等。这类编码器的特点是可多点连接控制,节省连接线缆、接收设备接口,传输距离远,在多个编码器集中控制的情况下可以大大节省成本,但相对于同步通信的编码器,其数据传输速度受到一定限制。

(3)模拟信号转换输出

绝对编码器内嵌智能芯片和数模转换电路,将内部的数字化信号转换为模拟电流 4 ~ 20mA 或模拟电压 0 ~ 5V 输出,适合需要连接模拟接口的特殊场合。

5.3　光栅尺

5.3.1　光栅尺的分类

光栅尺位移传感器是当前高精度数控机床位移测量与反馈的主要传感器,其精度仅次于激光式测量。按照制造方法和光学原理的不同,可分为透射光栅和反射光栅。透射光栅是指在光学玻璃上利用光刻机刻上大量宽度和距离都相等的平行条纹制品,其光源与接收装置分别放置在光栅尺的两侧,通过接收光栅尺透过来的衍射光的变化反映位置变化。反射光栅是指在金属镜面上制成的全反射与漫反射间隔相等的密集条纹制品,其光源与接收装置安装在光栅尺的同一侧,通过接收光栅尺反射回来的衍射光变化反映位置的变化。

透射光栅制作工艺相对简单,光栅条纹边缘清晰,且采用垂直入射光,光电元件可直接接收,因此其读数头结构简单。但由于玻璃的强度限制,其长度受到一定制约。反射光栅由于其基体为金属,其线膨胀系数容易做到与机床本体一致,且不易破碎,接长方便,长度可达百米以上,可用于大行程位移的测量。

光栅尺根据运动方式的不同,分为直线光栅和圆光栅。直线光栅用来测量直线位移,圆光栅用来测量角位移。根据编码输出方式的不同,分为增量式光栅尺和绝对式光栅尺。由于采用绝对式光栅位移传感器的机床,在重新开机后,无需执行回参考点操作,就可以立刻获得各个轴当前的位置值及刀具的空间指向。因此可以省去原点开关,甚至可以省掉行程开关。绝对式光栅位移传感器是高档全闭环数控机床的应用主流。

5.3.2　增量式直线光栅尺

下面以采用透射光栅的光栅尺为例,介绍直线光栅尺的工作原理。

1. 结构

增量式直线光栅尺(incremental linear encoder)一般由标尺光栅和光栅读数头两部分组成。标尺光栅一般固定在机床活动部件上(如工作台上),光栅读数头装在机床固定部件上,指示光栅安装在光栅读数头中。此种安装方式的优点是读数头固定,其输出导线不移动容易固定。当然也可以将标尺光栅安装在固定部件上,而读数头运动,此时需要安装电缆拖链来保护读数头电缆。当光栅读数头相对于标尺光栅移动时,指示光栅便在标尺光栅上相对移动。图5.12为德国海德汉公司封闭式直线光栅尺的实物及结构示意图,图5.13为增量光栅尺读数头的原理图。

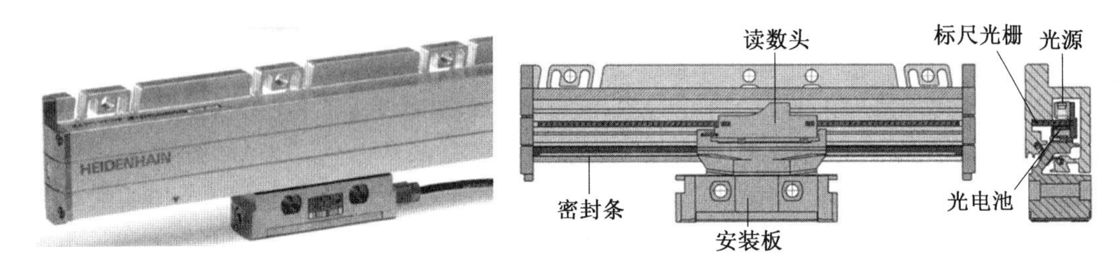

图5.12 封闭式光栅尺实物及结构示意图

标尺光栅和指示光栅统称为光栅尺,它们是在真空镀膜的玻璃片或长条形金属镜面上光刻出均匀密集的线纹。光栅的线纹相互平行,线纹之间的距离称为栅距。对于圆光栅这些线纹是圆心角相等的向心条纹,两条向心条纹线之间的夹角称为栅距角。栅距和栅距角是决定光栅光学性质的基本参数。对于直线光栅,玻璃透射光栅的线纹密度一般为每毫米100~250个条纹;金属反射光栅的线纹密度一般为每毫米25~50个条纹。对于圆光栅,一周内可有10800条线纹(圆光栅直径为270 mm)。实际应用中,标尺光栅与指示光栅的线纹密度必须相同。

光栅读数头又叫光电转换器,它把光栅莫尔条纹转换为电信号。图5.13为垂直入射的读数头原理。读数头是由光源、透镜、指示光栅、光敏元件和驱动线路组成。图中的标尺光栅不属于光栅读数头,但它要穿过光栅读数头,且保证与指示光栅有准确的相互位置关系,间隙要严格保证(一般0.05~0.1 mm)。光栅读数头还有分光读数头、反射读数头和镜像读数头等几种。

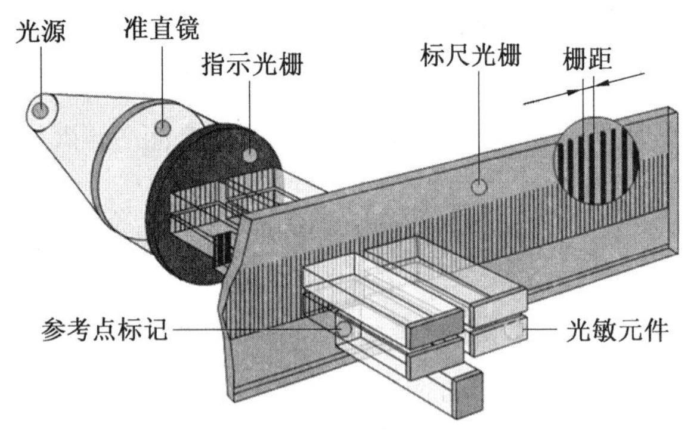

图5.13 增量光栅尺读数原理

2. 工作原理

当指示光栅上的线纹和标尺光栅上的线纹之间形成一个小角度θ,并且两个光栅尺刻面相对平行放置时,在光源的照射下,在垂直栅纹方向上,会形成明暗相间的条纹。这种条纹称为“莫尔条纹”,如图5.13所示。严格地说,莫尔条纹排列的方向是与两片光栅线纹夹角的平分线相垂直。莫尔条纹中两条亮纹或两条暗纹之间的距离称为莫尔条纹的宽度,以W表示。莫尔条纹具有以下特征:

(1)莫尔条纹的变化规律

当光栅相对移过一个栅距时,莫尔条纹移过一个条纹间距。如图5.14所示,线1、2是标尺光栅上两条相邻的不透光条纹,线 3 是指示光栅上的一条不透光条纹。线 2 与线 3 交于 A 点,线 1 与线 3 交于 B 点,这两个点都是暗点。当标尺光栅移过一个栅距时,线 2 移到线 1 的位置,A 点移动到原来的 B 点位置。莫尔条纹准确地移过了它自己的一个间距。由于光的衍射与干涉作用,莫尔条纹的变化规律近似正(余)弦函数,变化周期数与两光栅相对移过的栅距数同步。

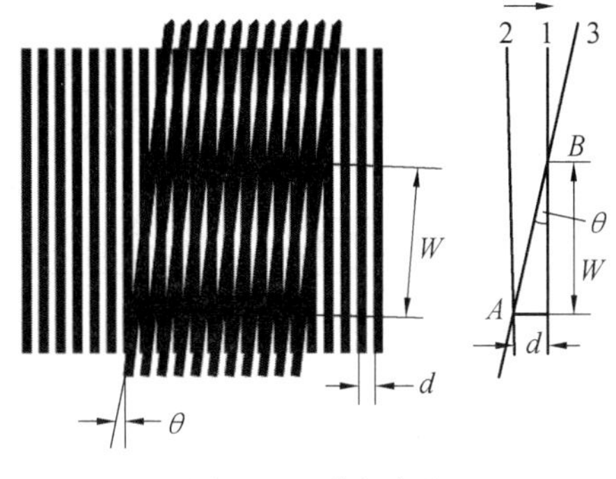

图 5.14　莫尔条纹

(2)放大作用

在两光栅栅线夹角 θ 较小的情况下,莫尔条纹宽度 W 和光栅栅距 d、栅线夹角 θ 之间有下列关系

$$W \approx \frac{d}{\sin \theta} \tag{5.3}$$

式中,θ 的单位为 rad;W 的单位为 mm。当 θ 角很小时,又有 $\sin \theta \approx \theta$,则

$$W \approx \frac{d}{\theta}$$

若 $d = 0.01$ mm,$\theta = 0.01$ rad,则由上式可得 $W = 1$ mm,即把光栅距转换成放大 100 倍的莫尔条纹宽度。

(3)均化误差作用

莫尔条纹是由若干光栅条纹共同形成,例如 100 line/mm 的光栅,10 mm 宽的莫尔条纹就由 1000 条线纹组成,这样栅距之间的相邻误差就被平均化了,消除了栅距不均匀造成的误差。

3. 位移方向的确定

和增量式旋转脉冲编码器一样,采用两个光敏元件即可判断位移方向。为此,需设置两个狭缝,其中心距离为 $W/4$。透过两个狭缝的光,分别为两个光电元件所接收。至于哪一个信号超前,完全取决于移动方向。

4. 光栅位移-数字变换电路

在光栅测量系统中,为了提高分辨率和测量精度,仅靠增大栅线的密度来实现是不现实的,因为线纹密度超过 250 line/mm 的光栅制造非常困难,成本也高。另外,标尺光栅与指示光栅之间的安装间隙与栅距成正比,当栅距很小时,安装调整的难度也会大大增加。工程上常采用莫尔条纹的细分技术来提高光栅检测的分辨率。细分技术包括光学细分、机械细分和电子细分等。伺服系统中,应用最多的是电子细分方法。本书介绍一种常用的四倍频光栅位移-数字变换电路,图 5.15 为该电路的组成,其中(a)为原理框图,(b)为逻辑电路图。

图 5.16 为四倍频电路工作波形图。光栅移动时产生的莫尔条纹由光电元件接收,然后经过位移-数字变换电路形成运动时的正向脉冲和负向脉冲,由可逆计数器计数。在一个莫尔条纹的宽度内,按一定间隔放置四块光电池,发出的信号分别为 a、b、c 和 d,相位彼此相差 90°。a、c 信号是相位差为 180°的两个信号,送入差动放大器放大,得余弦(cos)信号。

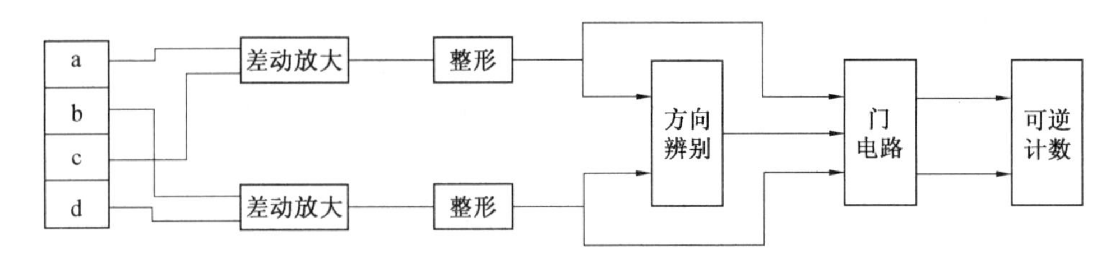

(a) 原理框图

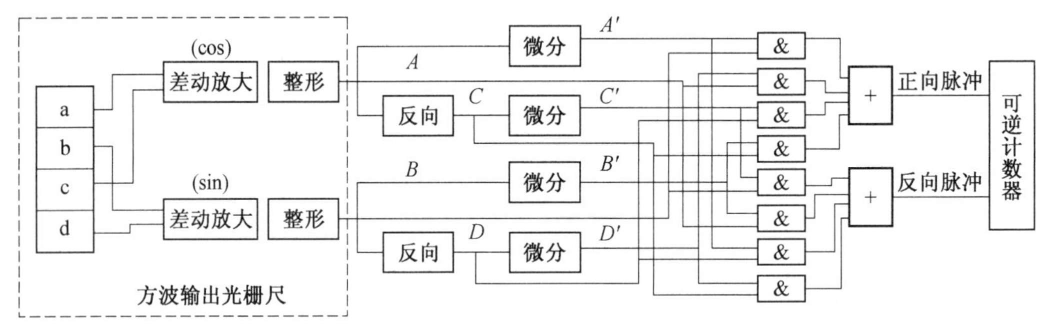

(b) 四倍频逻辑电路

图 5.15　光栅信号四倍频电路

同时将信号幅度放大足够大。同理 b、d 信号送入另一个差动放大器，得到正弦（sin）信号。余弦、正弦信号经整形变成方波 A 和 B，A 和 B 信号经反向得 C 和 D 信号。A、C、B、D 信号再经微分变成窄脉冲 A'、C'、B'、D'，即在正走或反走时每个方波的上升沿产生窄脉冲，由与门电路把 0°，90°，180°，270°四个位置上产生的窄脉冲组合起来，根据不同的移动方向形成正向脉冲或反向脉冲，用可逆计数器进行计数，测量光栅的实际位移。本质上讲四倍频是通过电路分别对 A、B 信号的上升沿与下降沿都计数而实现的。

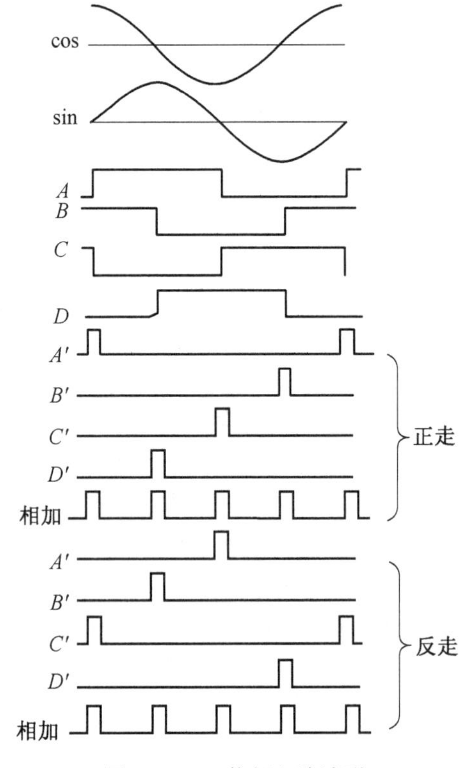

图 5.16　四倍频电路波形

增量式光栅检测装置通常给出这样一些信号：A、$\bar{A}$（相当于图 5.15（b）中的 C 信号），B、$\bar{B}$（相当于图 5.15（b）中的 D 信号）、Z、$\bar{Z}$ 六个信号。其中，A 与 B 相差 90°，$\bar{A}$、$\bar{B}$ 分别为与 A、B 反相 180°的信号。Z、$\bar{Z}$ 互为反相，是零位参考信号。所有这些信号都是方波信号。图 5.15（b）中，就是利用这些信号组成了四倍频细分电路（图中 A、C、B、D 信号右面的部分）。零位参考信号是增量式光栅尺用来建立绝对基准的。高速高精的增量光栅尺一般输出正弦和余弦模拟信号,此信号进入控制器后,可以采用插补电路利用信号波形相位的变化对其进行 5 倍、10 倍、20 倍甚至 100 倍以上的细分。

需要注意的是,细分技术仅仅提高了光栅尺传感器的分辨率,至于精度还是由光栅尺刻线时的精度所决定。如某型号光栅尺的指标如下,分辨率为 0.005 μm,精度等级为±3 μm。高分辨率不一定代表高精度,但高精度的运动系统一定要选择高分辨率的传感器。

5. 安装注意事项

安装光栅尺位移传感器时,不能直接将传感器安装在粗糙不平的床身上,更不能安装在打底涂漆的床身上。光栅主尺及读数头分别安装在机床相对运动的两个部件上,用千分表检查机床工作台的主尺安装面与导轨运动方向的平行度。千分表固定在床身上,移动工作台,要求平行度达到 0.1 mm/1 000 mm 以内。如果不能达到这个要求,则需设计加工一个光栅尺基座,对基座的要求:① 基座最好长出光栅尺 50 mm 左右;② 基座通过铣、磨工序加工,保证其平面度在 0.1 mm/1 000 mm 以内。

5.3.3 绝对光栅尺

绝对式光栅尺(absolute linear encoder)在开机时立即提供当前的位置信息,无需备用电池,使得控制系统(数控、计算机、驱动器、数显表等)在工作状态下能随时准确快速地得到机床当前的坐标值,而不像使用增量式直线光栅尺那样,需要进行回零操作,从而大大提高了机床的工作效率,且更可靠和安全。图 5.17 为绝对光栅尺的工作原理图。绝对光栅尺由多组不同刻线周期的光栅条纹组成,按照一定规则排列的光电池接收透过指示光栅和标尺光栅的光强信号,将其转换为二进制的电信号。当前绝对光栅尺的测量步距(分辨率)已达到 1 nm。

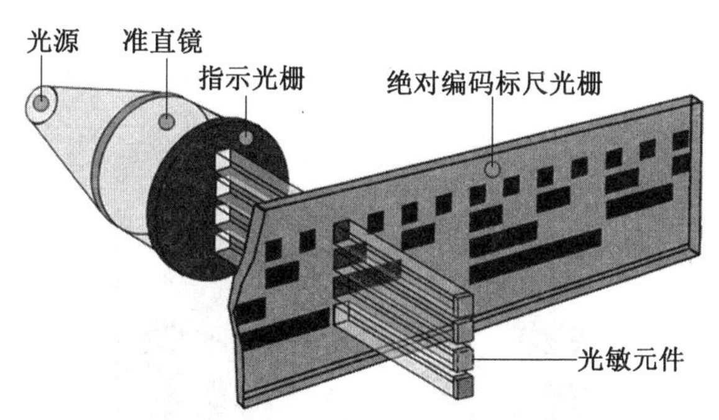

图 5.17　绝对光栅尺的工作原理图

为了更进一步提高分辨率,有些绝对直线光栅尺不但包含绝对码线还包含增量码线。一条刻线用于产生在全长上不重复的连续二进制代码,另一条刻线用于产生常用的正弦波信号(与增量式直线光栅尺相同),通过信号细分提供位置值,同时也能生成供选用的增量信号。图 5.18 为海德汉公司的带增量码线的绝对编码光栅尺的示意图,绝对码线采用了先进的单码道伪随机循环序列码的编码原理。

绝对直线光栅尺的信号输出接口与绝对编码器的信号接口相似,主要是以串行通信的方式输出数字信号。另外,各光栅尺制造商都提供不同通信协议类型的绝对式直线光栅尺,用于兼容市场上常见的控制系统,例如 Siemens、FANUC、FAGOR、三菱、松下等。

图5.18 带增量码线的绝对编码光栅尺的示意图

5.3.4 圆光栅

圆光栅(angle encoder)又称角度编码器,是指精度高于±5"和线数高于10 000的编码器,一般用于精度要求在数角秒以内的高精度角度测量,如回转工作台、摆头、高精度分度头、测量机等。而旋转编码器通常是指精度等级低于±10"的编码器,用于旋转运动、角速度测量,也常用于电机、数控机床进给坐标等。

圆光栅有各种规格的直径和刻线数供选择,结构较简洁,玻璃圆光栅主要在转速小于10 000 r/min的场合应用,转速高于20 000 r/min时,使用金属光栅鼓,大直径光栅尺的基体为钢带。最为常用的为在柱面上直接刻线的金属圆光栅。图5.19为无内轴承圆光栅的实物图,图5.20为圆光栅应用于机床回转工作台的示意图,图5.21为圆光栅应用实物图。

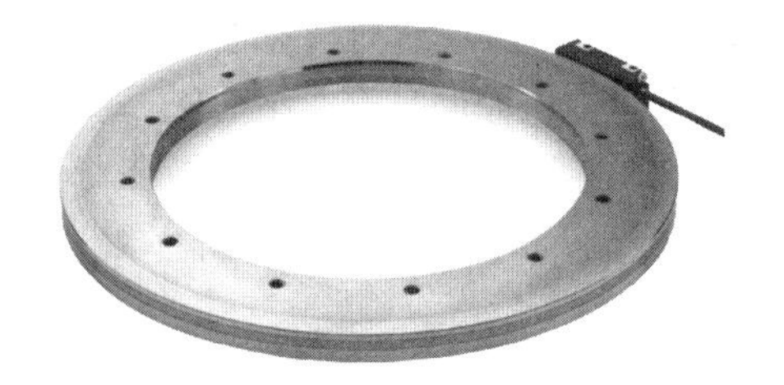

图5.19 无内轴承圆光栅的实物图

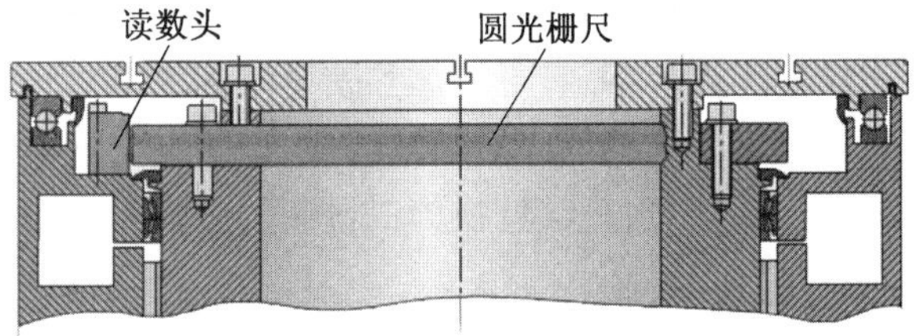

图5.20 圆光栅应用于机床回转工作台的示意图

图5.21 圆光栅应用实物图

5.4　激光干涉法位移测量

当光栅尺等检测装置不能满足精度要求时,此时可考虑激光干涉测量。激光的波长极短,特别是激光的单色性好,波长值准确,其分辨率可以达到亚纳米级。激光干涉测量,是利用光的干涉原理和多普勒效应来进行位置检测的,按照工作光的频率可分为单频和双频两种。但不论是单频还是双频激光干涉法测量位移,都是以激光波长作为标准对被测长度进行度量的。

5.4.1　激光干涉法测距原理(单频干涉)

激光输出可被视为正弦光波,其具有几个关键特性:① 波长很短,且精确已知,能够实现精密测量和高分辨率测量;② 方向性好,配置适当的光学准直系统,其发散角可小于 10^{-4} rad,几乎是一束平行光;③ 亮度高,由于激光束极窄,其有效功率和照度特别高;④单色性好,波长分布非常窄,颜色极纯;⑤ 高度相干性,所有光波均为同相,能够实现干涉条纹。大多数现代位移干涉仪都使用氦氖激光器,其具有 633 nm 的波长输出。

光的干涉原理表明,两列具有固定相位差,且具有相同频率、相同振动方向或振动方向之间的夹角很小的光互相交叠,将会产生干涉。两束同频激光在空间相遇会产生干涉条纹,其亮暗程度取决于两束光间的相位差 $\Delta\Phi$,亮条:相长干涉(两束光的相位相同),光强最大;暗条:相消干涉(两束光中的相位相反),合成光的振幅为零,光强最小。如图 5.22 所示。

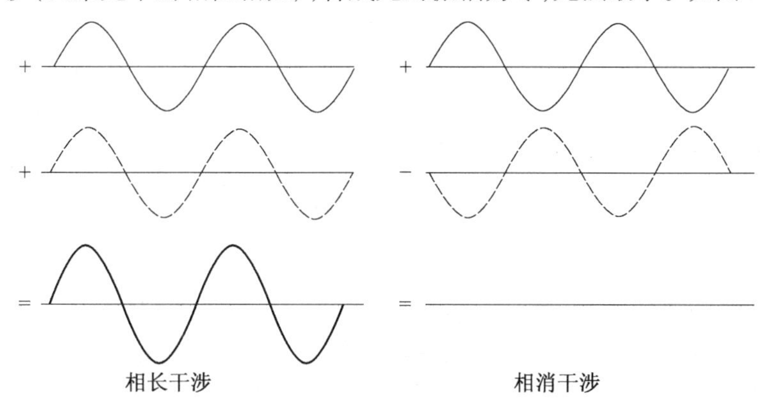

图 5.22　合成相干光束

激光干涉仪中光的干涉光路如图 5.23 所示。由激光器发出的激光光束 b_1 经分光镜 S_1 分成反射光束 b_2 和透射光束 b_3,b_2 由固定角锥反射镜 M_1 反射,b_3 由可动角锥反射镜 M_2 反射,

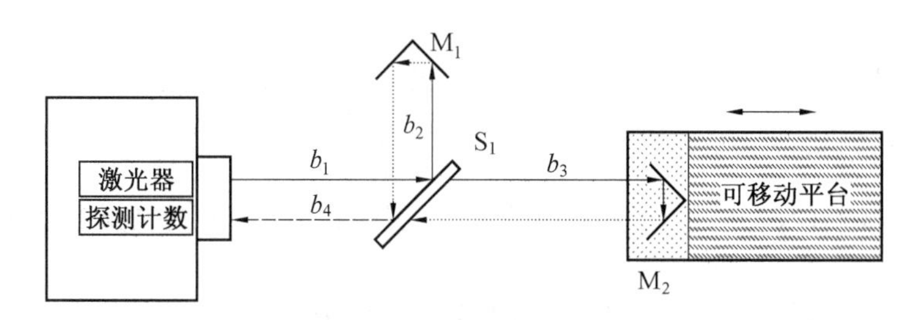

图 5.23　单频干涉原理图

反射回来的光在分光镜处汇合成相干光束 b_4。如果两光程差不变化,探测器将观察到介于相长干涉与相消干涉之间的一个稳定信号。如果两光程差发生变化,每次光路变化探测器都能观察到相长干涉到相消干涉的信号变化,即产生明暗相间的干涉条纹,这些变化(条纹)被数出来,用于计算两光程差的变化。被测长度(L)与干涉条纹变化的次数(N)和激光光源波长之(λ)间的关系是

$$L=N\cdot\frac{\lambda}{2} \tag{5.4}$$

计数时,干涉条纹的变化由光电转换元件接收并转换为电信号,然后通过移相获得两路相差 $\pi/2$ 的光强信号,该信号经放大,整形,倒向及微分等处理,从而获得四个相位依次相差 $\pi/2$ 的脉冲信号,最后由可逆计数器计数,从而实现位移量的检测。

激光的波长为633 nm,激光干涉测量位移时,每移动316 nm就会产生一个光强变化循环(明-暗-明),通过在这些循环之间进行相位细分,可以实现分辨率0.1 nm的测量。

激光干涉仪是一种增量法测长的仪器,它把目标反射镜与被测对象固联,参考反射镜不动,当被测对象移动时,两路光束的光程差发生变化,干涉条纹将发生明暗交替变化。若用光电探测器接收,并记录下信号变化的周期数,便确定了被测长度。

单频干涉仪抗外界干扰因素的能力差,一般只能在恒温、防震的条件下工作。

5.4.2 双频激光干涉测量位移

1. 多普勒效应

双频激光测量原理是建立在多普勒效应基础上的,多普勒效应是波源和观察者有相对运动时,观察者接受到波的频率与波源发出的频率并不相同的现象。观察者接收到的波源频率与波源发射频率的差值,称之为多普勒频差。观察者(Observer)和发射源(Source)的频率关系为

$$f'=\left(\frac{v\pm v_0}{v\mp v_s}\right)\cdot f$$

式中,f'为观察者接收频率;f为波源发射频率;v为波速;v_0为观察者移动速度;v_s为波源移动速度。括号中分子和分母的上行运算和下行运算分别为“接近”和“远离”之意。

对于光波来说,不论光源与观察者的相对速度如何,测得的光速都是一样的,即测得的光频率与波长虽有所改变,但两者的乘积即光速保持不变。光源从观察者离开时与观察者从光源离开时有完全相同的多普勒频率。由相对理论给出的光的多普勒频率为

$$f'=\left(\frac{1-v_s/c}{\sqrt{1-(v_s/c)^2}}\right)\cdot f$$

式中,c为光速,m/s。

利用二项式展开,当 v_s/c 比值很小而略去高次项时,并用 v 代替 v_s,就可得出

$$\Delta f=f-f'=f\cdot\frac{v}{c}$$

双频激光干涉仪由激光管、稳频器、光学干涉、光电接收、计数器电路等组成,如图5.24所示。

将单模激光器放置于纵向磁场中,使输出激光分裂为具有一定频差(约1~2 MHz),旋转方向相反的左、右圆偏振光,双频激光干涉仪就是利用这两个不同频率(f_1、f_2)的圆偏振

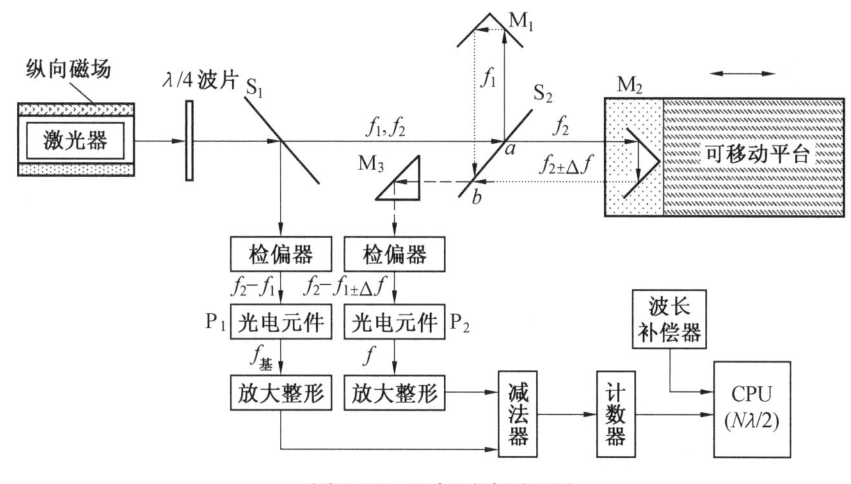

图 5. 24　双频干涉原理图

光作为光源。左、右圆偏振光经过 $\lambda/4$ 波片后成为相互垂直的线偏振光(f_1垂直于纸面、f_2平行于纸面),析光镜 S_1将一小部分反射,经主截面 45°放置的检偏器射入光电探测器 P_1,取得频率为$f_{基}=f_2-f_1$的光电流,经放大整形处理后输出一组频率为f_2-f_1的连续脉冲,作为后续电路的基准信号;通过析光镜 S_1的光射向偏振分光镜 S_2,偏振分光镜按照偏振光方向在 a 处将f_1和f_2分离,偏振方向垂直于纸面的f_1光,被折射到固定反射镜 M_1,并被反射至偏振分光镜 S_1的 b 处。偏振方向平行于纸面的f_2光透过偏振分光镜到达测量反射镜 M_2。当测量反射镜随工作台移动时,产生多普勒效应,返回频率变为$f_2\pm\Delta f$(正负号取决于测量反射镜的移动方向),Δf 即为多普勒频移量。返回的f_1、$f_2\pm\Delta f$光在偏振分光镜的 b 处再度汇合,经直角棱镜 M_3、主截面 45°放置的检偏器后到达光电探测器 P_2,得到光电流的频率为$f=(f_2\pm\Delta f)-f_1=(f_2-f_1)\pm\Delta f$。经放大整形处理后,输出一组频率$(f_2-f_1)\pm\Delta f$的连续脉冲,作为系统的测量信号。图 5. 24 中的减法器的作用就是实现这两组连续脉冲的相减,即$\pm\Delta f=(f_2-f_1)\pm\Delta f-(f_2-f_1)$。波长补偿器用于测量环境条件参数,从而补偿由于空气折射率的波动引起的波长变化。

在双频激光干涉仪中,设测量反射镜的速度是 V,由于光线射入可动棱镜,又从它那里返回,这相当与光电接收元件相对光源的移动速度是 $2V$,其多普勒效应可用下式表示

$$\Delta f=\frac{2V}{c}f$$

式中,c 为光速;V 为测量反射镜的移动速度;f 为光频。设测量长度为 L,则有

$$L=\int_0^t V\mathrm{d}t=\int_0^t \frac{\Delta fc}{2f}\mathrm{d}t=\frac{\lambda}{2}\int_0^t \Delta f\mathrm{d}t$$

式中,λ 为激光在测量时刻的波长值,频率的时间积分为周期数 N,所以上式可化为

$$L=N\cdot\frac{\lambda}{2}$$

其与单频激光干涉法的位移计算公式相同。但双频激光干涉仪将测量信号叠加在了一个固定频差(f_2-f_1)上,属于交流信号,具有很大的增益和信噪比,完全克服了单频激光干涉仪因光强变动造成直流电平漂移,使系统无法正常工作的弊端。测量时即使光强衰减 90%,双频激光干涉仪仍能正常工作。由于其具有很强的抗干扰能力,因而特别适合现场条件下使

用。

5.4.3 激光干涉位移测量技术的应用

激光干涉测量技术在数控机床领域的应用主要有以下两方面：

①在数控机床出厂时或使用过程中，对数控机床的精度进行检测校准；

②利用高精度激光尺代替常规的光栅尺作为机床位置反馈元件，来提高机床的精度。

目前在数控机床上应用的激光尺，主要有雷尼绍公司（Renishaw）的 RLE 光纤激光尺，美国光动公司（Optodyne, Inc）的 LDS 激光尺等。RLE 光纤激光尺利用光纤联接直接将激光束导入轴上测量位置。这种特性使得它从根本上避免了其它激光干涉仪器所遇到的复杂的外部传输情况，因为其它的激光干涉仪器需要光学元件和精密的安装结合起来才能将光束送达轴上。相比较而言，雷尼绍的 RLE 激光尺只需在轴上的移动元件上安装一个光学件。为进一步简化安装，RLE 激光尺自带一个准直辅助镜，这样将激光准直过程简化为"即装即用"。图 5.25 为雷尼绍公司两轴 RLE 光导纤维激光尺系统示意图。图 5.26 为美国光动公司 LDS 激光尺在数控加工中心上的应用示意图。

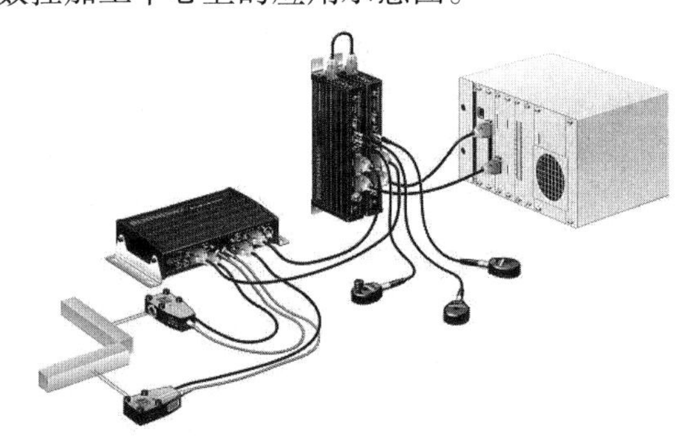

图 5.25 两轴 RLE 光导纤维激光尺系统示意图

激光干涉位移测量为数控机床提供了一种速度快、精度高和行程长的位置反馈解决方案，主要具有以下优点：

①高精度（1 μm/m），高分辨率（可达 0.1 nm）；

②无热膨胀，无安装应力，运行过程中相互不接触，不会产生磨损；

③安装时，可以尽可能地与运动方向一致，最大可能减小因测量位置和实际位置不一致所产生的阿贝误差；

④只需加工激光头与反射镜的安装位置，无须加工长的安装面，节省制造成本；

⑤可满足长达 100 m 或更长的位置反馈应用需要；

⑥在可测量的范围内，价格与测量长度无关；

⑦信号输出为方波、脉冲、正余弦波等，与主流控制系统兼容。

近年来，随着光导纤维技术的发展，光纤干涉仪得到了广泛的应用。其将单模光纤作为传感元件的一部分代替原光学设计中复杂的光路，提供了与传统分立式干涉仪相比拟的性能，又没有传统干涉仪相关的稳定性问题，使得干涉仪更加简单、紧凑，性能更加稳定。

另外，上面所述的激光干涉位移测量法都需要配备供测量反射镜移动的精密导轨，测量过程不能中断，并且测量方式为增量式，不能测量绝对位移。随着激光技术、红外技术的发展，以多波长激光为基础的无导轨大长度绝对测量技术正受到越来越多的关注。

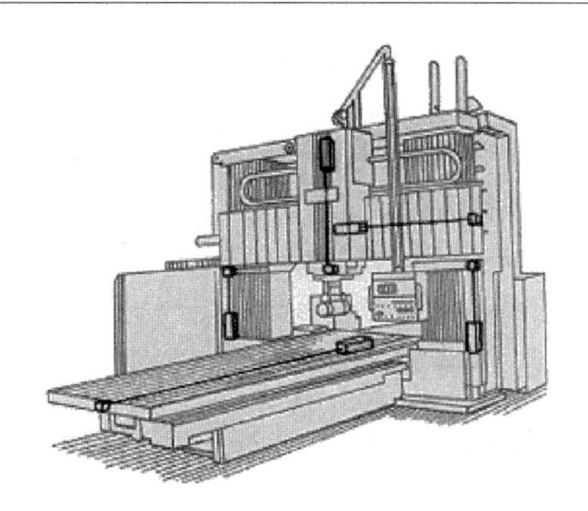

图5.26 LDS激光尺在数控加工中心上的应用示意图

5.5 霍尔检测装置

霍尔传感器是基于霍尔效应而将被测量转换成电动势输出的一种传感器,具有结构牢固、体积小、重量轻、寿命长、安装方便、功耗小、频率高(可达1 MHz)、耐振动、不怕灰尘、油污、水气及烟雾等的污染和腐蚀等优点。目前,已发展成为品种多样的磁传感器族,是全球使用量排名第三的传感器产品。按霍尔器件的功能可将其分为:霍尔线性传感器和霍尔开关器件,前者输出模拟量,后者输出数字量。霍尔线性器件精度高,线性度好;霍尔开关器件无触点、无磨损、输出波形清晰、无抖动、无回跳、位置重复精度高(可达μm级)。

1. 霍尔元件的工作原理和结构

霍尔效应是磁电效应的一种,由美国物理学家霍尔于1879年在研究金属的导电机理时发现的。它是指当电流垂直于外磁场通过导体时,在导体的垂直于磁场和电流方向的两个端面之间会出现电势差的现象,这个电势差也被称为霍尔电势差。

现以N型半导体为例(图5.27),分析霍尔效应原理。N型半导体在Y方向施加电场,当无外加磁场时电子沿电场方向移动,形成电流I_C。当与半导体平面垂直方向(既与电流垂直方向)加一磁场B时,则半导体中电子受到洛仑兹力的作用,使电子运动发生偏移,并在图示的左侧面形成电子积累,于是在半导体两侧面的X方向形成电场,这个电场使电子在受到洛仑兹力作用的同时,还受到与它相反的电场力作用。随着电子积累的增加,电场力逐渐增大,直到洛仑兹力和电场力相等时,电子积累达到动态平衡。此时,半导体两侧面建立的电场称为霍尔电场,相应的电动势称为霍尔电动势。上述过程产生的现象就是霍尔效应。在半导体X方向两侧面引出电极,可以输出霍尔电动势或霍尔电压U_H。

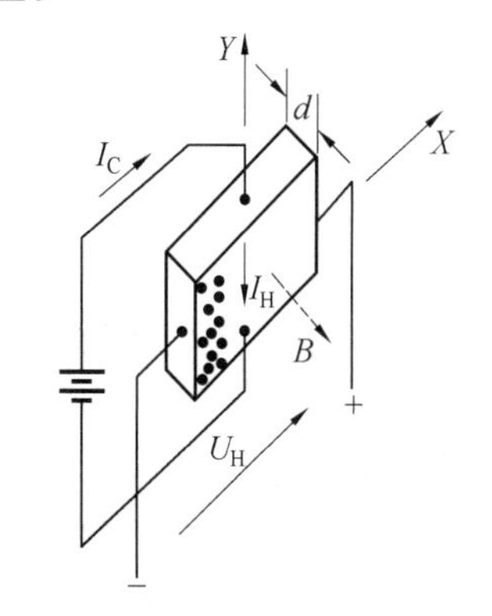

图5.27 半导体的霍尔效应

$$U_H = \frac{1}{d} B I_c R_H \tag{5.5}$$

式中,B为磁感应强度;I_c为控制电流;d为半导体厚度;R_H为霍尔常数。

式(5.5)表明,霍尔电动势与输入电流 I_c,磁感应强度 B 成正比,且当 B 的方向改变时,霍尔电动势的方向也随之改变。如果所施加的磁场为交变磁场,则霍尔电动势为同频率的交变电动势。

具有上述霍尔效应的元件称为霍尔元件,由半导体材料制成,常用的材料有锗(Ge)、硅(Si)、锑化铟(InSb)、砷化镓(GaAs)等。式(5.5)中的霍尔电动势或霍尔电压太低,无法直接应用。实用的霍尔元件是由霍尔敏感元件、放大器和调节器等集成封装而成,称为霍尔集成电路,有3脚、4脚、5脚等多种结构形式。图5.28为三脚霍尔集成元件的电路原理图。霍尔元件与所需磁路结构组成的整体称为霍尔传感器,常用的霍尔传感器有位移传感器、速度传感器、电流传感器、功率传感器、振动传感器、加速度传感器、压力传感器等。本书将重点介绍霍尔电流和位移传感器。

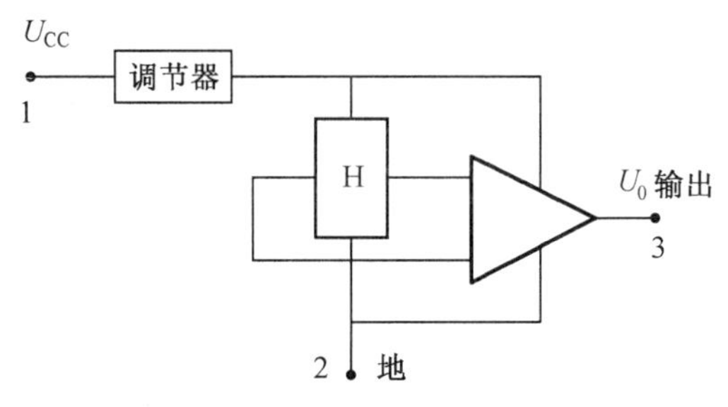

图5.28 霍尔集成电路原理图

2. 霍尔电流传感器

霍尔电流传感器是霍尔传感器的一种,它能测量各种波形的交直流电流,具有非接触测量,且测量精度高,不需要切断电路电流,测量频率范围广功耗低等优点。

根据安培定律,在载流导体附近会产生正比于该电流的磁场。从式(5.5)可知,霍尔电压 U_H 与磁感应强度 B 成线性关系,而磁感应强度可利用载流导线经过集磁部分后获得。根据安培定律,电流与磁感应强度的关系为

$$B=\frac{\mu_0\mu_r}{2\pi R}NI \tag{5.6}$$

式中,B、μ_0、μ_r 分别为离通电距离 R 处的磁通、真空磁导率、相对磁导率;I、N 分别为通电导体的电流及匝数;R 为通电导体的空间垂直距离。

将式(5.5)代入式(5.6)可得

$$U_H=NII_c\mu_0\mu_r R_H/2\pi Rd \tag{5.7}$$

从式(5.7)可知,霍尔元件输出电压 U_H 与通电导体的电流 I 正比,用霍尔元件检测这一磁场就可以获得正比于该磁场的霍尔电动势。通过检测霍尔电动势的大小来间接测量电流的大小,是霍尔电流传感器的基本测量原理。霍尔电流传感器输出信号还需要放大和补偿电路才能提供检测信号,常用的这种电路有选频式和磁补偿式霍尔电流传感器电路,其中磁补偿式霍尔电流传感器是一种频带宽、精度高的电流测量装置。

图5.29为一种典型的磁补偿式(也称为磁平衡式或零磁通式)霍尔传感器。霍尔传感器放置在聚磁环气隙中,检测气隙磁通,如果磁通不为零,霍尔传感器就有电压信号输出。该电压信号经高增益放大器放大后,控制相应的功率管导通,从电源获得一个补偿电流 I_s。由于 I_s 要流过多匝绕线,多匝绕线所产生的磁场与主电流 I_0 所产生的磁场相反,使霍尔电动势输出逐渐减小,当 $I_0N_1=I_sN_2$ 时,I_s 不再增加,这时霍尔元件起到指示零磁通的作用。上述过程是是一个动态平衡过程,建立平衡所需的时间极短(1 μs)。主电流 I_0 的任何变化都会破坏这一平衡的磁场,一旦磁场失去平衡,霍尔元件就会有信号输出(可正可负)。经放大后立即有相应的电流流过次级线圈,进行补偿。因此从宏观上看,次级补偿电流的安匝数在

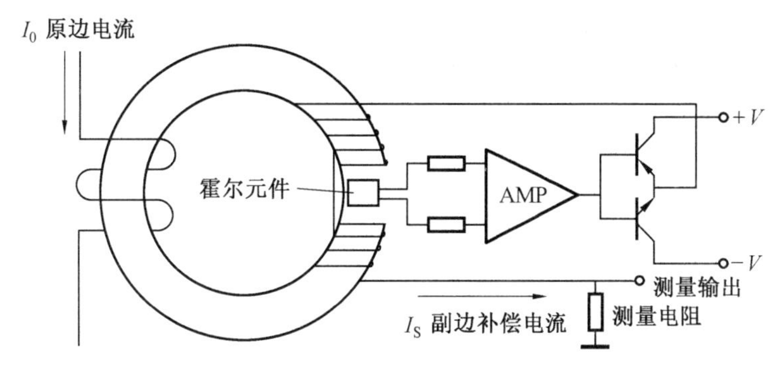

图 5.29 磁补偿式霍尔传感器电路原理图

任何时候都是与主电流的安匝数相同。只要测得补偿绕组中的小电流，就可根据匝数比推算出主电流的大小，即 $I_0 = I_s(N_2/N_1)$。磁平衡式霍尔电流传感器的主要特点是霍尔元件处于零磁通状态，聚磁环中不会产生磁饱和，也不会产生大的磁滞损耗和涡流损耗。

霍尔电流传感器，不仅能测量静态、动态电流参数，还可测量电流波形，完全可以替代传统的互感器和分流器。在数控机床伺服系统中，主要被用于全数字伺服系统的电流环中。

3. 霍尔位移传感器

霍尔直线位移传感器的原理如图 5.30 所示。

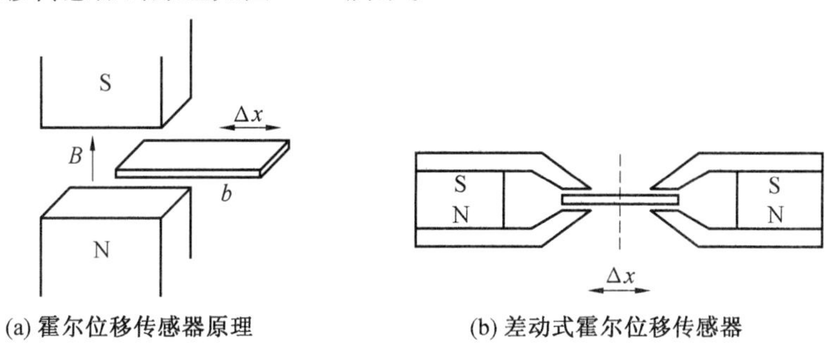

图 5.30 霍尔直线位移传感器

假设磁场只均匀集中在磁极气隙中，无边缘效应，如图 5.30(a)所示。霍尔元件在 x 方向的长度为 b，在控制电流 I 作用下，产生的霍尔电势 U_H 与霍尔器件的位移 Δx 有如下关系

$$U_H = K_H IB \frac{x_0 + \Delta x}{b}$$

式中，x_0 为霍尔器件在极下气隙中的初始长度；K_H 为霍尔元件的灵敏系数。

实际使用的传感器常做成差动式结构，如图 5.30(b)所示。以霍尔元件作为变换器，配以相应的力学机械结构，将压力、压差、加速度等参量转化为位移 Δx，可以构成各种非电量测量的霍尔压力、压差、加速度等传感器。

复习题

1. 数控检测装置有哪几类？常用的数控检测装置有哪些？至少列举三种。
2. 数控检测装置的性能指标和要求是什么？
3. 请说明增量式旋转编码器与绝对编码器的区别？

4. 请说明增量式直线光栅的工作原理,并简述四倍频信号处理电路的工作过程。

5. 请说明激光干涉传感器的工作原理及应用场合。

6. 请说明霍尔传感器的工作原理及优点。

第6章　数控伺服系统

6.1　概　　述

数控机床伺服系统是数控系统的重要组成部分，是以机床移动部件的位置、速度和电流为控制量的自动控制系统，又称位置随动系统、驱动系统、伺服机构或伺服单元。在数控机床中，伺服系统是数控装置和机床主机的联系环节，其接收 CNC 装置插补器(由硬件或软件组成)发出的进给脉冲或进给位移量信息，经过变换和放大由伺服电机带动传动机构，最后转化为机床的直线或转动位移。由于伺服系统中包含了大量的电力电子器件，并应用反馈控制原理和许多其它新技术，因此系统结构复杂，综合性强。在一定意义上，伺服系统的静动态性能，决定了数控机床的精度、稳定性、可靠性和加工效率。因此高性能的伺服系统一直是现代数控机床的关键技术之一。

6.1.1　伺服系统的组成

数控伺服系统一般由伺服电机(M)、驱动信号控制转换电路、电力电子驱动放大模块、电流调解单元、速度调解单元、位置调解单元和相应的检测装置(如光电脉冲编码器 G 等)等组成。为了实现精确的定位，保证系统的稳定、快速，闭环进给伺服系统一般采用三环结构，如图 6.1 所示。外环是位置环，中环是速度环，内环为电流环，由外环到内环动态响应越来越快。位置环由位置比较调节器、位置反馈和检测模块组成。速度环由速度比较调节器、速度反馈和速度检测装置(如光电脉冲编码器等)组成。电流环由电流比较调节器、电流反馈和检测元件(如霍尔元件等)组成，其实质上是对电机转矩的控制。转矩控制是实现高性能速度和位置伺服驱动的基础和关键，因此，无论是位置控制还是速度控制都必须包含电流环。电力电子驱动装置由驱动信号产生电路和功率放大器等组成。

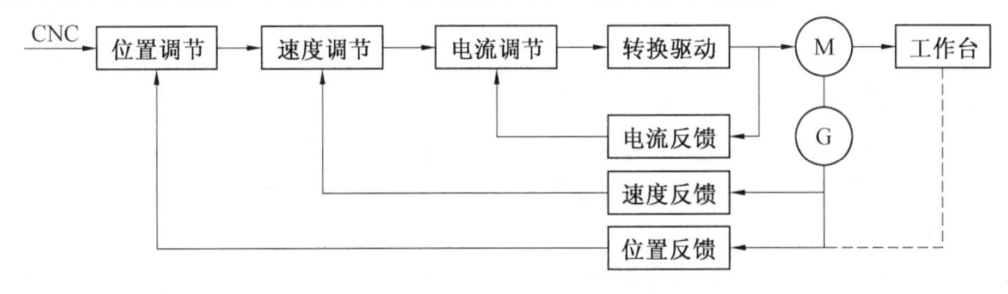

图 6.1　伺服系统结构图

位置控制包含位置环、速度环和电流环三个闭环，主要用于进给运动坐标轴。对进给坐标轴的控制是要求最高的位置控制，不仅对单个轴的运动速度和位置精度的控制有严格要求，而且在多轴联动时，还要求各进给运动轴有很好的动态配合，才能保证加工精度和表面质量。其工作过程如下：位置给定与位置反馈形成偏差，经位置调节后产生速度给定信号，它与速度反馈量的偏差经速度调节后形成电流给定信号，其与电流反馈量的偏差经电流调节后控制功率元件驱动电机运转，实现位置伺服控制。

速度控制只包括速度环和电流环，一般用于对主运动坐标轴的控制。

6.1.2 对伺服系统的基本要求

伺服系统为数控系统的执行部件，不仅要稳定地输出所需的切削力矩和进给速度，而且要准确地完成指令规定的定位控制或者复杂的轮廓加工控制。为此对伺服系统的基本要求如下：

1.精度高

伺服系统的精度是指输出量能复现输入量的精确程度。作为数控加工，对定位精度和轮廓加工精度要求都比较高，定位精度一般允许的偏差为0.01～0.001 mm，甚至0.1 μm。轮廓加工精度还与速度控制、联动坐标的协调一致程度有关。在速度控制中，要求较高的调速精度，具有比较强的抗负载扰动能力。因此，数控机床伺服系统的静动态精度都要求比较高。

2.稳定性好

稳定是指系统在给定输入或外界干扰作用下，能在短暂的调节过程后，达到新的或者恢复到原来的平衡状态。稳定性是保证数控机床正常工作的首要条件，直接影响数控加工的精度和表面粗糙度。数控机床伺服系统要求有好的稳定性和较强的抗干扰能力。

3.快速响应

响应特性是伺服系统动态品质的重要指标，它反映了系统的跟踪精度。为了保证轮廓切削形状精度和低的表面粗糙度，要求伺服系统跟踪指令信号的响应要快，而且超调要小。

4.调速范围宽

调速范围是指生产机械要求电机能提供的最高转速 n_{max} 和最低转速 n_{min} 之比。在数控机床中，由于加工用刀具，被加工材质及零件加工要求的不同，伺服系统需要具有足够宽的调速范围。目前，较先进的水平是，在分辨率为1 μm的情况下，进给速度为0～240 m/min，且无级连续可调。但对于一般的数控机床而言，要求进给伺服系统为0～24 m / min都能工作就足够了。主轴伺服系统主要是速度控制，要求低速（额定转速以下）恒转矩调速具有1:(100～1000)调速范围，高速（额定转速以上）恒功率调速具有1:10以上的调速范围。

5.低速大转矩

机床加工的特点是在低速时进行重切削，因此要求伺服系统在低速时要有大的转矩输出。进给坐标的伺服控制属于恒转矩控制，在整个速度范围内都要保持这个转矩。主轴坐标的伺服控制在低速时为恒转矩控制，能提供较大转矩；在高速时为恒功率控制，具有足够大的输出功率。

伺服系统中的执行元件伺服电机是一个非常重要的部件，应具有高精度、快反应、宽调速和大转矩的优良性能，尤其对进给伺服电机要求更高。具体是：

①电机从低速到高速能平滑运转，且转矩波动要小。最低转速时，如0.1 r/min或更低转速时，仍有平稳的速度而无爬行现象。

②电机应具有大的、较长时间的过载能力，以满足低速大转矩的要求。电机能在数分钟内过载数倍而不损坏，一般直流伺服电机为4～6倍，交流伺服电机为2～4倍。

③为了满足快速响应的要求，电机应能随着控制信号的变化，在较短时间内达到规定的

速度。响应速度直接影响到系统的品质，因此要求电机必须具有较小的转动惯量、较大的转矩、尽可能小的机电时间常数和大的加速度以保证电机在 0.2 s 以内从静止起动到额定转速。

④电机应能承受频繁的起动、制动和正反转。

6.1.3　伺服系统的分类

1. 按调节理论分类

(1)开环伺服系统

开环伺服系统(图 6.2)只有指令信号的前向控制通道，没有检测反馈控制通道，其驱动元件主要是步进电机。其工作原理是将指令数字脉冲信号转换为电机的角度位移。运动与定位的精度主要靠驱动装置(即驱动电路)、步进电机及机械传动件的精度来保证。转过的角度正比于指令脉冲的个数，运动速度由进给脉冲的频率决定。

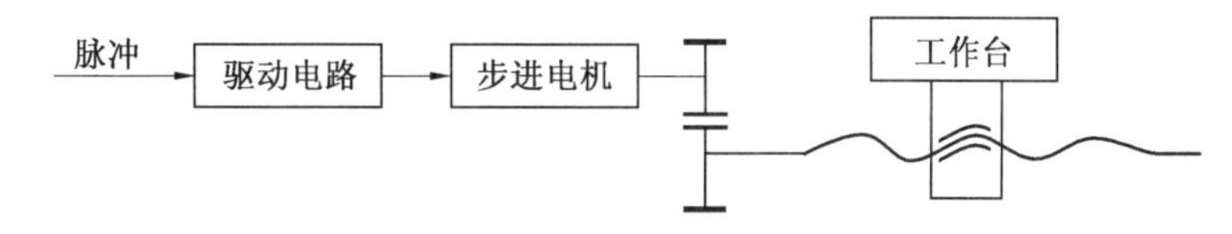

图 6.2　开环伺服系统

开环系统的结构简单，易于控制，但精度不高、低速不平稳、高速扭矩小，且有丢步的风险。主要用于轻载、负载变化不大或经济型数控机床上。

(2)全闭环伺服系统

在机床的最终运动执行部件如工作台或刀架上，安装有位置检测元件，获得各坐标轴的实际位置，并将该测量值反馈给 CNC 装置进行闭环控制的误差控制随动系统，称为全闭环伺服系统，其原理如图 6.3 所示。在闭环控制中还包含实际速度与给定速度比较调节的速度环(其内部有电流环)，作用是对电机运行状态实时进行校正、控制，达到速度稳定和变化平稳的目的，从而改善位置环的控制品质。

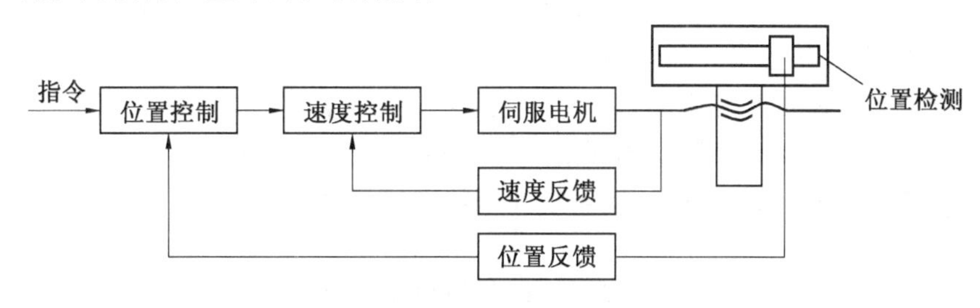

图 6.3　全闭环系统

从理论上讲，全闭环伺服系统的精度取决于测量装置的精度。当反馈测量装置分辨率与精度足够高时，环内各种机电误差都可以得到校正和补偿，从而使系统具有很高的跟随精度和定位精度。但这并不意味着可降低对机床结构和传动装置的要求，其各种非线性(摩擦特性、刚性、间隙)都会影响调节品质。只有机械装置具有较高精度时，才能保证该系统的高精度、高速度及稳定性。闭环系统的缺点是调试、维修较困难，主要用于精密、大型数控装备上。

(3)半闭环系统

相对于全闭环伺服系统,位置检测元件从最终运动执行部件(如工作台)移到电机轴端或丝杠轴端,如图6.4所示。半闭环系统通过角位移的测量(如光电脉冲编码器等)间接计算出工作台的实际位移量。机械传动部件不在控制环内,容易获得稳定的控制特性。只要检测元件分辨率高、精度高,并使机械传动件具有相应的精度,就会获得较高精度和速度。半闭环控制系统的精度介于开环和全闭环系统之间,精度虽没有闭环高,调试却比全闭环方便,因此是广泛使用的一种数控伺服系统。

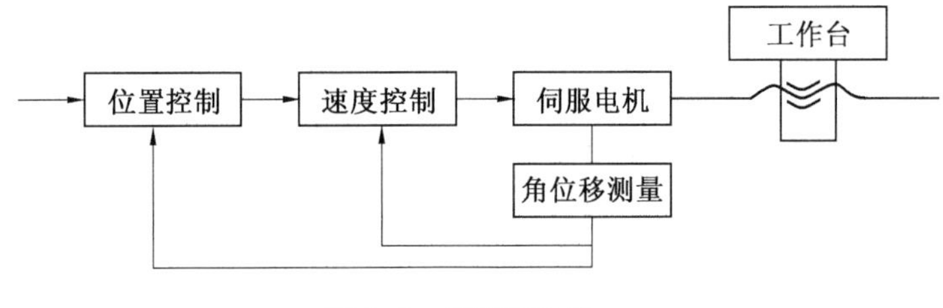

图6.4 半闭环系统

2. 按被控对象分类

(1)进给伺服系统

进给伺服系统是指一般概念的位置伺服系统,它包括速度控制环和位置控制环。进给伺服系统控制机床各进给坐标轴的进给运动,具有定位和轮廓跟踪功能,是数控机床中要求最高的伺服控制。

(2)主轴伺服系统

一般的主轴伺服系统只是一个速度控制系统,控制主轴的旋转运动,提供切削过程中的转矩和功率,完成在转速范围内的无级变速和转速调节。当主轴伺服系统要求有位置控制功能时(如数控车削类机床),称为C轴控制功能。这时主轴与进给伺服系统一样,为一般概念的位置伺服控制系统。

此外,刀库的位置控制是为了在刀库的不同位置选择刀具,与进给坐标轴的位置控制相比,性能要低得多,故称为简易位置伺服系统。

另外,伺服系统还可按使用的执行元件分类,分为电液伺服系统、电气伺服系统(包含步进伺服、直流伺服与交流伺服);按反馈比较控制方式分类,可分为脉冲数字比较伺服系统、相位比较伺服系统、幅值比较伺服系统和全数字伺服系统。

6.2 伺服电动机

伺服电动机(Servo motor)为数控伺服系统的重要组成部分,是速度和轨迹控制的执行元件。伺服系统的设计、调试与所选用的电机及其特性有着密切的关系,直接影响伺服系统的静动态品质。在数控机床中常用的伺服电机有步进电机、直流伺服电机、交流伺服电机和直线电机等。步进电机应用在轻载、负荷变动不大以及经济型数控系统中;直流伺服电机具有良好的调速性能,在20世纪七八十年代的数控系统中得到广泛的应用;交流伺服电机随着结构和调速技术的发展,性能大大提高,从20世纪80年代末开始逐渐取代直流伺服电机,是目前主要使用的电机。另外,消除了机械传统环节的零驱动系统,是未来高速、高精度数控驱动技术的发展趋势。

6.2.1　直流伺服电机

直流伺服电动机(Servo motor,DC)在电力拖动系统中具有两个突出的优点:一是良好的启动、制动、调速和控制性能;二是电枢电压、电枢电流、电枢回路电阻、电机输出转矩、电机转速等各参数、变量之间为近似线性函数关系,这使得其数学模型较为简单、准确,相应地使得直流调速控制系统的设计,分析与计算相对容易。按照磁场的产生方式,直流电动机可分为永磁式直流电动机和电磁式直流电动机(包括他激式、串激式、并激式和复激式)。按结构形式分为一般电枢式、无槽电枢式、印刷电枢式、空心杯电枢式和绕线盘式等,其结构及性能特点比较见表6.1。在数控机床上,直流进给伺服系统通常使用永磁式直流电机类型中的有槽电枢永磁直流电机(普通型);直流主轴伺服系统通常使用电磁式直流电机类型中的他激式直流电机。

表6.1　常用直流电机的比较

种类	励磁方式	结构特点	性能	适用范围
一般直流伺服电动机	电磁或永磁	与普通直流电机相比,电枢铁芯长度与直径之比大一些,气隙较小	具有下垂的机械特性和线性的调节特性,对控制信号的响应迅速	一般直流伺服系统
无槽电枢直流伺服电动机	电磁或永磁	电枢铁芯为光滑圆柱体,电枢绕组用环氧树脂粘在电枢铁芯表面,气隙较大	转动惯量和机电时间常数小,换向性能好	需要快速动作、功率较大的直流伺服系统
空心杯型电枢直流伺服电动机	永磁	电枢绕组用环氧树脂浇注成杯形,置于内外定子之间,内、外定子分别采用软磁材料和永磁材料	转动惯量和机电时间常数小,低速运行平稳,换向性能好	需要快速动作的直流伺服
印刷绕组直流伺服电动机	永磁	在圆盘形绝缘薄板上印制裸露的绕组构成电枢,磁极轴向安装	转动惯量小,机电时间常数小,低速运行性能好	低速和启动、正反转频繁的控制系统

1. 直流进给伺服电机

(1)直流进给伺服电机的结构及工作原理

在直流进给伺服系统中,广泛应用普通型永磁直流伺服电机,其转子惯量大,调速范围宽,所以也称为大惯量宽调速永磁直流伺服电机。永磁直流伺服电机(图6.5)由机壳、磁极(定子)、电枢(电动机中装有导线,产生电磁力的部件,一般指电机需要外接电源的部分,直流电机电枢为转子,交流电机电枢为定子)和换向器等组成。反馈用的检测元件有测速发电机、旋转变压器或光电脉冲编码器等,检测元件可安装在电机的尾部。定子磁极是一个永久磁体,磁极的形状一般为瓦状结构,并加上极靴或磁轭,以聚集气隙磁通;电枢由有槽铁芯和绕组两部分组成,属于转动部分;换向器由电刷、换向片等组成,它的作用是将外加的直流电源引向电枢绕组,使外加直流电源转换为电枢线圈中的交变电流,以保证电磁转矩的方向恒定不变。当电流通过电枢绕组(线圈)时,电流与磁场相互作用,产生感应电势、电磁力和电磁转矩使电枢旋转。

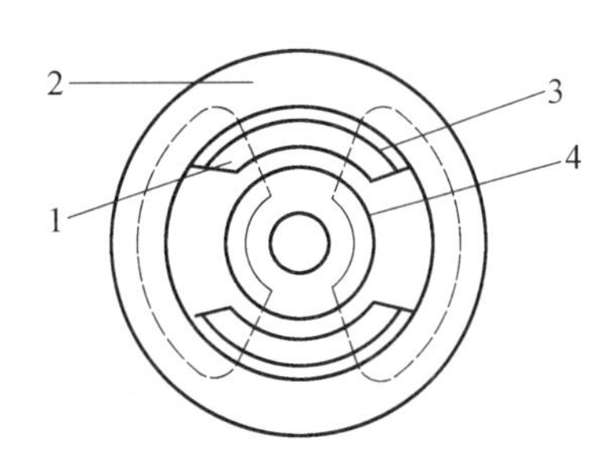

图6.5　永磁直流伺服电机的结构示意图
1—极靴;2—机壳;3—瓦状永磁材料(定子);4—电极(转子)

该类型电动机有如下基本结构特点:

①定子永磁铁被固定在电动机本体上形成定子;

②转子线圈和转子硅钢叠片被固定在电动机转轴上;

③换相电刷被固定于电动机转轴端(同轴),换相电刷电极通过两根引线引出连接到电动机驱动器,电动机换相通过换相电刷的机械转动来实现。

永磁直流伺服电机的性能特点:

① 低转速大惯量。这种电机具有较大的惯量,电机的额定转速较低,可以直接和机床的进给传动丝杆相连,因而省掉了减速机构。

② 转矩大。该类电机输出转矩比较大,特别是低速时转矩大。能满足数控机床在低速时,进行大吃刀量加工的要求。

③ 起动力矩大。具有很大的电流过载倍数,起动时加速电流允许为额定电流的10倍,因而使得力矩/惯量比大,快速性好。

④ 调速范围大,低速运行平稳,力矩波动小。该类电机转子的槽数增多,并采用斜槽,使低速运行更平稳(可以0.1r / min的速度平稳运行)。

(2) 永磁直流伺服电机的特性曲线

永磁直流伺服电机特性原则上与一般直流电机相同,但有很大的改进和变化,已不能简单地用电压、电流、转矩等参数描述,需要用数据表和特性曲线来描述,使用时要查阅这些数据表和特性曲线。

①转矩-速度特性曲线。转矩-速度特性曲线又称为工作曲线,如图6.6所示。直流伺服电机的工作区域被温度极限、转速极限、换向极限、转矩极限以及瞬时换向极限分成三个区域:Ⅰ区为连续工作区,在该区域内可对转矩和转速作任意组合,可长期连续工作。Ⅱ区为断续工作区,此时电机只能根据负载-工作周期曲线(图6.7)所决定的允许工作时间和断电时间做间歇工作。Ⅲ区为瞬时加速和减速区域,电机只能用作加速或减速,工作一段极短的时间。选择该类电机时要考虑负载转矩、摩擦转矩和惯性转矩,特别是惯性转矩。

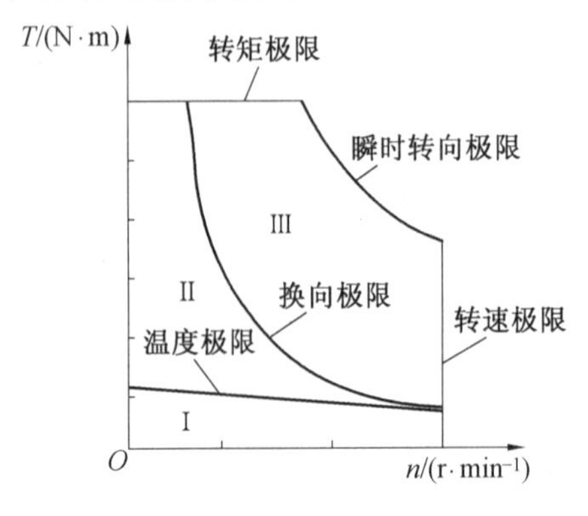

图6.6　永磁直流伺服电机工作曲线

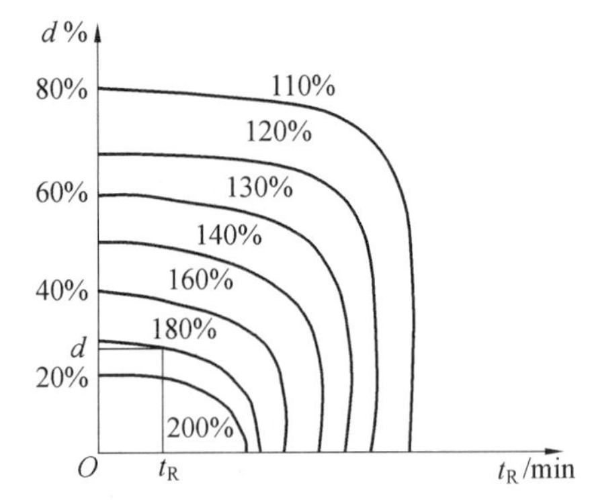

图6.7　负载-工作周期曲线

② 负载-工作周期曲线。该曲线给出了在满足机械所需转矩要求，而又确保电机不过热的情况下，允许的电机连续工作时间。因此，这些曲线是由电机温度极限所决定的。负载-工作周期曲线的使用方法：首先根据实际负载转矩的要求，求出电机过载倍数 T_{md}（负载转矩/连续额定转矩），然后在负载-工作周期曲线的水平轴线上找到实际机械所需要的工作时间 t_R，并从该点向上作垂线，与所要求的 T_{md} 曲线相交。再从该点作水平线，与纵轴相交的点即为允许的负载工作周期比，其公式为

$$d=\frac{t_R}{t_R+t_F} \tag{6.1}$$

式中，t_R为电机的工作时间；t_F为电机的工作间隔时间。

当得到 d 后，可根据式(6.2)求出最短工作间隔时间，即

$$t_F=t_R\left(\frac{1}{d}-1\right) \tag{6.2}$$

电机的数据表给出了有关电机性能的一些参数值，可在使用时查阅，这里不再赘述。

2. 直流主轴伺服电机

机床主轴驱动和进给驱动有很大差别，主轴直流伺服电机要求有宽的调速范围和大的转矩、功率输出。主轴电机的功率范围为2.2～250 kW，有1:(100～1000)的恒转矩调速范围和1:10的恒功率调速范围，而且要求在主轴的两个转向中任一方向都可进行传动和加减速，即要求有四象限的驱动能力。直流主轴伺服电机因换向的原因，恒功率调速范围较小。20世纪80年代以后，逐渐被交流主轴伺服电机所替代。

直流主轴电机的结构与进给驱动用的永磁式直流伺服电机不同。结构上一般不做成永磁式，而与普通励磁直流电机相同，为他激式，其结构示意如图6.8所示。可以看出，直流主轴电机也是由定子和转子两大部分组成，转子与永磁直流伺服电机相同，由电枢绕组和换向器组成。而定子则完全不同，由主磁极、换向极及励磁绕组组成。主磁极和换向极采用矽钢片叠成，以便在负荷变化或在加速、减速时有良好的换向性能。主磁极的作用是产生气隙磁场，由主磁极铁心和励磁绕组两部分组成。有的主轴电机在主磁极上不但有主磁极绕组，还带有补偿绕组。换向极由换向极铁心和换向极绕组组成，一般装在两个相邻主磁极之间，作用是改善换向性能，减小电机运行时电刷与换向器之间可能产生的换向火花。定子上有换向极是这类电机在结构上的特点。为缩小体积，改善冷却效果，采用了轴向强迫通风冷却或热管冷却（热管是在封闭的管壳中充以工作介质，并利用介质的相变吸热和放热进行热交换的高效换热元件，其导热能力超过任何已知金属的导热能力）。电机外壳结构为密封式以适应恶劣的机械加工车间环境。电机的尾部一般还同轴安装有速度反馈元件。

直流主轴电机虽然结构上有很大变化，但工作原理同一般他激式直流电机一样，电枢线圈中的电流与磁场相互作用产生电磁力、电磁转矩。其性能主要由功率-速度、转矩-速度特性曲线来表示，如图6.9所示。在基本转速(n_j)以下属于恒转矩调速范围，通过改变电枢电压来调速；在基本转速(n_j)以上属于恒功率调速范围，采用控制激磁的调速方法调速。一般来说，恒转矩速度范围与恒功率速度范围之比为1:2。另外，直流主轴伺服电机一般都有过载能力，且大都可过载150%。至于过载时间，则根据生产厂的不同有较大差别，从1 min到30 min不等。

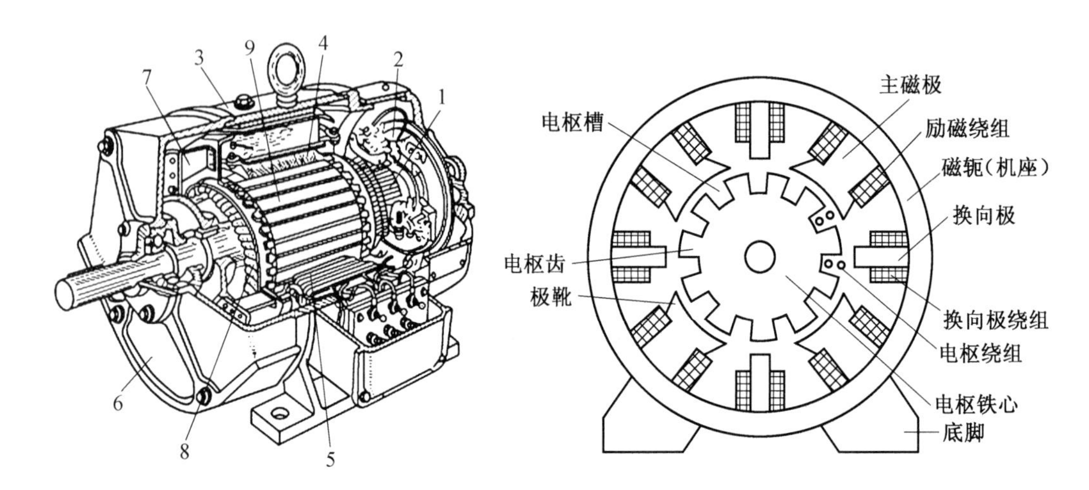

图 6.8 直流主轴电机结构示意图

1-换向器；2-电刷；3-机座；4-主磁极；5-换向极；6-端盖；7-风扇；8-电枢绕组；9-电枢铁芯

3. 直流电机的工作特性

（1）静态特性

根据电磁力定律，直流电机由励磁绕组或磁极建立磁场，通电导体（电枢绕组）切割磁力线产生电磁转矩，电磁转矩正比于电机中气隙磁场和电枢电流，即

$$T_e = K_T \cdot \Phi \cdot I_a \tag{6.3}$$

式中，T_e为电磁转矩；K_T为转矩常数；Φ 为磁场磁通；I_a为电枢电流。

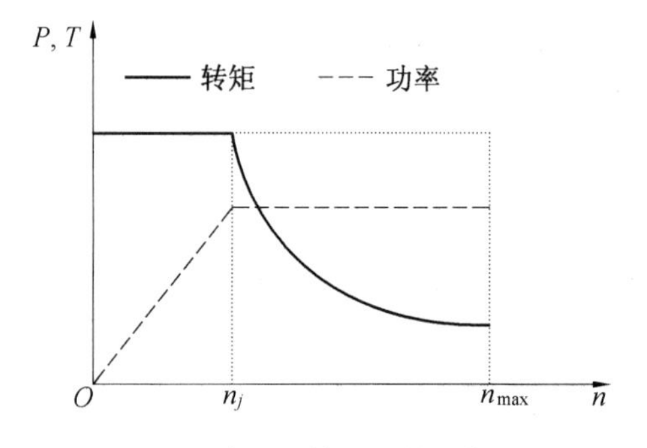

图 6.9 直流主轴电机特性曲线

图 6.10 为直流电机的等效电路图，其动态电压平衡方程式为

$$U_a = L_a \frac{dI_a}{dt} + I_a R_a + E_a \tag{6.4}$$

当 I_a稳定不变时，其静态电压平衡方程式为

$$U_a = I_a R_a + E_a \tag{6.5}$$

式中，U_a 为电枢上的外加电压；R_a 为电枢电阻；L_a 为电枢电感；E_a 为电枢反电势。

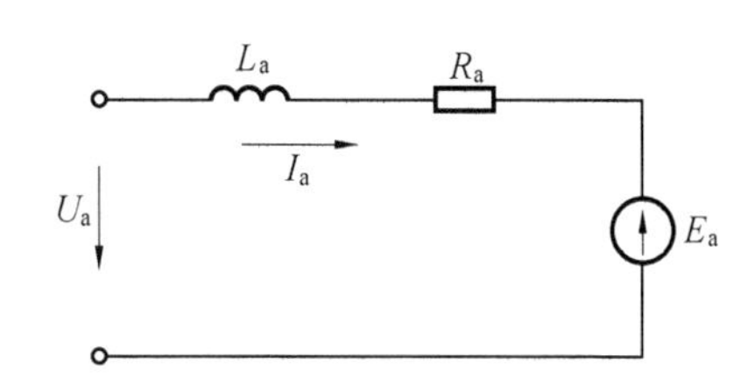

图 6.10 直流电机等效电路图

电枢反电势与转速之间有以下关系

$$E_a = K_e \Phi \omega \tag{6.6}$$

式中，K_e 为电势常数；ω 为电机转速（角速度）。

根据以上各式可以求得

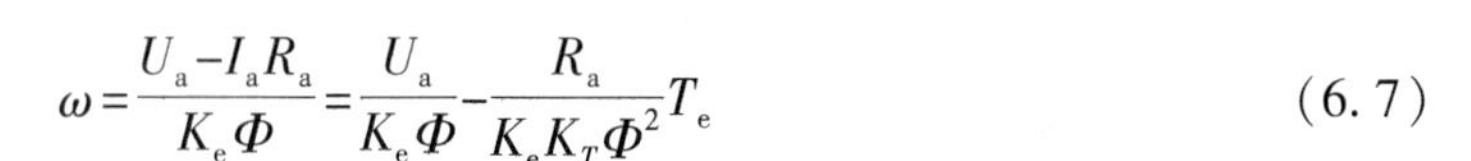

$$\omega = \frac{U_a - I_a R_a}{K_e \Phi} = \frac{U_a}{K_e \Phi} - \frac{R_a}{K_e K_T \Phi^2} T_e \tag{6.7}$$

式（6.7）表明了电机转速与电磁力矩的关系，称为机械特性（图 6.11）。机械特性是静态特性，表征电机稳定运行时带动负载的性能。稳定运行时，电磁转矩与所带负载转矩相等。当负载转矩为零时，电磁转矩也为零，此时的转速为理想空载转速（ω_0）。

$$\omega_0=\frac{U_a}{K_e\Phi} \tag{6.8}$$

当转速为零，即电机刚通电时的启动转矩为

$$T_s=\frac{U_a}{R_a}K_T\Phi \tag{6.9}$$

式中 U_a/R_a 为启动电流。小型直流电机和永磁直流电机，可以采用全压直接启动。他激式的直流电动机的启动电流特别大，容易引起电动机发热，产生电火花烧毁电动机。为了限制启动电流，一般采用电枢回路串联启动电阻或降压启动，其中降压启动的电能损耗较小。

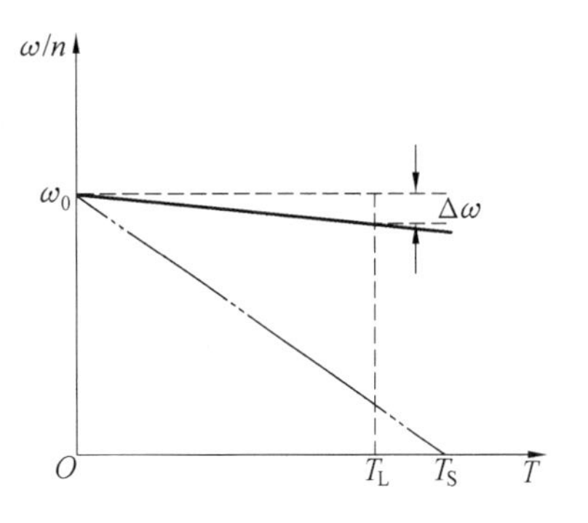

图 6.11　直流电机的机械特性

当电机带动某一负载 T_L时，电机转速与理想空载转速 ω_0会有一个差值 $\Delta\omega$。$\Delta\omega$ 值表明机械特性的硬度，$\Delta\omega$ 越小，机械特性越硬。由式(6.7)可得

$$\Delta\omega=\frac{R_a}{K_eK_T\Phi^2}T_L \tag{6.10}$$

式中，T_L为负载转矩。$\Delta\omega$ 的大小与电机的调速范围有密切关系，$\Delta\omega$ 值大，不可能实现宽范围的调速。进给系统要求很宽的调速范围，为此采用永磁直流伺服电机。

(2)动态特性

电机处于过渡过程即工作状态时，其动态特性直接影响着生产率、加工精度和表面质量。电机工作时的动态力矩平衡方程式为

$$T_e-T_L=J\frac{d\omega}{dt} \tag{6.11}$$

式中，T_e 为电磁转矩；T_L为折算到电机轴上的负载转矩；ω 为电机转子角速度；J 为折算到电机轴上的转动惯量，包括转子惯量及负载折算到电机轴上的惯量；t 为时间。

式(6.11)表明动态过程中，电机由直流电能转换来的电磁转矩 T_e，克服负载转矩后，其剩余部分用来克服机械惯量，产生加速度，以使电机由一种稳定状态过渡到另一种稳定状态。

为了得到平稳的、快速的、无振荡的、单调上升的转速过渡过程，获得优良的动态品质，需要减小过渡过程时间。为此小惯量电机采取的措施是，从结构上减小其转子转动惯量；大惯量电机采取的措施是，从结构上提高启动力矩 T_s。

6.2.2　交流伺服电机

直流伺服电机虽然具有优良的调速性能，但却存在一些固有的缺点，如它的电刷和换向器易磨损，需要经常维护；由于换向器换向时会产生火花，使电机的最高转速受到限制，也使应用环境受到限制；而且有刷直流电机的结构复杂，制造困难，所用铜铁材料消耗大，制造成本高。由此可见，直流电机的大部分缺点都是由电刷和换向器引起的。

交流伺服电机(AC Servo motor)没有上述缺点，且转子惯量较直流电机小，动态响应好。在同样体积下，交流伺服电机的输出功率可比直流伺服电机提高 10% ~70% 。另外，定子绕组散热性好，允许更高的电压和转速，其容量可比直流伺服电机做得更大。20 世纪 80 年代以来，随着交流调速技术的成熟，“直流传动又调速，交流传动不调速”的传统格局被打

破。在数控机床领域,交流伺服电机逐渐取代了直流伺服电机的主体地位。

交流伺服电机分为同步型永磁交流伺服电机和异步型交流感应伺服电机两大类。交流同步伺服电机可方便地获得与频率成正比的转速,可得到非常硬的机械特性和很宽的调速范围,主要用于进给驱动系统中;交流异步(感应)伺服电机结构简单,制造容量大,主要用于主轴驱动系统中。

1. 永磁交流同步伺服电机

永磁交流同步伺服电机(Permanent-magnet Synchronous Motor,PMSM),有时被称为无刷直流伺服电机,相当于一台反装式直流电动机,将电枢放置在定子上,转子为永磁体。这样互换的结果,省去了机械换向器和电刷,取而代之的是电子换向器或逆变器。永磁交流同步伺服电机结构简单、运行可靠、效率高,数控机床进给驱动系统中多采用永磁交流同步伺服电机。

(1)结构

永磁交流同步伺服电机由定子、转子和检测元件三部分组成。图 6.12 为其结构原理示意图,图 6.13 为实物剖开图。电枢在定子上,定子具有齿槽,内有三相交流绕组,形状与普通交流感应电机的定子相同。但采取了许多改进措施,如非整数节距的绕组、奇数的齿槽等。这种结构的优点是气隙磁密度较高,极数较多,通电后气隙磁场按正弦波分布。电机外形呈多边形,且无外壳,转子由多块永久磁铁和冲片组成,检测元件安装在电机轴上,它的作用是检测出转子磁场相对于定子绕组的位置。

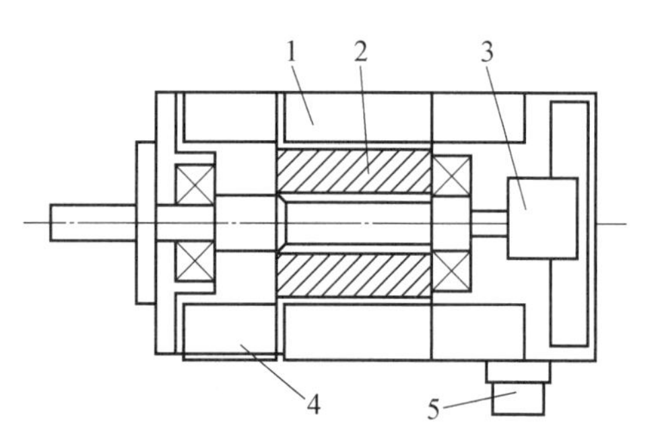

图 6.12 永磁交流同步伺服电机结构示意图

1-定子;2-转子;3-检测装置;4—定子三相绕组;5—接线盒

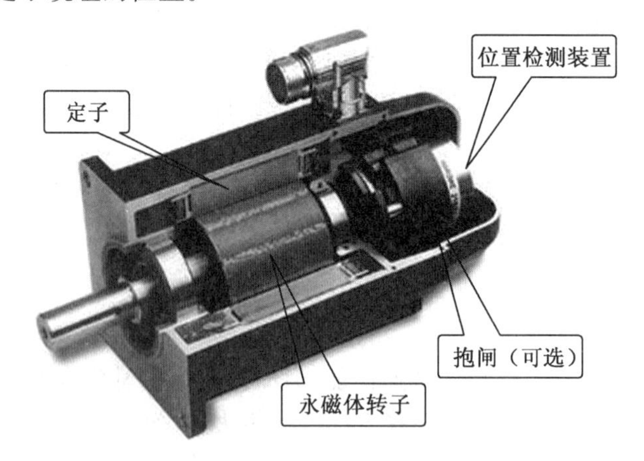

图 6.13 永磁交流同步伺服电机剖开图

(2)工作原理和性能

① 工作原理。永磁交流同步伺服电机的工作原理很简单,当定子三相绕组通上交流电后,产生一个旋转磁场,该旋转磁场以同步转速 n_s 旋转,如图 6.14 所示。根据磁极同性相斥,异性相吸的原理,定子旋转磁极与转子的永久磁铁磁极互相吸引住,并带着转子一起旋

转,并带动转子以同步转数 n_s 与定子旋转磁场一起旋转。当转子轴上加有负载转矩之后,将造成定子磁场轴线与转子磁极轴线不一致(不重合),相差一个 θ 角,负载转矩变化,θ 角也变化。只要不超过一定界限,转子仍然跟着定子以同步转速旋转。设转子转速为 n_r (r/min),其计算公式为

$$n_r = n_s = 60f/p \tag{6.12}$$

式中,f 为交流电源频率,Hz;p 为转子磁极对数。

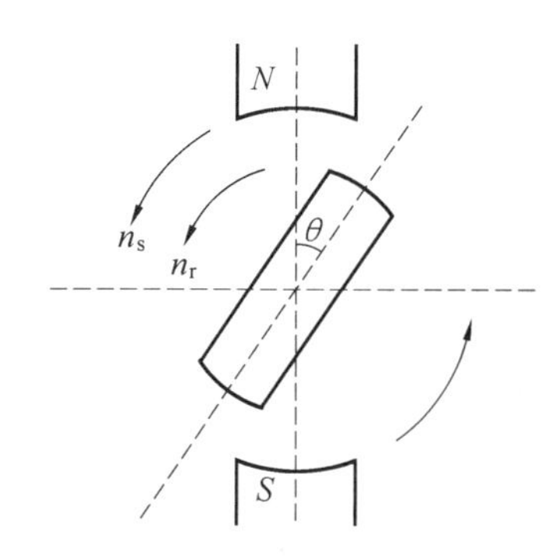

图 6.14　永磁交流同步伺服电机工作原理图

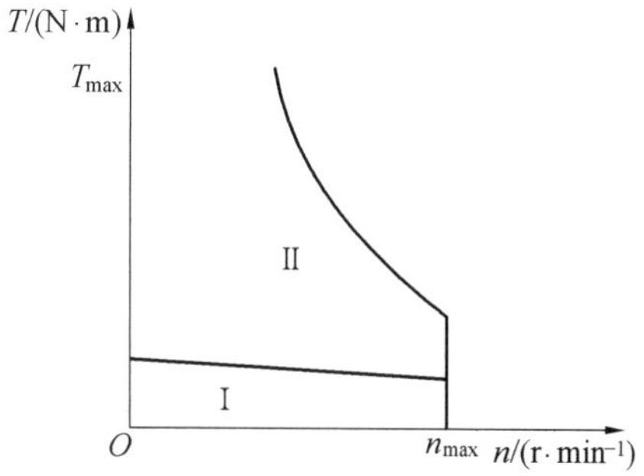

图 6.15　永磁交流同步伺服电机的特性曲线

②永磁交流同步伺服电机的性能。同直流伺服电机一样永磁交流同步伺服电机的性能,也用特性曲线和数据表来表示。图 6.15 为其转矩 - 速度特性曲线。永磁交流同步伺服电机具有较强的过载承受能力,其转矩 - 速度特性曲线可分为两个区域:连续工作区和断续工作区。在连续工作区(Ⅰ区),速度和转矩的任何组合,都可连续工作。但连续工作区的划分受到一定条件的限制,连续工作区划定的条件有两个:一是供给电机的电流是理想的正弦波;二是电机工作在某一特定温度下。断续工作区(Ⅱ区)的范围很大,尤其在高速区,这有利于提高电机的加、减速能力。

另外,输出转矩是进给电机负载能力的主要指标。从图 6.15 可见,在连续工作状态下,输出转矩是随转速的升高而减小的,电机的性能越好,这种减小值就越小。为进给轴配置电机时,应满足最高切削速度时的输出转矩要求。

2. 交流主轴伺服电机

交流主轴伺服电机一般为交流异步伺服电机(AC asynchronous servo motor),与交流进给伺服电机有较大不同。交流主轴电机要提供很大的功率,如果用永久磁体,当容量做得很大时,电机成本太高。主轴驱动系统的电机要适应低速恒转矩、高速恒功率的工况。因此,采用专门设计的鼠笼式交流异步伺服电机。它的结构是定子上装有对称三相绕组,而转子多为带斜槽的铸铝结构,在圆柱体的转子铁心上嵌有均匀分布的导条,导条两端分别用金属环把它们连在一起,称为笼式转子。为了增加输出功率,缩小电机的体积,采用了定子铁心在空气中直接冷却的办法,没有机壳,而且在定子铁心上作出了轴向孔以利通风。为此,在电机外形上呈多边形而不是圆形。电机轴的末端同轴安装有检测元件。图 6.16 为交流主轴伺服电机与普通三相交流电机的比较示意图及实物图。

交流主轴伺服电机的工作原理是,当定子上对称三相绕组接通对称三相电源以后,由电源供给激磁电流,在定子和转子之间的气隙内建立起以同步转速旋转的磁场,依靠电磁感应

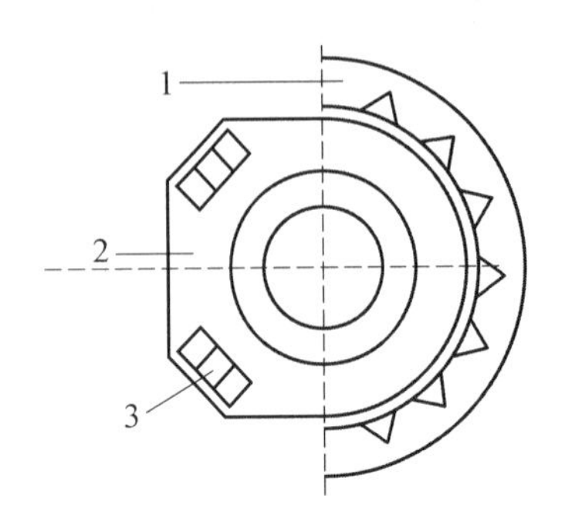

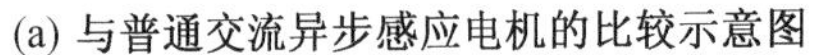
(a) 与普通交流异步感应电机的比较示意图

(b) 实物图

图 6.16 交流主轴电机

作用,在转子导条内产生感应电势。转子上导条已构成闭合回路,因此导条中会有电流流过,从而产生电磁转矩,实现由电能到机械能的能量变换。

交流主轴伺服电机的性能也用特性曲线和数据表来表示,图 6.17 为功率-速度关系曲线。由曲线可见,交流主轴伺服电机的特性曲线与直流主轴伺服电机类似:在基本速度(额定转速)以下为恒转矩区域,而在基本速度以上为恒功率区域。

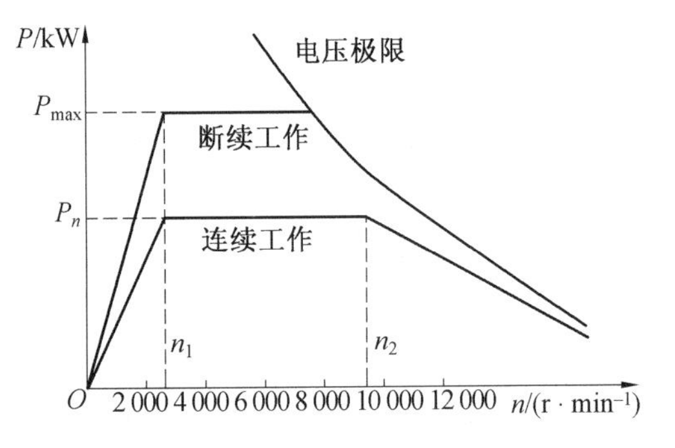

图 6.17 交流主轴伺服电机的特性曲线

为了满足机床切削加工的需要,要求主轴电机在任何切削速度下都能提供恒定的功率。因此,输出功率是主轴电机负载能力的重要指标。从图 6.17 可知主轴电机的额定功率是指在恒功率区(速率 n_1 到 n_2)内运行时的输出功率,低于基本速度 n_1 时是达不到额定功率的,速度越低,输出功率就越小。且当电机速度超过某一定值之后,其功率-速度曲线又往下倾斜,不能保持恒功率。主轴电机本身由于特性的限制,在低速时为恒转矩输出,而在高速区为恒功率输出。其调速特性可用恒转矩范围的最高速和恒功率范围的最高速之比来表示。对于一般的交流主轴电机,这个比例为 1:3 ~ 1:4。为了使机床在低速区也实现恒功率,可以在主轴和电机之间安装变速箱。使主轴低速时的电机速度也在基本速度 n_1 以上,但此时机械结构较为复杂,成本也相应增加。如果主轴电机本身有宽的恒功率范围,则可省掉变速箱,简化主轴结构。现在已开发出一种称为输出转换型交流主轴电机。输出切换方法很多,有三角-星形切换(在低速运行时接成星形,而在高速运行时接成三角形),绕组数切换或二者组合切换等。通过切换不但提高了主轴电机的低速功率特性,降低了主轴机械部件的成本,而且每套绕组都能设计成最佳的功率特性,能得到非常宽的恒功率范围,可达到 1:8 ~ 1:30。另外,交流主轴电机也有一定的过载能力,一般为额定值的 1.2 ~ 1.5 倍,过载时间则从几分钟到半个小时不等。

6.2.3 直驱伺服电机

数控机床正在向精密、高速、复合、智能、环保的方向发展,精密和高速加工对传动及其控制提出了更高的要求,包括更高的动态特性和控制精度,更高的进给速度和加速度,更低的振动噪声和更小的磨损。传统数控机床传动系统在进给速度、加速度、快速定位精度等方面很难再有突破性的提高，问题的症结在于传动链，从作为动力源的电动机到工作部件要通过齿轮、蜗轮副、皮带、丝杠副、联轴器、离合器等中间传动环节，在这些环节中产生了较大的转动惯量、弹性变形、反向间隙、运动滞后、摩擦、振动、噪声及磨损等。随着驱动技术的发展，近年来出现了“直接传动”的概念，即驱动电机的输出部件与机床部件相连接，不存在传动链的驱动系统，也称为“零传动”驱动。零传动驱动从根本上解决了数控驱动系统中由于机械传动链引起的有关问题，是未来数控驱动技术的发展方向。当前，零传动驱动在数控机床上的应用，主要表现在以下几方面：

①直线伺服电动机及由其构成的高速进给系统，可以取代以滚珠丝杠螺母副为代表的传统的机械传动链，实现了数控机床直线运动部件的直接驱动；

②新型环形伺服电动机、高精度角位移检测装置及全闭环伺服系统，可以取代传统的以蜗轮-蜗杆副等构成的机械传动链，实现了机床旋转进给部件（如转台、摆头）等的直接驱动；

③大功率高转速主轴驱动电动机与机床主轴合二为一的电主轴系统，可以取代以传动带、齿轮变速箱等构成的机械传动装置，实现了数控机床主轴的直接驱动。

1. 直线电机

直线电机（linear motor）是一种将电能直接转换成直线运动机械能，而不需要任何中间转换机构的传动装置。其历史可以追溯到1840年惠斯登制作的并不成功的直线电机雏形，其后的160多年中直线电机经历了探索实验、开发应用和使用商品化三个时期。1971年至目前，直线电机终于进入独立应用的时期，各类直线电机的应用得到了迅速的推广，制成了许多有实用价值的装置和产品，例如直线电机驱动的钢管输送机、运煤机、各种电动门、电动窗等。利用直线电机驱动的磁悬浮列车，速度已超过500 km/h，接近了航空飞行的速度。

1993年德国Excell-O公司生产的XHC-240型高速加工中心是世界上最早使用直线电机驱动的机床，其三个坐标方向都采用了交流感应式直线电机，进给速度达60 m/min，加速度为1 g，进给力为2 800 N，当进给速度为20 m/min时，加工精度达4 μm。直线电机在高速加工中心的应用，轰动了国际机床界。自此之后，欧美、日本的机床生产商开始大量应用直线电机驱动技术。目前，直线电机已经应用在车床、铣床、磨床、加工中心、电加工机床、压力机、激光加工机床、雕刻机等加工设备上。直线电机及其驱动控制技术在机床进给驱动上的应用，使机床的传动结构出现了重大变化，并使机床性能有了新的飞跃，大大促进了世界制造业的发展，提高了加工精度和加工效率，并完全改观了机床的速度、加速度、刚度、动态性能。直线电机驱动技术将是未来高速数控机床的发展方向。

（1）基本结构

每一种旋转电机原则上都有与其相应的直线电动机，故它的种类很多。按原理可分为直线直流电机、交流永磁同步直线电机、交流感应异步直线电机、直线步进电机、磁阻式直线电机、压电式直线电机等。其中以直线直流电机、交流永磁同步直线电机、交流感应异步直线电机组成的进给系统在高速、高精度数控机床中应用较多。感应式直线电机在不通电时没有磁性，有利于机床的安装、使用和维护，其性能也已接近永磁式直线电机的水平，因而其在机械行业受到欢迎。本节以交流感应异步直线电动机为例介绍其工作原理。

直线异步电动机与鼠笼型异步电动机工作原理完全相同，两者只是在结构形式上有所区别。图 6.18 (b)为是直线异步电动机的结构,它相当于把旋转异步电动机(图 6.18(a))沿径向剖开,并将定子、转子圆周展开成直线,变初级的封闭磁场为开放磁场。旋转电机的定子部分变为直线电机的初级,旋转电机的转子部分变为直线电机的次级。这就形成了扁平型直线电机。在电机的三相绕组中通入三相对称的正弦电流后,在初级和次级间产生气隙磁场,气隙磁场的分布情况与旋转电机相似,沿展开的直线方向呈正弦分布。当三相电流随时间变化时,气隙磁场按一定相序沿直线移动,这个气隙磁场被称为行波磁场。次级的感应电流和气隙磁场相互作用便产生了电磁推力。如果初级是固定不动的,次级就沿着行波磁场运动的方向做直线运动。把直线电机的初级和次级分别安装在数控机床的工作台与床身上,即可实现数控机床直接驱动的进给方式。

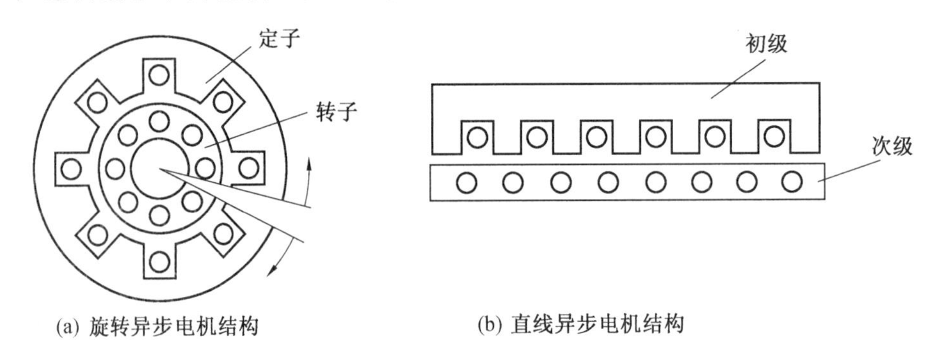

(a) 旋转异步电机结构　　(b) 直线异步电机结构

图 6.18　直线电机的结构

在实际应用中,初级和次级不能做成完全相等的长度,有短次级和短初级两种形式,如图 6.19 所示。短初级具有结构简单且发热量小的优点,因此,一般采用图 6.19(b)所示的短初级结构。图 6.20 为西门子 1FN1 系列的直线电动机。

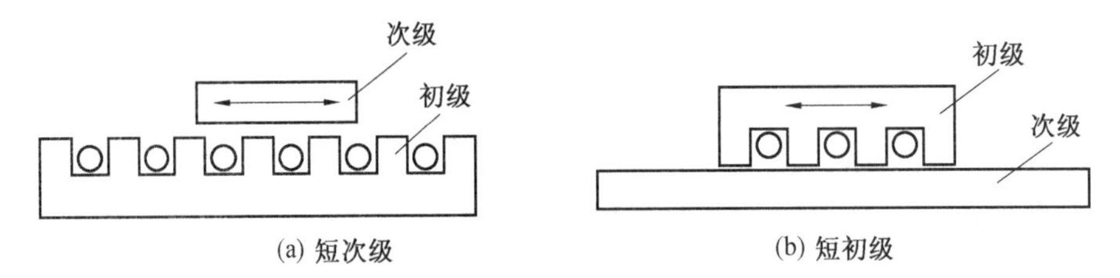

(a) 短次级　　(b) 短初级

图 6.19　直线电机的初级与次级

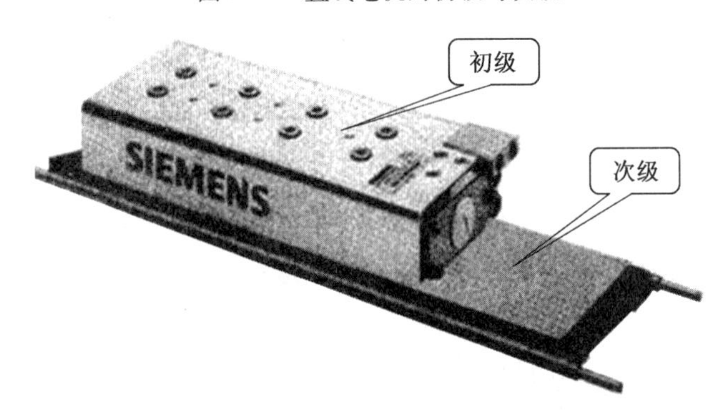

图 6.20　西门子 1FN1 直线电机

(2)工作原理

当初级的多相绕组通入多相电流后,会产生一个气隙磁场,这个磁场的磁感应强度 B 按通电的顺序做直线移动,该磁场为行波磁场。显然行波的移动速度与旋转磁场在定子内圆表面的线速度是一样的,这个速度称为同步线速,用 v_s表示,且

$$v_s = 2ft \tag{6.13}$$

式中,t 极距,m;f 为电源频率,Hz。

在行波磁场切割下,次级导条将产生感应电动势和电流,所有导条的电流和气隙磁场相互作用,产生切向磁力 F。如果初级是固定不动的,那么次级就顺着行波磁场运动方向作直线运动。

将直线异步电动机等效变换后,可得到其推力公式

$$F = \frac{3U^2}{2tfR_2} \times \frac{GS}{G^2(\sigma_1^2+\sigma_2^2)S^2+2\sigma_1 G^2 S+\sigma_1^2+(\sigma_2+G)^2} \tag{6.14}$$

式中,U 为相电压;f 为电源频率;S 为转差率; G、σ_1、σ_2为品质因数,$G=X_m/R_2$,$\sigma_1=R_1/R_2$,$\sigma_2=X_1/R_2$,其中 R_1 为初级电阻;R_2为次级电阻;X_1为初级绕组漏电抗;X_m为初级绕组励磁电抗。

在推力 F 的作用下,次级运动速度 v 应小于同步速度 v_s,则转差率 S 为

$$S = \frac{v_s - v}{v_s}$$

故次级移动速度为

$$v = (1-S)v_s = 2ft(1-S) \tag{6.15}$$

式(6.15)表明,直线电动机的速度与电动机极距及电源频率成正比,因此,改变极距或电源频率都可以改变电动机的速度。另外,与异步电动机一样,改变直线异步电动机初级绕组的通电相序,就可以改变电动机的运动方向,从而可使直线电动机作往复运动。

直线异步电动机的机械特性、调速特性等都与交流伺服电动机相似,因此直线异步电动机的启动和调速以及制动方法与旋转异步电动机也相同。

(3)特点及应用

直线电动机较之旋转电机有如下优点:

① 结构简单,精度高。直线电动机不需要把旋转运动转换为直线运动的中间传动机构,因而整个结构得到了简化,缩小了体积,并减小了振动和噪声。运动部件的动态特性好,响应灵敏,采用光栅闭环控制,加上插补控制的精细化,可实现纳米级控制。

② 速度快,加速度大。进给速度可覆盖 1 ~200 m/min 甚至更宽的速度范围,有的加工中心的快进速度已达 208 m/min,而传统高速机床最高进给速度为 90 ~ 120 m/min,一般为 20 ~30 m/min。直线电机最大加速度可达 30 g,应用直线电机的高速加工中心的进给加速度已达 3.24 g,激光加工机进给加速度已达 5 g,而传统机床进给加速度在 1.5 g 以下,一般为 0.3 g。

③ 行程不受限制。传统的丝杠传动受丝杠制造工艺限制,一般为 4 ~6 m,更长的行程需要接长丝杠,无论从制造工艺还是在性能上都不理想。而采用直线电机驱动,定子可无限加长,且制造工艺简单,已有大型高速加工中心直线坐标长达 40 m 以上。

④容易密封,不怕污染,适应性强。可以做到无接触运行,运动部件摩擦小、磨损小、使

用寿命长、安全可靠。

直线电机在数控机床上应用,应注意的主要问题有:

①散热问题。直线电机安装在导轨与工作台之间,散热困难。

②防磁问题。直线电机的磁场是敞开的,因此工作环境必须采取防磁措施,以免吸住带磁性的切屑、刀具与工件。

③负载干扰问题。直线电机的进给系统是全闭环控制,如果对干扰的调节不好就会引起系统振荡而失稳。

④垂直进给中的自重问题。当直线电机用于垂直进给系统时,由于存在托板的自重,需解决好直线电机断电自锁问题和通电时重力加速度的影响。

图6.21为直线电机应用于机床的示意图。一般情况下,直线电机的初级和次级分别与机床的运动和固定部件直接连接(对应关系视具体情况而定),电动机支撑装置可与机床共用,如支撑工作台的直线滚动导轨等。位置测量可采用高精度直线光栅、磁效应检测装置等。

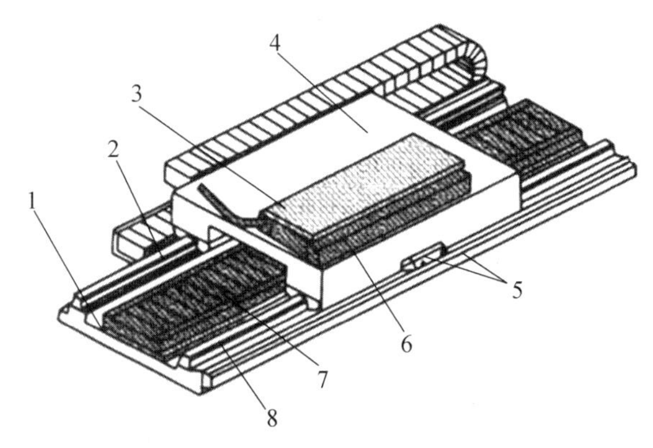

图6.21 直线电机驱动的进给系统

1—次级冷却板;2—导轨;3—初级冷却板;4—工作台;

5—位置测量系统;6—初级;7—次级;8—床身

2. 环形力矩电机

环形力矩电机(ring torque motor)又称内装式力矩电机,或内装式扭矩电机,是一种为回转运动直接驱动专门设计的电动机,低转速,大转矩,可以实现数控转台与摆头的直接驱动。由于没有传动链,因此具有结构紧凑,无回程间隙、传动精度高,且无需机械维护的优点。力矩电机的转矩为10~10 000 Nm,转速通常低于1 000 rpm。环形力矩电机既可以是三相感应电动机,也可以是三相永磁同步电动机,目前后者应用较多。

(1)结构

环形力矩电机一般由定子、转子和冷却装置组成,如图6.22所示。在结构上具有如下特点:

① 直径/长度比很大,轴向长度很短,转轴是中空的,转子呈薄环状,这种结构保证了低惯量,也适应了旋转工作台的整体设计要求,转轴中空也为优化机械设计增大了柔性;

② 极数多,转子上可安排大量的永磁体,提供高转矩。

但数控转台采用直接驱动后,外界及自身的任何扰动将无缓冲地作用在电机上,系统

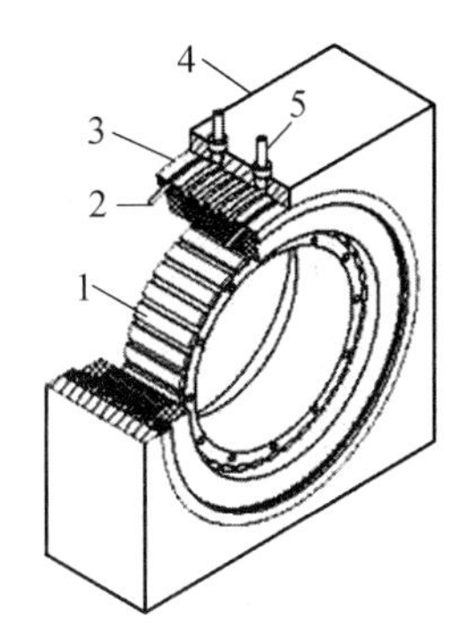

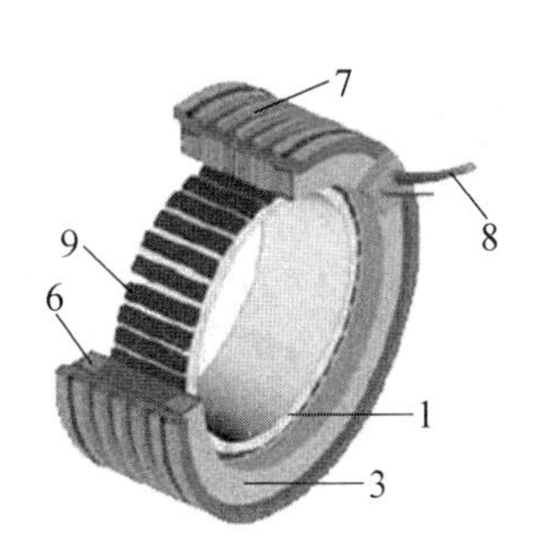

图6.22 环形力矩电机结构示意图

1—转子;2—O型密封圈;3—定子;4—壳体;5—冷却水出进口;

6—定子线圈;7—冷却水沟槽;8—电源线;9—磁铁

对负载扰动、电机推力波动和惯量变化更为敏感,对伺服控制的算法提出了更高的要求。另外,采用零驱动后,对传感器的精度要求也提高了 N 倍(N 为原传动系统中传动装置的减速比)。例如,当要求角度分辨率为1″时,传感器每转必须输出1 296 000个信号,因此采用力矩电机的零驱动方案,必须选配高精度的角位移传感器。

(2)应用

数控机床中环形力矩电机的应用可以分为两大类:一类是纯进给用旋转零传动驱动系统,如多坐标数控机床的转台和摆头驱动系统,如图6.23所示;另一类是旋转进给与旋转主运动相结合的复合式驱动系统,如多坐标加工中心与立车复合的新型数控机床的数控转台,如图6.24所示。

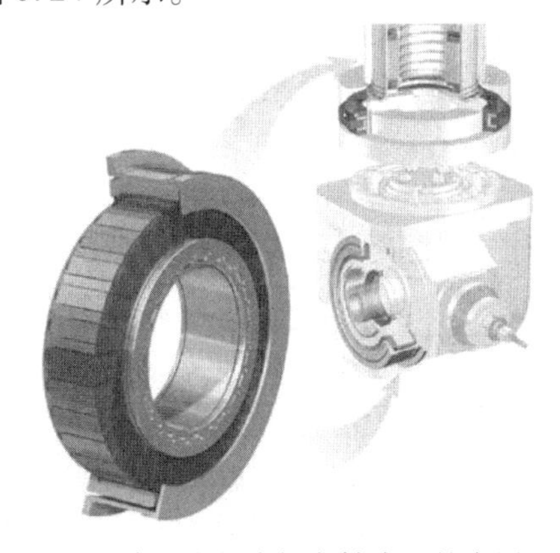

图6.23　力矩电机在摆角铣头上的应用

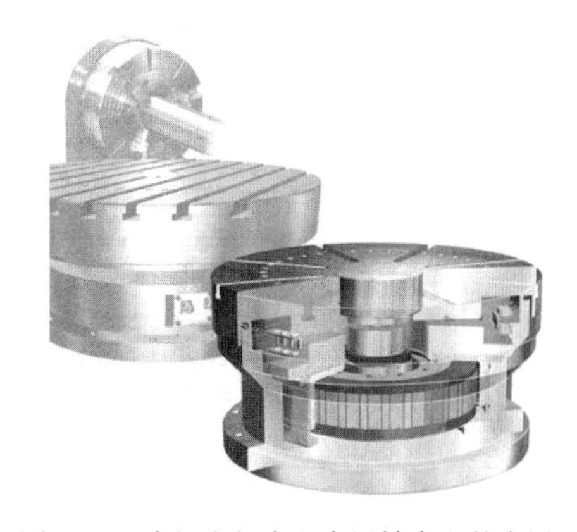

图6.24　力矩电机在立车回转台上的应用

对于一般纯进给用零传动驱动系统,提高低速性能是关键,而对于复合式驱动系统,由于既要满足多坐标加工中心对旋转进给的要求,又要满足立车主轴对转速和负载特性的要求。因此,对于复合式驱动系统可采用进给/主运动双模控制方案。当工作于旋转进给模式时,根据负载特性要求进行恒转矩控制;当工作于主运动模式时,可采用弱磁控制方案,使驱动电机工作于恒功率区,以满足车床主轴对转速和负载特性的要求。在主运动模式下,一般不需要位置控制功能,着重解决好转速闭环控制问题。

3. 电主轴

随着高速和超高速数控加工技术的发展,数控机床的主轴驱动技术正在发生革命性的变化,实现了从“电动机+机械传动+主轴”的传统方案到主轴电动机与机床主轴“合二为一”的“电主轴”(electric spindle/ motor spindle)结构形式的转变。它是一种将电动机转子套装于机床主轴上,通过电动机电磁转矩直接驱动主轴转动的机电一体化装置。电主轴的出现彻底消除了主轴部件的传动链,大大简化了机床主轴系统的传动与结构,提高了主轴运动的灵敏度、运动精度和工作可靠性,几乎成为高速数控机床主轴驱动的唯一选择。目前电主轴主要有“交流异步”和“交流同步”两大类,交流同步电主轴相对于交流异步主轴具有如下优点:① 工作过程中转子不发热;② 功率密度高,有助于缩小电主轴的径向尺寸;③ 转子的转速与电源频率同步,调速性能好。由此可见,交流同步电主轴是高性能电主轴应用的主流。

(1)交流同步电主轴的基本结构

电主轴克服了传统机床主轴传动系统的许多缺点,提高了主轴的转速、加速度和精度等参数,满足了高速加工的要求,但也带来了不少新问题:① 电动机内装于主轴部件后引起的发热问题,需要有专门用于冷却电动机的冷却装置;② 高频电动机需要有变频器类的控制器来实现主轴转速的变换;③ 高速轴承需要有专门的润滑装置以及为了保证高速回转部件的安全,要有报警、停车用的传感器及其控制系统等一系列支持电主轴运转的其它外围装置。因此,电主轴不是一根仅仅将电动机和主轴作为一体的光轴,而是一种智能型的功能部件,具有一系列控制温升与振动等机床运行参数的功能模块,以确保其高速运转的可靠性与安全性。

电主轴是一套组件,通常包含主轴壳体、带轴承的机床主轴、内装式电机、冷却系统、角度编码系统、自动换刀装置(拉/松刀机构)、润滑系统、高频变频装置等,如图 6.25 所示。

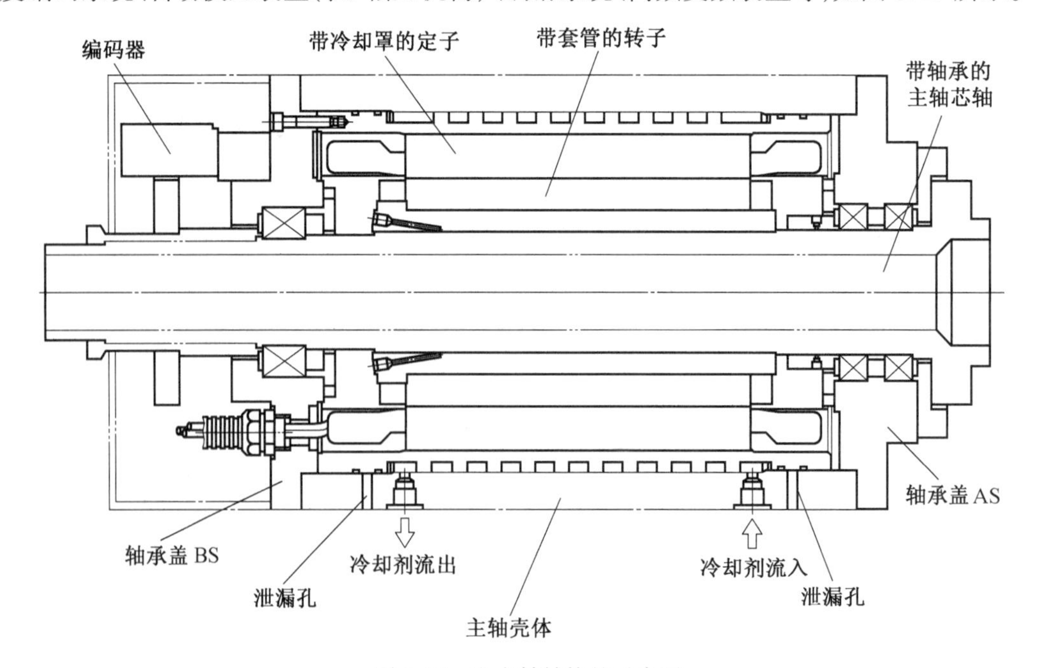

图 6.25 电主轴结构的示意图

① 电主轴的轴承。轴承是电主轴的关键部件之一，电主轴的转速比普通机床电动机转速高的多，一般采用陶瓷轴承、流体静压轴承、流体动静压轴承、磁悬浮轴承等作为其支承部件。其中静压轴承、磁悬浮轴承由于内外圈不接触，可以达到很高的转速，理论上寿命无限长。在小功率高转速场合，广泛采用气体静压轴承，其转速可达 200 000 r/min。

② 高速内装式电动机。电主轴是电动机与主轴融合在一起的产物，电动机的转子即为主轴的旋转部分，采用高速内装式电动机，如图 6.26 所示。为了提高转速，增大主轴扭矩，要提高定子、转子的功率密度，解决绕组的发热问题。电动机可以选择交流异步电动机，也可以选择交流同步电动机，交流同步电动机是发展趋势，关键技术是高速度下的动平衡。

图 6.26　交流同步内装式主轴电机

③ 冷却系统。电主轴经常处于高转速大负荷状态，发热比较严重，如果不采取有效的措施，将影响主轴精度。因此，通常都采用强制冷却技术对电主轴进行冷却，对电主轴的外壁通以循环冷却剂，用循环冷却剂带走电机产生的热量，保持主轴单元壳体均匀的温度分布。电主轴常用的冷却剂是水。

④ 内置角位移编码装置。用于实现对主轴旋转位置的闭环控制，保证自动换刀时实现主轴准停和螺纹加工时的 C、Z 轴联动。

⑤ 润滑系统。电主轴的润滑一般采用定时定量油气润滑；也可以采用脂润滑，但相应的主轴转速就要打折扣。所谓定时就是每隔一定的时间间隔注一次油。所谓定量，就是通过一个叫定量阀的器件，精确地控制每次润滑油的油量。而油气润滑，指的是润滑油在压缩空气的携带下，被吹入轴承。定时定量油气润滑技术，目前是高速、超高速电主轴轴承最理想的润滑方式，保证了电主轴轴承的高极限转速、低温升和长寿命。

⑥ 自动换刀装置。为了应用于加工中心，电主轴配备了自动换刀装置，包括碟形簧、拉刀油缸、拉刀气缸等。较常用的高速刀具刀柄形式为 HSK（德文 Hohl Shaft Kegel 缩写，ISO12164 颁布的一种两面约束的刀柄标准）、SKI（瑞士 IBAG 公司的 SKI 高速刀具标准）等高速刀具（广为熟悉的 BT、ISO 刀具，已被实践证明不适合于高速加工）。

⑦ 高频变频装置。要实现电主轴每分钟几万甚至十几万转的转速，必须用一高频变频装置来驱动电主轴的内置高速电动机，变频器的输出频率必须达到上千或几千赫兹。

6.2.4 数控机床用伺服电机总结

表6.2 数控机床用伺服电机及特点

	进给驱动系统	主轴驱动系统	电机原理
要求	功率较小、精度高(速度+位置)、动态响应快、整个速度范围内恒转矩	功率较大,低速恒转矩,高速恒功率	
直流伺服电机	永磁直流伺服电机 定子:永久磁体 转子:电枢绕组+换向器	他激式直流伺服电机 定子:主磁极+换向极 转子:电枢绕组+换向器	通电导体(转子电枢绕组)切割定子磁场的磁力线产生电磁转矩
交流伺服电机	永磁交流同步伺服电机 定子:三相交流绕组 转子:永磁铁 特点:转速与电源频率成正比	鼠笼式交流异步(感应)伺服电机 定子:三相交流绕组 转子:笼式 或交流同步主轴电机	同步:转子磁场与定子磁场相互作用,转子与定子磁场同步旋转 异步:旋转磁场在转子导条内产生感应电势、电流、转矩,转子与定子磁场存在转差率
零驱动	直线电机、环形力矩电机	内装式电动机:交流同步或异步	

6.3 直流调速系统

数控机床的运动系统主要由主运动和进给运动组成。主运动系统中,要求电机能提供大的扭矩(在低速时)和足够的功率(高速段),所以主电机调速在高速段应保证恒功率特性,而且在低速段还要具有恒转矩特性。在进给运动系统中,要求电机的转矩恒定,不随转速改变而变化,而其功率是随转速增加而增加,所以对进给电机调速应保证进给电机具有恒转矩输出特性。主运动的驱动电机功率较大,进给运动的驱动电机功率输出虽然小,但是数控机床上加工零件的尺寸和形位精度主要靠进给运动的准确度来保证,所以对进给电机的技术要求更为严格。无论是进给运动还是主运动,都有调速的要求。调速的方法很多,有机械的、液压的和电气的,但以电气调速最有利于实现自动化,并可简化机械结构。本书主要介绍数控机床伺服系统中电气调速的基本原理。

速度控制系统是伺服系统中的重要组成部分,由速度控制单元、伺服电机、速度检测装置等构成。数控机床伺服系统中,速度控制多为闭环控制系统,已经成为一个独立、完整的模块。速度控制单元接收转速指令信号,通过闭环调节,达到速度调节的目的。

6.3.1 直流电机的调速原理

式(6.16)为直流电机的机械特性公式,可以看出,转速取决于 R_a、U_a、Φ 这些变量,只要改变其中的一个就可以改变电动机的转速。由此得出直流电机的三种基本调速方法:①改变电枢回路总电阻 R_a;②改变电枢供电电压 U_a;③改变励磁磁通 Φ。改变电枢回路总电阻

R_a 调速为有级调速，转速变化率大，轻载下很难得到低速，且效率低，现已极少采用。常用的是后两种。

$$\omega=\frac{U_a-I_aR_a}{K_e\Phi}=\frac{U_a}{K_e\Phi}-\frac{R_a}{K_eK_T\Phi^2}T_e=\omega_0-\Delta\omega \tag{6.16}$$

也可写成

$$n=\frac{U_a}{C_e\Phi}-\frac{R_a}{C_eC_T\Phi^2}T_e=n_0-\Delta n$$

式中，n 为转速，r/min；C_e 为用转速表示的电势常数；C_T为用转速表示的电势常数。

1. 改变电枢外加电压

该调速方法维持电机的激磁磁场恒定，通过改变电枢绕组的电压来实现，对电机转速的调节。永磁直流电机的磁场是恒定的，故只能采取这种调速方法。调速时，由于绝缘材料耐压限制，须在额定转速以下进行，改变电压 U_a，$n_0(\omega_0)$ 随 U_a 变化，Δn（或 $\Delta\omega$）为常数，故机械特性是一组平行直线。改变电枢电压调速是直流电机调速系统中应用最广的一种调速方法。在此方法中，由于电动机在任何转速下磁通都不变，只是改变电动机的供电电压，因而在额定电流下，不论在高速还是低速下，电动机都能输出额定转矩，故这种调速方法为恒转矩调速。如果采用反馈控制系统，调速范围为 1 ∶ 50 ~ 1 ∶ 150，甚至更大。

2. 改变气隙磁通量

当电枢电压恒定时，改变电动机的励磁电流也能实现调速。由式(6.16)可以看出，电动机的转速与磁通 Φ（对应励磁电流）成反比，即当磁通减小时，转速 n 升高；反之，则 n 降低。由于电机在额定运行条件下，磁场接近饱和，因此只能弱磁调节。当弱磁时，Φ 下降，则 $n(\omega)$ 上升，向上调节，即转速高于额定转速。与此同时，由于直流电动机的转矩是与磁通和电枢电流成正比的（$T_e=K_T\Phi I_a$），当电枢电流不变时，随着磁通 Φ 的减小，直流电动机的输出转矩也会相应减小。即这种调速方法中，直流电动机随着磁通 Φ 的减小，转速升高，转矩下降。在额定电压和额定电流下，不同转速时直流电动机始终可以输出额定功率，因此这种调速方法被称为恒功率调速。

6.3.2　直流进给驱动的速度控制

在直流进给系统中，大多采用永磁直流伺服电机，因此其只能通过改变电枢电压来实现调速。调节电枢电压需要有专门的可控直流电源。常用的可控直流电源有晶闸管可控整流器和晶体管脉宽调制变换器，相应的调速系统分别称晶闸管（即可控硅 SCR—Silicon Controlled Rectifier）调速系统和晶体管脉宽调制（PWM—Pulse Width Modulation）调速系统。其中，晶体管脉宽调制调速系统，由于具有频带宽、电流脉动小、动态硬度好等优点，在中小容量（几百千瓦以下）的调速系统中已完全取代了晶闸管调速系统，但受大功率开关管最大电压、电流的限制，大容量的调速系统（容量可达几兆瓦），仍然需要晶闸管调速系统（功率因数低，对电网的谐波污染大）。

1. 晶闸管调速系统

晶闸管是一种大功率半导体器件，由阳极 A、阴极 K 和控制极 G（又称门极）组成，如图 6.27(a)所示。当阳极与阴极间施加正电压且控制极出现触发脉冲时，晶闸管导通。在晶闸管整流时，触发脉冲出现的时刻称为触发角 α，控制触发角 α 即可控制晶闸管的导通时间，从而改变输出电压，达到调节直流电机速度的目的。图 6.27(b)以单相全波可控整流为例，示意了晶闸管可控整流的原理。通过改变晶闸管的触发角 α，可以改变整流输出电压 U_1。

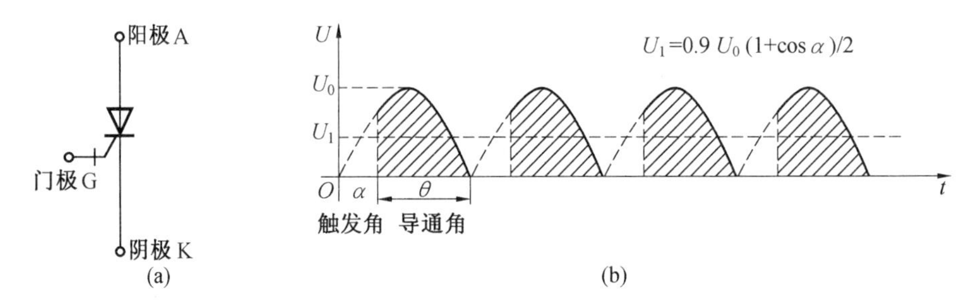

图 6.27 晶闸管单相全波整流输出波形图

(1) 调速系统的组成

图 6.28 为晶闸管（可控硅）直流调速系统的结构框图。该系统由内环（电流环）、外环（速度环）和可控硅整流放大器等组成。内环（电流环）的作用是提高特性硬度，由电流调解器对电机电枢回路的滞后进行补偿，使动态电流按所需的规律（通常是按一阶过渡规律）变化。I_R 为电流参考值，来自速度调节器的输出。I_f 为电流的反馈值，由电流传感器取自可控硅整流的主回路，即电动机电枢回路。外环（速度环）的作用是，用速度调节器对电动机的速度误差进行调节，以实现所要求的动态特性，通常采用比例-积分调节器。U_R 为来自数控装置经 D/A 变换后的模拟量参考值，与编程时的 F 指令相对应，正负极性对应于电动机的转动方向。

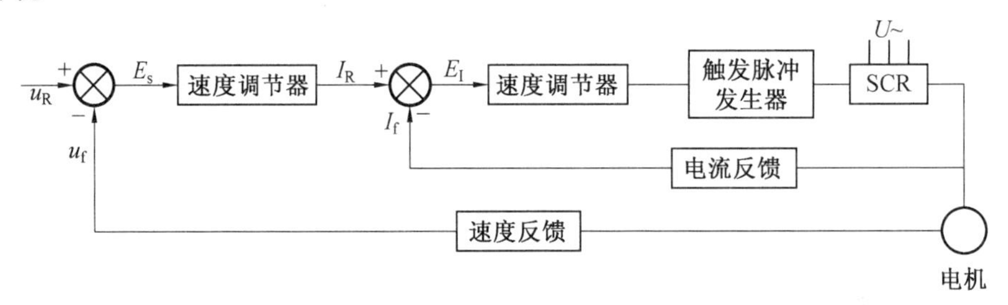

图 6.28 可控硅直流调速系统结构框图

当给定的速度指令信号增大时，调节器输入端会有较大的偏差信号，触发脉冲前移，整流器输出电压提高，电动机转速相应上升；同时，速度反馈电压增加，反馈到输入端使偏差信号减小，电动机转速上升减慢，直到速度反馈值等于或接近于给定值时，系统达到新的平衡。

按照功能模块划分，晶闸管速度单元又可分为控制回路和主回路两部分。控制回路产生触发脉冲（对应指令速度 F），脉冲的相位即触发角，作为整流器的控制信号。主回路为功率级的整流器，对控制回路的信号功率放大，将电网的交流电变换为电压随控制信号变化的直流电以驱动电机完成调速任务。

图 6.29 为三相全控桥无环流反并联可逆电路。晶闸管分两组（Ⅰ和Ⅱ），每组按三相桥式连结，两组反并联，分别实现正转和反转。每组晶闸管都有两种工作状态：整流和逆变。一组处于整流工作时，另一组处于待逆变状态。在电机降速时，逆变组工作。在这种电路（正转组或反转组）中，需要共阴极组中一个晶闸管和共阳极组中的一个晶闸管同时导通才能构成通电回路，为此必须同时控制。以正转组为例，共阴极组的晶闸管是在电源电压正半

周内导通，顺序是 1、3、5，共阳极组中的晶闸管是在电源电压负半周内导通，顺序是 2、4、6。共阳极组或共阴极组内晶闸管的触发脉冲之间的相位误差是 120°，在每相内两个晶闸管的触发脉冲之间的相位是 180°，导通顺序为 1—2—3—4—5—6，相邻触发脉冲之间的相位差是 60°。图 6.30 为整流电路工作波形图。

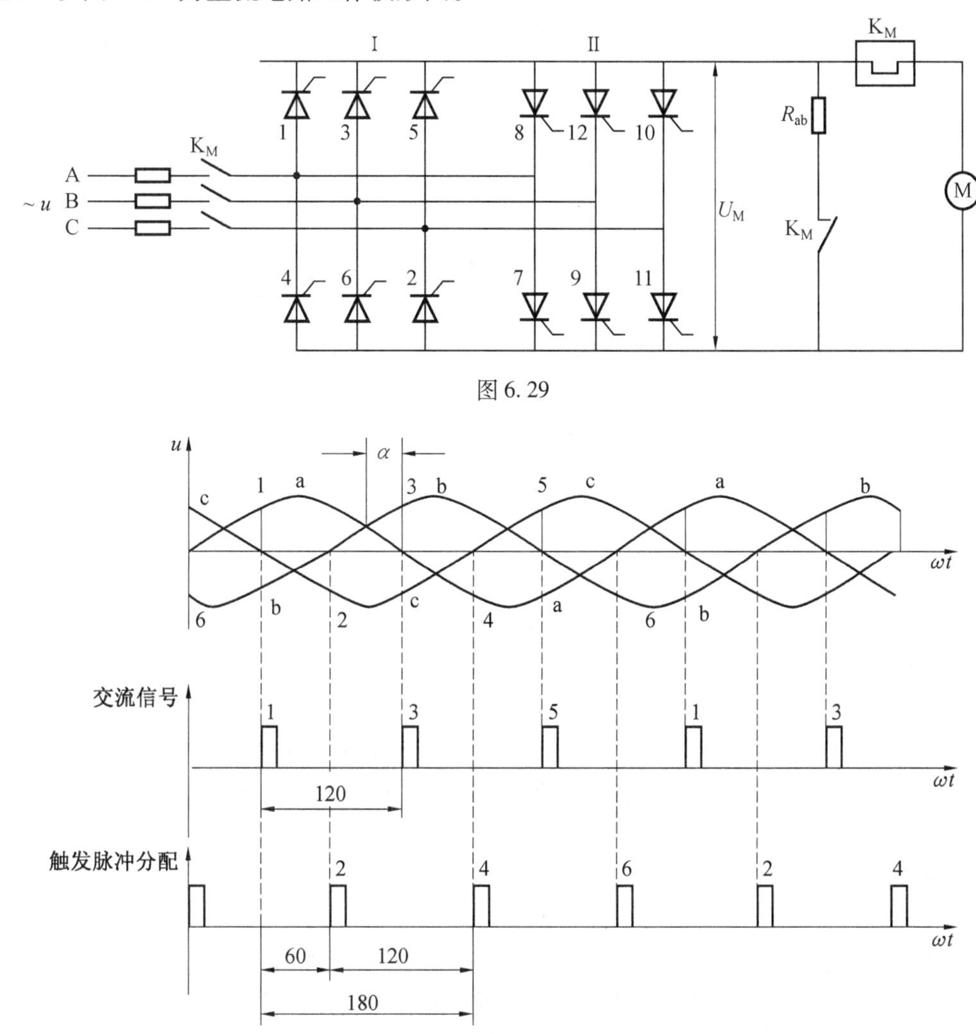

图 6.29

图 6.30　整流电路工作波形图

晶闸管双闭环直流调速系统的缺点是，低速轻载时电枢电流会出现断续，机械特性变软，总放大倍数下降，同时动态品质恶化。

2. 晶体管脉宽调制调速系统

由于大功率晶体管工艺上的成熟和高反压大电流的模块型功率晶体管的商品化，晶体管脉宽调制型（PWM）的直流调速系统得到了广泛应用，其通过改变电机电枢电压接通时间与通电周期的比值（即占空比）来调整直流电机的平均电枢电压，从而控制电机速度。与晶闸管调速相比，晶体管控制简单，开关特性好，克服了晶闸管调速系统的波形脉动，特别是轻载低速调速特性差的问题。

（1）晶体管脉宽调制系统的组成原理及特点

图6.31为PWM调速系统的组成原理框图。该系统由控制部分、晶体管开关式放大器和功率整流器三部分组成。控制部分包括速度调节器、电流调节器、固定频率振荡器及三角波发生器、脉冲宽度调制器和基极驱动电路等。晶体管脉宽调制直流调速系统同样采用双环控制,控制部分的速度调节器、电流调节器与可控硅调速系统相同,不同的只是脉宽调制和功率放大器部分,它们是PWM调速系统的核心。

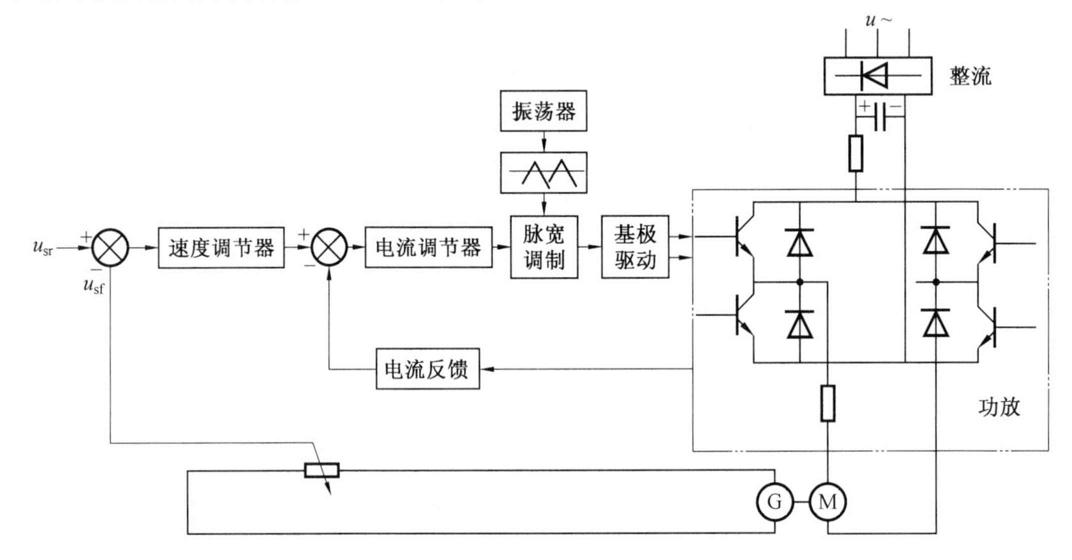

图6.31 脉宽调制系统原理图

所谓脉宽调制,就是使功率放大器中的晶体管工作在开关状态下,开关频率保持恒定,用调整开关周期内晶体管导通时间的方法来改变其输出,从而使电动机电枢两端获得宽度随时间变化的给定频率的矩形电压脉冲。通过对矩形波脉冲宽度的控制,即可以达到改变电枢两端平均电压的目的。脉宽的连续变化,使电枢电压的平均值也连续变化,从而实现电机转速的连续调整。

(2)脉宽调制器

脉宽调制器的作用是将插补器输出的与速度指令相对应的直流电压,转换成周期固定,脉宽可变的脉冲信号,该脉冲电压的脉宽随指令电压的变化而变化。由于脉冲周期不变,脉冲宽度的改变将使平均电压改变。脉宽调制器输出的脉冲电压,经基极驱动电路放大后加到功率放大器晶体管的基极,控制其开关周期及导通的持续时间。下面以用三角波作为调制信号的脉宽调制器为例,介绍其基本工作原理。该脉宽调制器由三角波发生器和比较放大器构成。图6.32为三角波脉宽调制器的工作波形图。当$U_{SR}=0$时,脉宽调制器输出正负脉宽相等的矩形波,通过电枢绕组中的平均电流为零,电动机不转;当$U_{SR}>0$时,输出脉冲正半波宽度大于负半波宽度的矩形波,输出的平均电压大于零;而当$U_{SR}<0$时,脉宽调制器输出脉冲正半波宽度小于负半波宽度的矩形波,输出的平均电压小于零。

(3)开关功率放大器

开关功率放大器是脉宽调制速度单元的主回路。本书以应用最为广泛的H型双极性开关功率放大电路为例进行介绍,电路原理如图6.33所示。它由四个晶体管和四个续流二极管构成桥式回路。直流供电电源U_S由三相全波整流电源供给。四个二极管为续流二极管,可为线圈绕组提供续流回路。当电机正常运行时,驱动电流通过主开关管流过电机。当

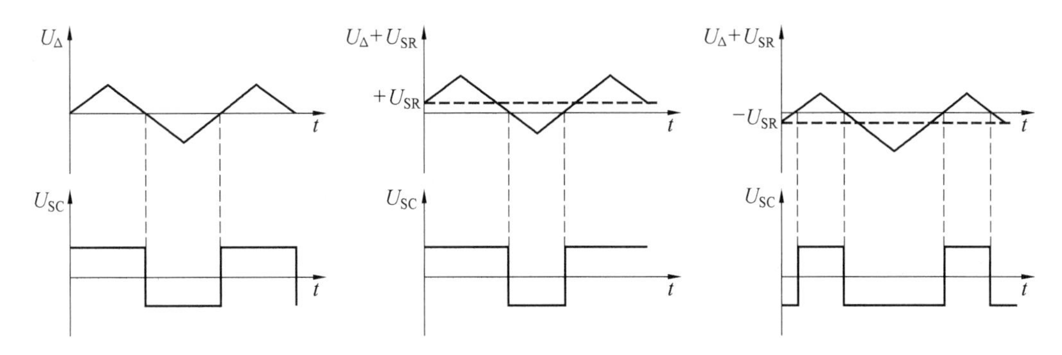

图6.32 三角波脉宽调制器工作波形图

电机处于制动状态时，电机工作在发电状态，转子电流必须通过续流二极管流通，否则电机就会发热，严重时甚至烧毁。四个晶体管被分为两组，T_1、T_4为一组，T_2、T_3为另一组。同一组中的两只晶体管同时导通或同时关断，且两组晶体管之间交替的导通和截止，不能同时导通。把一组控制方波加到一组大功率晶体管的基极上，同时把反向后的方波加到另一组的基极上，就能达到上述目的。

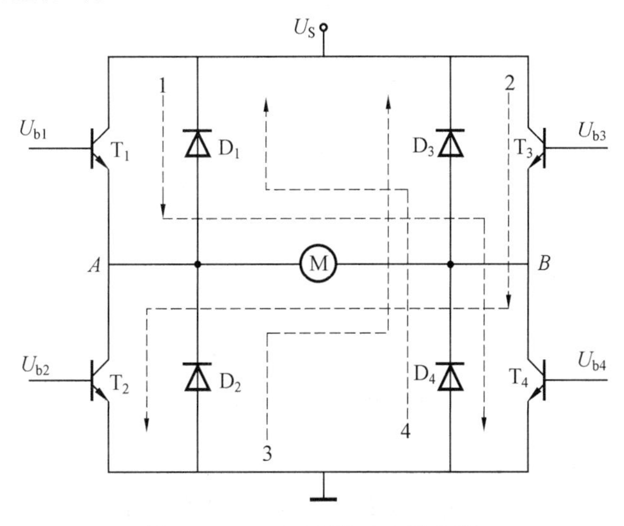

图6.33 H型双极性功率放大器

图6.34为功率放大器的工作波形图。从图中可以看出，加在U_{b1}和U_{b4}上方波的正半波比负半波宽，因此加到电动机电枢两端的平均电压为正（设从A到B为正）。当$0\leqslant t\leqslant t_1$时，$U_{b1}$、$U_{b4}$为正，$T_1$、$T_4$导通，$U_{b2}$、$U_{b3}$为负，$T_2$、$T_3$截止。电机端电压$U_{AB}=U_S$，电枢电流$i_a$沿路线1："$U_S\rightarrow T_1\rightarrow T_4\rightarrow$ 地"流动，电动机正转；当$t_1\leqslant t\leqslant t_2$时，$T_1$、$T_4$截止，但在电机电感反电势的作用下，$T_2$、$T_3$不能立即导通，电枢电流$i_a$沿路线3经$D_2$、$D_3$续流，维持$i_a$从$A$流向$B$。由于$D_2$、$D_3$的压降使$T_2$、$T_3$承受反压，$T_2$、$T_3$能否导通，取决于续流电流的的大小。当$i_a$较大时，在$t_1\sim t_2$时间内，续流较大，$i_a$一直为正，$T_2$、$T_3$没来得及导通，下个周期就已到来，又使$T_1$、$T_4$导通，电流开始上升，如图6.34（d）所示；当$i_a$较小时，在$t_1\sim t_2$时间内，续流降至零；在$t_2\sim T$时间内，$T_2$、$T_3$得以导通，$i_a$沿路线2"$U_S\rightarrow T_3\rightarrow T_2\rightarrow$ 地"流动，电机电流方向反向，处于反接制动状态。到下一个周期，在$t_2\sim t_3$期间，在电机电感反电势的作用下T_1、T_4不能立即导通，电流沿路线4由D_4、D_1衰减至零，处于回馈制动状态。然后，T_1、T_4导通，i_a又开始

回升,如图 6.34 (e)所示。

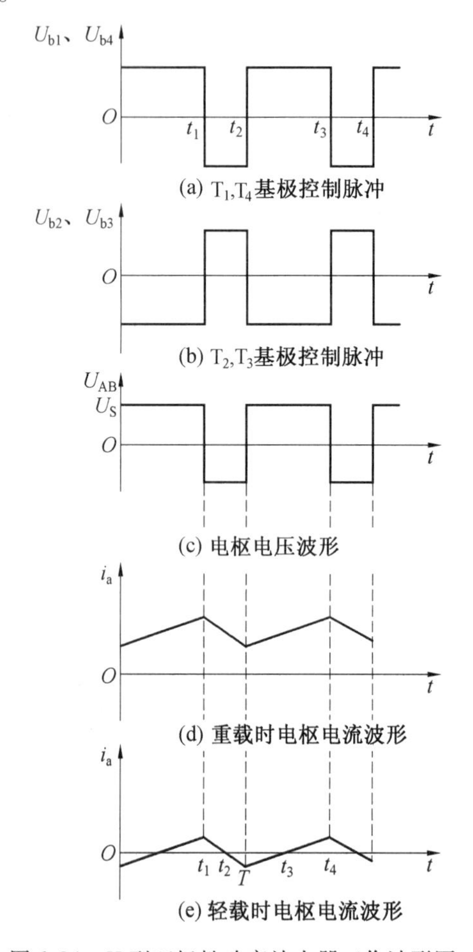

图 6.34 H 型双极性功率放大器工作波形图

6.3.3 直流主轴驱动的速度控制

数控机床对主轴电机要求有很大的输出功率,因此多选用他激式直流电动机。图 6.35 为直流主轴速度控制单元的示意图。在基本转速以下的恒转矩调速范围,采用改变电枢电压的方法来调速;在基本转速以上的恒功率调速范围,采用控制激磁的方法来调速。

在恒转矩调速时,同永磁直流电机一样,也是采用由速度环和电流环构成的双环控制系统,通过控制主轴电机的电枢电压进行调速。控制系统的主回路采用反并联可逆整流电路,由于功率较大,功率开关元件通常采用晶闸管。

在恒功率调速时,激磁控制回路由另一直流电源供电,整个控制回路由激磁电流设定电路、电枢电压反馈电路及激磁电流反馈电路组成,控制回路的输出信号通过电流调节器、电压相位变换器决定晶闸管控制极触发脉冲的相位,从而控制激磁绕组电流的大小,达到恒功率调速的目的。

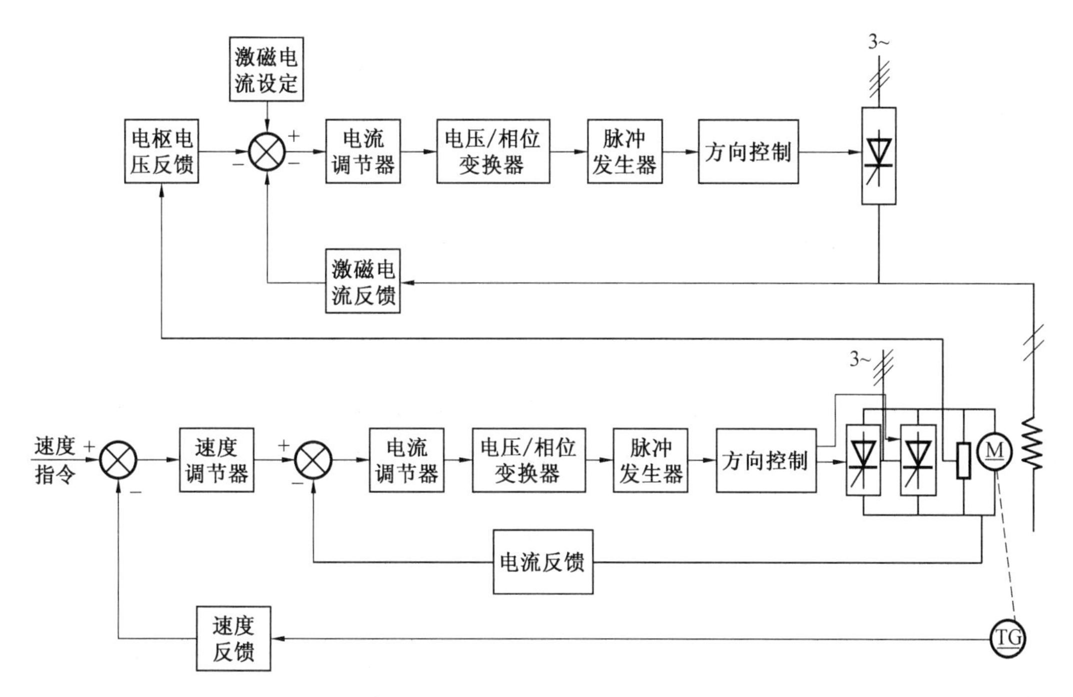

图6.35 直流主轴速度控制单元

6.4 交流调速系统

6.4.1 交流伺服电机的调速方法

交流电动机传动占电气传动的80%左右,是一种重要的动力输出源。在数控机床中,主运动经常采用交流异步电机,其转速公式为

$$n=\frac{60f}{p}(1-S) \tag{6.17}$$

式中,f为定子电源频率;p为磁极对数;S为转差率。

由式(6.17)可知,对于交流异步电动机,要改变电动机转速可采用以下几种方法:

(1)改变磁极对数

这是一种有级的调速方法,通过对定子绕组接线的转换以改变磁极对数来达到调速的目的。双速电动机即采用此种调速方法。

(2) 改变转差率

常用的有改变定子电压调速、电磁转差离合器调速、绕线式异步电动机转子串电阻调速或串极调速等,但转差损耗功率大,效率低。一般用于起重设备等对调速性能要求不是很高的场合。

(3) 变频调速

平滑改变定子供电电源频率而使转速平滑变化的调速方法。这是交流电动机一种理想的调速方法,电动机从高速到低速,其转差率都很小,因此变频调速的效率和功率因子都很高。

对于进给系统,经常采用永磁交流同步伺服电机,电机转速公式为

$$n = \frac{60f}{p} \tag{6.18}$$

由于同步电机极对数是固定的,因此从上式可以看出,对于永磁同步交流伺服电机,只能通过改变电源的频率来实现调速。

需要指出的是,虽然有多种方法(如调压调速、串极调速等)可以通过改变转差率实现感应电动机的调速,通过改变极对数也可改变同步转速(变极调速)从而实现调速,但多年来的研究和实践表明,变频调速是三相感应电动机最理想的调速方法,在伺服驱动领域更是如此。因此,无论是交流异步电动机还是交流同步电动机,变频调速都是其主要的调速方式。

但对于交流异步电机,在实际调速时,单纯改变频率是不够的,因为由"电机学"可知,旋转磁场以 n_0速度切割定子绕组,则在每相绕组中的感应电势为

$$E_1 = 4.44 f_1 k_1 N_1 \Phi_m \approx U_1 \tag{6.19}$$

式中, $k_1 N_1$为定子每相绕组等效匝数;Φ_m为每极磁通量;U_1为定子相电压。可以得到

$$\Phi_m \approx \frac{U_1}{4.44 f_1 k_1 N_1} \tag{6.20}$$

由式(6.20)可知,若在变频调速过程中,保持定子电压 U_1不变,则主磁通 Φ_m将会随着频率的改变而改变。在电动机调速过程中,希望每极磁通 Φ_m保持额定值不变。如果磁通减少,意味着电动机的铁心没有得到充分利用,是一种浪费;如果磁通过分增大,又会使铁心饱和,引起定子电流励磁分量的急剧增加,导致功率因数下降、损耗增加、电动机过热等。因此在感应电动机变频调速过程中,需进行电压-频率协调控制,使电机的相电压随着频率的变化而变化,以使气隙磁通能够保持额定值不变。这就是所谓的恒磁通变频调速中的"协调控制"。通过 U_1(或 E_1)与 f_1的配合可以实现不同类型的调频调速。

① 保持 U/f=常数的近似恒磁通控制方式。由转子电流与主磁通作用而产生的电磁转矩 T_e 为

$$T_e = C_T \Phi_m I_2 \cos\varphi_2 \tag{6.21}$$

式中,C_T为转矩常数;I_2为折算到定子上的转子电流;$\cos\varphi_2$为转子电路功率因数。

由式(6.21)可知,T_e 与 Φ_m、I_2成正比。要保持 T_e 不变,则需 Φ_m不变,即要求 U_1/f_1为常数。此时的机械特性曲线如图 6.36 所示,图中f_{1n}与 u_{1n}分别为基准频率与额定电压,a_f为所变频率与基准频率f_{1n}的比值。由图可见,这些特性曲线的线性段基本平行,类似直流电机的调压特性。但最大转矩 T_{em}随f_1下降而减小。这是因为f_1高时,U_1值大,此时定子电流在定子绕组中造成的压降与 U_1值相比,所占比例很小,可以认为 U_1近似等于定子绕组中感应电势E_1。而当f_1很低时,U_1值小,则定子绕组压降所占比例大,E_1与 U_1相差很大,所以 Φ_m减小,从而使 T_{em}下降。

② 保持 E_1/f_1 =常数的严格恒磁通控制方式。为了在低速时 T_{em}保持不变,就必须采取E_1/f_1 =常数的协调控制,亦即随转速的降低,定子电压要适当提高,以补充定子绕组电阻引起的压降。恒 T_{em}调速的机械特性,如图 6.37 所示。由图可见,低速时最大转矩得到了提高,与高速时最大转矩相差无几。

③ 保持 P_m =常数的恒功率控制方式。为了扩大调速范围,可以使f_1大于工频频率,得到 $n>n_0$的调速;由于定子电压不许超过额定电压,因此 Φ_m将随着f_1的升高而降低。这时,

相当于额定电流时的转矩也减小，特性变软。可得到近似恒功率的调速特性，如图6.38(a)所示。图6.38(b)为严格恒功率调速特性曲线，是理想曲线。

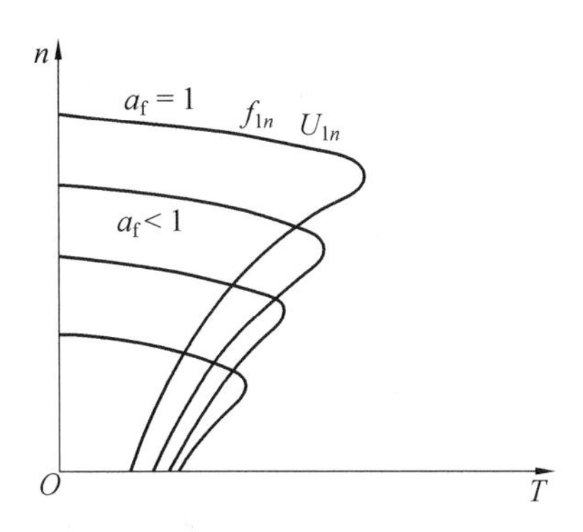

图6.36 $U_1/f_1=$常数时的近似恒转矩机械特性

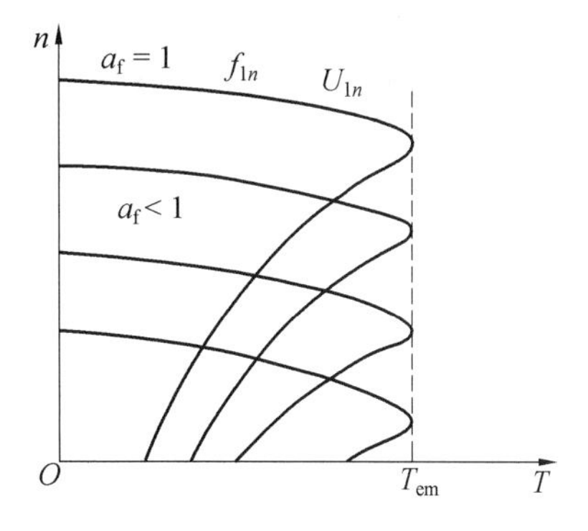

图6.37 保持$E_1/f_1=$常数的恒最大转矩调速特性曲线

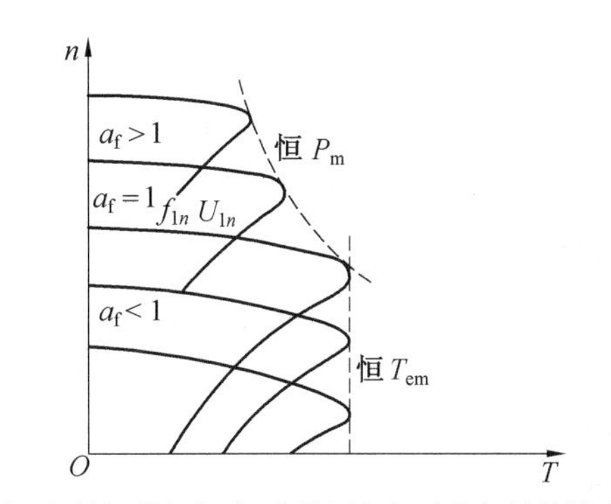

(a) $f_1 \leqslant f_{1n}$的恒转矩与$f_1 \geqslant f_{1n}$的近似恒功率机械特性曲线

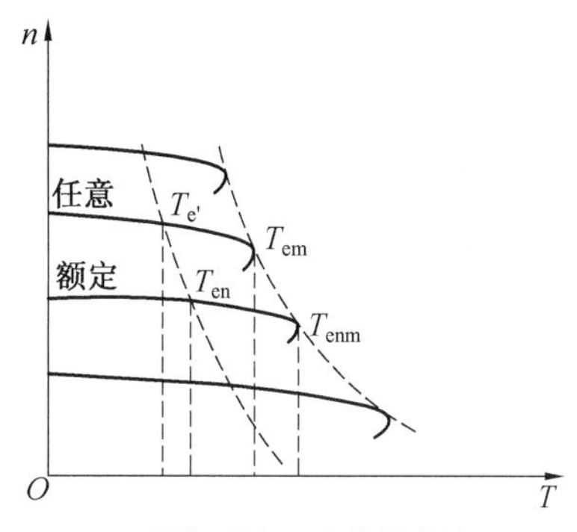

(b) 严格恒功率调速特性曲线

图6.38 恒功率调速特性曲线

从以上对变频调压调速原理的分析可见，变频调速的特性为非线性，不如直流电机的调速性能。这是因为当控制Φ_m为恒定时，转子漏磁场储能的影响造成了机械特性的非线性。

6.4.2 变频调速系统

现代的交流供电电源都是恒压恒频CVCF(Constant Voltage Constant Frequency)的，必须通过变频装置，才能获得变压变频VVVF(Variable voltage variable frequency)的电源。这类装置统称为变压变频装置。对应于异步电动机的调速，变压变频装置一般称之为变频器。对于交流同步伺服电机，主要采用同步控制变频调速驱动系统，一般称之为驱动器。

1. 变频器的基本构成与分类

根据其结构形式，变频器可分为交-直-交变频器和交-交变频器两大类。交-直-交变频器是先将电网电源输入到整流器，经整流后变为直流，再经电容、电感或由两者组合的电路滤波后供给逆变器(直流变交流)，输出电压和频率可变的交流电。交-交变频器不经过中间环节，直接将一种频率的交流电变换为另一种频率的交流电，又称为直接变频器。两种变频器的结构对比如图6.39、6.40所示，性能对比见表6.3。

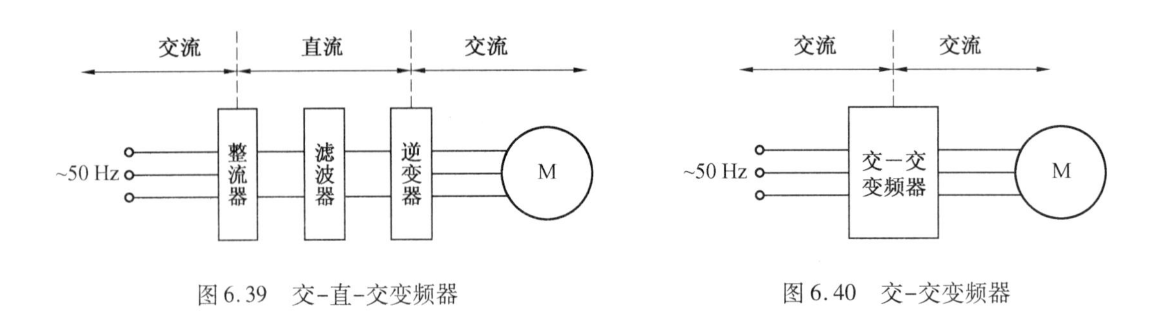

图6.39　交-直-交变频器　　图6.40　交-交变频器

表6.3　交-直-交变频器与交-交变频器的性能对比

项目	交-直-交变频器	交-交变频器
换能方式	二次换能,效率略低	一次换能,效率较高
换流方式	强迫换流或负载换流	电网电压换流
装置元件数量	较少	较多
元件利用率	较高	较低
调频范围	频率调节范围宽	输出最高频率为电网频率,调速范围小
电网功率因数	如用 PWM 方式调压,功率因数高	较低
适用场合	可用于各种拖动装置	低速大功率拖动

在数控机床上,一般采用交-直-交型变频器。对于交-直-交型变频器,根据滤波元件(或称储能元件)的不同,又可分为电压型和电流型两种。

表6.4为电压型与电流型交-直-交变频器的主要特点比较。电压型变频器的特点是在变频器的直流侧并联一个滤波电容,用以储存能量以缓冲直流回路与电动机之间无功功率的传递。从直流输出看,因并联大电容,电源的电压得到稳定,其等效阻抗很小,因此具有恒电压源的特性,逆变器输出的电压为比较平直的矩形波。对负载电动机而言,电压型变频器是一个交流电压源,在不超过容量限度的情况下,可以驱动多台电动机并联运行,具有不选择负载的通用性。这种电路结构简单,使用比较广泛,其缺点是电动机处于再生发电状态时,回馈到直流侧的无功能量难以回馈给交流电网。要实现这部分能量向电网的回馈,必须采用可逆变流器,同时因存在较大的滤波电容,动态响应较慢。

电流型变频器的特点是直流回路中串入大电感,利用大电感来限制电流的变化,吸收无功功率。因串入了大电感,故电源的内阻很大,类似于恒电流源,逆变器的输出电流为比较平直的矩形波。电流型变频器的一个突出优点是:当电动机处于再生发电状态时,回馈到直流侧的再生电能可以方便地回馈到交流电网,不需在主回路内附加任何设备。这种变频器可用于频繁急加减速的大容量电动机的传动,在大容量风机、泵类节能减速中也有应用。

表6.4　电压型与电流型交-直-交变频器的主要特点比较

	电压型	电流型
滤波环节	电容	电感
输出电压波形	矩形波	取决于负载,对于异步电动机负载,近似为正弦波
输出电流波形	决定于负载的功率因数,有较大的谐波分量	矩形波
输出阻抗	小	大
回馈制动	需在电源侧设置反并联逆变器	不需要附加设备
动态响应	较慢	快
对功率器件要求	关断时间短,耐压要求低	耐压高,关断时间无特殊要求
适用范围	多电机拖动	单电机拖动,可逆拖动

按照控制方式不同,变频器又可分为 U/f 控制、转差频率控制、矢量控制和直接转矩控制四种类型。其中 U/f 控制和转差频率控制基于三相异步电动机的静态数学模型,而矢量控制与直接转矩控制基于三相异步电动机的动态数学模型。

(1) U/f 控制

基频以下可以实现恒转矩调速,基频以上则可以实现恒功率调速。该种控制方式为转速开环控制方式,无需速度传感器,控制电路简单,通用性强,经济性好,是通用变频产品中使用最多的一种控制方式。U/f 控制对电机参数依赖不大,U 与 f 的比例关系是根据负载情况预先决定的,不能随负载变化而变化。这种控制方式系统动态性能不高,转矩响应慢,且在低频时,由于输出电压较低,转矩受定子电阻压降的影响比较显著,输出最大转矩减小,导致性能下降、稳定性变差。

(2) 转差频率控制

在 U/f 控制方式下,如果负载变化,转速也会随之变化,转速的变化与转差率成正比。U/f 控制的静态精度较差,可采用转差频率控制方式来提高调速精度。该方式为闭环控制,根据速度传感器的检测求出转差频率,再把它与速度设定值相叠加,以该叠加值作为逆变器的频率设定值,实现了转差补偿的闭环控制。

(3) 矢量控制

U/f 控制方式和转差频率控制方式都是建立在异步电动机的静态数学模型的基础之上的,因此动态性能指标不高。矢量控制是根据交流电动机的动态数学模型,采用坐标变换的思想,将交流电动机的定子电流分解为磁场分量电流和转矩分量电流,并分别加以控制,即模仿直流电动机的控制方式对异步电动机的磁场和转矩分别进行控制,以获得类似于直流调速系统的动态性能。由于矢量变换需要较为复杂的数学运算,所以矢量变换控制是一种基于微处理器的数字控制方案,具有动态响应快,速度控制精度高,低频转矩大,加减速性能好等优点,适用于要求动态响应快、调速精度高的电力拖动场合。一台矢量控制变频器只能控制一台电动机。

(4) 直接转矩控制

直接转矩控制的基本原理是通过对磁链和转矩的直接控制来确定逆变器的开关状态。由于直接转矩控制是基于两相静止坐标系下的交流电机数学模型，省去了矢量控制的旋转变换，因而使计算量减少，从而提高了系统整体的运行速度，具有转矩响应快的优点，但调速精度低于矢量控制。

下面介绍应用最多的交-直-交 SPWM 变压变频装置（u/f 控制）的工作原理。

6.4.3 正弦脉宽调制变压变频器

交流脉宽调制是在直流脉宽调制基础上，通过一定的方式（载波和调制波）将正弦波改为幅值相等，且占空比有规律变化的方波。其工作原理是先将 50 Hz 交流电经整流变压器变压得到所需电压，经二极管不可控整流和电容滤波，形成恒定直流电压，而后送入由大功率晶体管构成的逆变器主电路，输出三相电压和频率均可调整的等效于正弦波的脉宽调制波（SPWM 波），从而拖动三相电机运转。SPWM 通过改变矩形脉冲的宽度来控制逆变器输出交流波的幅值，通过改变调制周期控制其输出频率。逆变器在调频的同时实现调压，而与直流环节的组件参数无关，加快了系统的动态响应，且能抑制或消除低次谐波，转矩脉动小。

正弦脉宽调制原理（以单相为例）：以正弦波作为逆变器输出的期望波形，以频率比期望波高得多的等腰三角波作为载波（Carrier wave），并用频率和期望波相同的正弦波作为调制波（Modulation wave），当调制波与载波相交时，由它们的交点确定逆变器开关器件的通断时刻，从而获得在正弦调制波的半个周期内呈两边窄中间宽的一系列等幅不等宽的矩形波。矩形波的面积按正弦规率变化。这种调制方法称作正弦波脉宽调制（Sinusoidal pulse width modulation，简称 SPWM），这种序列的矩形波称作 SPWM 波。同理，正弦波的副半周也可以用相同的方法与一系列负脉冲波等效。

等效原理：如图 6.41 所示，把正弦波分成 n 等分，每一区间的面积用与其相等的等幅不等宽的矩形面积代替，正弦的正负半周均如此处理。如果在正弦调制波的半个周期内，三角载波只在正或负的一种极性范围内变化，所得的 SPWM 波也只处于一个极性的范围内，称为单极性控制方式，如图 6.42（a）所示。如果在正弦调制波半个周期内，三角载波在正负极性之间连续变化，则 SPWM 波也是在正负之间变化，称为双极性控制方式，如图 6.42（b）所示。双极性控制方式在实际 SPWM 调制中应用更为广泛。

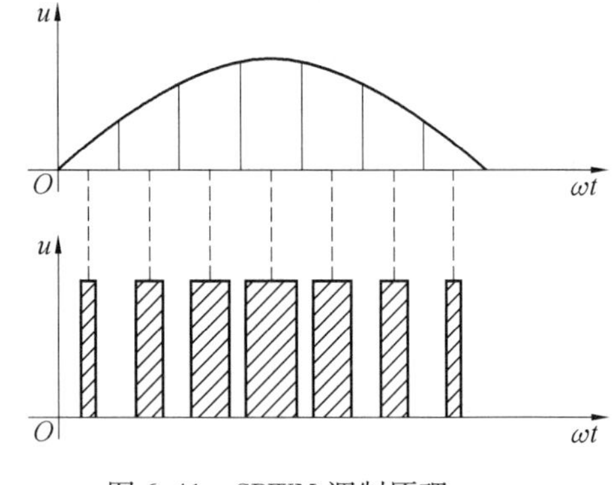

图 6.41 SPWM 调制原理

图 6.43 为单相双极性 SPWM 波的调制原理电路，该电路用正弦波（U_1，称为控制波，幅值和频率可控），三角波（U_t，称为载波）调制出等效的正弦波。三相 SPWM 调制时，三角波 U_t（载波）共用，每相都有一个输入正弦信号和 SPWM 调制器，输出的调制波分别为 U_{0U}、U_{0V}、U_{0W}。输入的三相正弦信号相位差为 120 °，且幅值和频率可调，从而可改变输出的等效正弦波，以达到控制的目的。SPWM 脉宽调制波的宽度可以严格地用数学计算，故可用软件实现 SPWM 调制波的生成。

输出的 SPWM 调制波经功率放大才可驱动电机，图 6.44 为双极性 SPWM 变频器功率

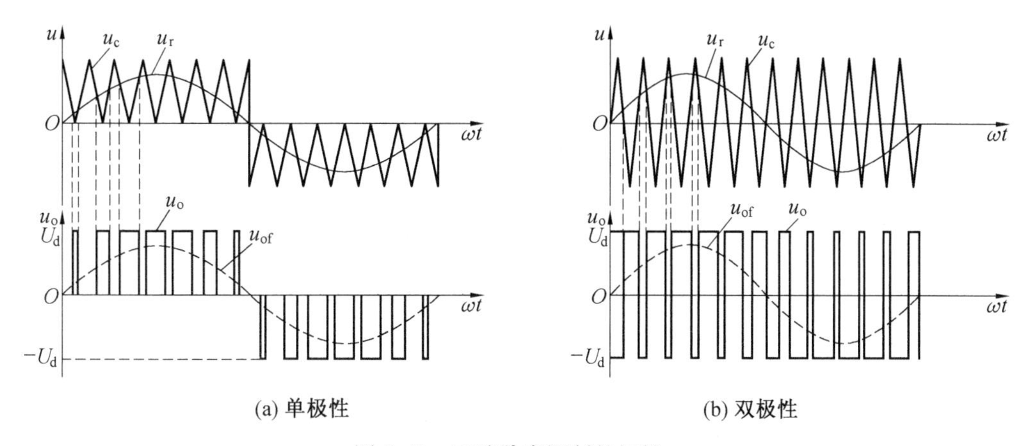

图6.42　正弦脉宽调制的极性

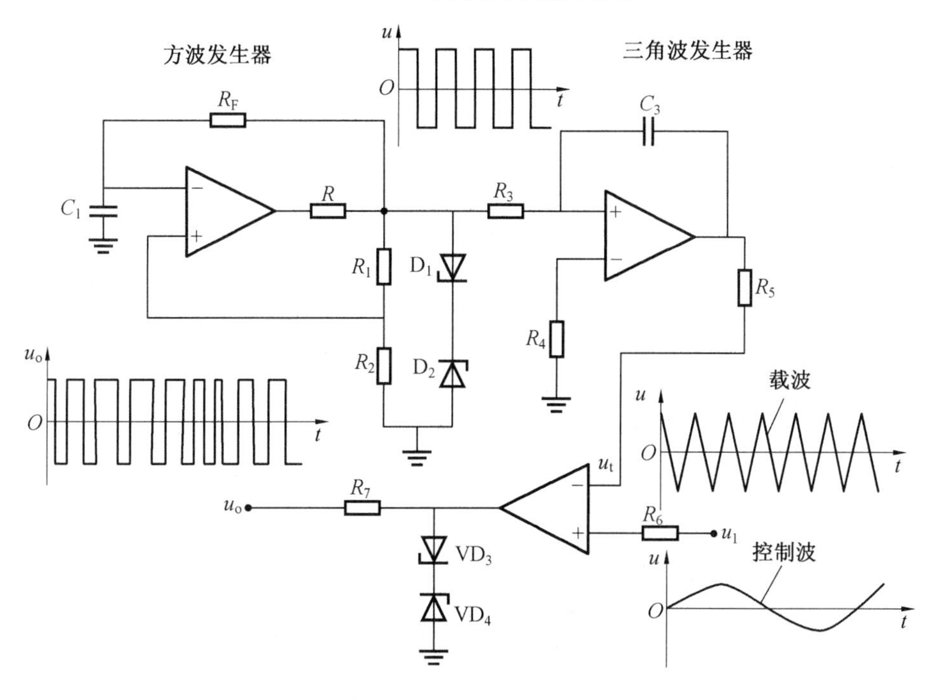

图6.43　单相双极性 SPWM 波的调制原理电路

放大主回路。图中左侧为桥式整流器,由六个整流二极管 D_1 ~ D_6组成,将工频交流电变成直流恒值电压,给图中右侧逆变器供电。逆变器由 T_1 ~ T_6六个全控式功率开关器件和六个续流二极管 D_7 ~ D_{12}组成。SPWM 调制波 U_{0U},U_{0V},U_{0W}经过脉冲分配后送入 T_1-T_6的基极,则逆变器输出脉宽按正弦规律变化的等效矩形电压波,经过滤波变成正弦交流电用来驱动交流电动机。三相输出电压(或电流)相位上相差120°。三相双极性 SPWM 等效正弦交流电波形见图6.45,其中图(a)为三相交流调制波与双极性三角载波;图(b),图(c),图(d)为逆变器输出的等效于正弦交流相电压的脉宽电压波形;图(e)为逆变器输出的线电压波形。

U/f 控制方式正弦波脉宽调制(SPWM)变频器,采用开环控制方式,控制电路简单、成本较低、机械特性硬度也较好,能够满足一般传动的平滑调速要求,并且可以用于一拖多的

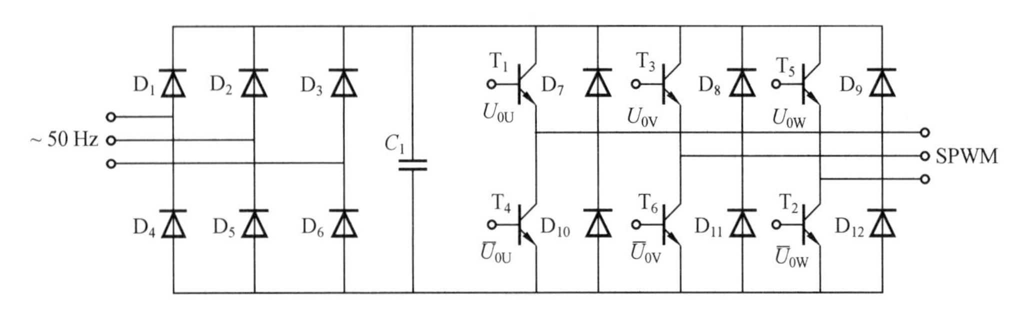

图 6.44　双极性 SPWM 变频器功率放大电路

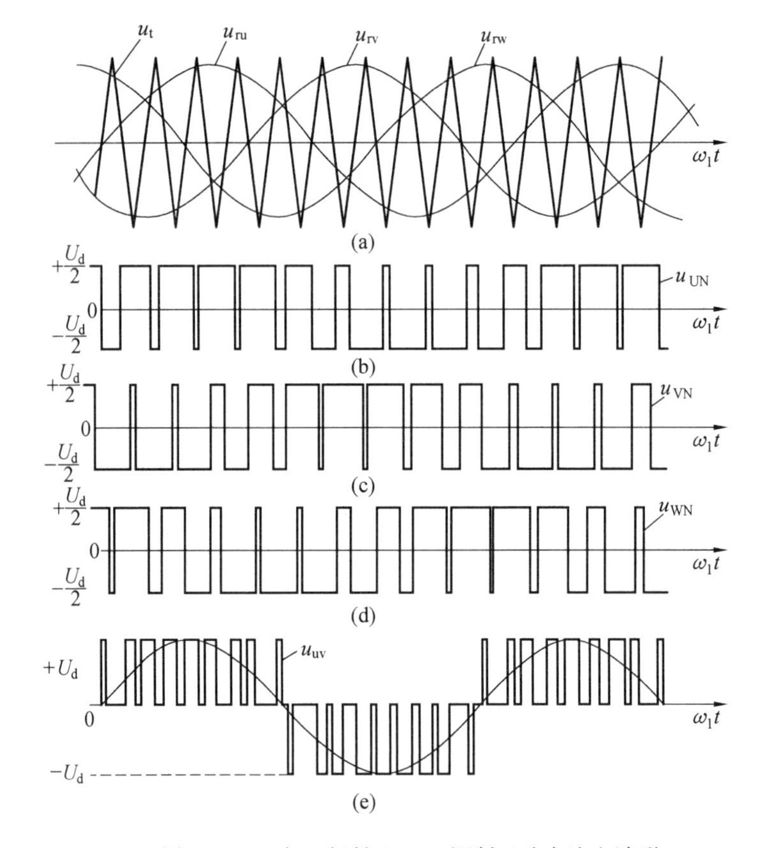

图 6.45　三相双极性 SPWM 调制正弦交流电波形

场合。通用型变频器基本上都采用这种控制方式。变频器采用 U/f 控制方式时，对电机参数依赖不大，U 与 f 的比例关系根据负载情况预先决定的，不能随负载变化而变化。这种控制方式在低频时，由于输出电压较低，转矩受定子电阻压降的影响比较显著，输出最大转矩减小，导致性能下降、稳定性变差。因此在低频时，必须进行转矩补偿，以改善低频转矩特性。

6.4.4　转差频率控制变频调速系统

1. 控制原理

异步电动机是依靠定子绕组产生的旋转磁场带动转子旋转的，转子的转速略低于旋转磁场的转速，两者之差称为转差 S。旋转磁场的频率用 ω_1 表示，转子转速频率用 ω_r 表示。

根据拖动理论可知，电动机转矩 T_e，正比于气隙磁通的平方，正比于转差频率 ω_f（$\omega_f=\Delta\omega=\omega_1-\omega_r$），即

$$T_e \propto \Phi^2 \omega_f$$

电动机电磁转矩与转差频率的关系如图 6.46 所示。理论和实践证明，在转差不大的情况下，只要：保持电动机磁通 Φ 不变，限制转差频率 $\omega_f<\Delta\omega_{max}$，通过调节转差频率 ω_f 即可调节转矩，最终实现转速的调节。

在转差频率控制调速时，要保持磁通 Φ 的恒定。磁通 Φ 的大小与定子绕组电流 I_1 及转差频率有关，图 6.47 为保持 Φ 恒定的 I_1、ω_f 曲线。该曲线表明，要保持 Φ 的恒定，在转差频率 ω_f 大时须增大定子绕组电流 I_1，反之在 ω_f 小时，须减小 I_1。电机定子绕组电流大小的调整可以通过改变定子绕组电压来实现。

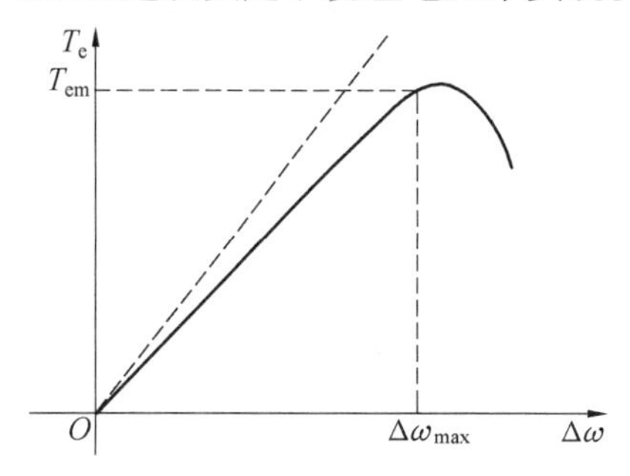

图 6.46　转矩与转差频率的关系

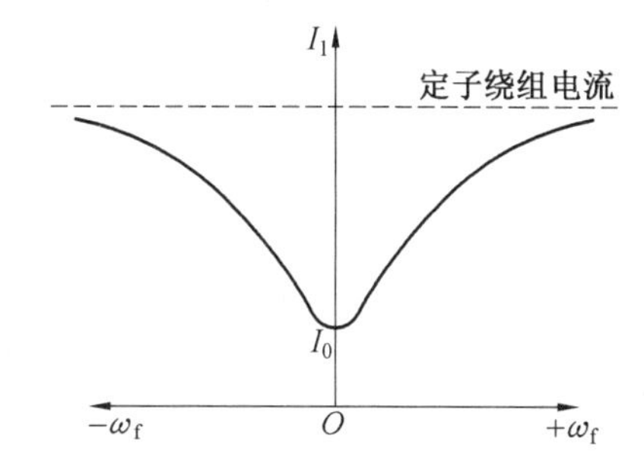

图 6.47　保持磁通 Φ 恒定的定子绕组电流曲线

2. 闭环变频调速系统

转差频率控制的闭环变频调速系统需要由速度传感器来检测电机转子转速，此转速即为电机实际转动频率，此频率与要求转矩相对应的转差频率之和等于逆变器的输出频率。转差频率控制的闭环变频调速系统框图，如图 6.48 所示。该系统为了获得良好的动态响应，而且便于回馈制动，采用交-直-交电流型变频器作为主电路。

该结构图中，给定值 U_ω^* 对应转子希望转速，测速反馈给出转子实际转速的反馈量 U_ω，转差率调节器对二者的偏差进行 PI 调节运算后，得到系统所需转差频率给定值 $U_{\Delta\omega}^*$。对逆变器侧即下路控制通道，转差频率给定值 $U_{\Delta\omega}^*$ 加上实际转子的反馈量 U_ω 恰好应该作为定子磁场同步转速的给定值 $U_{\omega 1}^*$，被用来控制变频器的供电频率。而对于整流侧即上路控制通道按照恒磁通对 I_1 的要求，转差频率给定值 $U_{\Delta\omega}^*$ 还必须转换为定子电流给定值 U_{I1}^*，系统中的电流按照该设定进行调节。$U_{\Delta\omega}^*$ 到 U_{I1}^* 的转换由函数发生器来完成，利用其模拟图 6.47 所要求的函数曲线。此外，系统中的频率给定滤波环节是为了保持频率控制通道与电流控制通道动态过程的一致性。

上述的闭环变频调速系统，实现了转差频率控制的基本思想，即能够在控制过程中保持磁通的恒定，能够限制转差频率的变化范围，且通过调节转差率调节异步电动机的电磁转矩。类似于不变励磁，调节电枢电流来调节转矩的转速、电流双闭环直流调速系统。但这种转差频率控制的闭环变频调速系统并不能完全达到直流双闭环系统的静、动态性能水平。

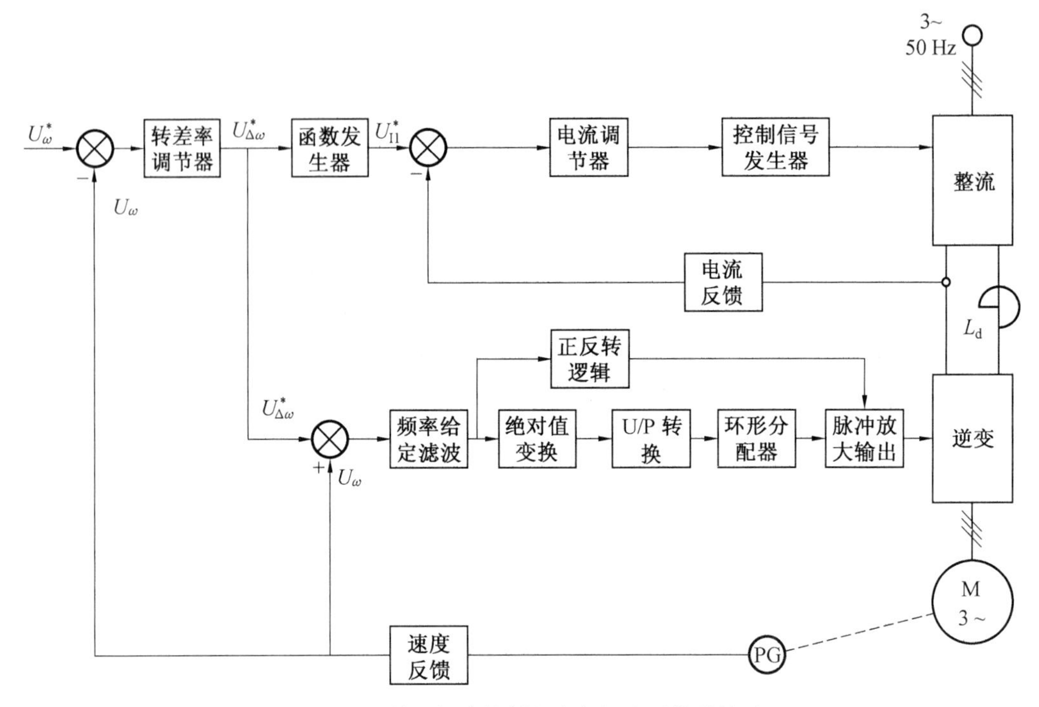

图 6.48 转差频率控制的变频调速系统结构图

3. 转差频率控制与 *U/f* 控制特点比较

(1)*U/f* 控制的特点

① 控制方式简单,能适应各种交流电动机;

② 调速范围为 1:20;

③ 不能进行转矩控制;

④ 在急加速过程中过电流抑制能力小。

(2)转差频率控制的特点

①速度控制范围为 1:40;

②除用于车辆调速可进行转矩控制外,一般不适合转矩控制;

③控制比较简单;

④急加减速过程中电流抑制能力比 *U/f* 控制方式强。

6.4.5 交流感应伺服电机的矢量控制

交流异步电动机的 *U/f* 变压变频调速技术与简单的调压调速、变极调速相比,在调速性能上有了很大提高。但是这样的调速仍然基于感应电机的稳态数学模型,因此,虽然在调速的静态性能上得到了改善,但动态性能,如启动以及动态稳定性等方面,难以取得令人满意的效果,与直流电动机的调速效果相差较大。其根本原因在于其无法对感应电动机的动态转矩进行有效的控制,对动态转矩的控制是决定电动机动态性能的关键。

伺服驱动电机的调速,实质是转矩的控制。直流电动机能获得优异的调速性能,其根本原因是与电动机电磁转矩($T_e = C_M \Phi I_a$)相关的是两个互相独立的变量:电机磁通 Φ 和电枢电流 I_a。直流电动机的电磁转矩与 Φ 和 I_a 分别成正比关系。如果忽略了磁饱和效应以及电枢反应,电枢绕组产生的磁场与励磁绕组产生的磁场是相互正交的,也可以简单地说电枢电流和磁通是正交的。当保持磁通 Φ 恒定时，通过对电枢电流 I_a 的控制，即可实现对动态转矩的有效控制。因此，其控制简单，性能为线性。

但在交流感应电动机中情况要复杂得多，其电磁转矩公式为

$$T_e = C_T \Phi I_2 \cos\varphi_2$$

式中，T_e 为电磁转矩；C_T 为转矩系数；I_2 为转子电流（电枢电流）；Φ 为磁通，它是由定子电流 I_1 与转子电流 I_2 共同产生的。

由上式可以看出，异步电动机的转矩不仅与转子电流 I_2 和气隙磁通 Φ 有关，而且与转子回路的功率因子 $\cos\varphi_2$ 有关。转子电流 I_2 和气隙磁通 Φ 两个变量既不正交，彼此也不是独立的。感应电动机的电磁转矩并不和定子电流的大小成正比。定子电流中既有产生转矩的有功分量，又有产生磁场的励磁分量，二者纠缠在一起，且随着电动机的运行状态不同而相应变化，因此要在动态过程中准确地控制感应电动机的电磁转矩就显得十分困难。矢量控制为解决这一问题提供了一套行之有效的办法。

在 20 世纪 70 年代，德国达姆斯塔特工业大学（Technical University Darmstadt）的学者 K. Hasse、德国西门子公司的 F. Blaschke 等人提出了感应电机矢量变换的控制方法（VC，Vector Control），又称磁场定向控制方法（FOC，Field-oriented Control）。矢量变换控制调速系统应用了适于处理多变量系统的现代控制理论及坐标变换和反变换等数学工具，建立起一个与交流电动机等效的直流电动机模型，通过对该模型的控制，即可实现对交流电动机的控制。

矢量控制的基本构思：利用“等效”的概念，将三相交流电动机输入电流变换为等效的直流电动机中彼此独立的电枢电流和励磁电流，然后和直流电动机一样，通过对这两个量的反馈控制，实现对电动机的转矩控制；再通过逆变换，将被控制的等效直流电动机还原为三相交流电动机，从而使得三相电动机获得了可与直流电动机相媲美的调速性能。其原理框图如图 6.49 所示。

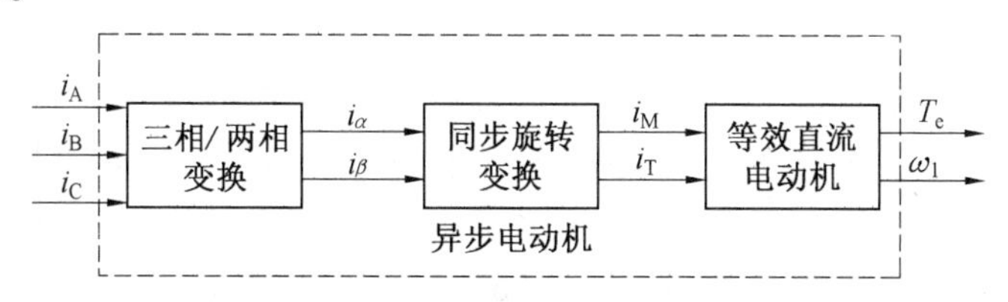

图 6.49　矢量控制的原理框图

1. 矢量控制坐标变换

感应电动机机中，最重要的就是旋转磁场的产生。以定子绕组为例，不管绕组的具体结构和参数如何，只要其产生磁场的空间分布、转速、转向相同，它与转子的相互作用情况就相同，即在转子绕组中的感应电动势、感应电流及电磁转矩的情况相同。也就是说转子侧只能看到定子绕组产生的磁场，而看不到产生磁场的定子绕组本身。对于转子绕组也有同样的结论，从定子侧只能看到转子绕组产生的磁场，而看不到转子绕组的具体结构。而不同结构形式或参数的绕组在产生磁场方面是可以相互等效的，这就为我们对电动机进行等效变换提供了可能，事实上在感应电动机分析中通常将笼型转子等效成绕线转子进行分析、计算也正是基于这一点。

矢量变换控制基于坐标变换，其基本原则如下：

① 在不同坐标系下产生的磁动势相同(即模型等效原则,产生同样的旋转磁场);
② 变换前后功率相等;
③ 电流变换矩阵与电压变换矩阵统一。

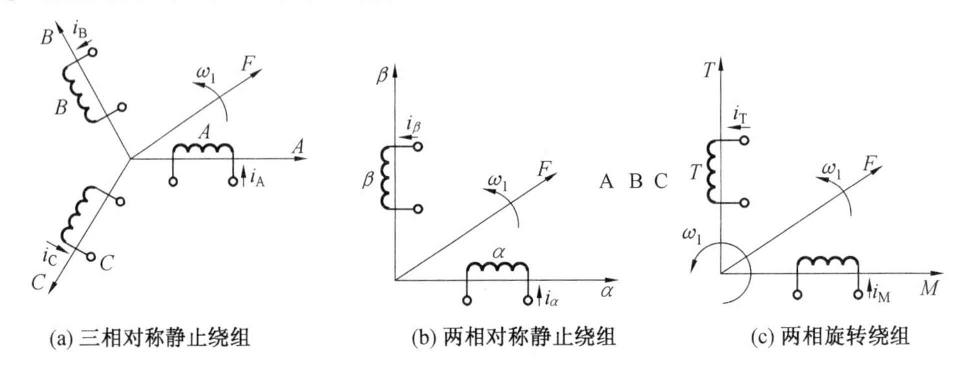

图 6.50 三相静止、两相静止及两相旋转绕组之间的等效

图 6.50(a)为三相交流电动机中彼此相差 120°空间角度的三个定子绕组,分别通以相位差 120°的三相平衡交流 i_A、i_B和 i_C。所产生的合成磁动势(F)在空间呈正弦分布,以同步转速 ω_1旋转。然而,形成旋转磁动势并不一定非要三相不可,除单相以外,二相、三相、四相……等任意对称的多相绕组,通以平衡的多相电流,都能产生旋转磁动势。当然,以两相最为简单。

图 6.50(b)中绘出了两相静止绕组 α、β,它们在空间互差 90°,通以时间上互差 90°的两相平衡交流电流,也产生旋转磁动势 F。当图 6.50(a)和(b)的两个旋转磁动势大小和转速都相等时,即认为图 6.50(b)的两相绕组与图 6.50(a)的三相绕组等效。再看图 6.50(c)的两个匝数相等且互相垂直的绕组 M 和 T,其中分别通以直流电流 i_M、i_T,则在空间产生一个相对 M、T 绕组静止的磁动势 F。若使 M、T 绕组在空间以角速度 ω_1旋转,则磁动势 F 自然也随之旋转起来,成为转速为 ω_1的空间旋转磁动势。在一定条件下,上述三种绕组可以产生大小相等,转速、转向相同的磁场,因此从产生磁场的角度看,它们之间可以相互等效。或者说,在三相坐标系下的 i_A、i_B和 i_C,两相坐标系下的 i_α、i_β以及在旋转坐标系下的直流 i_M、i_T是等效的。更进一步理解,当观察者站在地面上看,图 6.50(c)为与三相交流绕组等效的旋转直流绕组;如果跳到旋转着的铁心上看,图 6.50(c)就的确是一个直流电机模型了。

从上面的分析不难看出,建立一个新的等效电机模型是矢量控制变频调速系统最基本的思想。在进行绕组等效变换时,变换前后绕组中的物理量(如电流)之间必须满足一定的关系,才能保证前后的作用等效,这种关系就是所谓的坐标变换关系。

(1) 三相/二相变换(Clarke 变换,3S/2S)

这种变换是将三相交流电机变为等效的二相交流电机及其相反的变换,其中 S 表示静止。应用三相/二相的数学变换公式,将其化为二相交流绕组的等效交流磁场。图 6.50(a)、(b)绘出了 A、B、C 和 α、β 两个坐标系,取 A 轴与 α 轴重合。两相绕组 α、β 按空间相差 90°布置,分别通以时间相差 90°的平衡电流 i_α和 i_β,则产生的空间旋转磁场 φ 与三相 A、B、C 绕组产生的旋转磁场一致。设三相绕组每相有效匝数为 N_{ABC},两相绕组每相有效匝数为 $N_{\alpha\beta}$,各相磁动势为有效匝数与电流的乘积,其空间矢量均位于有关相的坐标轴上。由于交流磁动势的大小随时间在变化着,图中磁动势矢量的长度是随意的。当三相总磁动势与两相总磁动势相等时,两套绕组瞬时磁动势在 α、β 轴上的投影都应相等。

$$\begin{cases} F_\alpha = F_A - F_B\cos 60° - F_C\cos 60° = F_A - \dfrac{1}{2}F_B - \dfrac{1}{2}F_C \\ F_\beta = F_B\sin 60° - F_C\sin 60° = \dfrac{\sqrt{3}}{2}F_B - \dfrac{\sqrt{3}}{2}F_C \end{cases}$$

写成矩阵形式,则为

$$\begin{bmatrix} F_\alpha \\ F_\beta \end{bmatrix} = \begin{bmatrix} 1 & -\dfrac{1}{2} & -\dfrac{1}{2} \\ 0 & \dfrac{\sqrt{3}}{2} & -\dfrac{\sqrt{3}}{2} \end{bmatrix} \begin{bmatrix} F_A \\ F_B \\ F_C \end{bmatrix}$$

按照磁势与电流成正比的关系,可求得对应的电流值 i_α 与 i_β

$$\begin{bmatrix} i_\alpha \\ i_\beta \end{bmatrix} = \frac{N_{ABC}}{N_{\alpha\beta}} \begin{bmatrix} 1 & -\dfrac{1}{2} & -\dfrac{1}{2} \\ 0 & \dfrac{\sqrt{3}}{2} & -\dfrac{\sqrt{3}}{2} \end{bmatrix} \begin{bmatrix} i_A \\ i_B \\ i_C \end{bmatrix} \tag{6.22}$$

为了能使新旧坐标系变量之间建立唯一确定的对应关系,且便于反变换,引入一个假想的零轴电流 i_0,$i_0 = k(i_A + i_B + i_C)$。可以证明,欲使图 6.50 中的三相静止绕组与两相静止绕组等效,应使两套绕组之间的有效匝数比与 k 为

$$\frac{N_{ABC}}{N_{\alpha\beta}} = \sqrt{\frac{2}{3}},\ \mathrm{k} = \frac{1}{\sqrt{2}}$$

所以有

$$\begin{bmatrix} i_\alpha \\ i_\beta \\ i_0 \end{bmatrix} = C_{3S/2S} \begin{bmatrix} i_A \\ i_B \\ i_C \end{bmatrix} = \sqrt{\frac{2}{3}} \begin{bmatrix} 1 & -\dfrac{1}{2} & -\dfrac{1}{2} \\ 0 & \dfrac{\sqrt{3}}{2} & -\dfrac{\sqrt{3}}{2} \\ \dfrac{1}{\sqrt{2}} & \dfrac{1}{\sqrt{2}} & \dfrac{1}{\sqrt{2}} \end{bmatrix} \begin{bmatrix} i_A \\ i_B \\ i_C \end{bmatrix} \tag{6.23}$$

除磁势的变换外,变换中用到的其它物理量,只要是三相平衡量与二相平衡量,则转换方式相同。这样就将三相电机转换为二相电机。反变换如式(6.24)所示。

$$\begin{bmatrix} i_A \\ i_B \\ i_C \end{bmatrix} = C_{2S/3S} \begin{bmatrix} i_\alpha \\ i_\beta \\ i_0 \end{bmatrix} = \sqrt{\frac{2}{3}} \begin{bmatrix} 1 & 0 & \dfrac{1}{\sqrt{2}} \\ -\dfrac{1}{2} & \dfrac{\sqrt{3}}{2} & \dfrac{1}{\sqrt{2}} \\ -\dfrac{1}{2} & -\dfrac{\sqrt{3}}{2} & \dfrac{1}{\sqrt{2}} \end{bmatrix} \begin{bmatrix} i_\alpha \\ i_\beta \\ i_0 \end{bmatrix} \tag{6.24}$$

(2) 矢量旋转变换(VR 变换,2S/2R,又称 Park 变换)

将三相电机转化为二相电机后,还需将二相交流电机变换为等效的直流电机,如图 6.50(c)所示。从两相静止坐标系到两相旋转坐标系 M,T 变换称为两相-两相旋转变换,简称 $2S/2R$ 变换,其中 S 表示静止,R 表示旋转。在直流电机中,如果电枢反应得以完全补

偿,激磁磁势与电枢磁势正交。若图6.50(c)中M为激磁绕组,通以激磁电流i_M,T为电枢绕组,通以电枢电流i_T。将二相交流电机转化为直流电机的变换,实质就是矢量向标量的转换,是静止的直角坐标系向旋转的直角坐标系的转换。这里,就是要把i_α、i_β转化为i_M和i_T,转化条件是保证合成磁场不变。

如图6.51所示,记M轴与α轴的夹角为θ,则转换公式为

$$\begin{bmatrix} i_M \\ i_T \end{bmatrix} = C_{2S/2R}\begin{bmatrix} i_\alpha \\ i_\beta \end{bmatrix} = \begin{bmatrix} \cos\theta & \sin\theta \\ -\sin\theta & \cos\theta \end{bmatrix}\begin{bmatrix} i_\alpha \\ i_\beta \end{bmatrix} \tag{6.25}$$

反变换为

$$\begin{bmatrix} i_\alpha \\ i_\beta \end{bmatrix} = C_{2R/2S}\begin{bmatrix} i_M \\ i_T \end{bmatrix} = \begin{bmatrix} \cos\theta & -\sin\theta \\ \sin\theta & \cos\theta \end{bmatrix}\begin{bmatrix} i_M \\ i_T \end{bmatrix} \tag{6.26}$$

式中,θ为M轴领先α轴的角度。

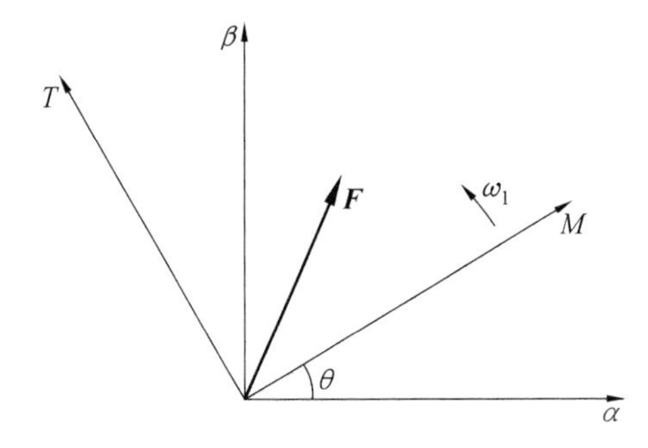

图6.51 矢量控制向量图

对于绕组中的其它量如电压u,磁链ψ(通电线圈的匝数与磁通量的乘积)等,其坐标关系与电流相同,只需将变换公式中的"i"换成"u"或"ψ"即可。

(3)静止三相坐标系到旋转二相坐标系的变换

经过矩阵运算,可以得到静止三相坐标系到旋转二相坐标系的变换为

$$\begin{bmatrix} i_M \\ i_T \\ i_0 \end{bmatrix} = C_{3S/2R}\begin{bmatrix} i_A \\ i_B \\ i_C \end{bmatrix} = \sqrt{\frac{2}{3}}\begin{bmatrix} \cos\theta & \cos(\theta-120^\circ) & \cos(\theta+120^\circ) \\ -\sin\theta & -\sin(\theta-120^\circ) & -\sin(\theta+120^\circ) \\ \frac{1}{\sqrt{2}} & \frac{1}{\sqrt{2}} & \frac{1}{\sqrt{2}} \end{bmatrix}\begin{bmatrix} i_A \\ i_B \\ i_C \end{bmatrix} \tag{6.27}$$

相应的,从转旋二相坐标系到静止三相坐标系的变换为

$$\begin{bmatrix} i_A \\ i_B \\ i_C \end{bmatrix} = C_{2R/3S}\begin{bmatrix} i_M \\ i_T \\ i_0 \end{bmatrix} = \sqrt{\frac{2}{3}}\begin{bmatrix} \cos\theta & -\sin\theta & \frac{1}{\sqrt{2}} \\ \cos(\theta-120^\circ) & -\sin(\theta-120^\circ) & \frac{1}{\sqrt{2}} \\ \cos(\theta+120^\circ) & -\sin(\theta+120^\circ) & \frac{1}{\sqrt{2}} \end{bmatrix}\begin{bmatrix} i_M \\ i_T \\ i_0 \end{bmatrix} \tag{6.28}$$

由于矢量变换需要较为复杂的数学运算,所以矢量变换控制是一种基于微处理器的数字控制方案。

2. 按转子磁场定向的感应电机矢量控制方程

图6.52为三相感应电机在两相静止坐标系下的物理模型。图中实际的定子三相静止

绕组等效为 $\alpha\beta$ 坐标系中的两相静止绕组 α_s、β_s，实际的转子绕组等效到 $\alpha\beta$ 坐标系中称为"伪静止绕组"α_r、β_r。"伪静止绕组"具有静止和旋转两重属性：一方面从产生磁场的角度讲，它相当于静止绕组，绕组电流产生的磁场轴线在空间静止不动；但另一方面，从感应电动势的角度讲，绕组又具有旋转特性，即除了因磁场变化而在绕组中产生变压器电动势外，绕组还因旋转而产生速度电动势。

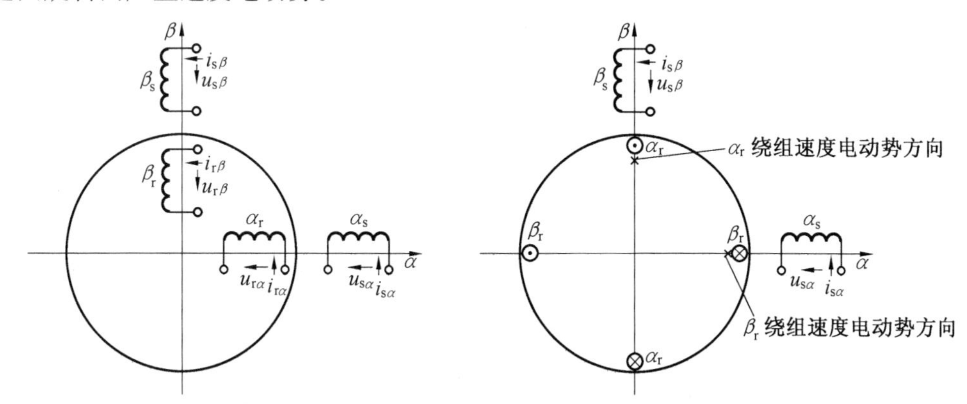

图 6.52　$\alpha\beta$ 坐标系中三相感应电机物理模型

图 6.53 为同步旋转 MT 坐标系中的感应电机模型。在建立的 MT 坐标系时，只规定了 MT 轴随磁场同步旋转，并未对 M 轴与旋转磁场的相对位置作任何规定，这样的 MT 坐标系实际上有无穷多个。在交流电动机矢量控制中，通常使 M 轴与电动机某一旋转磁场一致，称为磁场定向，所以矢量控制也称为磁场定向控制。矢量控制可以按不同的磁场进行定向，如转子磁场、气隙磁场、定子磁场等，最常用的是按转子磁场定向，即使 MT 坐标系的 M 轴始终与转子磁链 ψ_r 的方向一致。按磁场定向的 MT 坐标系中感应电机的动态方程见式(6.29)，该式也是感应电机矢量控制所依据的数学模型。

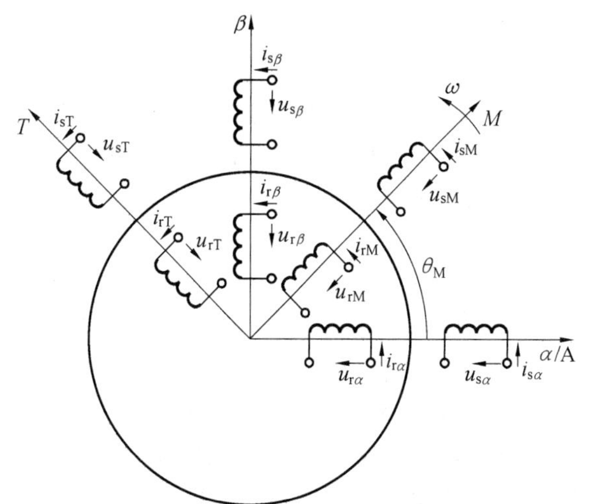

图 6.53　同步旋转 MT 坐标系中的感应电机模型

$$\begin{bmatrix} u_{sM} \\ u_{sT} \\ 0 \\ 0 \end{bmatrix} = \begin{bmatrix} R_s+L_{11}p & -\omega_1 L_{11} & L_{12}p & -\omega_1 L_{12} \\ \omega_1 L_{11} & R_s+L_{11}p & \omega_1 L_{12} & L_{12}p \\ L_{12}p & 0 & R_r+L_{22}p & 0 \\ \omega_f L_{12} & 0 & \omega_f L_{22} & R_r \end{bmatrix} \begin{bmatrix} i_{sM} \\ i_{sT} \\ i_{rM} \\ i_{rT} \end{bmatrix} \tag{6.29}$$

其中，i_{sM} 为旋转 MT 坐标系中定子 M 绕组的电流；L_{11} 为定子绕组自感；L_{22} 为转子绕组自感；R_s 为定子绕组电阻；R_r 为转子绕组电阻；p 为微分算子 $\frac{\mathrm{d}}{\mathrm{d}t}$；$L_{12}$ 为轴线重合时，定、转子绕组间的互感。

在感应电机矢量控制系统中,由于可直接测量和控制的只有与定子相关的量,因此需从上述方程找出定子电流的两个分量 i_{sM}、i_{sT} 与其它物理量的关系。根据拖动理论,可以得到感应电机矢量控制的基本电磁关系

$$i_{sM}=\frac{T_r p+1}{L_{12}}\psi_r \tag{6.30}$$

$$\psi_r=\frac{L_{12}}{T_r p+1}i_{sM} \tag{6.31}$$

$$T_e=p_n\frac{L_{12}}{L_{22}}\psi_r i_{sT} \tag{6.32}$$

$$\omega_f=\frac{L_{12}}{T_r\psi_r}i_{sT} \tag{6.33}$$

其中,T_e 为电磁转矩;T_r 为转子绕组时间常数,$T_r=L_{22}/R_r$; p_n 为极对数;ψ_r 为转子磁链;ω_f 为转差角速度,$\omega_f=\Delta\omega=\omega_1-\omega_r$,$\omega_1$ 是磁场同步转速,ω_r 为转子实际转速即交流三相异步电动机的异步转速。

式(6.31)表明,在按转子磁场定向的 MT 坐标系中,转子磁链 ψ_r 仅由 i_{sM} 产生,而与 i_{sT} 无关。结合式(6.32)可见,在按转子磁场定向的 MT 坐标系中,i_{sM} 是产生有效磁场(转子磁链)的励磁分量,相当于直流伺服电动机中的励磁电流,称为定子电流的励磁分量,通过控制 i_{sM} 可以控制 ψ_r 的大小;而定子电流的 T 轴分量与 ψ_r 垂直,是产生电磁转矩的有效分量,相当于直流伺服电动机的电枢电流,称为定子电流的转矩分量。定子电流的励磁分量和转矩分量是相互解耦的,因此在按转子磁场定向的 MT 坐标系中我们可以像在直流电动机中分别控制电枢电流和励磁电流一样,通过对 i_{sM} 和 i_{sT} 的控制实现对电动机动态电磁转矩和转子磁链的控制。

式(6.33)称为转差公式,它反映了转差角速度与定子电流转矩分量 i_{sT} 和转子磁链 ψ_r 的关系,是转差矢量控制的基础。由式(6.33)可知,在 ψ_r 恒定的情况下,转差角速度 ω_f 与定子电流的转矩分量 i_{sT} 成正比,即与电磁转矩大小成正比。

3. 感应电动机矢量控制伺服驱动系统

三相感应电动机矢量控制的关键是磁场定向 MT 坐标系的建立,在控制系统中需随时确定转子磁链矢量 Ψ_r 的空间位置,从而确定磁场定向的 MT 坐标系 M 轴的空间位置角 θ_M,以便在该磁场定向的 MT 坐标系中对定子电流的励磁分量和转矩分量进行控制。根据转子磁场定向 MT 坐标系中轴空间位置 θ_M 的确定方法,感应电动机矢量控制系统可分为直接矢量控制和间接矢量控制两大类。在直接矢量控制系统中,θ_M 角通过反馈的方式获得,即根据有关量的实测值(定子电流、转子转速)通过相应转子磁链模型(或称磁链运算器)获得,故也叫磁通检测型或磁通反馈型矢量控制。间接矢量控制系统中,θ_M 角以前馈的方式产生,根据给定值由转差公式获得。具体地讲,就是通过对转差角频率和转子角频率积分得到转子磁链的空间位置。故也叫做前馈型或转差型矢量控制。

(1)磁通检测型感应电机矢量控制伺服驱动系统

磁通检测型感应电机矢量控制伺服驱动系统结构形式多种多样,图 6.54 为其中一种方案的原理框图。

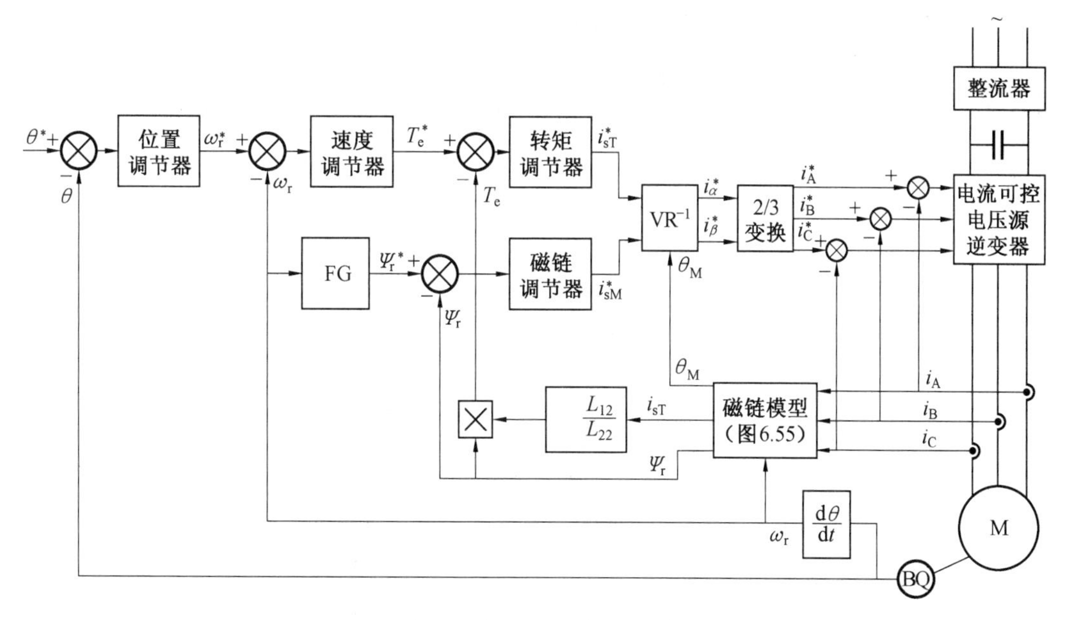

图 6.54　磁通检测型感应电机矢量控制原理图

该系统中除了对位置、转速、转矩进行闭环控制之外，还有一个磁链调节器，通过对定子电流励磁分量的调节以控制转子磁链的大小，转子磁链发生器由函数发生器 FG 产生，FG 的输入为实测转速 ω_r，当 ω_r小于基速（对应于基频）时，$\psi_r{}^*$ 保持恒定，进行恒磁通控制；当 ω_r大于基速时，$\psi_r{}^*$ 随速度增加成反比减小，以实现弱磁控制。$\Psi_r{}^*$ 与实际磁链 ψ_r比较后，经磁链调节器输出 i_{sM}^*作为磁场定向 MT 坐标系中定子电流励磁分量的给定值。定子电流转矩分量的给定值 i_{sT}^*由转矩调节器根据转矩给定值 $T_e{}^*$ 与转矩反馈值 T_e的差值产生。i_{sM}、i_{sT} 经坐标变换后产生三相电流给定值 $i_A{}^*$、$i_B{}^*$、$i_C{}^*$，它们与实测三相电流比较后的偏差值输入到 PWM(Pulse-Width Modulation)逆变器，通过逆变器使感应电动机三相电流能快速跟踪给定值，从而保证即使在动态过程中定子电流的励磁分量和转矩分量也能跟踪其给定值 i_{sM}、i_{sT}，实现对动态转矩的有效控制。

系统中磁链反馈值 ψ_r 及 MT 坐标系 M 轴与三相静止坐标系 A 轴之间的夹角 θ_M，是由三相定子电流及转速的实测值，根据感应电机的动态方程通过必要的运算间接获得。这种通过定子电流和转速实测值实现的方法称为电流模型法，其原理如图 6.55 所示。

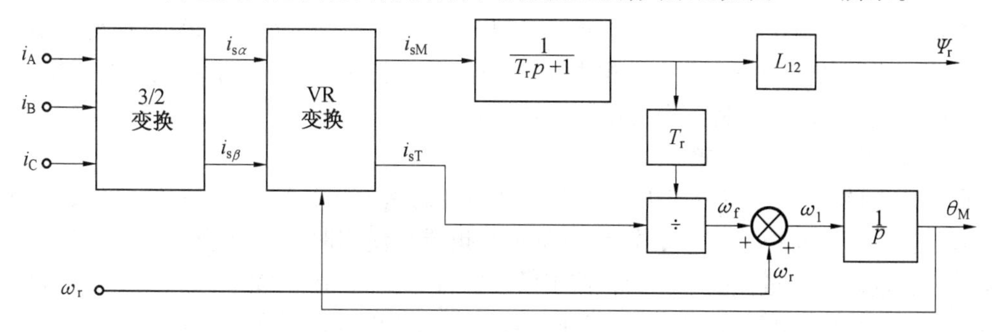

图 6.55　磁链检测的电流模型法

(2)转差型感应电动机矢量控制伺服驱动系统

转差型矢量控制不像磁通检测式那样通过复杂的运算电路对实际转子磁链进行检测，因而系统结构简单，已获得广泛应用。图6.56为转差型感应电机矢量控制伺服系统的原理框图。

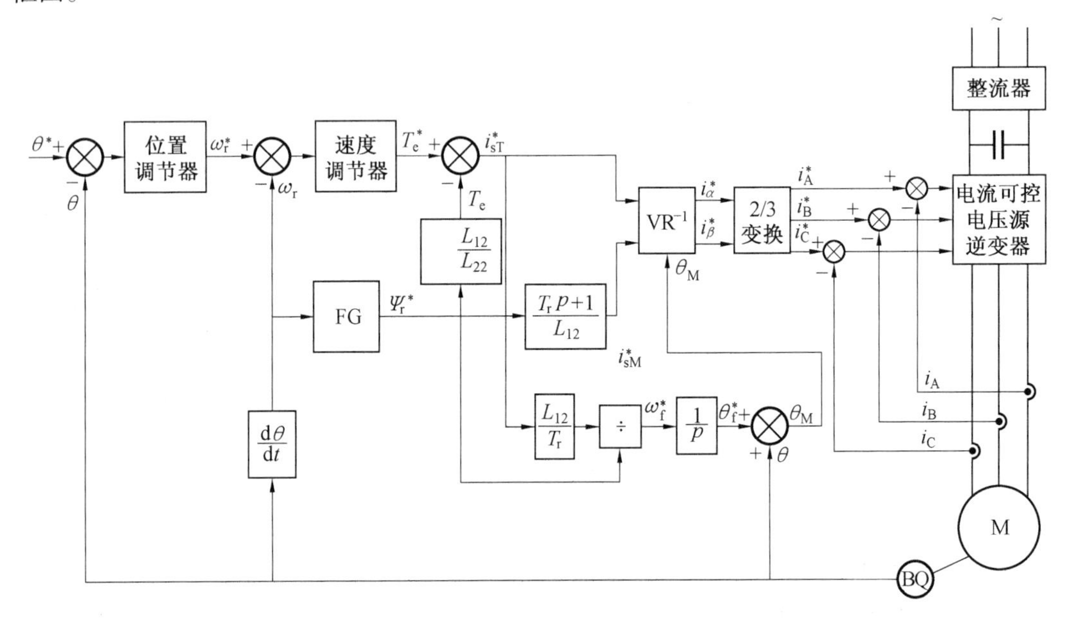

图6.56 转差型感应电动机矢量控制系统原理框图

图6.56中，电流可控电压源逆变器，即为采用电容滤波的电压型逆变器。该系统与图6.55所示系统的明显区别在于没有磁链调节器，定子电流励磁分量的给定值 $i_{sM}{}^*$ 直接由式(6.30)求得。磁场定向 *MT* 坐标系 *M* 轴空间相位角 θ_M 的确定方法如下：如果逆变器响应速度足够快，能够保证三相感应电机三相电流实际值 i_A、i_B、i_C 快速跟踪其 $i_A{}^*$、$i_B{}^*$、$i_C{}^*$，则可以认为电动机中的实际磁链 ψ_r、转矩 T_e 及其指令值 $\psi_r{}^*$、$T_e{}^*$ 一致，根据矢量控制方程可以确定 θ_M 为

$$\theta_M = \int \omega_1 \mathrm{d}t = \int (\omega_f^* + \omega_r)\mathrm{d}t = \theta_f^* + \theta \tag{6.34}$$

其中，$\omega_f{}^*$ 可由式(6.33)获得。

有了 θ_M，即可通过 *MT* 坐标系到三相静止坐标系的坐标变换，由定子电流励磁分量和转矩分量给定值 $i_{sM}{}^*$ 和 $i_{sT}{}^*$ 得到三相电流给定值 $i_A{}^*$、$i_B{}^*$、$i_C{}^*$，从而通过PWM逆变器实现对三相感应电动机的控制。在动态过程中，实际的定子电流幅值、相位与给定值之间总会存在偏差，实际参数与矢量控制方程所用的参数也不会完全一致，这些都会造成磁场定向的误差，从而影响系统的动态性能。

通过以上的分析，可以看出矢量控制以电动机的基本运行数据（如容量、极数、额定电流、额定电压、额定功率等）为依据，有些通用变频器在使用时需要准确地输入异步电动机的参数。目前新型矢量控制通用变频器中已经具备异步电动机参数自动检测、自动辨识、自适应功能，带有这种功能的通用变频器在驱动异步电动机进行正常运转之前可以自动地对异步电动机的参数进行辨识，并根据辨识结果调整控制算法中的有关参数，从而对普通的异步电动机进行有效的矢量控制。

6.4.6　交流永磁伺服电机的矢量控制

矢量控制思想最先应用到感应电动机中，其原理和方法同样可以应用于三相永磁同步伺服电动机（PMSM）。感应电机中矢量控制的概念可以直接推广到同步电动机中加以使用。与三相感应伺服电动机相比，永磁同步伺服电动机体积小、重量轻、效率高，转子无发热的问题，控制系统也比较简单。通过矢量控制可以获得很高的静、动态性能，伺服驱动性能可以达到甚至超过直流电动机。

对于交流永磁同步伺服电机，通常采用建立在转子 dq 坐标系上的动态数学模型，如图 6.57 所示。取永磁体基波励磁磁场轴线（磁极轴线）为 d 轴，顺着旋转方向超前 d 轴 90°为 q 轴，dq 轴随同转子一道以角速度 ω_r 在空间旋转。

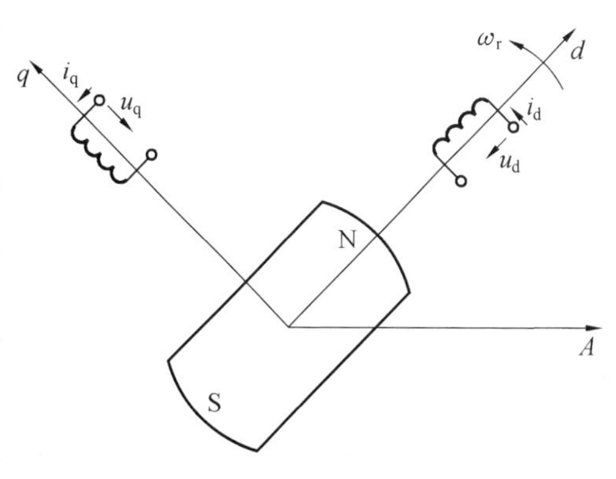

图 6.57　dq 坐标系中的永磁同步电动机

通过控制定子电流在 dq 坐标系中的两个分量 i_d、i_q 就可有效地控制电动机的电磁转矩。但是向电动机输入的并不是 dq 轴电流，而是三相电流。i_d、i_q 是虚拟的变换量，i_A、i_B、i_C 才是实际输入量。从 dq 轴系到 ABC 轴系的变换可以采用矢量变换，也可以采用坐标变换。前者利用变换因子 $e^{j\theta}$，后者利用如下坐标变换，即

$$\begin{bmatrix} i_A \\ i_B \\ i_C \end{bmatrix} = \sqrt{\frac{2}{3}} \begin{bmatrix} \cos\theta & -\sin\theta \\ \cos(\theta-120°) & -\sin(\theta-120°) \\ \cos(\theta+120°) & -\sin(\theta+120°) \end{bmatrix} \begin{bmatrix} i_d \\ i_q \end{bmatrix} \tag{6.35}$$

为了实现上述变换，就要随时获取转子位置信息 θ。由于 dq 坐标系的 d 轴就是转子磁极轴线，而三相永磁同步伺服电动机的转子磁极在物理上是可观测的，因此，其空间位置角可以由位于电动机非负载端轴伸上的转子位置传感器直接检测，而不必像感应电动机矢量控制系统那样通过各种计算模型或观测器估算。从这一角度看，交流永磁同步伺服电机的矢量控制系统较感应电动机更容易实现。

交流永磁同步伺服电机因结构和用途不同，所采用的控制策略也有所不同，其中最简单，也是伺服驱动系统最常用的是 $i_d=0$ 控制。所谓 $i_d=0$ 控制就是在控制过程中，始终使定子电流的 d 轴分量 i_d 为零，而仅通过电流 q 轴分量 i_q 的控制，实现对电动机转矩的控制。此时，电磁转矩

$$T_e = p_n \Psi_f i_q \tag{6.36}$$

转子永磁体在 d 轴绕组中产生的永磁励磁磁链，Ψ_f 为恒定值。因此电磁转矩与 i_q 成正比。

采用 $i_d=0$ 控制的交流永磁伺服系统如图 6.58 所示。图中通过三个串联的闭环，分别实现电机位置、速度和转矩的控制。转子位置反馈值与给定值的差值作为位置调节器的输入，位置调节器的输出信号作为速度给定值 ω_r^*，与转速反馈值比较后的差值作为速度调节器的输入，速度调节器的输出即为转矩给定值 T_e^*，转矩给定值与转矩反馈值比较后，经转矩调节器产生定子电流 q 轴分量的给定值 i_q^*，与恒为零的 i_d^* 一起经坐标变换得到电动机的三相电流给定值 i_A^*、i_B^*、i_C^*。位置和转速反馈值均由安装在电动机轴上的转子位置传

感器提供，转矩反馈值 T_e 由励磁磁链 Ψ_f 和根据实测三相电流经坐标变换得到的 i_q 按转矩公式(6.33)求得。

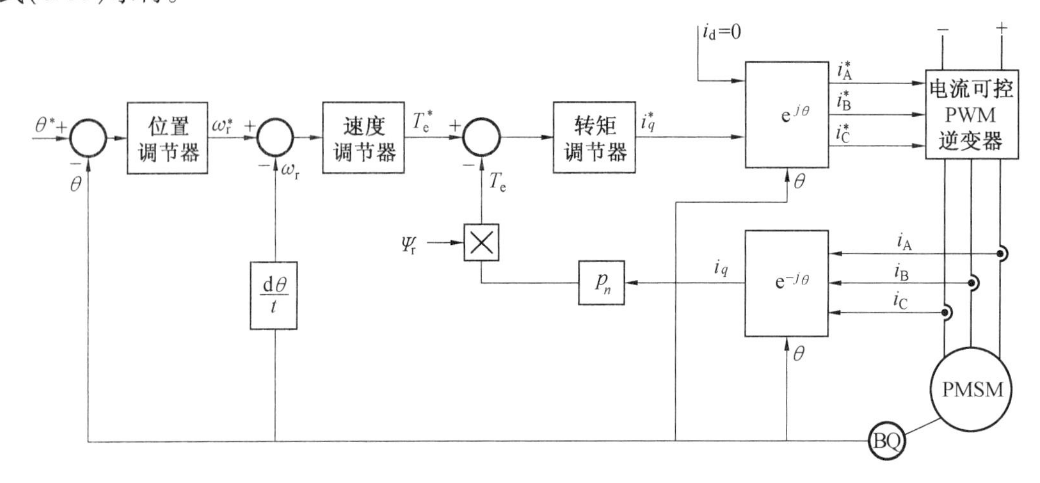

图 6.58 采用 $i_d=0$ 控制的交流永磁伺服电机矢量控制系统

但 $i_d=0$ 控制交流永磁同步伺服电动机仅在恒转矩工作区有效。为了扩大转速范围，在额定转速以上应该像直流电动机那样进行弱磁控制。但交流永磁同步伺服电机的转子为永磁体，无法像直流电机一样直接通过调节励磁电流实现弱磁。永磁同步伺服电机的弱磁控制，是通过增加定子直轴(d 轴)去磁电流分量来实现的，即利用负的定子直轴电流 i_d 产生去磁的直轴电枢反应磁链。但由于电动机有效气隙较大，电枢反应作用较弱，其弱磁调速范围不大。

6.4.7 无速度传感器的矢量控制

上面提到的矢量控制调速技术需要通过速度传感器，如旋转编码器实现转速闭环。在实际应用中带来了以下的问题：

①高精度的速度传感器价格昂贵，增加了系统的成本；

②速度传感器多由电子电路构成，抗电磁干扰的能力较差；

③扩展速度传感器，使电机轴向体积增大，存在安装与连接的问题；

④速度传感器通常在高温、高湿的恶劣环境下无法正常工作。

针对以上缺点，有学者提出了利用电流、电压等易于测量的物理量对电机转速进行辨识的无传感器变频调速技术。无速度传感器变频调速技术适用于对转速控制有一定要求，但又不适宜安装速度传感器的场合。目前，该技术已经有产品应用。

在无速度传感器矢量控制变频调速系统中，需要通过电机可观测的参数来辨识电机转速。在不同速度范围和运行工况下准确地辨识电机的转速，一直是科研工作者研究的重点。从电机模型理想化程度的角度，可将无速度传感器策略分为两大类：基于理想模型的转速辨识方法和基于非理想特性的转速辨识方法。第一类方法利用电机的理想数学模型和检测到的定子端电压、电流信号来估算电机的速度，如直接计算法、模型参考自适应法(MRAS, Model Reference Adaptive System)、扩展卡尔曼滤波法等，图 6.59 为采用模型参考自适应法的无速度传感器矢量控制调速系统；第二类方法通过提取定子端电压、电流谐波中包含的有关转子位置和速度信息来辨识电机的速度，如转子齿谐波法、高频信号注入法、基于人工神经网络估计法等。

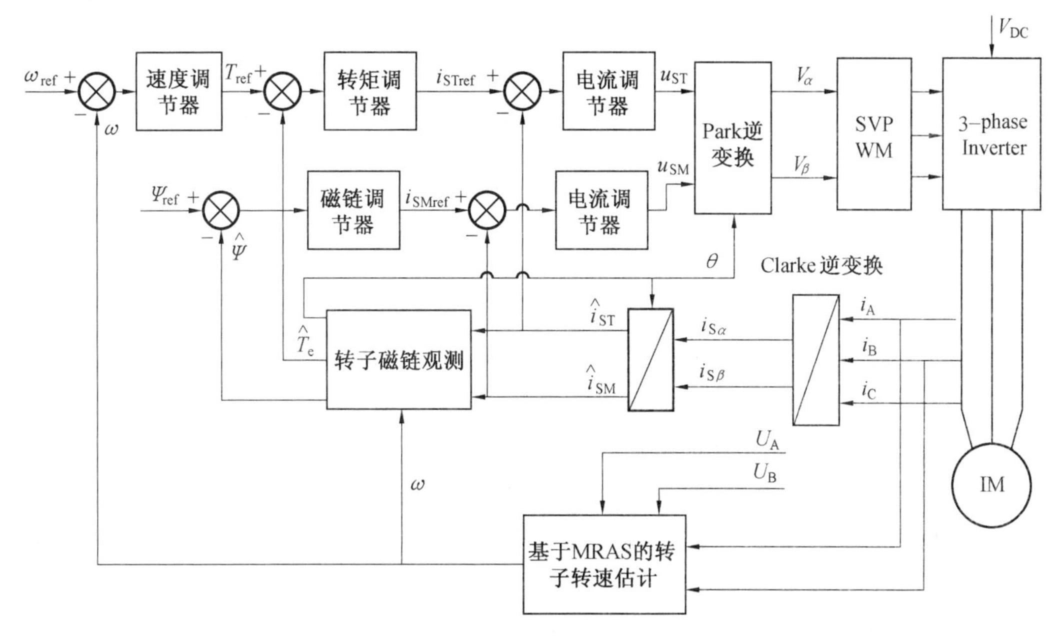

图 6.59　采用模型参考自适应法的无速度传感器矢量控制调速系统

无速度传感器的矢量控制相对于有速度传感器的矢量控制，调速范围要小的多。

6.4.8　直接转矩控制方式

直接转矩控制是继矢量控制之后又一高动态交流调速方法。上世纪 80 年代中期，德国鲁尔大学的 M. Depenbrock 教授提出了直接转矩控制方法（简称 DTC 方法，Direct Torque Control）。这种控制方法的思路简单，在它的转速环里，利用转矩反馈直接控制电机的电磁转矩，因而得名。其可直接在静止 $\alpha\beta$ 坐标系上计算出磁链和转矩，对它们进行闭环控制，从而实现调速的高动态性能。直接转矩控制强调的是转矩的直接控制效果，因此它并不强调获得理想的正弦波波形，而是采用电压空间矢量和近似圆形磁链轨迹的概念。磁链和转矩都是通过双位调节器来控制的，其基本思路是给定一个磁链圆环型误差带，通过不断选择合适的电压矢量，强迫定子磁链 ψ_s 的端点不超出环形误差带，于是就控制了定子磁链。相对于矢量控制，可以获得较快的转矩响应。

直接转矩控制的思想源于矢量控制，图 6.60 为原理框图，其结构特点为：

（1）ASR（Automatic Speed Regulator，速度调节器）的输出作为电磁转矩的给定信号，设置转矩控制内环，可以抑制磁链变化对转速子系统的影响，从而使转速和磁链子系统实现了近似的解耦。

（2）由于直接转矩控制是基于两相静止坐标系下的交流电机数学模型，省去了矢量控制的旋转变换，因而使计算量减少，从而提高了系统整体的运行速度。

（3）采用滞环控制器或 Bang-Bang 控制器取代通常的 PI 调节器。在 PWM 逆变器中，直接利用转矩和磁链信号产生 PWM 脉宽调制信号对逆变器的开关状态进行控制，以获得高动态性能的转矩输出。因此，在加减速或负载变化的动态过程中，可以获得快速的转矩响应，但必须注意限制过大的冲击电流，以免损坏功率开关器件。

（4）直接转矩控制采用了定子磁场控制，避免了转子电阻时变的影响，因此在一定程度

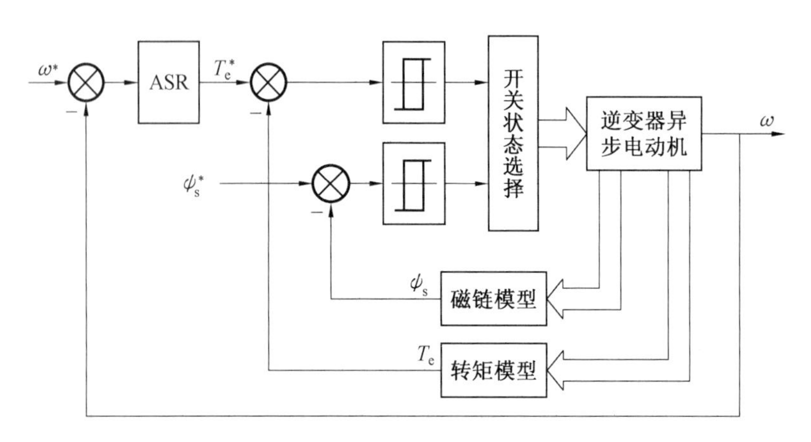

图 6.60 直接转矩控制调速系统原理框图

上减弱了电机参数时变对系统的影响。

另外,直接转矩控制本身不需要速度信息,但为了实现对电机转速的精确控制,必须要引入速度反馈。同样,可以采用与 6.4.6 节相同的辨识方法来实现无速度传感器的直接转矩控制。

直接转矩控制在克服了矢量控制弊端的同时,也暴露出其固有的缺陷。

(1)控制器采用 Bang-Bang 控制,实际转矩必然在上下限内脉动。转矩脉动是直接转矩控制的一项重要指标。而矢量控制是连续控制,理论上转矩没有脉动,所以通常也没有转矩脉动这一指标。

(2)调速范围受限,低速时转矩脉动会增加,而且定子磁链观测值会不准确。

基于直接转矩控制原理的变频器非常适用于重载、起重、电力机车牵引、大惯量、电梯等设备的拖动要求,且价格低、调试容易,但调速精度没有矢量控制高,调速范围没有矢量控制宽。表 6.5 为直接转矩控制与矢量控制的结构特点与性能比较。

表 6.5 直接转矩控制与矢量控制的比较

性能与特点	直接转矩控制系统	矢量控制系统
磁链控制	定子磁链	转子磁链
转矩控制	Bang-Bang 控制,有转矩脉动	连续控制,比较平滑
坐标变换	静止坐标变换,较简单	旋转坐标变换,较复杂
转子参数变化影响	无	有
动态转矩响应	快	慢
转矩脉动	大	小
调速精度	低	高
参数鲁棒性	好	一般
调速范围	不够宽	比较宽
适用场合	要求快速转矩响应、对速度精度要求一般的大惯量运动控制系统	速度精度要求高的宽范围调速系统和伺服系统

矢量控制与直接转矩控制都在朝着克服其缺点的方向发展,对矢量控制系统的进一步

研究主要是提高其控制的鲁棒性;对直接转矩控制系统的进一步研究工作主要集中在提高其低速性能上。

6.4.9　交流电机各种调速方法性能比较

通过本节的学习,掌握了交流电机的多种变频调速方法,现在对其调速性能总结一下,见表6.6(直接转矩控制变频器在数控机床应用较少,因此没有列出)。

表6.6　几种变频调速方式的比较

控制方式	U/f控制	转差频率控制	矢量控制	
			无速度传感器	有速度传感器
速度传感器	无	有	无	有
调速范围	1:20	1:40	1:100	1:1000
启动转矩	150%额定转矩(3 Hz时)	150%额定转矩(3 Hz时)	150%额定转矩(1 Hz时)	150%额定转矩(0 Hz时)
调速精度	-3%~+3%	±0.03%	±0.2%	±0.01%
转矩限制	无	无	可以	可以
转矩控制	无	无	无	可以
应用范围	通用设备单纯调速或多电动机驱动		一般调速	伺服控制,高精度调速,转矩可控
控制构成	最简单	较简单	稍复杂	

6.5　全数字控制伺服系统

随着计算机技术、电子技术及现代控制理论的发展,数控伺服系统已经实现了交流全数字控制,主要表现在位置环、速度环和电流环的数字控制,实现了三环的全面数字化。

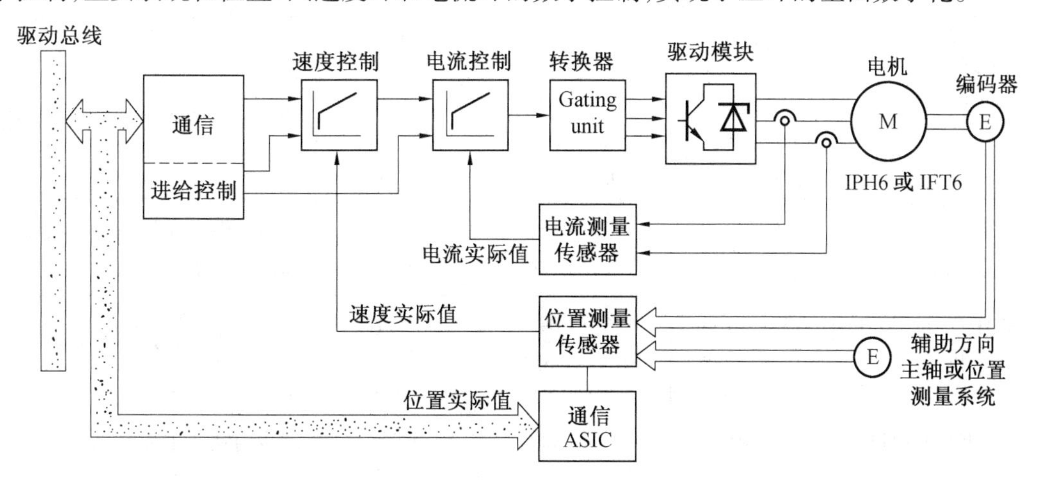

图6.61　全数字控制伺服系统

图6.61为全数字控制伺服系统的原理图。图中电流环、位置环均设有数字化测量传感器;速度环的测量也是数字化测量,通常由位置传感器得出。另外,速度控制和电流控制由专用CPU(图中“进给控制”框)完成。位置反馈、比较等处理工作通过高速通信总线由“位控CPU”完成,其位置偏差再由通信总线传给速度环。变频器的矢量变换控制由微处理器实现。此外,各种参数控制及调节也由微处理器实现。

全数字伺服与模拟伺服系统控制原理基本是相同的,所不同的是两者实现的结构有较大的区别:

(1)全数字伺服的三环,位置环、速度环及电流环均由数字化实现,伺服放大器变成了名副其实的伺服功率放大器;

(2)全数字伺服控制部分是一个CPU系统,一般采用高速DSP处理芯片,具有高速、高精度的运算能力;

(3)由于伺服系统的软件化、数字化,使伺服系统能够完成模拟系统不能完成的非线性补偿、高速加工等一些特殊的功能,提高了伺服系统的自适应能力;

(4)伺服系统的数字化,使得伺服系统的各相关量可以通过总线传输到CNC。

6.6 典型伺服系统介绍

6.6.1 西门子(Siemens)伺服系统

德国西门子公司是国际著名的数控系统制造商,下面以其伺服电机及与其对应的伺服单元SINAMICS S120为例,介绍西门子伺服驱动的特点及应用。西门子伺服电机总的来说,可以分为同步伺服电机和异步伺服电机。常用的同步伺服电机如表6.7所示,常用的异步伺服电机如表6.8所示。

表6.7 西门子同步伺服电机

电机型号	功率范围/kW	额定转矩/NM	冷却方式	电机特点
SIMOTICS S-1FK7 紧凑型	0.05~8.2	0.08~37	自然冷却	紧凑型永磁同步伺服电机
SIMOTICS S-1FK7 高动态响应	0.6~3.8	0.6~18	自然冷却	有极低转动惯量的高动态响应电机
SIMOTICS S-1FT7 紧凑型	0.85~10.5 5.0~18.8 3.1~34.2	1.4~61 21~73 9.2~125	自然冷却 强制风冷 水冷	紧凑型高性能的永磁同步伺服电机
SIMOTICS S-1FT7 高动态响应	3.8~10.8 5.7~21.7	11~33 16.5~51	强制风冷 水冷	有极低转动惯量高动态响应的高性能电机
SIMOTICS M-1PH8 同步电机	15.7~168 17.6~228	96~1 091 109~1 651	强制风冷 水冷	大容量永磁同步伺服电机
SIMOTICS M-1FE1	4~104	4.5~820	水冷	同步内装式主轴电机

续表 6.7

电机型号	功率范围/kW	额定转矩/NM	冷却方式	电机特点
SIMOTICS T-1FW6	38～940	22～5760	水冷	同步直驱力矩电机，n_{max}：
电机型号	最高速度/(m·min^{-1})	额定推力/N	冷却方式	电机特点
SIMOTICS L-1FN3	129～435	150～10375	水冷	大推力同步直线电机
SIMOTICS L-1FN6	93.9～1280 57.5～852	66.3～3000 119～1430	自然冷却 水冷	普通推力同步直线电机

表 6.8　西门子异步伺服电机

电机型号	功率范围/kW	额定转矩/NM	冷却方式	电机特点
SIMOTICS M-1PH8 异步电机	2.8～250 3.5～227	10～2450 14～2602	强制风冷 水冷	三相交流笼式主轴电机

SINAMICS 是西门子公司新一代的驱动产品，它将逐步取代现有的 MASTERDRIVES 及 SIMODRIVE 系列的驱动系统。SINAMICS 系列中的 SINAMICS S120 是集 *U/f* 控制、矢量控制、伺服控制为一体的多轴驱动系统，具有模块化的设计。各模块间（包括控制单元模块、整流/回馈模块、电机模块、传感器模块和电机编码器等）通过高速驱动通信接口 DRIVE-CLiQ 相互连接。DRIVE-CLiQ 是 SINAMICS 驱动系统中电机反馈的西门子通信协议，是一种基于以太网的接口，可用于连接不同种类的组件，如电机、变频器和编码器。

SINAMICS S120 模块化运动控制驱动器适用于机械与系统工程中的高性能驱动应用。功率范围为 0.12～4 500 kW，具有各种结构形式和冷却方式。西门子主流数控系统包括 SINUMERIK 840Di sl，SINUMERIK 840D sl，SINUMERIK 802D sl 等，均采用 SINAMICS S120 驱动系统，其特点如下：

①集伺服控制、矢量控制、U/f 控制于一体，控制模式可以由参数来设置，能控制普通或伺服异步机、同步机、扭矩电机及直线电机，并且控制轴的精确数量可由 Sizer 软件配置来确定。

②SINAMICS S120 驱动系统采用模块化设计，适用于模块化、灵活的分布式机床方案。

③所有组件，包括电机和编码器，都通过共同的串行接口 DRIVE-CliQ 相互连接，统一的电缆和连接器技术规格可减少零件的多样性和仓储成本。

④集成的 PROFIBUS 或 PROFINET 高性能通信接口，容易和上位机连接。PROFINET 不仅支持在同一条总线上实现高实时通信和 IT 通信，还支持与其它 SINUMERIK 或 SIMATIC 控制器的灵活通信。另外，它还支持与办公软件的通信。

SINAMICS S120 拥有大功率范围的电源模块和电机模块（逆变器模块），可以实现紧凑的多轴驱动配置。为了实现制动轴和驱动轴之间的能量交换，SINAMICS S120 在数控机床上主要采用耦合式直流母线驱动。电源模块（Line Module）对电网电压整流产生直流电压，通过直流母线向电机模块提供电能。由于电机模块共用一个直流母线，所以模块之间可以交换能量，也就是说如果一个电机正在产生电能（再生反馈模式），另一个电机模块会消耗该电能(电机模式)。

6.6.2　发那科(Fanuc)伺服系统

日本 Fanuc 公司的伺服系统包括伺服驱动模块、进给伺服电机、主轴电机等。进给伺服电机按照其驱动电压的高低,可以分为低压伺服电机(200V)与高压伺服电机(400V)两大类。此外,根据电机特性的不同,还可以分为 αi 系列、βi 系列两大类,见表 6.9 和表 6.10。

表 6.9　Fanuc 进给伺服电机的分类

电机型号	电机系列	驱动电压	电机特点
α_{iF}	α_i	200V	采用铁氧体作为磁性材料,中惯量,适用于进给驱动轴
α_{iS}			采用稀土磁性材料钕铁硼,小型、高速、大功率、良好的加速性能
β_{iS}	β_i	200 V	高性价比,紧凑型电机
β_{iSc}			高性价比电机,无热敏电阻及 ID 信息
α_{iF}(HV)	α_i(HV)	400V	α_{iF}电机的高电压型号
α_{iS}(HV)			α_{iS}电机的高电压型号
β_{iS}(HV)	β_i(HV)	400V	β_{iS}电机的高电压型号

表 6.10　Fanuc 进给伺服电机的性能参数

	α_i		β_i		α_i(HV)		β_i(HV)
	α_{iF}	α_{iS}	β_{iS}	β_{iSc}	α_{iF}(HV)	α_{iS}(HV)	β_{iS}(HV)
额定转速/(rpm)	2000~5000	1500~6000	1500~4000	2000~4000	3000~4000	1500~6000	1500~4000
堵转扭矩/(NM)	1~53	2~500	2~36	2~10.5	4~22	2~3000	2~36
冷却方式	自然冷却/风冷		自然冷却			自然冷却/风冷	自然冷却
编码器类型	增量式(标配)/绝对式(可选)		绝对式			增量式(标配)/绝对式(可选)	绝对式
电机抱闸	可选						
环境温度要求	0~40℃						
环境湿度要求	≤80% RH						
环境振动	≤5G						
防护等级	IP65						
绝缘等级	F						

Fanuc 的主轴电机最大功率可达 200 kW,最大转矩可达 2 000 NM。通过绕组转换,改

变极对数的方法变速，大大改善了高速档的输出。针对不同的应用分为 α_iI（交流感应主轴电机标准型号），α_iIP（宽范围恒功率），α_iIT（有中心贯穿孔的机床主轴直接连接型），α_iIL（液冷型号），BiI（内装主轴电机），β_i Ic，β_i IP 等系列，其中 β_i 系列是高性价比的主轴电机，主要适用于小型的数控机床，此处不再详述。

与 α_i，β_i 系列电机对应的是 α_i，β_i 系列的伺服放大器，均为模块化的结构。α_i 系列伺服放大器包含电源模块（PSM，power supply module）、伺服放大器模块（SVM，servo amplifier module）和主轴放大器模块（SPM，spindle amplifier module）。电源模块为整流模块，把交流变为直流（300V DC），把泵生电压送回电网或加以处理，为驱动电机提供主电源，并且给其它模块提供控制电源。所有功率驱动模块，均采用低损耗的智能功率电子器件 IPM（Intelligent Power Module），不仅把功率开关器件和驱动电路集成在一起，而且还内藏有过电压，过电流和过热等故障检测电路，并可将检测信号送到控制 CPU。图 6.62 为 α_i 系列伺服放大器、电机与数控系统连接的示意图。

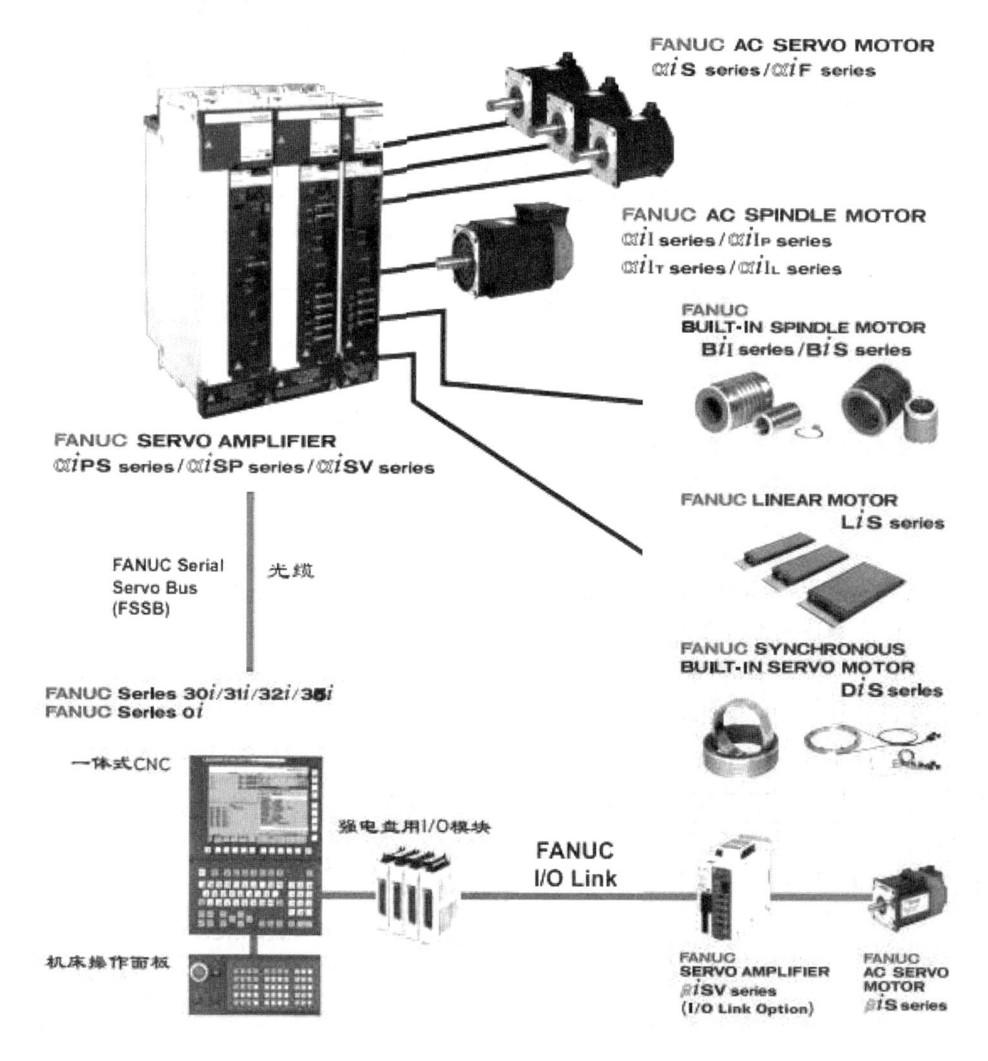

图 6.62　Fanuc α_i 系列伺服驱动及其与数控系统的连接

Fanuc β_i系列的伺服放大器为电源、伺服放大器、主轴放大器一体化的结构，简化了接线，具有卓越的性价比，包含伺服2轴型和伺服3轴型两种类型，其与Fanuc 0i-D数控系统的连接如图6.63所示。

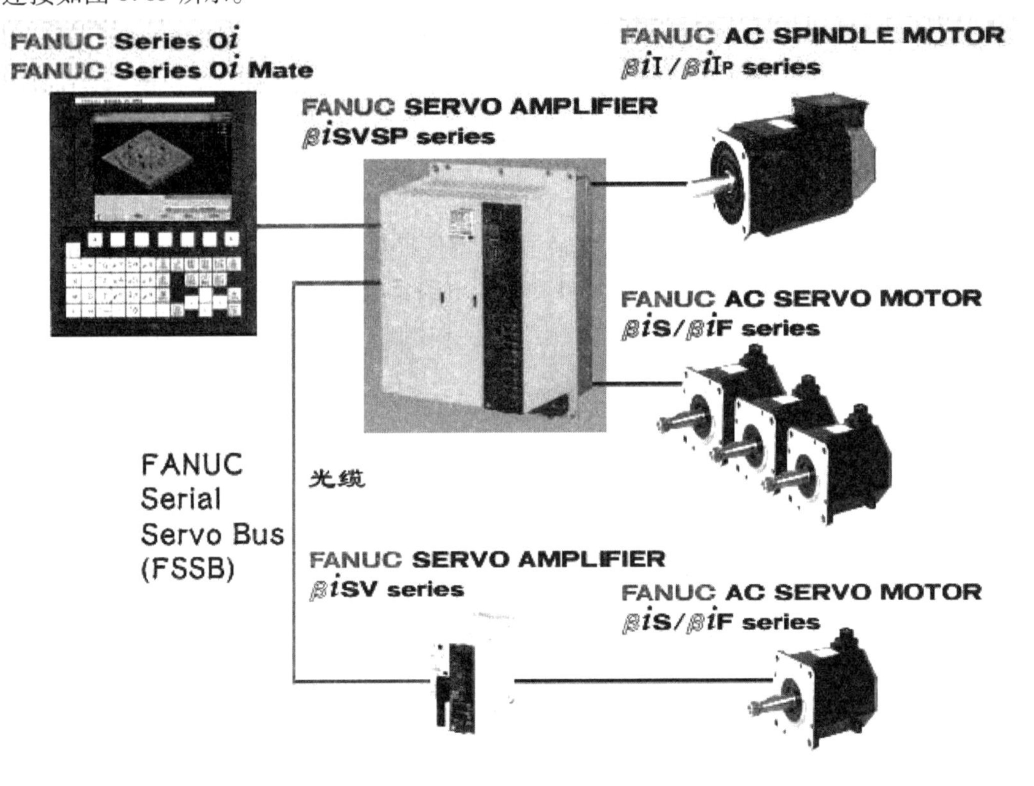

图6.63 Fanuc β_i系列伺服驱动及其与数控系统的连接

复习题

1. 伺服系统由哪些部分组成？数控机床对伺服系统的要求有哪些？
2. 试述直流调速与交流调速的优缺点。
3. 直接驱动的优点有哪些？如何实现？
4. 请说明矢量控制的基本原理。
5. 请说明直流永磁电机的调速原理。
6. 交流电机与直流电机相比，优势体现在哪些方面？
7. 请说明直线电机的工作原理。
8. 全数字伺服控制系统的特点是什么？

第7章　数控机床的机械结构

7.1　数控机床机械机构的组成和特点

作为机械加工装备，数控机床从表面上看与普通机床一样，普通机床的构成模式及相关设计理论仍然适用于数控机床。但数控机床作为一种高速、高效和高精度的自动化加工设备，其机械结构和传统的机床相比有明显的改进和变化。

7.1.1　数控机床机械机构的组成

图7.1为数控机床的机床机械本体，其组成部分如下：

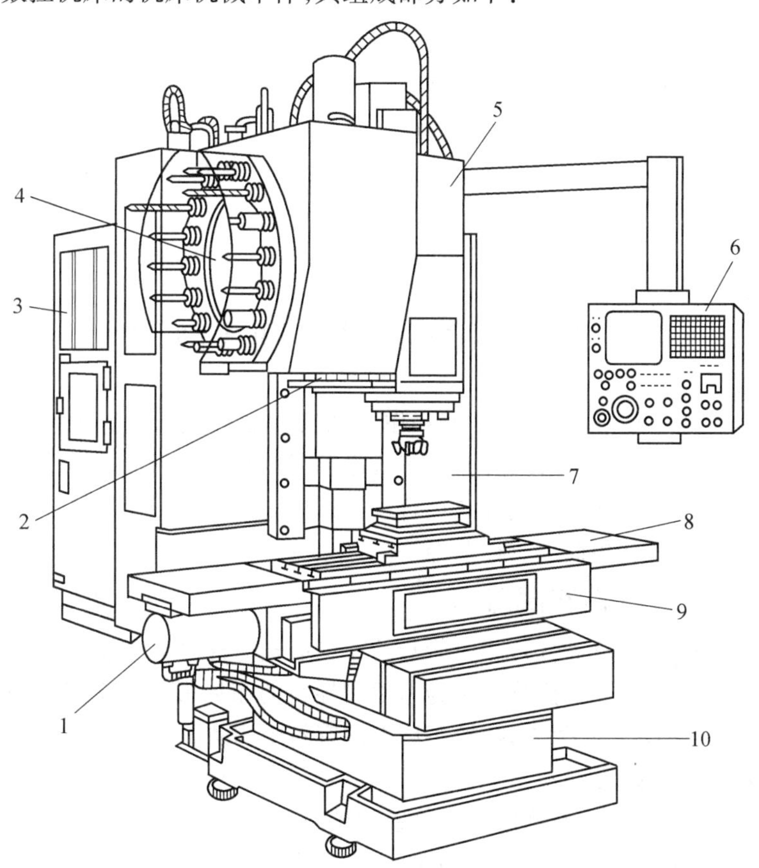

图7.1　JS-018A型立式镗铣加工中心外观图

1—伺服电动机；2—换刀机械手；3—数控柜；4—盘式刀库；5—主轴；6—操作面板；7—驱动电控柜；8—工作台；9—滑座；10—床身

①主传动系统。包括动力源、传动件及主运动执行件（主轴）等，其功用是将驱动装置的运动及动力传给执行件，以实现主切削运动。

②进给传动系统。包括动力源、传动件及进给运动执行件(工作台、刀架)等,其功用是将伺服驱动与动力传给执行件,以实现进给切削运动。

③基础支承件。指床身、立柱、导轨、滑座、工作台等,支承机床的各主要部件。

④实现工件回转、分度定位的装置和附件,如回转工作台、分度工作台等。

⑤刀库、刀架和自动换刀装置。

⑥辅助装置。辅助装置视数控机床的不同而异,如液压、气动、润滑、冷却以及防护、排屑等装置。

⑦特殊功能装置。如刀具破损检测、精度检测和监控装置等。

7.1.2 数控机床机械机构的特点

为适应数控机床的高速、高效和高精度,数控机床的机械结构和设计理念与传统机床相比有明显变化,其特点有:

①采用高性能的无级变速主轴及伺服传动系统,机械传动结构大为简化,传动链缩短。

②采用刚度和抗振性较好的机床新结构,如动静压轴承的主轴部件、钢板焊接结构的支承件等。

③采用在效率、刚度、精度等各方面较优良的传动元件,如滚珠丝杠螺母副、静压蜗杆副以及塑料滑动导轨、滚动导轨、静压导轨等。

④采用多主轴、多刀架结构以及刀具与工件的自动夹紧装置、自动换刀装置和自动排屑、自动润滑冷却装置等,以改善劳动条件,提高生产率。

⑤采取措施减小机床的热变形,保证机床精度稳定,以获得更高的动态特性能。

7.2 数控机床典型布局形式

机床的总体布局就是根据机床功能和作用,配置各部件相对位置和运动关系,以保证工件和刀具的相对运动和加工精度,并且便于操作、调整和维修。总体布局对数控机床十分重要,它直接影响机床的结构和使用性能。合理选择机床布局,不但可以使机床满足数控化的要求,而且可使机械结构更简单、合理、经济。

7.2.1 数控车床的布局形式

数控车床的主轴、尾座等部件相对床身的布局形式与普通车床基本一致,而刀架和导轨的布局形式发生了根本的变化,这是因为刀架和导轨的布局形式直接影响数控车床的使用性能及机床的结构和外观。另外,数控车床上设有封闭的防护装置,也对布局发生影响。

1. 床身和导轨的布局

数控车床床身导轨与水平面的相对位置如图 7.2 所示,有 4 种布局形式,图 7.2(a)为水平床身,图 7.2(b)为斜床身,图 7.2(c)为平床身斜滑板,图 7.2(d)为立床身。

水平床身的工艺性好,便于导轨面的加工。水平床身配上水平放置的刀架可提高刀架的运动精度,一般可用于大型数控车床或小型精密数控车床的布局。但是水平床身内由于下部空间小,故排屑困难。从结构尺寸上看,刀架水平放置使得滑板横向尺寸较低,从而加大了机床宽度方向的结构尺寸。

水平床身配上倾斜放置的滑板,并配置倾斜式导轨防护罩,这种布局形式一方面有水平

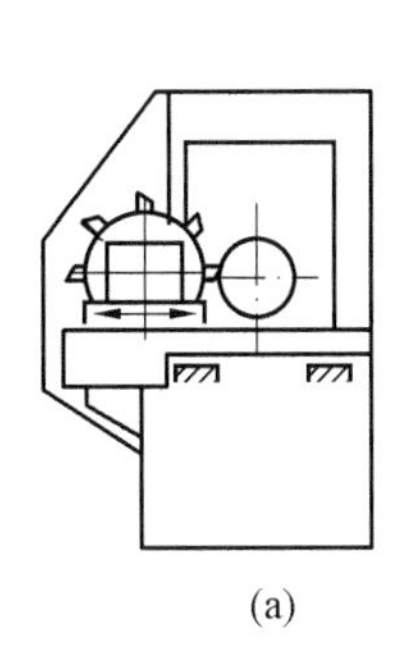
(a)

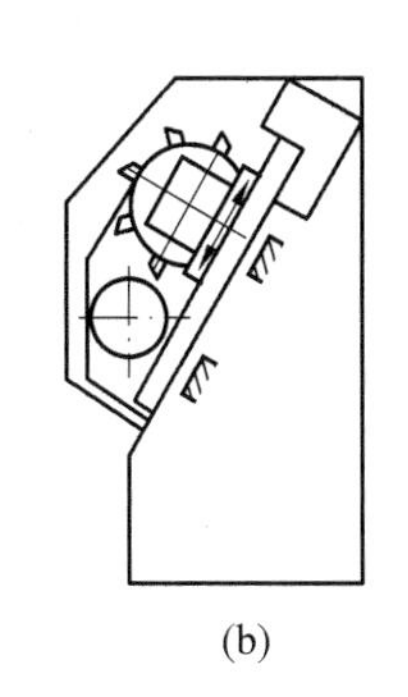
(b)

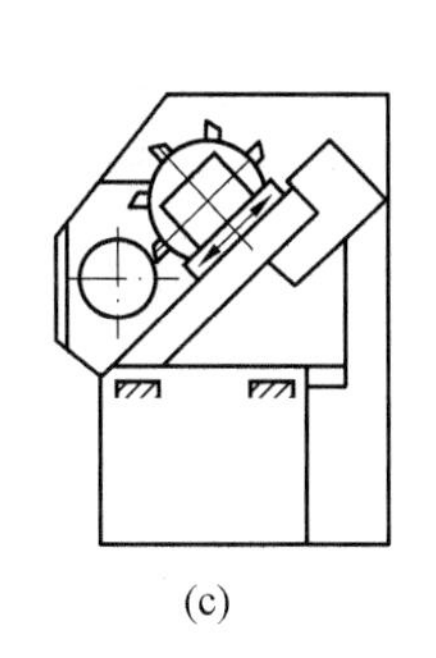
(c)

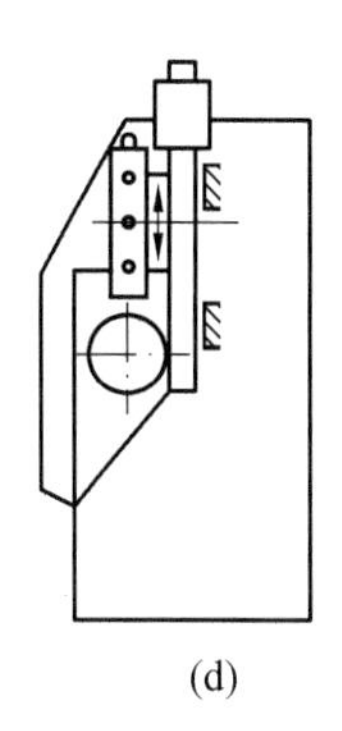
(d)

图 7.2　数控车床床身和导轨布局

床身工艺性好的特点，另一方面机床宽度方向的尺寸较水平配置滑板的要小，且排屑方便。

斜床身其导轨倾斜的角度分别为 30°、45°、60°、75°和 90°（称为立式床身）。倾斜角度小排屑不便；倾斜角度大，导轨的导向性差，受力情况也差。导轨倾斜角度的大小还会直接影响机床外形尺寸高度与宽度的比例。综合考虑上面的诸因素，中小规格的数控车床，其床身的倾斜度以 60°为宜。

斜床身配置斜滑板和水平床身配上倾斜放置的滑板布局形式被中、小型数控车床所普遍采用。这是由于此两种布局形式排屑容易，热铁屑不会堆积在导轨上，也便于安装自动排屑器；操作方便，易于安装机械手，以实现单机自动化；机床占地面积小，外形简洁、美观，容易实现封闭式防护。

2. 刀架的布局

刀架作为数控车床的重要部件，其布局形式对机床整体布局及工作性能的影响很大。目前，两坐标联动数控车床多采用 12 工位的回转刀架，也有采用 6 工位、8 工位、10 工位回转刀架的。

回转刀架在机床上的布局有两种形式，一种为回转轴垂直于主轴的形式，这种刀具由于加工干涉问题，刀具存储量较少（如 4 工位方刀架）；另一种为回转轴平行于主轴的形式。

刀架布局的另一种较普遍应用的形式是双刀架四坐标数控车床。其床身上安装有两个独立的滑板和回转刀架，其上每个刀架的切削进给量是分别控制的，因此两刀架可以同时切削同一工件的不同部位，既扩大了加工范围，又提高了加工效率。四坐标数控车床的结构复杂，且需要配置专门的数控系统实现对两个独立刀架的控制。这种机床适合加工曲轴、零件形状复杂、批量较大的零件。

3. 车削中心

数控车削中心是在数控车床的基础之上发展起来的，一般具有 C 轴控制，在数控系统的控制下，实现 C 轴和 Z 轴的插补或 X 轴的插补。它的回转刀架还可安置动力刀具，使工件在一次装夹下，除完成一般车削外，还可以在工件轴向或径向等部位进行钻铣等加工。

7.2.2　加工中心的布局形式

加工中心的布局形式分卧式和立式两种，结构由基础部件、主轴部件、数控系统、自动换刀系统、自动交换托盘系统和辅助系统构成，并随着工作台作进给运动和主轴箱作进给运动的不同而不同。

1. 卧式加工中心

卧式加工中心通常采用 T 形床身。T 形床身可以做成一体，这样对刚度和精度性能保持比较好，但铸造和加工工艺性较差；分离式T形床身的铸造和加工工艺性都大大改善，连接部位要用定位键和专用的定位销定位，并用大螺栓紧固以保证刚度和精度。

加工中心的工作台可以在床身导轨上运动，也可与床身分离单独运动或固定安装。工作台一般不具备升降运动。

卧式加工中心的立柱普遍采用双立柱框架结构形式，主轴箱在两立柱之间沿导轨上下移动。这种结构刚性大，热对称性好，稳定性高。小型卧式加工中心多数采用固定立柱式结构，其床身不大，且都是整体结构。

卧式加工中心各个坐标的运动可由工作台移动或主轴移动来完成，也就是说某一方向的运动可以由刀具固定、工件移动来完成，或者由工件固定、刀具移动来完成。图7.3为各坐标运动不同组合的几种布局形式。卧式加工中心一般具有三轴以上联动功能。常见的是三个直线坐标 X、Y、Z 联动和一个回转坐标 B 分度，它能够在一次装夹下完成四个面的加工，最适合加工箱体类零件。

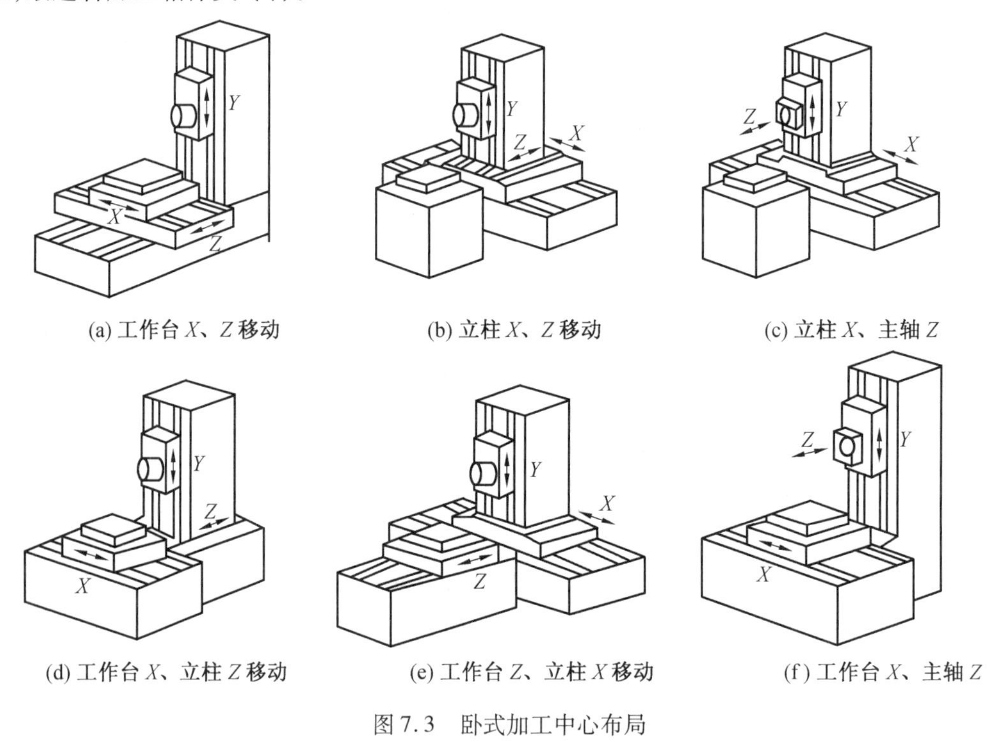

(a) 工作台 X、Z 移动　(b) 立柱 X、Z 移动　(c) 立柱 X、主轴 Z

(d) 工作台 X、立柱 Z 移动　(e) 工作台 Z、立柱 X 移动　(f) 工作台 X、主轴 Z

图7.3　卧式加工中心布局

2. 立式加工中心

立式加工中心与卧式加工中心相比结构简单，占地面积小，价格也便宜。中小型立式加工中心一般都采用固定立柱式，主轴箱吊在立柱一侧的结构形式。立柱通常采用方形截面框架结构、米字形或井字形筋板，以增强抗扭刚度，而且立柱是中空的，以放置主轴箱的平衡配重块。

立式加工中心通常也有三个直线运动坐标，由溜板和工作台实现平面上 X、Y 两个坐标轴移动，主轴箱沿立柱导轨实现 Z 轴坐标上下移动。图7.4为立式加工中心的几种布局结构形式。立式加工中心还可以在工作台上安放一个第四轴（A 轴），可以加工螺旋线类和圆柱凸轮等零件。

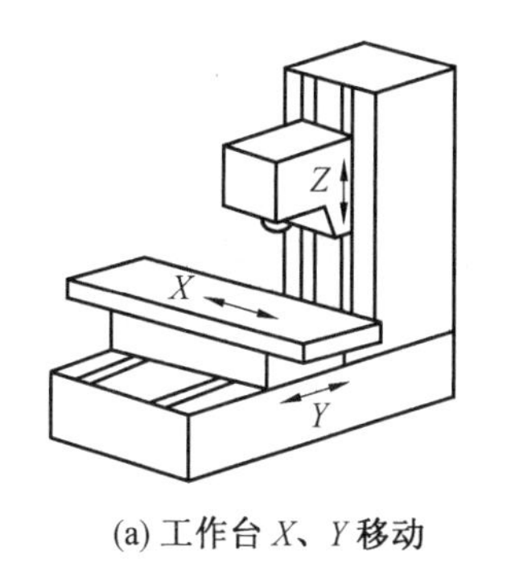

(a) 工作台 X、Y 移动

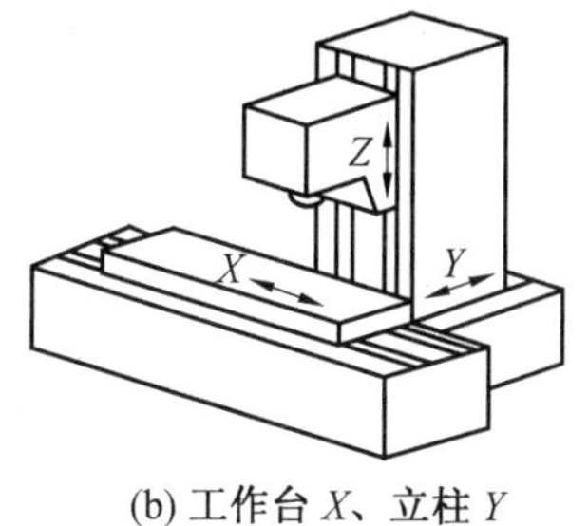

(b) 工作台 X、立柱 Y

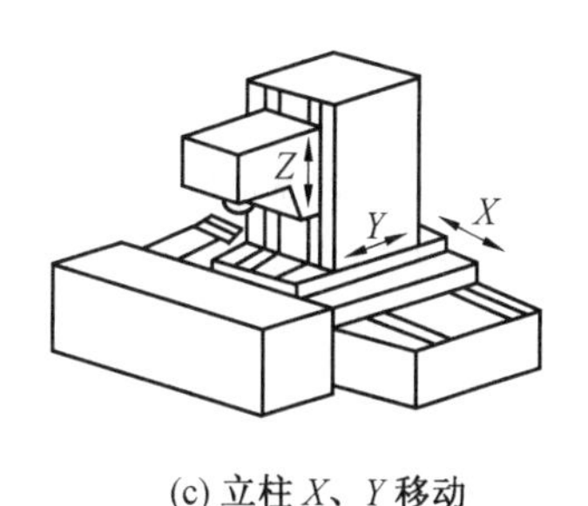

(c) 立柱 X、Y 移动

图 7.4　立式加工中心布局

3. 多坐标加工中心

(1) 五面加工中心

五面加工中心具有立式和卧式加工中心的功能，常见的有两种形式。一种是主轴可作90°旋转，如图7.5(a)所示，既可像卧式加工中心那样切削，也可像立式加工中心那样切削；另一种是工作台可带着工件一起作90°的旋转，如图7.5(b)所示，这样可在工件一次装夹下完成除安装面外的所有五个面的加工，适应加工复杂箱体类零件的需要。

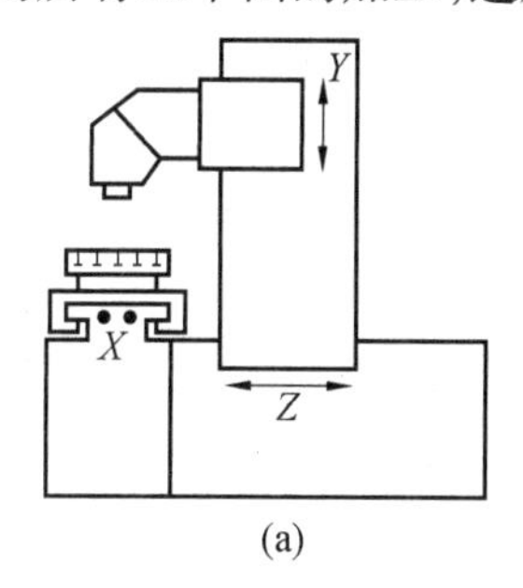

(a)

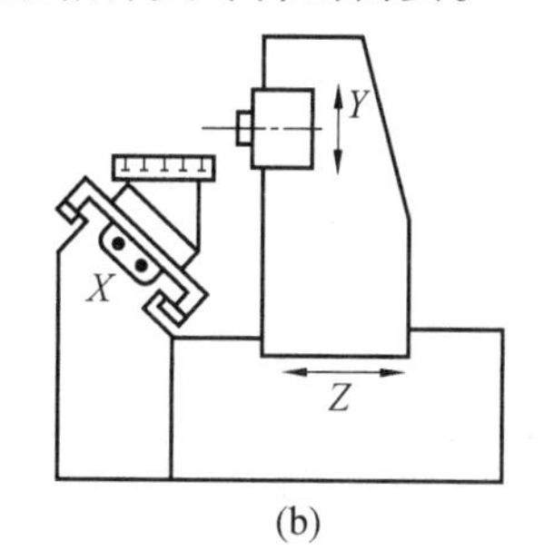

(b)

图 7.5　五面加工中心

(2) 五坐标加工中心

多坐标加工中心是数控机床的发展方向，图7.6为常用的两种五坐标机床配置方式。图7.6(a)中的双轴摆角铣头，其作为A、B两个旋转轴组成五坐标机床。图7.6(b)为由两轴回转工作台构成五坐标。五坐标数控机床适应复杂曲面零件的加工。

(a) 双轴摆角铣头

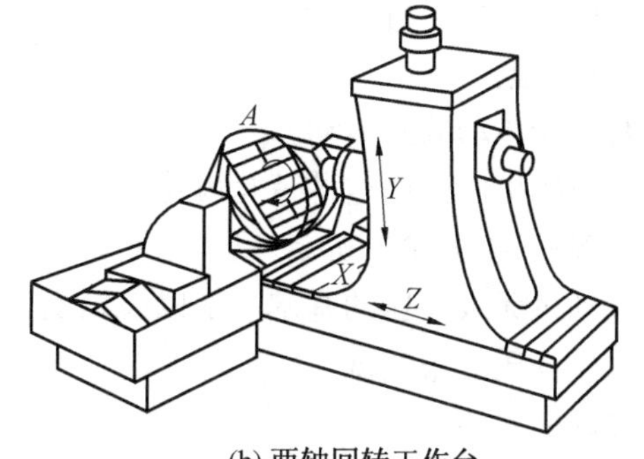

(b) 两轴回转工作台

图 7.6　五坐标加工中心

7.3 数控机床主传动系统

主传动系统是用来实现机床主切削运动的传动系统,它应具有一定的转速和变速范围,以便根据不同加工材料、不同尺寸、不同要求的工件,采用不同材料的刀具,并能方便地实现运动的开停、变速、换向和制动等。

数控机床主传动系统主要包括电动机、传动系统和主轴部件。与普通机床的主传动系统相比,其变速功能全部或大部分由主轴电动机的无级调速来承担,省去了复杂的齿轮变速机构,在结构上比较简单;有些主传动系统带有一级或二级齿轮变速系统,用以扩大电动机无级调速的范围。

7.3.1 主传动的要求

数控机床和普通机床一样,主传动系统也必须通过变速才能使主轴获得不同的转速,以适应不同的加工要求。并且,在变速的同时还要求传递一定的功率和足够的转矩,满足切削的需要。

数控机床作为高度自动化设备,它对主传动系统的基木要求有以下几点:

①为了达到最佳切削效果,一般应在最佳切削条件下工作,因此要求主轴都能实现自动无级变速。

②要求机床主轴系统必须具有足够高的转速和足够大的功率,以适应高速、高效加工的需要。

③为了降低噪声、减轻发热、减少振动,主传动系统应简化结构,减少传动件。

④在加工中心上还必须安装刀具和刀具交换所需的自动夹紧装置,以及主轴定向准停装置,以保证刀具和主轴、刀库、机械手的准确动作配合。

⑤在数控车床中,为了实现对 C 轴的位置控制,主轴还需要安装位置检测装置,以便控制主轴的位置。

7.3.2 主传动系统配置方式

在主传动系统中,目前多采用交流主轴电动机和直流主轴电动机无级调速系统。为扩大调速范围,适应低速大扭矩的要求,也经常应用齿轮有级调速和电动机无级调速相结合的调速方式。同时,随着科技发展各种集成化的主轴单元也相继出现。下面阐述几种典型的主轴传动配置方案。

1. 带有齿轮传动的主传动

大中型数控机床采用这种带有齿轮传动和主传动变速方式。如图 7.7(a)所示,通过少数几对齿轮降速,扩大输出扭矩,以满足主轴低速时对输出扭矩特性的要求。数控机床在交流或直流电动机无级变速的基础上配以齿轮变速,可实现分段无级变速。滑移齿轮的变速移位大都采用液压缸来实现。

2. 带传动的主传动

带传动的主传动主要应用在转速高、变速范围不大的机床,如图 7.7(b)所示。不用齿轮变速,可以避免因齿轮传动引起的振动与噪声,它适用于高速、低转矩特性要求的主轴。常用的是三角带和同步齿形带。

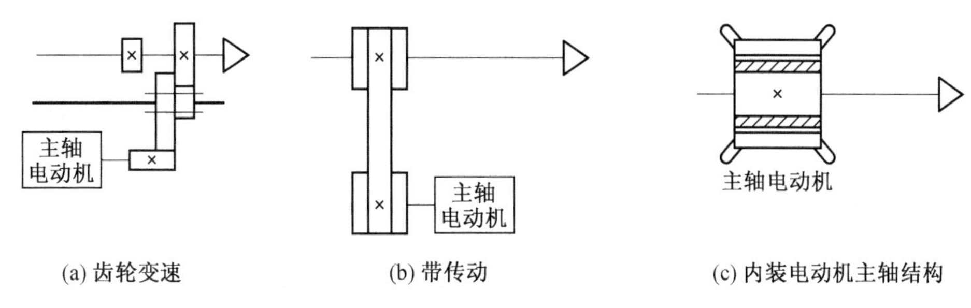

(a) 齿轮变速　(b) 带传动　(c) 内装电动机主轴结构

图7.7　数控机床主传动的配置方式

同步齿形带传动是一种综合了带、链传动优点的新型传动，其结构和传动如图7.8所示。带的工作面及带轮外圆上均制成齿形，通过带齿与轮齿相嵌合，作无滑动的啮合传动。带内采用了承载后无弹性伸长的材料作强力层，以保持带的节距不变，使主、从动带轮可作无相对滑动的同步传动，与一般带传动相比，同步带传动具有如下优点：

①无滑动，传动比准确；

②传动效率高，可达98%以上；

③传动平稳，噪声小；

④使用范围较广，速度可达50 m/s，传动比可达10左右，传递功率由几瓦至数千瓦；

⑤维修保养方便，不需要润滑。

同步带传动也有不足之处，其带与带轮制造工艺较复杂，成本高。

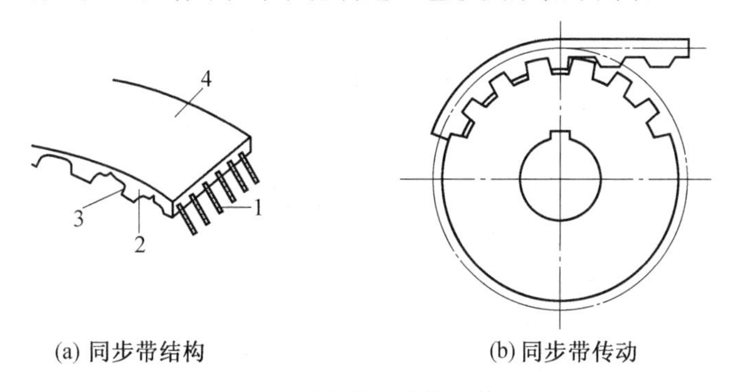

(a) 同步带结构　(b) 同步带传动

图7.8　同步带的结构与传动

1—强力层；2—带齿；3—包布层；4—带背

3. 内装电动机主轴传动结构

内装电动机主轴是由内装电机这一工业化的电机产品出现，而产生的主轴形式。内装电机的中空转子直接装在主轴上，如图7.7(c)所示。这种主传动方式大大简化了主轴箱体与主轴的结构，有效地提高了主轴部件的刚度，但主轴输出扭矩小，电动机发热对主轴影响较大。

4. 直接驱动连接

直接驱动就是驱动电机与主轴通过联轴器直接连接，由于没有其它传动链环节，其传动精度高，力矩和转速与电动机相同。

5. 高速电主轴

高速切削是20世纪70年代后期发展起来的一种新工艺，90年代以来，高速加工技术已开始进入工业应用阶段，这种加工工艺切削速度比常规的要高几倍至十多倍，不仅切削效率高,而且具有加工表面质量好、切削温度低和刀具寿命长等优点。由此产生的高速电主轴作为模块化的主轴单元,已形成系列化的工业产品。

高速电主轴除了要求高精度和高刚度外,主轴部件需进行动平衡校验,驱动多采用内装电动机式结构,并配备强力冷却和润滑系统,构成集成化紧凑主轴结构。另外,支承、刀具夹紧和安全等因素,在设计时都必须精心考虑。图 7.9 为用于立式加工中心的高速电主轴的组成。

高速电主轴具有传动效率高、重量轻和惯性小等特点,其主轴转速已达到每分钟几万转到几十万转,而且正在向高速大功率方向发展。

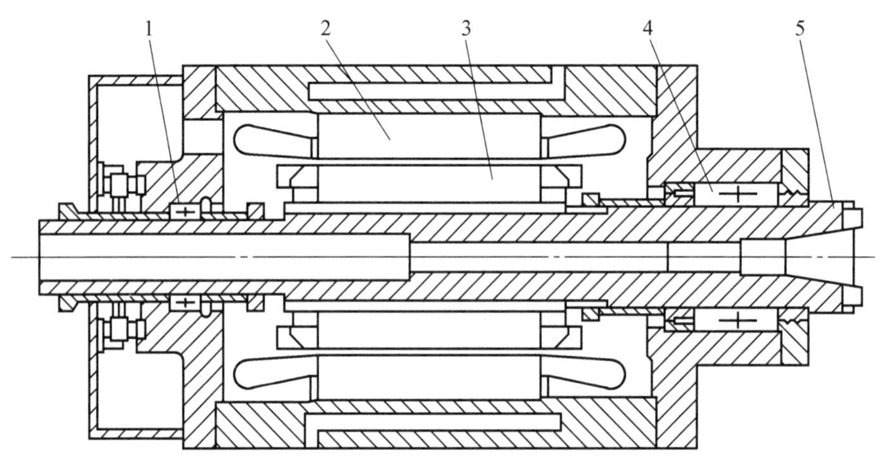

图 7.9　高速电主轴的组成

1—后轴承;2—电动机定子;3—电动机转子;4—前轴承;5—主轴

7.3.3　主轴部件

主轴部件是指主轴及安装于主轴上的各零件的总成。主轴部件既要满足精加工时较高的加工精度要求,又要具备粗加工时高效切削能力。因此,在旋转精度、刚度、抗振性和热变形等方面都有很高的要求。布局结构上,数控机床的主轴部件与其它机床没本质区别。但对于具有自动换刀功能的数控机床,其主轴部件除主轴、主轴轴承和传动件等一般组成部分外,还有刀具自动装卸及吹屑装置、主轴准停装置等。

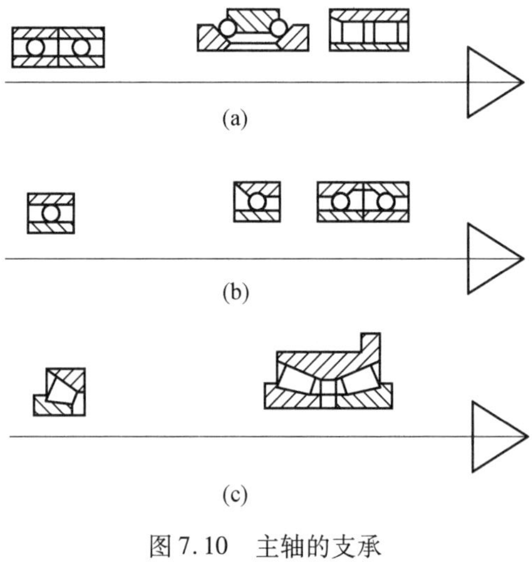

(a)

(b)

(c)

图 7.10　主轴的支承

1. 主轴的支承

数控机床主轴轴承配置的主要形式有三种,如图 7.10 所示。

(1)前后支承采用不同轴承

如图 7.10(a)所示,数控机床前支承采用双列短圆柱滚子轴承和 60°角接触双列向心推力球轴承,后支承采用成对向心推力球轴承。此种结构普遍应用于各种数控机床,其综合刚度高,可以满足强力切削要求。

（2）前支承采用多个高精度向心推力球轴承

图7.10(b)为前支承采用多个高精度向心推力球轴承，这种配置具有良好的高速性能，但它的承载能力较小，适用于高速轻载和精密数控机床。

（3）前后支承采用单列和双列圆锥滚子轴承

图7.10(c)为前支承采用双列圆锥滚子轴承，后支承为单列圆锥滚子轴承，其径向和轴向刚度很高，能承受重载荷。但这种结构限制了主轴的最高转速，因此适用于中等精度低速重载数控机床。

2. 刀具自动装卸及切屑清除装置

在某些带有刀具库的数控机床中，主轴组件除具有较高的精度和刚度外，还带有刀具自动装卸装置和主轴孔内的切屑清除装置，如图7.11所示。主轴前端有7:24的锥孔，用于装夹锥柄刀夹；端面键13用于传递扭矩。

为了实现刀具的自动装卸，主轴内设有刀具自动夹紧装置，由拉紧机构拉紧锥柄刀夹尾端的拉钉来实现刀夹的定位及夹紧。拉紧刀夹时，液压缸右腔回油，弹簧11推动活塞6右移至图示位置，拉杆4在碟形弹簧5的作用下向右移动；由于此时装在拉杆前端的四个钢球12进入主轴孔中直径较小直径处，被迫收拢而卡进拉钉2的环形凹槽内，因而刀杆被拉杆拉紧，刀夹通过锥柄定位在主轴上。换刀前需将刀夹松开时，压力油进入液压缸右腔，活塞6推动拉杆4向左移动，碟形弹簧被压缩；当钢球12随拉杆一起左移至进入主轴孔中直径较大的位置时，将不能约束拉钉的头部，紧接着拉杆内孔的台肩端碰到拉钉，把刀夹顶松。此时，行程开关10发出信号，换刀机械手随即将刀夹取下；与此同时，压缩空气由管接头9经活塞和拉杆的中心通孔吹入主轴装刀孔内，把切屑或脏物清除干净，以保证刀具的装夹精度。机械手把新刀装上主轴后，液压缸7接通回油，碟形弹簧又拉紧刀夹。刀夹拉紧后，行程升关8发出信号。

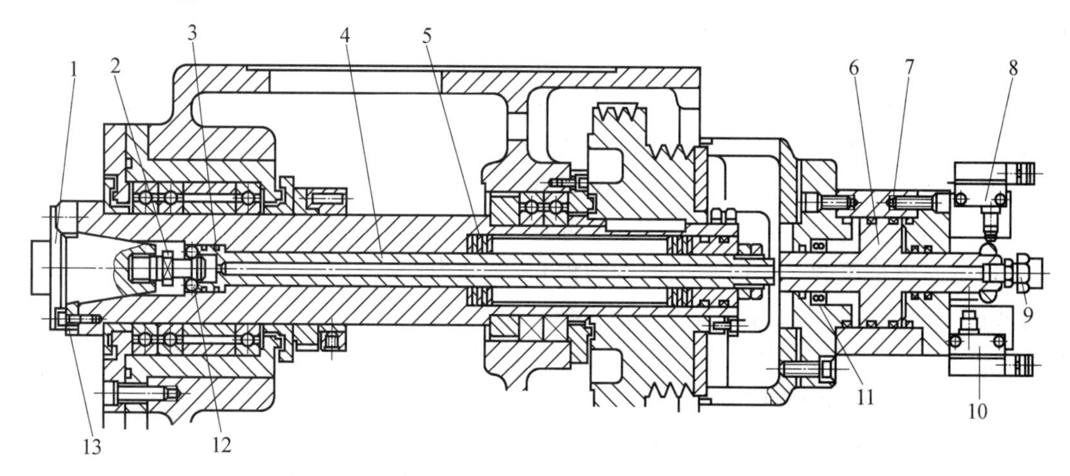

图7.11　数控铣镗床主轴部件

1—刀柄；2—拉钉；3—主轴；4—拉杆；5—碟形弹簧；6—活塞；7—液压缸；8、10—行程开关；9—管接头；11—弹簧；12—钢球；13—端面键

3. 主轴准停装置

自动换刀数控机床主轴组件设有准停装置，其作用是使主轴每次都准确地停止在固定的周向位置上，以保证换刀时主轴上的端面键能对准刀夹上的键槽，同时使每次装刀时刀夹

与主轴的相对位置不变，提高刀具的重复安装精度，从而提高孔加工时孔径的一致性。图7.12中主轴组件采用的是电气准停装置，其工作原理如图7.13所示。

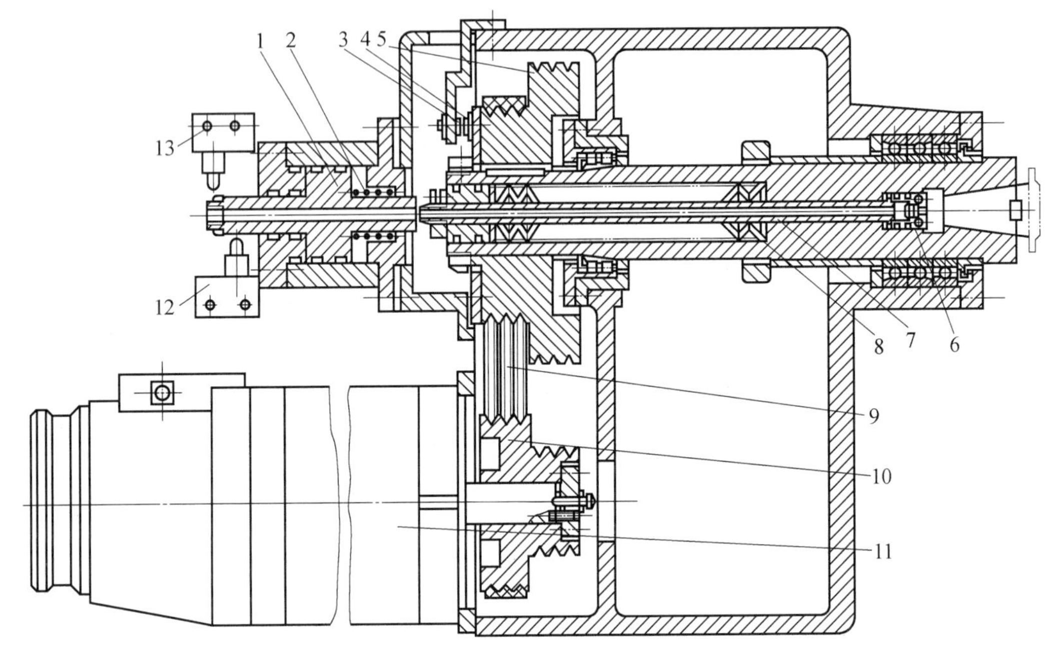

图7.12 自动换刀铣床主轴的准停、夹紧机构

1—活塞；2—弹簧；3—永久磁铁；4—磁传感器；5、10—带轮；6—钢球；7—拉杆；8—碟形弹簧；9—V带；11—电动机；12、13—限位开关

在图7.13中带动主轴旋转的多楔带轮1的端面上装有一个厚垫片4，垫片上装有一个体积很小的永久磁铁3。在主轴箱箱体对应于主轴准停的位置上，装有磁传感器2。当机床需要停车换刀时，数控系统发出主轴停转的指令，主轴电动机立即降速，当永久磁铁3对准磁传感器2时，后者发出准停信号。此信号经放大后，由定向电路控制主轴电动机准确地停止在规定的周向位置上。这种装置可保证主轴准停的重复精度在±1°范围内。

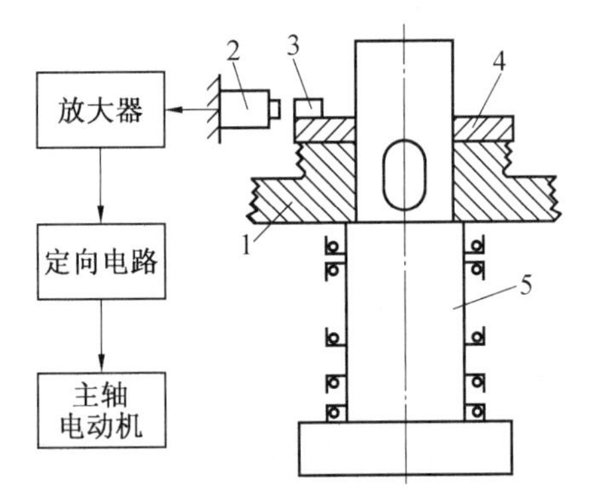

图7.13 JCS-018主轴准停装置的工作原理

1—多楔带轮；2—磁传感器；3—永久磁铁；4—垫片；5—主轴

自动清除主轴孔中的切屑和尘埃是换刀操作中的一个不容忽视的问题。如果在主轴锥孔中掉进了切屑或其它污物，在拉紧刀杆时，主轴锥孔表面和刀杆的锥柄就会被划伤，使刀杆发生偏斜，破坏刀具的正确定位，影响加工零件的精度，至使零件报废。为了保证主轴锥孔的清洁，常用压缩空气吹屑。图7.11中活塞6的心部钻有压缩空气通道，当活塞向下移动时，压缩空气经拉杆4吹出，将锥孔清理干净。喷气小孔设计有合理的喷射角度，并均匀分布，以提高吹屑效果。

7.4　数控机床进给传动系统

数控机床的工件加工位置和轮廓轨迹由数控机床的进给运动完成,工件的最后定位精度和轮廓精度都受到进给运动的传动精度、灵敏度和稳定性的影响。为此,数控机床的进给系统一般具有以下特点:

(1)摩擦阻力小

为了提高数控机床进给系统的快速响应性能和运动精度,必须减小运动件间的摩擦阻力和动、静摩擦力之差。为满足上述要求,在数控机床进给系统中,直线传动部件普遍采用滚珠丝杠螺母副、静压丝杠螺母副;导轨采用滚动导轨、静压导轨和塑料导轨。同时,各运动部件还应考虑有适当的阻尼,以保证系统的稳定性。

(2)传动精度和刚度高

从机械结构方面考虑,进给传动系统的传动精度和刚度主要取决于传动间隙和丝杠螺母副、蜗轮蜗杆副及其支承结构的精度和刚度。传动间隙主要来自传动齿轮副、蜗轮副、丝杠螺母副及其支承部件之间的间隙,因此进给传动系统广泛采取施加预紧力或其它消除间隙的措施;另外,缩短传动链、加大丝杠直径,对丝杠本身以及对丝杠螺母副、支承部件施加预紧力,都是提高传动刚度的有效措施。

(3)运动部件惯量小

运动部件的惯量对伺服机构的启动和制动特性都有影响,尤其是处于高速回转的零部件。因此,在满足部件强度和刚度的前提下,尽可能减小运动部件的质量、减小旋转零件的直径和质量,以降低其惯量。

7.4.1　滚珠丝杠螺母副

滚珠丝杠螺母副是回转运动和直线运动相互转换的一种高效传动装置,在数控机床上得到广泛应用。它的结构特点是在具有螺旋槽的丝杠螺母间装有滚珠,使丝杠与螺母之间的运动成为滚动,以减少摩擦。

1. 滚珠丝杠螺母副的特点

滚珠与丝杠、螺母之间基本上是滚动摩擦,所以具有以下优点;

①传动效率高。滚珠丝杠副的传动效率很高,达92%~98%,是普通丝杠传动的2~4倍;

②摩擦力小。因为滚珠滚动时的动、静摩擦系数相差小,因而传动灵敏、运动平稳、低速运动不易产生爬行,伺服精度和定位精度高。

③使用寿命长。滚珠丝杠副采用优质合金钢制成,其滚道表面经淬火热处理后硬度高达60~62HRC,表面粗糙度小;滚动丝杠副具有这些优点,使其在各类中小型数控机床的直线进给系统普遍采用。

但是滚珠丝杠也有如下缺点:

①制造成本高。滚珠丝杠对自身的加工精度和装配精度要求严格,其制造成本大大高于普通丝杠。

②不能实现自锁。由于其摩擦系数小而不能自锁,当作用于垂直位置时,为防止因突然停电而造成的主轴箱自动下滑,必须加有制动装置。

2. 滚珠丝杠螺母副结构和工作原理

滚珠丝杠螺母副的工作原理是丝杠和螺母上都加工有圆弧形的螺旋槽，它们对合起来就形成了螺旋滚道。在滚道内装有滚珠，当丝杠与螺母相对运动时，滚珠沿螺旋槽向前滚动，在丝杠上通过数圈以后通过回程引导装置，逐个地又滚回到丝杠与螺母之间，构成一个闭合的回路。

滚珠循环方式分为外循环和内循环两种方式。

(1)内循环

内循环中的滚珠靠螺母上安装的反向器接通相邻滚道，循环过程中滚珠始终与丝杠保持接触，如图7.14所示，滚珠从螺纹滚道进入反相器，借助反向器迫使滚珠越过丝杠牙顶进入相邻滚道，实现循环。一般一个螺母上装有2～4个反向器、反向器沿螺母圆周等分分布。其优点是径向尺寸紧凑，刚性好，因其返回滚道较短，摩擦损失小。缺点是反向器加工困难。

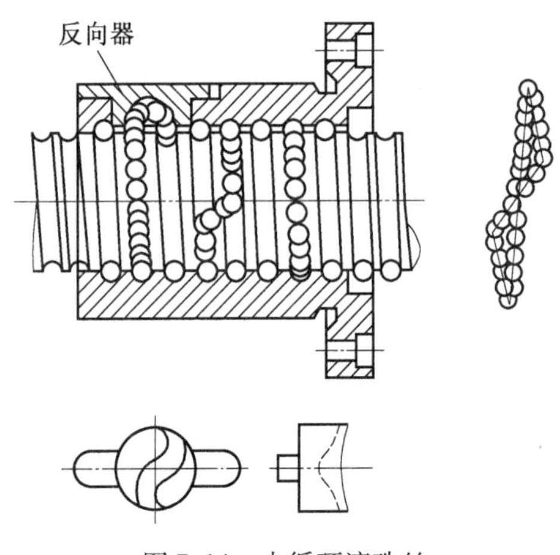

图7.14 内循环滚珠丝

(2)外循环

外循环的滚珠通过螺母外表面上的螺旋槽或插管返回，重新进入循环。图7.15(a)为插管式，它用弯管作为返回管道，这种形式结构工艺性好，但由于管道突出于螺母体外，径向尺寸较大。图7.15(b)所示为螺旋槽式，它是在螺母外圆上铣出螺旋槽，槽的两端钻出通孔并与螺纹滚道相切，形成返回通道，这种形式的结构比插管式结构径向尺寸小，但制造较复杂。

3. 滚珠丝杠螺母副轴向间隙的调整

滚珠丝杠的传动间隙是轴向间隙。轴向间隙通常是指丝杠和螺母无相对运动时，丝杠和螺母之间的最大轴向窜动量。除了结构本身所具有的游隙之外，还包括施加轴向载荷后产生弹性变形所造成的轴间窜动量。为了保证反向传动精度和轴向刚度，通常采用预紧法来消除轴向间隙。用预紧方法消除间隙时应注意，预加载荷能够有效地减少弹性变形所带来的轴向位移，但预紧力不宜过大。过大的预紧载荷将增加摩擦力，使传动效率降低，缩短丝杠的使用寿命。所以，一般需要经过多次调整才能保证机床在最大轴向载荷下既消除了间隙又能灵活运转。

消除间隙的基本原理是使两个螺母产生轴向位移，常用的方法是用双螺母结构消除丝杠与螺母的间隙。

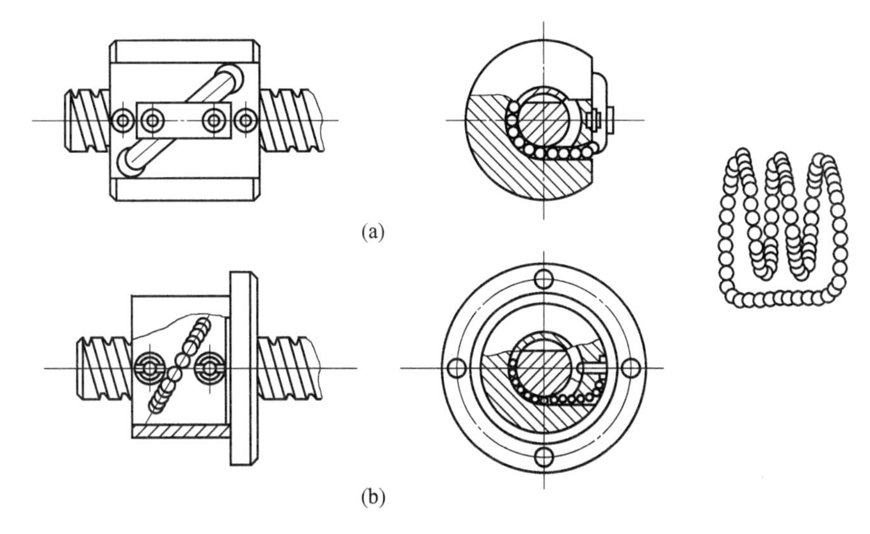

图7.15 外循环滚珠丝杠

(1)垫片调隙式

图7.16是双螺母垫片调隙式结构,通过调整垫片的厚度使左、右螺母产生轴向位移,就可达到消除间隙和产生预紧力的作用。这种方法结构简单,刚性好,装卸方便、可靠。缺点是调整费时,很难在一次修磨中调整完成,优点是仅适用于一般精度的数控机床。

(2)齿差调隙式

图7.17是双螺母齿差调隙式结构,在两个螺母3和2的凸缘上各制有一个圆柱齿轮,两个齿轮的齿数只相差一个齿,即 $z_1-z_2=1$,两个内齿圆1和4与外齿轮齿数分别相同,并用螺钉和销钉固定在螺母座的两端。调整时先将内齿圈取下,根据间隙的大小调整两个螺母分别向相同的方向转过一个或多个齿。使两个螺母在轴向移近相应的距离,达到调整间隙预紧的目的。

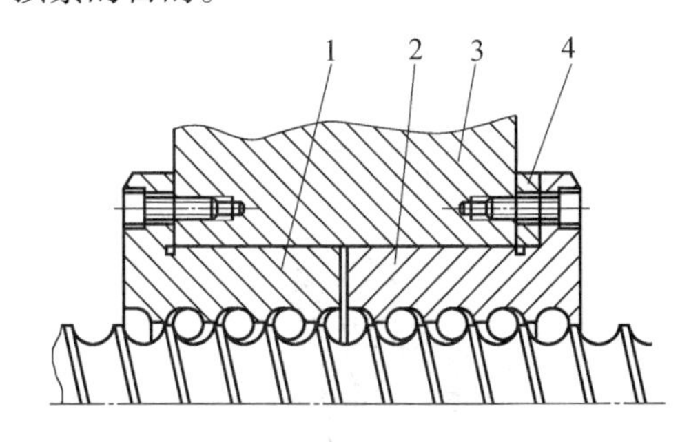

图7.16 双螺母垫片调隙式结构

1、2—丝母;3—丝母座;4—调整垫片

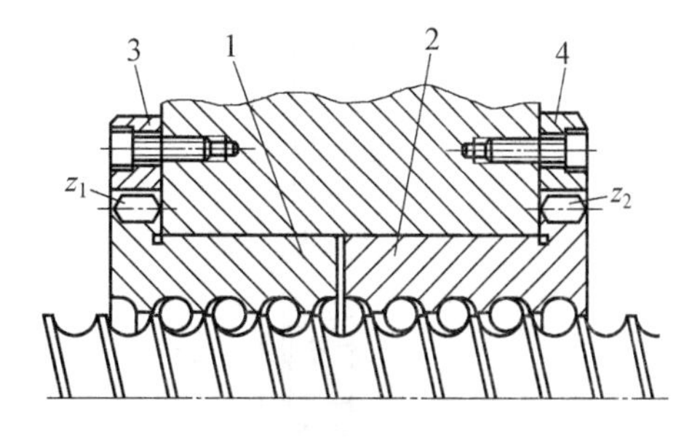

图7.17 双螺母齿差调隙式结构

1、2—丝母;3、4—内齿轮

齿差调隙式的结构较为复杂,尺寸较大,但是调整方便。可获得精确的调整量,预紧可靠,不会松动,适用于高精度传动。

(3)螺纹调隙式

图7.18是双螺母螺纹调隙式结构,用键限制螺母在螺母座内的转动。调整时,拧动圆螺母将螺母沿轴向移动一定距离,在消除间隙之后用另一圆螺母将其锁紧。这种调整方法结构简单紧凑,且可在使用过程中随时调整,但预紧力大小不能准确控制。

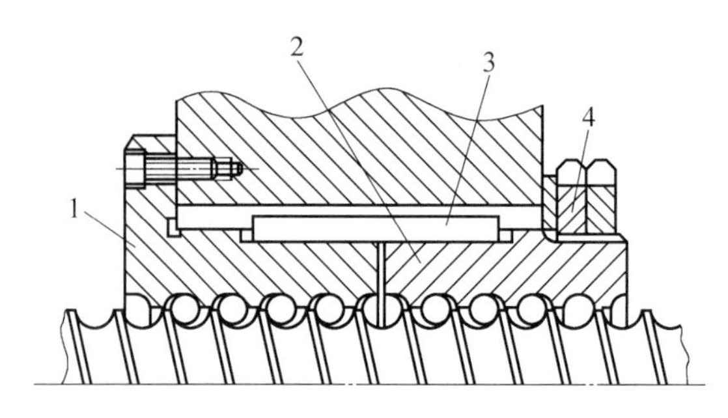

图 7.18　双螺母螺纹调隙式结构

7.4.2　传动齿轮间隙消除机构

由于数控机床进给系统的传动齿轮副存在间隙,在开环系统中会造成进给运动的位移值滞后于指令值;反向时,会出现反向死区,影响加工精度。在闭环系统中,由于有反馈作用,滞后量虽可得到补偿,但反向时会使伺服系统产生振荡而不稳定。为了提高数控机床伺服系统的性能,可采用下列方法减少或消除齿轮传动间隙。

1. 刚性调控法

这种调整后齿侧间隙不能自动补偿的调整方法,因此齿轮的周节公差及齿厚要严格控制,否则传动的灵活性会受到影响。这种调整方法结构比较简单,且有较好的传动刚度。

图 7.19 为偏心套式调整间隙结构,电动机 1 通过偏心套 2 安装在壳体上,小齿轮装在电机 1 上,通过偏心套 2 调整主动齿轮和从动齿轮之间的中心距来消除齿轮传动副的齿侧间隙。

图 7.20 为用一个带有锥度的齿轮消除间隙的结构,一对啮合着的圆柱齿轮,若它们的节圆直径沿着齿的方向制成一个较小的锥度,只要改变垫片 3 的厚度就能改变齿轮 2 和齿轮 1 的轴向相对位置,从而消除齿侧间隙。

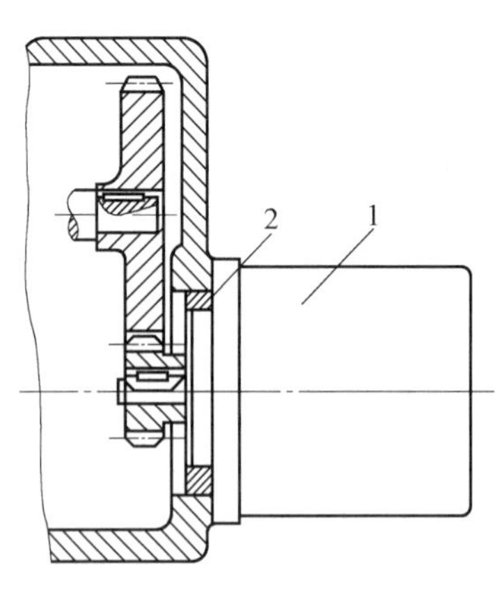

图 7.19　偏心套式消除间隙机构
1—电动机;2—偏心套

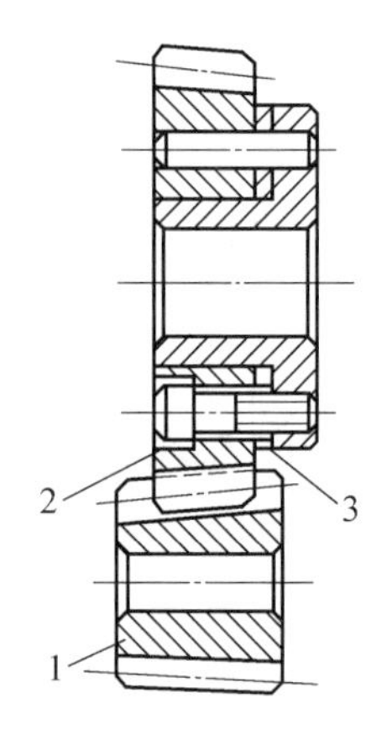

图 7.20　轴向垫片调整结构
1、2—齿轮;3—垫

2. 柔性调整法

这是指调整之后齿侧间隙仍可自动补偿的调整方法,这种方法一般采用调整压力弹簧的压力来消除齿侧间隙,并在齿轮的齿厚和周节有变化的情况下,也能保持无间隙啮合。但这种结构较复杂,轴向尺寸大、传动刚度低,同时传动平稳性也差。

图 7.21 为轴向压簧调整结构，两个薄片斜齿轮 1 和 2 用键滑套在同一轴上，用螺母 5 来调整压力弹簧 3 的轴向压力，使齿轮 1 和 2 的左、右齿面分别与斜齿轮 4 齿槽的左、右侧面贴紧。

图 7.22 为周向弹簧调整结构，两个齿数相同的薄片齿轮 1 利 2 与另一个宽齿轮相啮合。

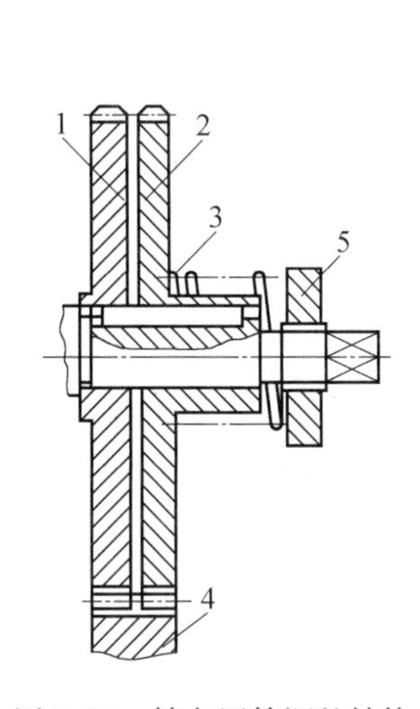

图 7.21　轴向压簧调整结构

1、2—齿轮；3—压力弹簧；4—宽斜齿轮；5—螺母

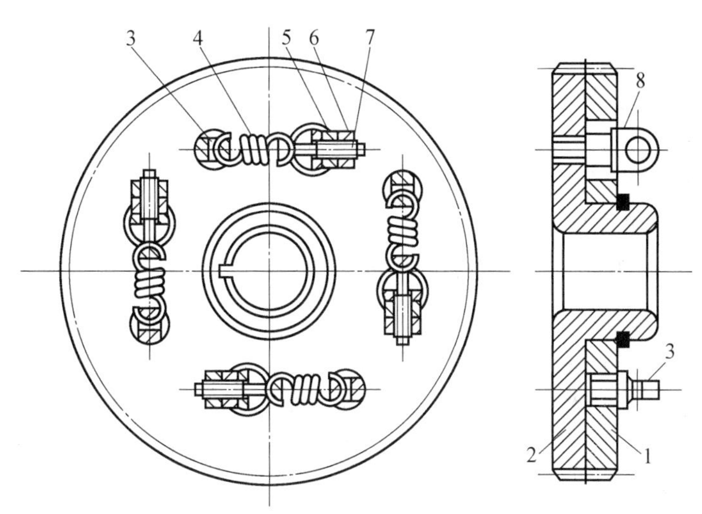

图 7.22　周向弹簧调整结构

1、2—齿轮；3、8—凸耳；4—弹簧；5、6—旋转螺母；7—调整螺钉

齿轮 1 空套在齿轮 2 上，可以相对回转。每个齿轮端面分别装有凸耳 3 和 8，齿轮 1 的端面还有四个通孔，凸耳 8 可以从中穿过，弹簧 4 分别钩在调节螺钉 7 和凸耳 3 上，旋转螺母 5 和 6 可以调整弹簧 4 的拉力，弹簧的拉力可以使薄片齿轮错位，即两片薄齿轮的左、右齿面分别与宽齿轮齿槽的右、左紧贴，消除齿侧间隙。

3. 齿轮齿条传动副消除间隙的方法

如图 7.23 所示，如果通过弹簧在轴 2 上作用一个轴向力 F，使斜齿轮产生微量轴向移动，这时轴 1 和轴 3 便以相反的方向转过微小的角度，使齿轮 4 和 5 分别与齿条的两齿面贴紧，从而消除间隙。

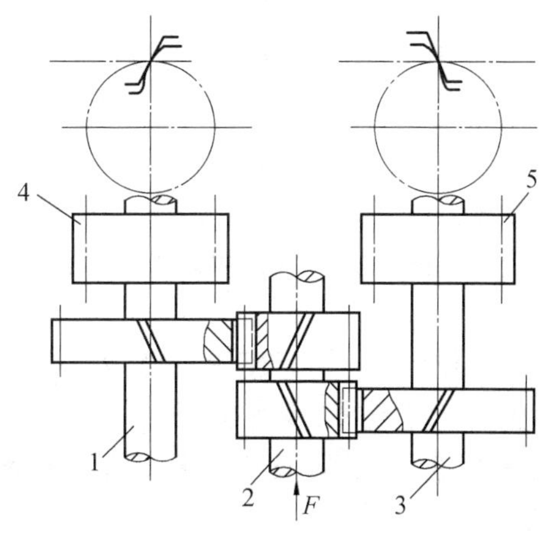

图 7.23　双齿轮驱动齿条调隙

1、2、3—轴；4、5—齿轮

7.5 数控回转工作台

数控回转工作台是一种完成回转运动的进给系统。在数控加工过程中主要完成加工工件的回转运动和分度运动。配置回转工作台的数控机床可完成更大的加工工艺范围,可实现一次装夹多面加工,提高数控机床的加工效率。数控回转工作台一般分为数控回转工作台和分度台。

数控回转工作台可实现连续的回转运动,实现与其它进给轴的联动,完成轨迹运动,实现空间曲面加工。数控分度工作台只能完成分度功能,而不能实现连续的圆周进给运动。通过相应的定位机构,数控分度工作台可完成高精度定位,并且只能完成规定的角度(如45°、60°或90°等)。

7.5.1 数控回转工作台

数控回转工作台可以实现工作台的进给分度运动,即在非切削时,装有工件的工作台在整个圆周(360°范围内)进行分度旋转;也可实现工作台圆周方向的进给运动,即在进行切削时,与其它坐标轴进行联动,加工复杂的空间曲面。

图7.24为一种卧式镗铣床的数控回转工作台。该数控回转工作台由传动系统、间隙消除装置及蜗轮夹紧装置等组成。

工作台的运动由伺服电机1驱动,经齿轮2和4带动蜗杆9、蜗轮10使工作台回转。通过调整偏心环3消除齿轮2和齿轮4的齿侧隙。齿轮4和蜗杆9是靠楔形拉紧圆柱销5(*A*–*A*剖面)来连接的,这种连接方式能消除轴与套的配合间隙。为了消除蜗杆副的传动间隙,蜗杆9采用了双螺距渐厚蜗杆,通过移动蜗杆的轴向位置来调整间隙。这种蜗杆的左右两侧面具有不同的螺距,因此蜗杆齿厚从一端向另一端逐渐增厚。但由于同一侧的螺距是相同的,所以仍然保持着正常的啮合。

调整时,先松开螺母7上的锁紧螺钉8,使压块6与调整套11松开,同时将楔形拉紧圆柱销5松开,然后转动调整套11,带动蜗杆9作轴向移动。蜗杆的左、右两端都由双列滚针轴承支承,左端为自由端,可以伸长消除温度变化的影响;右端装有双列推力轴承,能轴向定位。

当工作台静止时,处于锁紧状态。在蜗轮下方,沿圆周分布八对夹紧瓦12及13,并在底座上对应分布八个夹紧液压缸14。当工作台不回转时,夹紧液压缸14的上腔进压力油,使活塞15向下运动,通过钢球17驱动夹紧瓦13及12将蜗轮10夹紧;当工作台需要回转时,数控系统发出指令,使夹紧液压缸14上腔的油流回油箱。在弹簧16的作用下,钢球17抬起,夹紧瓦12及13松开蜗轮10,使蜗轮和回转工作台按照控制系统的指令作回转运动。

光栅18是位置测量元件,它反馈转台角度信息给数控系统,完成高精度的位置控制。

7.5.2 分度工作台

分度工作台只能完成分度运动,而不能实现圆周进给运动。由于结构上的原因,通常分度工作台的分度运动只限于完成规定的角度(如45°、60°或90°等),即在需要分度时,按照数控系统的指令,将工作台及其工件回转规定的角度,然后定位夹紧,以改变工件相对于主轴的位置,完成工件各个表面的加工。

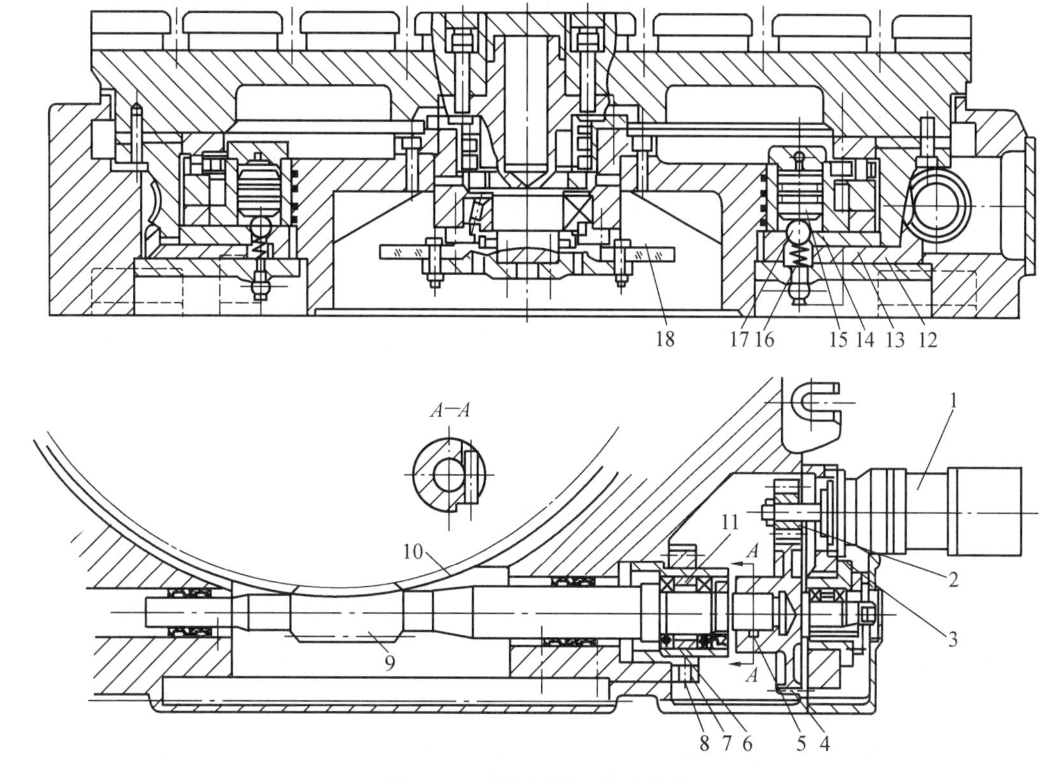

图7.24 数控回转工作台结构

1-伺服电机,2、4-齿轮;3-偏心环;5-楔形拉紧圆柱销;6-压块;7-螺母;8-紧定螺钉;9-蜗杆;10-蜗轮;11-调整套;12、13-夹紧瓦;14-夹紧液压缸;15-活塞;16-弹簧;17-钢球;18-光栅

分度工作台按其定位机构的不同分为定位销式和鼠牙齿盘式两类。

鼠牙齿盘式分度工作台是利用一对上、下啮合的端面齿盘,通过上、下齿盘的相对运动实现工作台的分度,分度的角度范围依据齿盘的齿数而定,分度精度可达±(0.5~3)″。由于采用多齿重复定位,因此重复定位精度稳定,定位刚度高,只要是分度数能除尽端面齿盘齿数,都能分度,适用于多工位分度。其缺点是端面齿盘制造较为困难,且不能进行任意角度的分度。

定位销式分度工作台主要靠工作台的定位销和定位孔来实现,分度的角度取决于定位孔在圆周上分布的数量。图7.25为一种卧式镗铣床的定位销式分度工作台。

分度工作台1嵌在长方工作台10之中。在不单独使用分度工作台时,两个工作台可以作为一个整体使用。在分度工作台1的底部均匀分布着八个圆柱定位销7,在底座21上有一个定位孔衬套6及供定位销移动的环形槽。其中,只有一个定位销7进入定位孔衬套6中,其它7个定位销则都在环形槽中。因为定位销之间的分布角度为45°,故只能实现45°等分的分度运动。其工作过程分为三个步骤。

(1)松开锁紧机构并拔出定位销

当需要分度时,机床的数控系统发出指令,由电气控制六个均布的锁紧液压缸8(图中只示出一个)中的压力油经环形油槽13流回油箱,活塞11被弹簧12顶起,分度工作台1处于松开状态。同时,消隙液压缸5也卸荷,液压缸中的压力油经回油路流回油箱。油管18

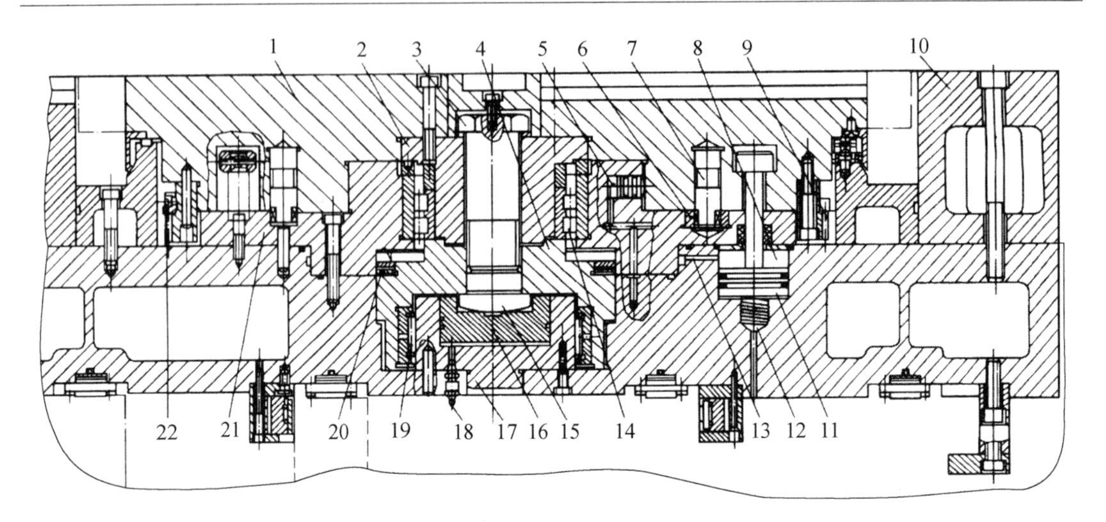

图 7.25 定位销式分度工作台的结构

1—分度工作台;2—锥套;3—螺钉;4—支座;5—消隙液压缸;6—定位孔衬套;7—定位销;8—销紧液压缸;9—齿轮;10—长方工作台;11—锁紧缸活塞;12—弹簧;13—油槽;14、19、20—轴承;15—螺栓;16—活塞;17—中央液压缸;18—油管;21—底座;22—挡块

中的压力油进入中央液压缸 17,使活塞 16 上升,并通过螺栓 15、支座 4 把推力轴承 20 向上抬起 15 mm,顶在底座 21 上。分度工作台 1 用四个螺钉与锥套 2 相连,而锥套 2 用六角头螺钉 3 固定在支座 4 上,所以当支座 4 上移时,通过锥套 2 使工作台 1 抬高 15 mm,固定在工作台面上的定位销 7 从定位孔衬套 6 中拔出。

(2)工作台回转分度

当工作台抬起之后发出信号,使液压马达驱动减速齿轮(图中未示出),带动固定在工作台 1 下面的大齿轮 9 转动,进行分度运动。分度工作台的回转速度由液压马达和液压系统中的单向节流阀来调节,分度初作快速转动,在将要到达规定位置前减速,减速信号由固定在大齿轮 9 上的挡块 22(共八个周向均布)碰撞限位开关发出。挡块碰撞第一个限位开关时,发出信号使工作台降速,碰撞第二个限位开关时,分度工作台停止转动。此时,相应的定位销 7 正好对准定位孔衬套 6。

(3)工作台下降并锁紧

分度完毕后,数控系统发出信号使中央液压缸 17 卸荷,油液经管道 18 流回油箱,分度工作台 l 靠自重下降,定位销 7 插入定位孔衬套 6 中。定位完毕后消隙液压缸 5 通压力油,活塞顶向工作台面 l,以消除径向间隙。经油槽 13 来的压力油进入锁紧液压缸 8 的上腔,推动括塞 11 下降,通过 11 上的 T 形头将工作台锁紧。至此分度工作进行完毕。

分度工作台 1 的回转部分支承在加长型双列圆柱滚子轴承 14 和滚针轴承 19 上,轴承 14 的内孔带有 1 :12 的锥度,用来调整径向间隙。轴承内环固定在锥套 2 和支座 4 之间,并可带着滚柱在加长的外环内作 15 mm 的轴向移动。轴承 19 装在支座 4 内,能随支座 4 作上升或下降移动并作为另一端的回转支承。支座 4 内还装有端面滚柱轴承 20,使分度工作台回转很平稳。

定位销式分度工作台的定位精度取决于定位销和定位孔的精度,最高可达±5″。定位销和定位孔衬套的制造和装配精度要求都很高,硬度的要求也很高,而且耐磨性要好。

7.6　数控机床导轨

7.6.1　数控机床对导轨的基本要求

导轨的作用概括地说是对运动部件起导向和支承作用，机床上的直线运动部件是沿着它的床身、立柱、横梁等支承件上的导轨进行运动的，导轨的制造精度保持性对机床加工精度有着重要的影响。数控机床对导轨的主要要求如下：

(1)导向精度高

导向精度是指机床的动导轨沿支承导轨运动的直线度(对直线运动导轨)或圆度(对圆周运动导轨)。无论空载还是加工，导轨都应具有足够的导向精度，这是对导轨的基本要求。各种机床对于导轨本身的精度都由具体的规定或标准，以保证导轨的导向精度。

(2)精度保持性好

精度保持性是指导轨能否长期保持原始精度。影响精度保持性的主要因素是导轨的磨损。此外，还与导轨的结构形式及支承件(如床身)的材料有关。数控机床的精度保持性要求比普通机床高，应采用摩擦系数小的滚动导轨、塑料导轨或静压导轨。

(3)足够的刚度

机床各运功部件所受的外力，最后都由导航面来承受。若导轨受力后变形过大，不仅破坏导向精度，而且恶化了导轨的工作条件。导轨的刚度主要取决于导轨类型、结构形式和尺寸大小、导轨与床身的连接方式、导轨材料和表面加工质量等。数控机床的导轨截面积通常较大，有时还需要在主导轨外添加辅肋导轨来提高刚度。

(4)良好的摩擦特性

数控机床导轨的摩擦系数要小，而且动、静摩擦系数应尽量接近，以减少摩擦阻力和导轨受热变形，使运动轻便平稳，低速无爬行。

此外，导轨结构工艺性要好，便于制造和装配，便于检验、调整和维修，而且要有合理的导轨防护和润滑措施。

7.6.2　数控机床导轨的类型与特点

导轨按接触面的摩擦性质分为滑动导轨、滚动导轨和静压导轨三种。其中数控机床最常用的则是镶粘塑料滑动导轨和滚动导轨。

1. 滑动导轨

滑动导轨具有结构简单、制造方便、刚性好、抗振性高等优点，是机床上使用最广泛的导轨形式。但普通的铸铁-铸铁、铸铁-淬火钢导轨存在的缺点是静摩擦系数大，而且动摩擦系数随速度变化而变化，摩擦损失大，低速(1～60 mm/mm)易出现爬行现象，降低了运动部件的定位精度。

通过选用合适的导轨材料和采用相应的热处理及加工方法，可以提高滑动导轨的耐磨性及改善其摩擦特性。如采用优质铸铁、合金耐磨铸铁或镶淬火钢导轨；进行导轨表面滚轧强化、表面淬硬、涂铬、涂钼工艺处理等。

镶粘塑料导轨不仅可以满足机床对导轨的低摩擦、耐磨、无爬行、高刚度的要求，同时又具有生产成本低、应用工艺简单、经济效益显著等特点，因此，镶粘塑料导轨在数控机床上得到了广泛的应用。

镶粘塑料导轨是通过在滑动导轨面上镶粘一层由多种成分复合的塑料导轨软带，来达到改善导轨性能的目的。这种导轨的共同特点是摩擦系数小，且动、静摩擦系数差很小，能防止低速爬行现象；耐磨性、撕濒伤能力强；加工性和化学稳定性好，工艺简单，成本低，并有良好的自润滑和抗振性。塑料导轨多与铸铁导轨或淬硬钢导轨相配使用。

常用的塑料导轨软带主要有以下几种：

①以聚四氟乙烯（PTFY）为基体，通过添加不同的填充料构成的高分子复合材料。聚四氟乙烯是现有材料中摩擦系数最小（0.04）的一种，但纯聚四氟乙烯不耐磨，因而需要添加663 青铜粉、石墨、MoS_2、铅粉等填充料增加耐磨性。这种导轨软带具有良好的耐磨、减摩、吸振、消声性能；适用的工作温度为-200 ℃ ~280 ℃；动、静摩擦系数小，且两者之差很小；还可以在干摩擦下应用；并且能吸收外界进入导轨面的硬粒，使导轨不至拉伤和磨损，这种材料常被做成厚度为0.1 ~2.5 mm 的塑料软带形式，粘结在导轨基面上。图 7.26 是镶粘塑料导轨的结构示意图。

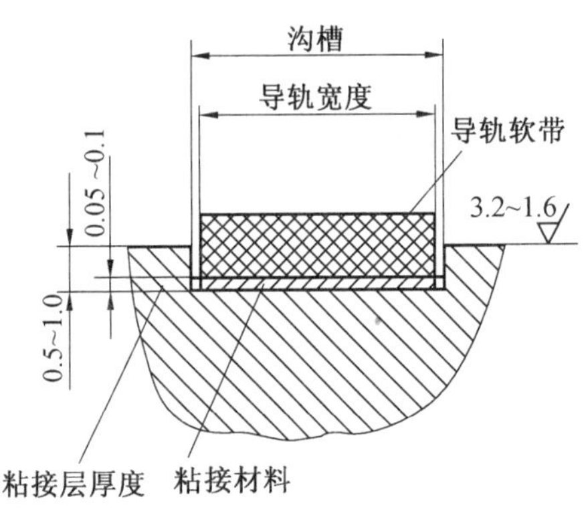

图 7.26　镶粘塑料导轨的结构示意图

②以环氧树脂为基体、加入 MoS_2、胶体石墨、TiO_2 等制成的耐磨涂层材料。这种涂料附着力强，可用涂敷工艺或压注成形工艺涂到预先加工成锯齿形状的导轨上，涂层厚度为1.5 ~2.5 mm。我国已生产的有环氧树脂耐磨涂料（MNT），在它与铸铁组成的导轨副中，摩擦系数 f 为 0.1 ~0.12，在无润滑油情况下仍有较好的润滑和防爬行的效果。塑料涂层导轨主要使用在大型和重型机体上。

2. 滚动导轨

滚动导轨是在导轨面之间放置滚珠、滚柱、滚针等滚动体，使轨面之间的滑动摩擦变成为滚动摩擦。滚动导轨与滑动导轨相比的优点：

①灵敏度高，且其动摩擦与静摩擦系数相差甚微，因而运动平稳，低速移动时，不易出现爬行现象。

②定位精度高，重复定位精度可达 0.2 μm。

③摩擦阻力小，移动轻便，磨损小，精度保持性好，寿命长。但滚动导轨的抗振性较差，对防护要求较高。

滚动导轨特别适用于机床工作部件移动均匀、运动灵敏及定位精度高的要求，这是滚动导轨在数控机床上得到广泛应用的原因。

滚动直线导轨副的结构原理如图 7.27 所示，是由导轨、滑块、钢球、反向器、密封端盖及挡板等部分组成。当导轨与滑块作相对运动时，钢球就沿着导轨上经过淬硬并精密磨削加工而成的四条滚道滚动；在滑块端部，钢球通过反向器反向，进入回珠孔后再返回到滚道，钢球就这样周而复始地进行滚动运动。反向器两端装有防尘密封端盖、可有效地防止灰尘、屑末进入滑块内部。这种导轨是广泛应用的工业化产品，是机床中最常用的一种直线导轨。

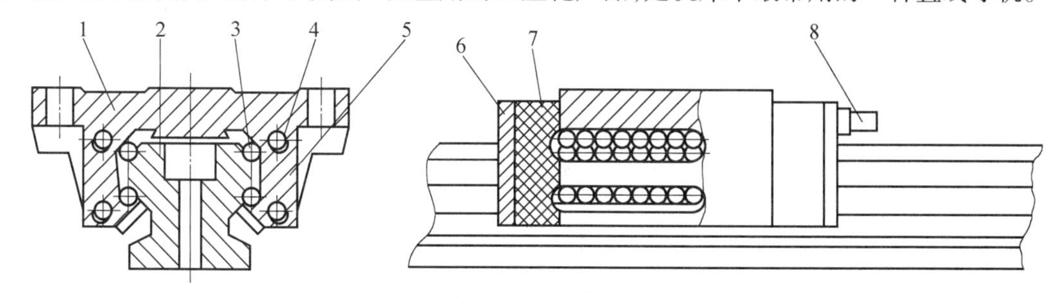

图7.27　滚动直线导轨副

1—滑块；2—导轨；3—钢球；4—回珠孔；5—侧密封；6—密封端盖；7—挡板；8—油杯

3. 静压导轨

静压导轨的滑动面之间开有油腔，将一定量的油通过节流器输入油腔，形成压力油膜，浮起运动部件，使导轨工作表面处于纯液体摩擦，不产生磨损，精度保持性好。同时，摩擦系数也极低(0.0005)，使驱动功率大大降低；低速无爬行，承载能力大，刚度好；此外，油液有吸振作用，抗振性好。其缺点是结构复杂，要有供油系统，油的清洁度要求高。

静压导轨横截面的几何形状一般有V形和矩形两种。采用V形便于导向和回油，采用矩形便于做成闭式静压导轨。另外，油腔的结构对静压导轨的性能影响很大。

静压导轨可分为开式和闭式两大类。图7.28为开式静压导轨工作原理。来自液压泵的压力油，其压力为p_0、经节流器压力降至p_1，进入导轨的各个油腔内，借油腔内的压力将动导轨浮起，使导轨面间以一厚度为h_0的油膜隔开，油腔中的油不断地穿过各油腔的封油间隙流回油箱，压力降为零。当动导轨受到外载荷W时，使动导轨向下产生一个位移，导轨间隙由h_0降为h ($h< h_0$)，使油箱回油阻力增大，油腔中压力也相应增大变为p_0($p_0> p_1$)，以平衡负载，使导轨仍在纯液体摩擦下工作。

图7.29为闭式液体静压导轨的工作原理。闭式静压导轨各方向导轨面上都开有油腔，所以闭式导轨具有承受各方面载荷和颠覆力矩的能力，设油腔各处的压强分别为p_1、p_2、p_3、p_4、p_5、p_6，当受颠覆力矩为M时，油腔1、6(p_1和p_6处的油腔)处的间隙变小，油腔3、4(p_3和p_4处油腔)处的间隙变大。由于节流器的作用，油腔1、6的压力p_1、p_6升高，油腔3、4的压力p_3、p_4降低，从而形成一个与颠覆力矩成反向的力矩，使工作台恢复平衡。当工作台受到垂直载荷F作用时、油腔1、4间隙变小，油腔3、6间隙变大，使得p_1、p_4升高，p_3、p_6降低，所形成的作用力与外载荷F相平衡。

另外，还有以空气为介质的空气静压导轨，亦称气浮导轨。不仅摩擦力很低，而且还有很好的冷却作用，可减小热变形。

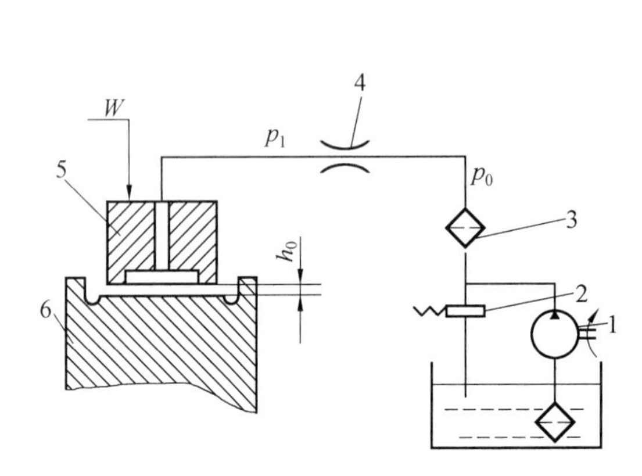

图 7.28 开式静压导轴的工作原理

1—液压泵；2—溢流阀；3—过滤器；4—节流器；5—运动导轨；6—床身导轨

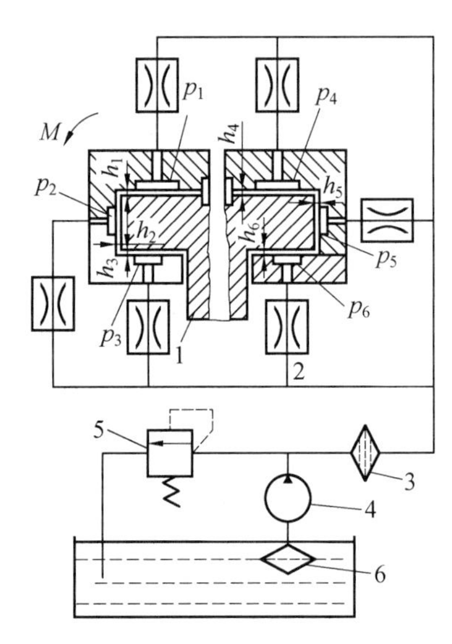

图 7.29 闭式静压导轨的工作原理

1—导轨；2—节流器；3、6—过滤器；4—节流器；5—溢流阀

7.7 自动换刀装置

为了提高数控机床加工效率，数控加工中心装备自动换刀装置，在多工步加工中完成刀具的自动更换，实现连续多工步加工，减少由于换刀产生的非切削时间。

自动换刀装置（Automatic tool changer ATC）的功能就是储备一定数量的刀具并完成刀具的自动交换。它应当满足换刀时间短、刀具重复定位精度高、刀具储存量足够、结构紧凑及安全可靠等要求。

自动换刀装置按其组成结构形式分为回转刀架式、转塔式和带刀库式自动换刀三种形式。

7.7.1 回转刀架自动换刀装置

回转刀架是一种最简单的自动换刀装置，数控车床经常采用这种自动换刀装置。根据不同的适用对象，刀架设计有四方刀架、六角刀架或更多工位的盘式轴向装刀刀架等形式。回转刀架上分别安装四把、六把或更多刀具，并按数控装置的指令回转、换刀。图 7.30 为刀具在回转刀架的安装。

回转刀架自动换刀装置还有另一种动力转塔刀架，如图 7.31。这种刀架刀盘上既可以安装各种非动力辅助刀夹（车刀夹、镗刀夹、弹簧夹头、莫氏刀柄），夹持刀具进行加工，还可以安装动力刀夹进行主动切削，动力由刀夹内部的齿轮传动使刀具回转，实现主动切削配合主机完成车、铣、钻、镗等各种复杂工序，实现加工程序自动化、高效化。

回转刀架在结构上应具有良好的强度和刚度，同时，为保证回转刀架在每次转位之后具有高的重复定位精度，要选择可靠合理的定位结构。

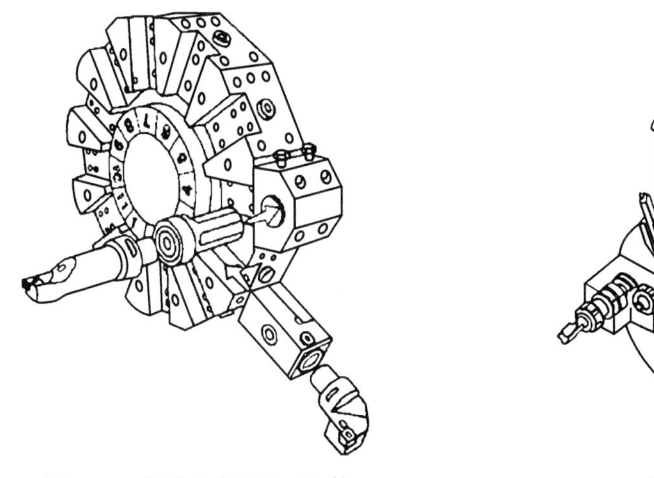

图 7.30　数控车床回转刀架体

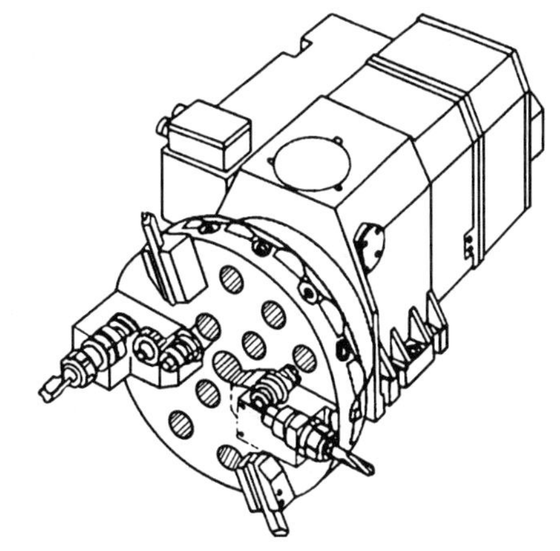

图 7.31　动力转搭刀架

图 7.32 是一种数控车床的自动换刀装置结构图,其换刀的过程一般均为刀架抬起、刀架转位、刀架定位压紧并定位等几个步骤。

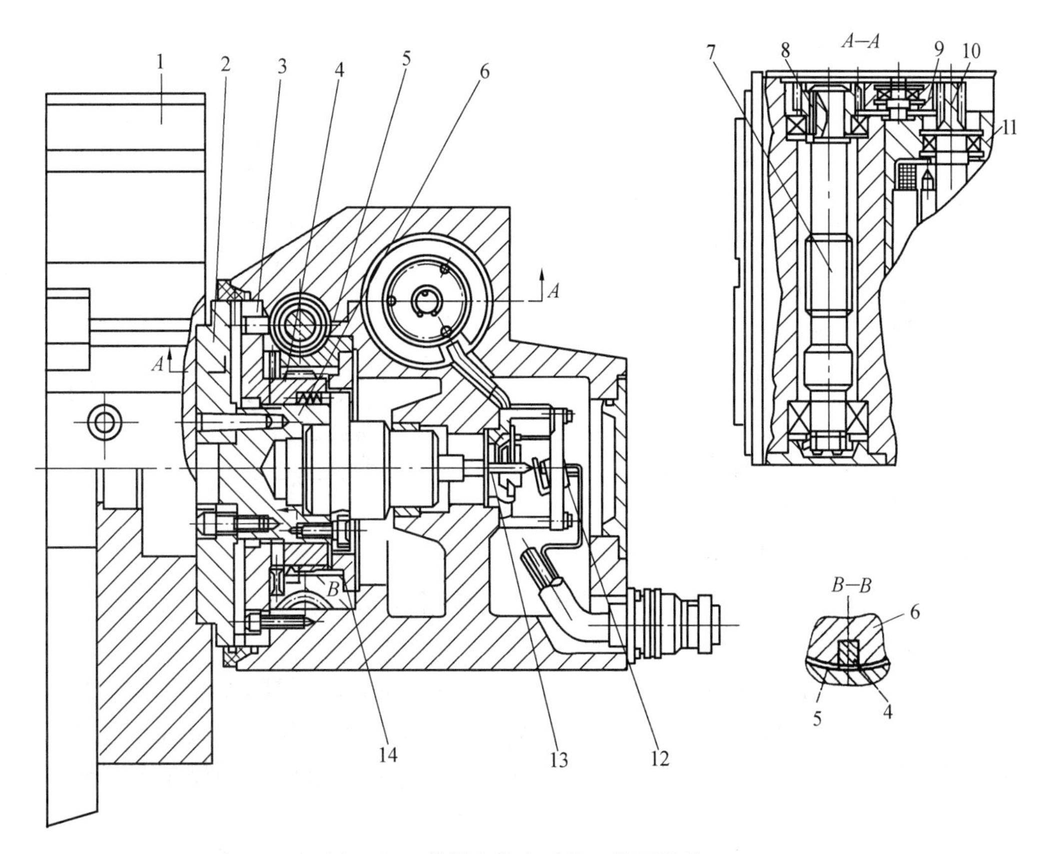

图 7.32　数控车床自动换刀装置结构

1—刀架体;2,3—端面齿盘;4—滑块;5—蜗轮;6—轴;7—蜗杆;8,9,10—齿轮;11—电动机;12—限位开关;13—小轴;14—圆环

①刀架抬起。转位开始时,电磁制动器断电,电动机 11 通电转动,通过齿轮 10、9、8 带

动蜗杆7旋转,使蜗轮5转动。蜗轮内孔有螺纹,与轴6上的螺纹配合。端面齿盘3被固定在刀架箱体上,轴6和端面齿盘2固定连接,端面齿盘2和3处于啮合状态,因此,蜗轮5转动时,轴6不能转动,只能和端面齿盘2、刀架体1同时向左移动,直到端面齿盘2和3脱离啮合。

②刀架转位。轴6外圆柱面上有两个对称槽,内装滑块4。当端面齿盘2和3脱离啮合后,蜗轮5转到一定角度时,与蜗轮5固定在一起的圆环14左侧端面的凸块便碰到滑块4,蜗轮继续转动,通过14上的凸块带动滑块连同轴6、刀架体1一起进行转位。

③刀架定位压紧。到达要求位置后,电刷选择器发出信号,使电机11反转,这时蜗轮5与圆环14反向旋转,凸块与滑块4脱离,不再带动轴6转动。同时,蜗轮5与轴6上的旋和螺纹使轴6右移,端面齿盘2和3啮合并定位。当齿盘压紧时,轴6右端的小轴13压下微动开关,发出转位结束信号,电动机断电,电磁制动器通电,维持电动机轴上的反转力矩,以保持端面齿盘之间有一定的压紧力。

7.7.2 转塔式自动换刀装置

转塔式自动换刀装置是一种换主轴头换刀方式。带有旋转刀具的数控机床常采用转塔头式自动换刀装置。在转塔头上装有几个主轴,在各个主轴头上预先安装各工步需要使用的旋转刀具,加工过程中转塔头可自动转位,从而实现自动换刀。

转塔主轴换刀方式的主要优点是省去了自动松开、卸刀、夹紧以及刀具搬运等一系列复杂操作,从而减少了换刀时间,提高了换刀的可靠性。但是由于结构上的原因和空间位置的限制,主轴的数目不可能很多。因此转塔主轴换刀通常只适用于工步较少、精度要求不太高的数控机床,如钻削中心等。车削中心转塔刀架上带有动力驱动工具,如图7.33,也属于更换主轴头换刀的方式。

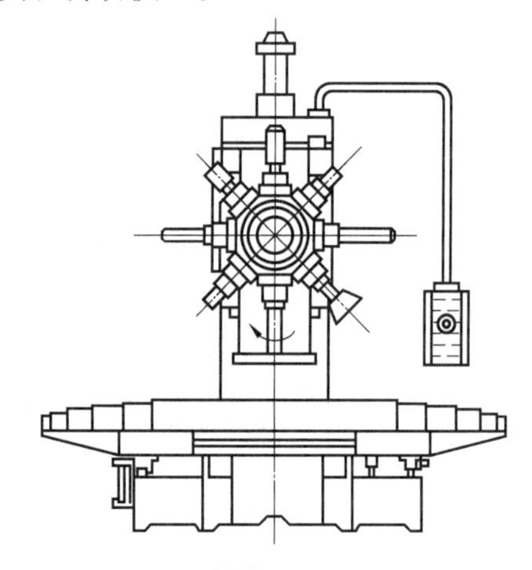

图7.33 转塔式自动换刀装置

7.7.3 刀库式自动换刀

带刀库的自动换刀装置是由刀库和刀具交换机构组成的。对比回转刀架换刀装置,被普遍应用于数控车床;带刀库的自动换刀装置一般用于镗铣类数控机床。

1. 刀库

刀库是自动换刀装置的主要部件,其功能是存储刀具,并在程序发出刀具指令后,通过刀库的运动机构,将对应的刀具或刀座调整到相应换刀位置。刀库采用电动机或液压系统提供动力,并具有定位机构来保证要换的每一把刀具或刀座都能准确地停在换刀的位置上。

(1)刀库的类型

根据刀库的容量和取刀方式,可以将刀库设计成各种形式,其中,最常用的刀库形式有盘式刀库和链式刀库。

①盘(鼓)式刀库。在盘式刀库结构中,刀具可以沿主轴轴向、径向、斜向安放,刀具轴向安装的结构最为紧凑。由于换刀时刀具应与主轴同向,有的刀库中的刀具需在换刀位置作

90°翻转。通常刀库安装在机床立柱的顶面或侧面。在刀库容量较大时,也有安装在单独的地基上,以隔离刀库转动造成的振动。

图7.34为盘式刀库,其刀具轴线与盘轴线平行环行排列,分径向(图7.34(a))、轴向(图7.34(b))两种取刀方式,其刀座结构由于取刀方式不同而有所不同。这种鼓式刀库结构简单应用较多,适用于刀库容量较小的情况。为增加刀库空间利用率,可采用双环或多环排列刀具的形式。但鼓直径增大,转动惯量就增加,选刀时间也较长。

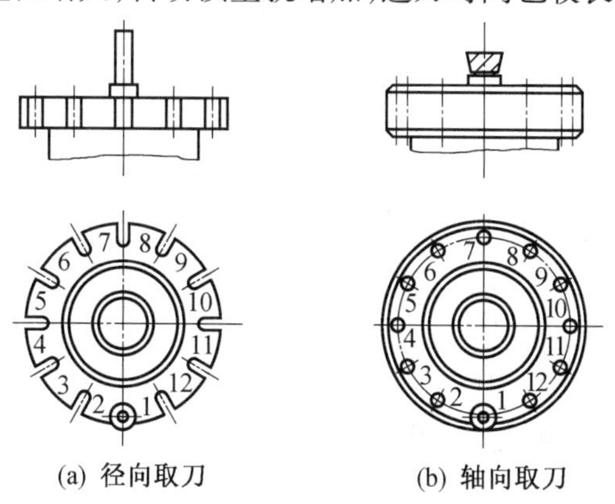

图7.34　刀具与转塔轴线平行方式

在图7.35所示的刀库中,呈径向排布(图7.35(a))或刀具与刀库轴心线成一定角度(图7.35(b))呈伞状布置,这种刀库换刀时间较短,整个换刀装置较简单,但占有较大空间,刀库位置受限制,刀库容量不宜过大。

圆盘刀库结构简单,是较常用的刀库结构形式,但由于刀具环形排列,空间利用率低,受到盘尺寸的限制,刀库容量较小,通常容量为15~32把刀。

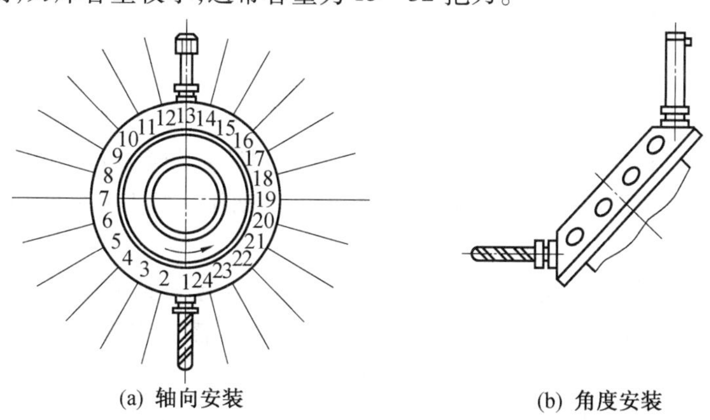

图7.35　刀具与转塔轴线成一定角度方式

②链式刀库。链式刀库也是一种较常用的形式。链式刀库是在环形链条上装有刀座,刀座装夹各种刀具,链条由链轮驱动。常用的链式刀库布局方式有单链环、折叠链环布局和多链环布局等几种,如图7.36所示。

单链环式刀库容量相对较小,如图7.36(a)所示。如果要增大刀库容量,可让链条折叠回绕增加链条长度,从而增加存刀量,如图7.36(b)。更多刀库容量可采用多链环布局链式刀库,如图7.36(c)。

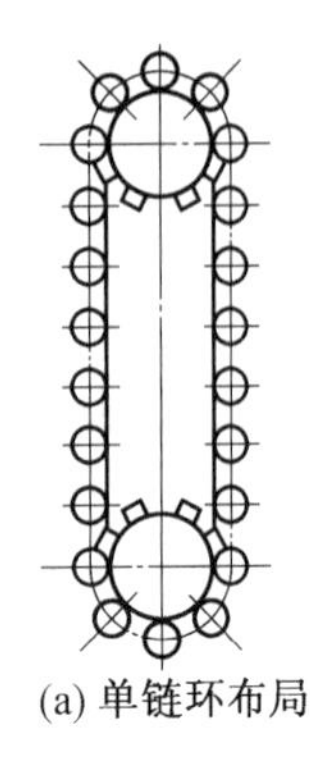

(a) 单链环布局

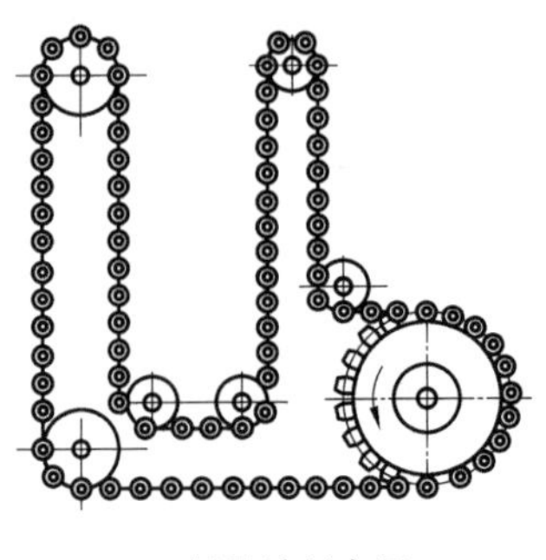

(b) 折叠链环布局

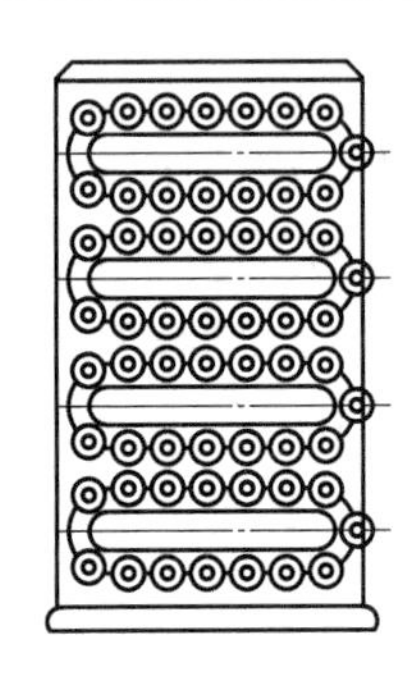

(c) 多链环布局

图 7.36 链式刀库布局方式

链式刀库的形式可根据机床的布局定制各种形状，这为刀库的设计与制造提供了很多方便。一般当刀具数量在 30 ~ 120 把时，多采用链式刀库。

除上述的盘式和链式刀库外，由于机床种类、形式、工艺等的不同，刀库的形式多种多样，如箱式刀库和线式（刀排）刀库。

对于刀库容量，统计分析发现，用 14 把刀具就可以完成 70% 以上的钻铣加工，从使用角度出发，刀库的容量一般取为 10 ~ 40 把。

（2）刀具的选择方式

根据数控系统的换刀指令，刀具交换装置从刀库中将所需的刀具转换到取刀位置的过程，称为自动选刀。常用的刀具选择方法有顺序选刀方式和任意选刀方式两种。

①顺序选刀方式。顺序选刀是在加工之前，将加工零件所需使用的刀具，按照工艺流程，依次放入刀库的对应刀套中，加工时按顺序调用刀具。采用这种方式的刀库，加工不同的工件时必须重新调整刀库中的刀具顺序，因而操作十分繁琐；在加工同一件工件中各工序步的刀具不能重复使用，这样就会增加刀具的数量。其优点是刀库的驱动和控制都比较简单，不需要刀具识别装置。

②任意换刀方式。任意换刀方式下，刀具在刀库中可任意存放。每把刀具或刀座都有用于辨识的编码。当程序发出换刀指令时，“刀具识别装置”检测刀具或刀座的编码，刀库旋转，将对应刀具送到换刀位置，等待换接下来的换刀动作。换刀识别的编码方式分为刀座编码方式、刀具编码方式和记忆式。

目前绝大多数的数控系统都具有刀具任选功能。任选刀具的换刀方式可以有刀座编码、刀具编码和刀具记忆等方式。刀具编码或刀座编码都需要在刀具或刀座上安装用于识别的编码条，一般都是根据二进制编码原理进行编码的。

（1）刀座编码选刀方式

刀座编码选刀方式就是对刀库中的刀座进行编码。当选刀指令发出后，经过刀具识别装置辨识，如图 7.37 所示，刀库将对应的刀座旋转到换刀位置，换刀后的刀具必须放回原来的刀套中。与顺序选刀方式相比较，刀座编码选刀方式最突出的优点是刀具可以在加工过程中重复使用。

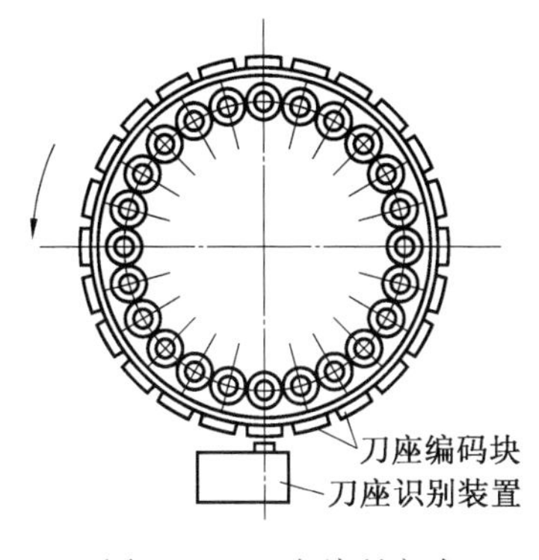

图 7.37　刀座编码方式

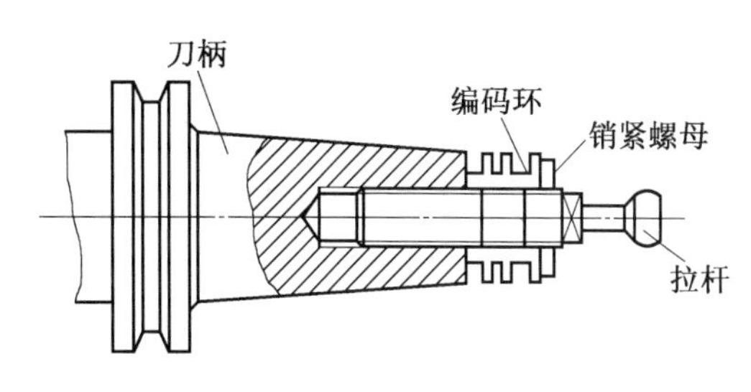

图 7.38　刀具编码方式

(2)刀具编码选刀方式

刀具编码选刀方式采用了特殊的刀柄结构,并对每把刀具进行编码。这种方式是采用特殊的刀柄结构进行编码。由于每把刀具都有自己的代码,因此,可以存放于刀库的任一刀座中。这样刀库中的刀具在不同的工序中也就可重复使用,用过的刀具也不一定要放回原刀座中,这对装刀和选刀都十分有利,刀库的容量也可以相应地减少,而且还可避免由于刀具存放在刀库中的顺序差错而造成的事故。

刀具编码的具体结构如图 7.38 所示。在刀柄后端的拉杆上套装着等间隔的编码环,有锁紧螺母固定。编码环既可以是整体的,也可由圆环组装而成,编码环直径有大小两种,大直径为二进制“1”,小直径为“0”。通过这两个圆环的不同排列,可以得到一系列代码。例如,由 6 个大小直径的圆环边可组成能区别 63 种刀具的编码。通常全部为 0 的代码不许使用,以避免与刀座中没有道具的情况相混淆。为了便于操作者的记忆和识别,也可采用二-八进制编码来表示。

(3)记忆式选刀方式

无论是刀具编码选刀还是刀座编码选刀,其编码系统和识别装置都使换刀系统更加复杂。而目前普遍采用的方式是使用记忆式的换刀方式。这种方式能将刀具号和刀库中的刀座位置(地址)对应地记忆在数控系统的 PLC 中,无论刀具放在哪个刀库内都始终记忆着它的踪迹。刀库上装有位置检测装置,可以检测出每个刀座的位置,而且刀库可正转或反转,使选刀路径最短。

2. 刀具交换装置

数控加工中心利用刀库实现换刀,是目前加工中心大量使用的换刀方式;独立的刀库大大增加了刀具的储存数量,有利于扩大机床的功能、并能较好地隔离各种影响加工精度的干扰因素。

按照换刀过程分为有机械手换刀和无机械手换刀两种情况。在有机械于换刀的过程中,使用一个机械手将加工完毕的刀具从主轴中拔出,与此同时,另一机械手将刀库中待命的刀具从刀库拔出、然后两者交换位置、完成换刀过程。无机械手换刀时,刀库中刀具存放方向与主轴平行,刀具放在主轴可到达的位置。换刀时,主轴箱移到刀库换刀位置上方,利用主轴 Z 向运动将加工完的刀具插入刀库中要求的空位上、然后刀库中待换刀具转到待命位置、主轴 Z 向运动将待用刀具从刀库中取出,并将刀具插入主轴 。有机械手的系统在刀库配置,与主轴的相对位置及刀具数量都比较灵活,换刀时间短。无机械手方式结构简单,只是换刀时间要长。

(1)无机械手换刀

图7.39为一种卧式加工中心无机械手换刀系统的换刀过程。

①本工步工作结束后,执行换刀指令,主轴准停,主轴箱上升。这时刀库上刀位的空挡位置正好处在交换位置,装夹刀具的卡爪打开,如图7.39(a)所示。

②主轴箱上升到极限位置,被更换的刀具刀杆进入刀库空刀位,即被刀具定位卡爪钳住,与此同时,主轴内刀杆自动夹紧装置放松刀具,如图7.39(b)所示。

③刀库伸出,从主轴锥孔中将刀拔出,如图7.39(c)所示。

④刀库转位,按照程序指令要求将选好的刀具转到最下面的位置,同时压缩空气将主轴锥孔吹净,如图7.39(d)所示。

⑤刀库退回,同时将新刀插入主轴锥孔,主轴内刀具夹紧装置将刀杆拉紧,如图7.39(e)所示。

⑥主轴下降到加工位置后启动,开始下一工步的加工,如图7.39(f)所示。

这种换刀机构不需要机械手,结构简单、紧凑。由于交换刀具时机床不工作,所以不会影响加工精度,但会影响机床的生产率。其次,受刀库尺寸的限制,装刀数量不能太多。这种换刀方式常用于小型加工中心。

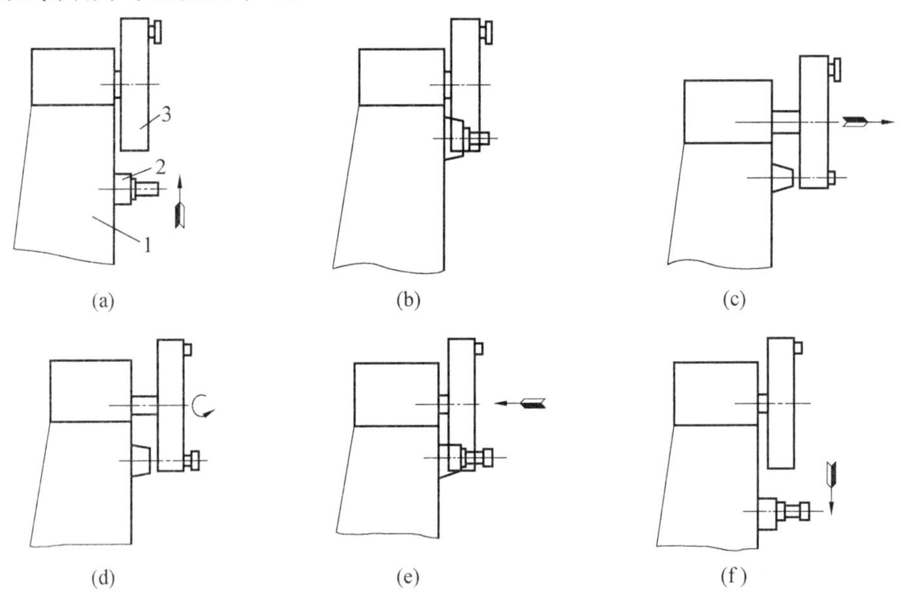

图7.39 卧式加工中心无机械手换刀过程

1—立柱;2—主轴箱;3—刀库

(2)机械手换刀

这种自动换刀装置有一个专门用作储存刀具用的刀库,刀库和主轴之间的刀具交换需要机械手来完成换刀过程。刀库中刀具的数目可根据工艺要求与机床的结构布局而定。刀库可布置在床身上或单独的区域。装夹刀具主轴或刀架,需要有自动夹紧、放松刀具机构和清洁刀柄及刀孔、刀座的装置。

采用机械手进行刀具交换方式在加工中心中应用广泛,下面介绍立式加工中心中一种常用的回转单臂双机械手的自动换刀过程，其刀库位于立柱侧面，刀具沿主轴方向径向安装。

①当上一工序加工完毕后，主轴在“准停”位置，刀库转动将待换刀具送到换刀位置，如图 7.40(a)所示；

②刀具的刀套向下翻转 90°，使得刀具轴线与主轴线平行，如图 7.40(b)所示；

③机械手从原始位置转 75°，两手分别抓住刀库上和主轴的刀柄，如图 7.40(c)所示；

④机械手抓住主轴刀具的刀柄后，刀具的自动夹紧机构松开刀具；机械手下降，同时拔出两把刀，如图 7.40(d)所示；

⑤机械手带动两把刀具逆时针转 180°，使主轴刀具与刀库刀具交换位置，如图 7.40(e)所示；

⑥机械手上升，分别把刀具插入主轴锥孔和刀套中，如图 7.40(f)所示。刀具插入主轴锥孔后，刀具的自动夹紧机构夹紧刀具；

⑦机械手反转 75°回到原始位置，如图 7.40(g)所示；

⑧刀套带着刀具向上翻转 90°，为下一次选刀做准备，如图 7.40(h)所示。

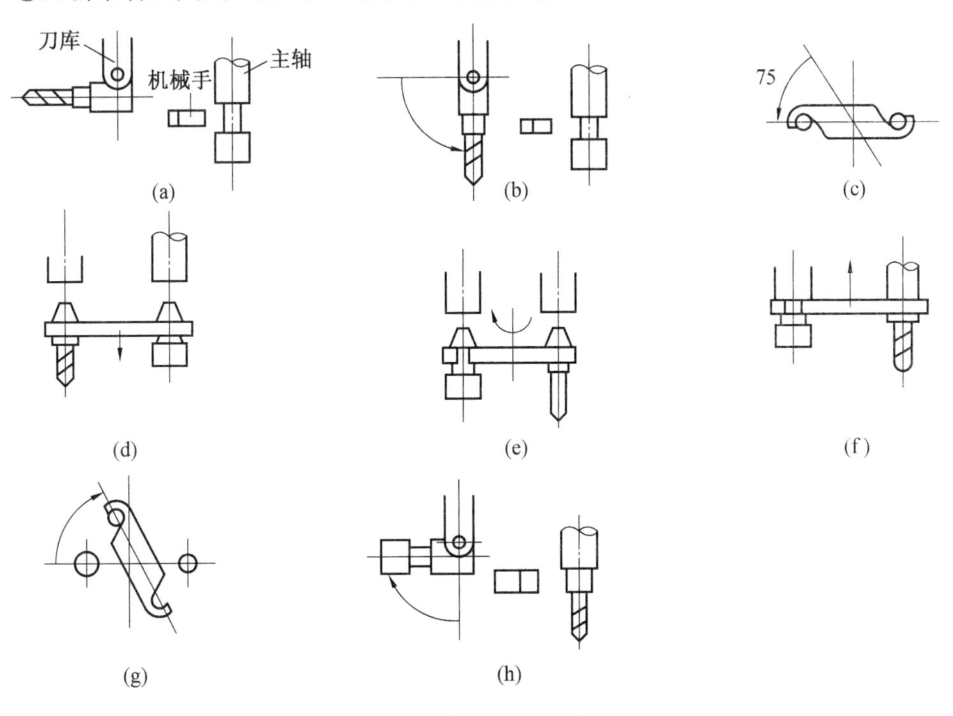

图 7.40　回转单臂双机械手换刀过程

复习题

1. 数控机床的机械结构主要由哪几部分组成？各部分的作用是什么？

2. 数控机床的机械结构有哪些特点？

3. 数控机床对主轴传动系统有哪些要求？

4. 加工中心主轴是实现刀具的自动夹紧的？

5. 主轴为何需要“准停”如何实现“准停”？

6. 试述滚珠丝杠副轴向间隙调整结构形式有哪几种，调整预紧的基本原理是什么？

7. 塑料导轨、滚动导轨、静压导轨各有那些特点和应用场合。

8. 刀库式自动换刀有哪几类？试比较他们的特点和应用场合。

9. 数控车床上的回转刀架换刀时发明家完成哪些动作？如何实现？

10. 叙述卧式工中心无机械手换刀的换刀过程。

11. 叙述立式加工中心采用回转式单臂双机械手换刀的动作过程。

参考文献

[1]周凯. PC 数控原理系统及应用[M]. 北京:机械工业出版社,2007.
[2]严育才,张福润. 数控技术[M]. 北京:清华大学出版社,2012.
[3]李光友,王建民. 控制电机.[M]. 北京:机械工业出版社,2009.
[4]王成元. 矢量控制交流伺服驱动电机[M]. 北京:机械工业出版社,1995.
[5]王永章,杜君文,程国权. 数控技术[M]. 北京:高等教育出版社,2001.
[6]杨有君. 数控技术[M]. 北京:机械工业出版社,2011.
[7]罗学科,谢富春. 数控原理与数控机床[M]. 北京:化学工业出版社,2004.
[8]陈继振. 计算机数控系统[M]. 北京:机械工业出版社,2006.
[9]杨贺来. 数控机床[M]. 北京:清华大学出版社,2009.
[10]冯清秀,邓兴钟. 机电传动控制. [M]. 武汉:华中科技大学出版社,2011.
[11]宣振宇,关颖. 数控铣削加工编程实例[M]. 沈阳:辽宁科学技术出版社,2010.
[12]沈建峰,陈宏. 加工中心编程与操作 [M]. 沈阳:辽宁科学技术出版社,2009.
[13] 廖效果. 数控技术[M]. 武汉:湖北科学技术出版社,2000.